JN064169

双書㉓・大数学者の数学

ジーゲル ②

2次形式論の発展と現代数学

上野健爾

現代数学社

Carl Ludwig Siegel (1896–1981)

Gesammelte Abhandlungen I より

はじめに

本書は主としてジーゲルの数学とその現代数学への影響について述べる．

本書1で学位論文をはじめとするジーゲルの初期の数学およびフランフルト大学時代とナチスに翻弄された時代のジーゲルについて述べた後，ジーゲル以前の2次形式の歴史的な展開について述べた．本書ではその続きとして，まずジーゲルの2次形式論について述べる．ジーゲルの理論は百数十年に渉る2次形式論の掉尾（ちょうび）を飾る理論であるだけでなく，その後の数学の新展開に決定的な影響を与えた点でも特筆すべき大理論である．そのため，本書ではジーゲルの2次形式論だけでなく，そこに源を持つその後の数学の進展についても簡単に触れることにした．

本書第2章ではジーゲルの天体力学を採りあげる．本書1で訳した「フロベニウスの思い出」のなかで，ジーゲルはベルリン大学入学時には天文学を学ぶつもりであったと述べている．ベルリン大学ではマックス・プランクの物理学のゼミナールにも参加していた．数論の大家であるジーゲルが天体力学で優れた業績を挙げていることは不思議に思われるが，古典解析学の手法を使う点では数論と共通するものが感じられる．

第3章ではジーゲルの2次形式論から誕生し発展していったジーゲル上半空間とモジューラー形式の理論を取り上げる．さらに第4章ではゼータ関数に関するジーゲルの寄与について述べ，第5章では超越数論とディオファントス幾何学についてのジーゲルに貢献について簡単に触れることにする．そして最後の章でジーゲルの著作についての紹介をする.

若い頃ミンコフスキーの再来と言われたジーゲルの数学の真骨頂は精緻を極める古典解析学の駆使である. 抽象化の度を深めていった20世紀後半の数学に対して「意味のない抽象化を防がない限り, 今世紀末には数学は消滅してしまうであろう」とジーゲルが危機意識を持ち, 時には流れに竿をさすような行動を取ったのも, 古典解析学の手法が失われていく危機感の現れであったと思われる. ジーゲルのこうした発言と行動のために, 残念なことに, かれの数学は現代数学とは関係のない, 美しいが古い数学の代表のように見なされてしまった感が強い. しかしながら, 本書で述べるように, ジーゲルの数学を源にして新たに進展していった数学は多い. ジーゲルは紛れもなく現代数学の礎を築いた数学者の一人である. そのことは本書を読んで頂ければ実感して頂けると確信する.

なお本書は途中から読むことができるように重要な概念は重複をいとわず, その概念を使う章ごとに簡単な説明をつけた.

末筆ながら, 本書の出版に多大のご尽力を頂いた現代数学社の富田淳社長に深く感謝する.

2022年4月

上野 健爾

目　次

第1章

ジーゲルの2次形式論

これまで，長々と2次形式論の歴史を書いてきた．多くの読者は，ここまで精緻に発展した2次形式論にこれ以上の発展があるのだろうかと思われたかもしれない．とりわけ，ミンコフスキー，ハッセの理論を学んだ多くの数学者もそう考えたに違いない．

ところが，ジーゲルは驚くべき方向に2次形式の理論を発展させた．このジーゲルの2次形式論は

［20］“Über die analytischen Theorie der quadratischen Formen”（2次形式の解析的理論について），Annals of Mathematics 36（1935），527－606．

［22］“Über die analytischen Theorie der quadratischen Formen II”，Annals of Mathematics 37（1936），230–263．

［26］“Über die analytischen Theorie der quadratischen Formen III”，Annals of Mathematics 38（1937），212–291.

の3つの論文としてが発表された．1936年ノルウェーのオ

スロで行われた国際数学者会議（ICM）に招待されたジーゲルは2次形式論についての講演を行った．その記録が国際数学者会議のプロシーディングに残されているので今回はその論文

［27］“Analytische Theorie der quadratischen Formen”（二次形式の解析的理論），Competes Rendu de Congrès international des Mathématiciens（Oslo），1937，104－110

を，注をつけて翻訳する．ジーゲルがどのように考えて素晴らしい結果を導いたかがよく分かる論説である．

1．オスロ講演 —— 2次形式の解析的理論

数論と解析関数論の間には類似が存在することはよく知られている．特に代数的数体の多くの性質は代数関数に関する類似の命題によく現れている．関数論の定理は解析関数の局所的と大域的な間の関係を積分を使って提供する．リーマン面の局所一意化変数のベキ級数としての展開は解析関数の局所的な性質である．数論でそれに対応するものは有理数の p 進展開である．解析関数の積分定理の類似を数論に見出そうとすると，有理数体の中で大域的に定義された数論的関数は対応する局所的な関数から，すなわち p 進体，あるいはそれが由来する所の q を法とする数論的な問題からどれだけ決定することができるかと問うことになる．ここで q は任意の自然数を意味する．

このような定理はルジャンドルに負っている．a, b, c, d を自然数としよう．ルジャンドルの定理は，ディオファントス方程式

$$ax^2+bxy+cy^2=d$$

が有理数解を持つためにはディオファントス合同式

$$ax^2+bxy+cy^2\equiv d \pmod{q}$$

が任意の自然数 q を法として有理解をもつとき，かつその時に限ることを主張する．ルジャンドルの定理の美しい一般化はハッセが与えた．それは n 元2次形式 R を m 元2次形式 Q によって有理的に表現する，すなわち有理係数の斉次1次変換によって Q を R に変換する問題と関連している．簡単のために本講演では Q と R が正定値の場合のみ取り扱うことにする．S は m 元2次形式 Q を表す行列，T は n 元2次形式 R を表す行列，X は Q を R に移す行列とすると，行列方程式

$$X'SX=T \tag{1}$$

が成り立つ．ここでは S, T が与えられていて，有理数を成分とする m 行 n 列の行列 X を求めることが問題である．ここで X' は X の転置行列である．(1) が有理解を持てば合同式

$$X'SX\equiv T \pmod{q} \tag{2}$$

がすべての自然数 q に対して有理解を持つことは自明である．ここで，行列の合同式は左辺と右辺の対応する成分が互いに合同であることを意味する．ハッセの重要な定理は逆に，任意の自然数 q に対して (2) が有理解を持てば (1) が有理解を持つことを主張する． $m=2$, $n=1$ の特別な場合

が特にルジャンドルの定理であり，他の特別な場合がスミスとミンコフスキーが取り扱った場合である．

そこでこのことと関連して次のような問を立てることができる．ハッセの定理の定性的な部分を定量的な形に深化できないか，すなわち解の存在だけではなく解の個数について何か主張できないかということである．しかしこの問いかけはさらに十分な解を導くことができる形に変える必要がある．まず，(1) が有理解を一つ持つことが分かれば直ちに無数の解があることが簡単に分かる．有限個の解を抜き出すために整数解のみを考えよう．一般性を失うことなく，S，T の成分は整数であると仮定してよい．そこで (1) の解である整数行列，すなわち整数を成分とする行列 X の個数を $A(S,T)$ とし，q を法とする互いに合同ではない (2) の整数解の個数を $A_q(S,T)$ としよう．すると $A(S,T)$ と $A_q(S,T)$ の間にどのような関係があるかが問題となる．

この問題が解けるかどうかを知るために次のような考察をしてみよう．2つの2次形式 Q,Q_1 とそれらに対応する行列 S,S_1 は同値である，あるいは同じ類に属するとは整数係数の1次変換によって Q は Q_1 に，また Q_1 は Q に移る，言い換えると行列方程式

$$X'SX=S_1,\ X_1'S_1X_1=S \tag{3}$$

が両者とも整数解をもつことをいう[*1]．行列 S を持つ2次形式を同値な2次形式にかえても数 $A(S,T)$ は変わらないこと

*1　訳注　ここでの定義は $\det X=1$，$\det X_1=1$ を仮定していないので，広義同値である．

は明らかである．従って $A(S,T)$ は類の不変量である．さらに等式 (3) の代わりに，任意の自然数 q に対して対応する合同式

$$(4) \qquad X'SX \equiv S_1 \pmod{q}, \quad X_1'S_1X_1 \equiv S_1 \pmod{q}$$

が整数解をもつときに Q と Q_1 は同じ種に属するという．従って $A_q(S,T)$ は種の不変量である．もし，$A(S,T)$ が $A_q(S,T)$ から一意的に定まるとすると $A(S,T)$ は種の不変量でなければならない．しかしこのことは例で否定される．簡単に分かるように $Q = x^2 + 55y^2$ と $Q_1 = 5x^2 + 11y^2$ は同じ種に属する[*2]．従って $Q \equiv 1 \pmod{q}$ と $Q_1 \equiv 1 \pmod{q}$ の（有

---

*2 訳注　ここでの種の定義は単行本 1 巻6章で述べたようにミンコフスキーが用いた定義である．この定義で Q と Q_1 が同じ種に属することは次のようにして示される．Q, Q_1 に対応する対称行列はそれぞれ

$$\begin{pmatrix} 1 & 0 \\ 0 & 55 \end{pmatrix}, \begin{pmatrix} 5 & 0 \\ 0 & 11 \end{pmatrix}$$

であり，$M = \begin{pmatrix} \frac{1}{4} & -\frac{11}{4} \\ \frac{1}{4} & \frac{5}{4} \end{pmatrix} \in SL(2, \mathbb{Q})$ によって

$$\begin{pmatrix} \frac{1}{4} & \frac{1}{4} \\ -\frac{11}{4} & \frac{5}{4} \end{pmatrix} \begin{pmatrix} 5 & 0 \\ 0 & 11 \end{pmatrix} \begin{pmatrix} \frac{1}{4} & -\frac{11}{4} \\ \frac{1}{4} & \frac{5}{4} \end{pmatrix} = \begin{pmatrix} 1 & 0 \\ 0 & 55 \end{pmatrix},$$

が成り立つ．奇数の自然数 q に対して 1/4, 5/4, $-11/4$ は q を法として整数と合同であるので

$$X' \begin{pmatrix} 5 & 0 \\ 0 & 11 \end{pmatrix} X \equiv \begin{pmatrix} 1 & 0 \\ 0 & 55 \end{pmatrix} \pmod{q}$$

となる $X \in SL(2, \mathbb{Z}/q\mathbb{Z})$ が存在し上の(4)が成り立つ．また

$$\begin{pmatrix} \frac{1}{7} & \frac{2}{7} \\ -\frac{22}{7} & \frac{5}{7} \end{pmatrix} \begin{pmatrix} 5 & 0 \\ 0 & 11 \end{pmatrix} \begin{pmatrix} \frac{1}{7} & -\frac{22}{7} \\ \frac{2}{7} & \frac{5}{7} \end{pmatrix} = \begin{pmatrix} 1 & 0 \\ 0 & 55 \end{pmatrix},$$

が成り立つので $q = 2^m$ のときも(4)が成り立つ．これより中国の剰余定理を使えばすべての自然数 q に対して(4)が成り立つことが分かる．

理数）解の個数は同じである．一方 $Q=1$ は整数解を持つが，$Q_1=1$ は整数解を持たない．この例はまた Q と Q_1 は同値ではなく，2次形式を類に分けることは種に分けるより細かいことが分かる．エルミートの一定理によりそれぞれの種は有限個の類に分けることができることが分かる．Q の属する種は h 個の類に分かれたとして，それぞれの類を代表する2次形式に対応する行列を $S_1,\cdots,S_h$ としよう．h 個の類似の数 $A_q(S_1,T),\cdots,A_q(S_h,T)$ はすべて同じ値 $A_q(S,T)$ である．$A(S,T)$ と $A_q(S,T)$ との関係を問うた元々の問題は以下のようにきちんと定式化することができる：$A_q(S,T)$ と $A(S_1,T),\cdots,A(S_h,T)$ の間に関係があるか？ 理論の主定理は事実これらの量の間には互いにこれらを結びつける非常に簡単な関係があることを主張する．

主定理の定式化に向かう前に $A_q(S,T)$ と $A(S,T)$ の平均値を定義しておこう．合同式 (2) で合同式の解だけでなく q を法としてすべての X を走らせると全部で q^{mn} 個の X が現れる．X の各成分は q 個の値をとることができるからである．各 X に対して $X'SX=Y$ は整係数の n 次の対称行列である．n 次の対称行列は $\dfrac{n(n+1)}{2}$ 個の独立な成分を持つので Y は $q^{\frac{n(n+1)}{2}}$ 通りの可能性がある．従って

$$\sum_{Y\,(\mathrm{mod}\,q)} A_q(S,Y)=q^{mn},\quad \sum_{Y\,(\mathrm{mod}\,q)} 1=q^{\frac{n(n+1)}{2}}$$

を得るので，数 $q^{mn-\frac{n(n+1)}{2}}$ を $A_q(S,T)$ の平均値と考えることができる．

これに完璧に対応するように $A(S,T)$ の平均値を説明しよう．Y の $\dfrac{n(n+1)}{2}$ 個の独立な成分を $\dfrac{n(n+1)}{2}$ 次元空間の点の直交座標と考えよう．X の mn 個の成分を座標とする X 空間の領域 x はこの空間の任意の領域 y の式 $X'SX=Y$ による逆像とする．y を T に収束させたときの体積の比

$$\lim_{y\to T}\frac{\int_x dX}{\int_y dY}=A_\infty(S,T)$$

を $A(S,T)$ の平均値と定義する．実際，任意の領域 y に対して等式

$$\int_y A_\infty(S,Y)dY=\int_x dX$$

$$\sum_{Y \text{ in } y} A(S,Y)=\sum_{X \text{ in } x} 1.$$

が成り立つ．

$A(S,S)=E(S)$ とおく．これは S を行列に持つ2次形式を自分自身に移す整係数変換の個数である．このとき，主定理は次のことを主張する：q が適当な自然数列，例えば $1!, 2!, 3!, \cdots$ を動くとき

$$\frac{\dfrac{A(S_1,T)}{E(S_1)}+\cdots+\dfrac{A(S_h,T)}{E(S_h)}}{\dfrac{A_\infty(S_1,T)}{E(S_1)}+\cdots+\dfrac{A_\infty(S_h,T)}{E(S_h)}}=\lim_{q\to\infty}\frac{A_q(S,T)}{q^{mn-\frac{n(n+1)}{2}}} \tag{4}$$

が成り立つ．$m\leqq n+1$ の場合は右辺に因子 $\dfrac{1}{2}$ を付け加える必要があり，さらに $m=n$ のときは右辺の分母に $2^{\omega(q)}$ を付

け加える必要がある．ここで$\omega(q)$はqの素因数の個数である．さらに，この定理は不定値2次形式の場合にも，任意の代数的数体の場合にも拡張できることを注意しておきたい．

(4)の右辺の表現は関数論の積分表示に倣って数論的なものに置き換えることができる．これは(4)の右辺を無限積に書くと明確になる．互いに素なq, rに対して$A_{rq}(S,T)=A_q(S,T)A_r(S,T)$が成り立ち，さらに固定した素数$p$のベキ$q=p^a$に対して商$A_q(S,T):q^{mn-\frac{n(n+1)}{2}}$は十分大きな$a$に対して一定である，従ってそれを$\alpha_p(S,T)$とする．また数値$A_\infty(S_1,T)$, $A_\infty(S_2,T),\cdots,A_\infty(S_h,T)$はすべて$A_\infty(S,T)$に等しいので主定理は

$$\frac{\dfrac{A(S_1,T)}{E(S_1)}+\cdots+\dfrac{A(S_h,T)}{E(S_h)}}{\dfrac{1}{E(S_1)}+\cdots+\dfrac{1}{E(S_h)}}=A_\infty(S,T)\prod_p \alpha_p(S,T) \tag{5}$$

と書くことができる．ここでpはすべての素数を動く．右辺の因子は局所的な，すなわち個々の素因子に関する局所体の数論で説明でき，一方左辺の表示は大域的な数論と関係している．

主定理はその本質から超越的な性質を持っている．それにともない証明は超越的な部分，すなわち平均値に関するディリクレの方法を含んでいる．それだけでなく詳細な数論的な考察が必要となる．与えられて時間内で証明の概略を述べることは難しいので，むしろ定理のもつ意味を述べることにしたい．

公式 (5) の特別な場合，すなわち $S=T$ の場合はミンコフスキーによって発見されている．この場合 (5) の左辺の分子の値は 1 であり，アイゼンシュタイン以来，種の測度と呼ばれる量 $\dfrac{1}{E(S_1)}+\cdots+\dfrac{1}{E(S_h)}$ の表現が得られる．こうして得られるミンコフスキーの公式は 3 元 2 次形式の場合の種の測度に関するアイゼンシュタインの公式と 2 元 2 次形式のディリクレによる類数公式の一般化である．

他の特別な場合は S の種に属する類数 h が 1 の場合である．この場合は明らかに主定理は $A(S,T)$ 自身について述べていることになる[*3]．こうした場合として，例えば S が単位行列で $m \leqq 8$ の場合，すなわち Q は高々 8 個の 2 乗の和である場合がある．さらに $n=1$ にとると行列 T は数となり (5) から自然数の 2 乗和分解に関するラグランジュ，ガウス，ヤコビ，アイゼンシュタイン，リューヴィルの定理が導かれる[*4]．

---

*3　訳注

$$A(S,T)=A_\infty(S,T)\prod_p \alpha_p(S,T)$$

このとき，$s=\det$，$t=\det T$ とおくと，ガンマ関数を使って

$$A_\infty(S,T)=\frac{\pi^{\frac{1}{4}n(2m-n+1)}}{\Gamma(\frac{m-n+1}{2})\Gamma(\frac{m-n+2}{2})\cdots\Gamma(\frac{m}{2})}s^{-\frac{1}{2}n}t^{\frac{1}{2}(m-n-1)}$$

で与えられる．

*4　訳注　単行本 1 巻第 6 章で述べたようにヤコビは自然数 t と 4 個の 2 乗和に表す仕方の数を与えた（定理 10.2）．これはジーゲルの記号を使うと $A(I_4,(t))$ と表される．ここで I_4 は 4 次の単位行列である．t を奇数とすると

自然数を4個の2乗和に分解する仕方の数に関する定理をヤコビは楕円関数論から導いたこと；より正確にはモジュラー関数間のある種の等式から係数を比較することによってこの定理を導いたことはよく知られている．任意の S と $n=1$ の場合も主定理は楕円モジュラー関数間の関係に移しかえることができることは注目するに値する．そのために必要な変形を行なおうとすると、同時に一般の場合すなわち n が任意の場合に主定理を関数論的に定式化する手がかりを

$$A(I_4,(t))=8\sum_{g|t} g$$

がヤコビが与えた結果である．この結果は，ジーゲルの2次形式論の主定理からは次のようにして求めることができる．自然数 t が奇数であれば，2および奇素数 p に対して

$$\alpha_2(I_4,(t))=1$$
$$\alpha_p(I_4,(t))=(1-p^{-2})(1+p^{-1}+p^{-2}+\cdots+p^{-l})$$

が成り立つ．ここで p^l は t を割る最大の p のベキである．t の素因数を $p_1,\cdots,p_k$ とし t を割る最大の p_i のベキを p^{l_i} とすると

$$\prod_p \alpha_p(I_4,(t))=\prod_{p\neq 2}\alpha_p(I_4,(t))$$
$$=\prod_{i=1}^{k}(1-p_i{}^{-2})(1+p_i^{-1}+p_i{}^{-2}+\cdots+p_i{}^{-i})\prod_{p\neq p_i,\, i=1,\cdots,k}(1-p^{-2})$$
$$=\Bigl(\sum_{0\leq a_i\leq l_i,\, i=1,\cdots,k} p_1{}^{-a_1}\cdots p_k{}^{-a_k}\Bigr)\prod_{p\neq 2}(1-p^{-2})$$
$$=\frac{4}{3}\zeta(2)^{-1}\sum_{g|t} g^{-1}=8\pi^{-2}\sum_{g|t} g^{-1}$$

を得る．ここで $\zeta(2)$ はゼータ関数の2での値で，$\pi^2/6$ である．注3の $A_\infty(S,T)$ の公式を使うと $A_\infty(I_4,(t))=\pi^2 t$ である．従って

$$A(I_4,(t))=8\pi^{-2}\sum_{g|t} g^{-1}\pi^2 t=8\sum_{g'|t} g'$$

を得る．

得ることができる．このようにして驚くべき結果が得られる：モジュラー関数が楕円関数に関係するのと同様に n 変数の $2n$ 周期関数に関係する $\frac{n(n+1)}{2}$ 変数の解析関数の簡単な関係式に主定理は移行する．そこで最後にこの関係について述べよう．

Z は成分が複素数の n 次の対称行列でその虚部が正定値であるものとする．C は m 行 n 列の整数行列全体を動くとして無限級数

$$\sum_C e^{\pi i\sigma(C'SCZ)} = f(S,Z)$$

と作る．ここで σ は行列のトレース，すなわち対角成分の和を表す．さらに

$$\frac{f(S_1,Z)}{E(S_1)}+\cdots+\frac{f(S_h,Z)}{E(S_h)} : \frac{1}{E(S_1)}+\cdots+\frac{1}{E(S_h)} = F(S,Z)$$

とおく．$f(S,Z)$ で $C'SC$ が同じ T となるものの和を先に取ってまとめると，$F(S,T)$ で $e^{\pi\sigma(TZ)}$ の係数は (5) の左辺と一致する [*5]．長い変形を通して主定理から

$$F(S,Z) = \sum_{K,L} \gamma_{K,L} |KZ+L|^{-\frac{m}{2}} \tag{6}$$

---

*5　訳注

$$F(S,Z) = \sum_T A(S,T) e^{\pi i\sigma(TZ)}$$

であるので

$$F(S,Z) = \sum_T \frac{\dfrac{A(S_1,T)}{E(S_1)}+\cdots+\dfrac{A(S_h,T)}{E(S_h)}}{\dfrac{1}{E(S_1)}+\cdots+\dfrac{1}{E(S_h)}} e^{\pi i\sigma(TZ)}$$

を得る．

の形の展開を得る *6．ここで $\gamma_{K,L}$ は Z には関係せず，K，L は整係数の n 次行列の対で次の3条件を満たすもの全体を動く：1）行列の対は対称である，すなわち $KL'=LK'$，2）対は原始的である，すなわち MK, ML が整数行列となるような整数行列でない有理数行列 M は存在しない，3）2組の対 K_1, L_1 と K_2, L_2 は連結していない，すなわち $MK_1=K_2$, $ML_1=L_2$ となる整行列 M は存在しない．

ある決められた関数は (6) の形の部分分数展開を高々一通りしか持たず，部分分数展開を持つ場合は，その係数 $\gamma_{K,L}$ は特異点でのこの関数の挙動から一意的に決まる．このようにして主定理は (6) の形の部分分数展開を持つという簡明な主張に帰着する．(6) の関数論的な意味を理解するためにはこうした部分分数展開の解析的な性質を明確にする必要がある．しかしこれは楕円モジュラー関数の明示的な表現を与えるアイゼンシュタイン級数の一般化に他ならない．これらの級数の中で一番単純な級数，すなわち $\sum_{K,L}|KZ+L|^{-\rho}$ は自明な因子を無視すれば変換 $Z=(AZ_1+B)(CZ_1+D)^{-1}$ で不変である *7．ここで $\begin{pmatrix} A & B \\ C & D \end{pmatrix}$

*6　訳注　本文には記されていないが $|KZ+L|$ は (n,n) 行列 $KZ+L$ の行列式を意味する．

*7　訳注　ここで自明な因子と呼ばれているものは $|CZ+D|^{\rho}$ であり，通常保型因子と呼ばれる．$E_{\rho}(Z)=\sum_{K,L}|KZ+L|^{-\rho}$ とおくと $E_{\rho}((AZ+B)(CZ+D)^{-1})=|CZ+D|^{\rho}E_{\rho}(Z)$ が成り立つ．$E_{\rho}(Z)$ は重さ ρ の保型形式と呼ばれる．

は種数 n のリーマン面の標準切断から他の標準切断に移す任意の $2n$ 次行列である[*8]. このような変換のなす群で絶対不変である[*9] すべての有理型関数 $\varphi(Z)$ はこれらのアイゼンシュタイン級数で有理的に書き表すことができることが証明できる. Z を種数 n の代数曲線の第一種アーベル積分の周期行列とするとモジュライ全体を動くのでこれらの $\frac{n(n+1)}{2}$ 変数の関数はまさしくモジュラー関数と呼ぶことができる. 楕円モジュラー関数に1変数の2重周期関数が対応する関係の類似で任意の Z に対して n 変数の $2n$ 周期関数が対応する. 主定理の解析学に於ける意味はテータ級数から構成された $F(S,Z)$ と一般のモジュラー関数の簡明な構成要素であるアイゼンシュタイン級数の間を主定理が結びつけていることである[*10].

---

*8 訳注 $M=\begin{pmatrix} A & B \\ C & D \end{pmatrix}$ は $2n$ 次の整係数行列で, 条件

$$M'JM=J,\ J=\begin{pmatrix} 0 & I_n \\ -I_n & 0 \end{pmatrix}$$

を満たすものであると言い換えることができる.

*9 訳注 $\varphi((AZ+B)(CZ+D)^{-1})=\varphi(Z)$ を意味する.

*10 訳注 例えば $S=I_8$ で $n=1$ のとき

$$F(I_8,Z)=\sum_{c_1,\cdots,c_8\in\mathbb{Z}} e^{\pi i\left(c_1^2+\cdots+c_8^2\right)z}=\left(\sum_{c=-\infty}^{\infty} e^{\pi ic^2z}\right)^8$$

であるが

$$\left(\sum_{c=-\infty}^{\infty} e^{\pi ic^2z}\right)^8=\sum_{k,l}(kz+l)^{-4}$$

が成り立つことが知られている. ただし $k,\ l$ は整数で 1) 互いに素, 2) kl は偶数, 3) $k>0$, または $k=0$ で $l>0$ を満たすものすべてを動く.

以上でジーゲルの講演は終わるが，論文

［29］Formes quadratiques et modules de courbes algébriques（2次形式と代数曲線のモジュライ），Bulletin Sciences Math., 2（1937），331－352.

からもう一つ例を取りだして述べておこう．単行本 1 第5章 §4, p162 で述べたヘル・ブラウンの学位論文

Hel Braun : Über die Zerlegung quadratischer Formen in Qudrat（2次形式の平方式への分解について），J. reine und angewandte Math., 178（1938），36－64

の結果の一部である．2元2次形式

$$T=\begin{pmatrix} a & b \\ b & c \end{pmatrix}$$

を5個の1次式の平方で表現する仕方の個数，ジーゲルの記号を使えば $A(I_5,T)$ を求める問題である．2次形式 T は原始的でかつ T の行列式が4を法として3の場合，すなわち

また，$m=8$, $n=2$ の場合は

$$Z=\begin{pmatrix} x & y \\ y & z \end{pmatrix}$$

とおくと

$$F(I_8,Z)=\Bigl(\sum_{a,b\in\mathbb{Z}} e^{\pi i\{a^2x+2aby+b^2z\}}\Bigr)^8=\sum_{K,L}|KZ+L|^{-4}$$

と書くことができる．ここで K, L は整係数の 2×2 行列で 1) $KL'=LK'$, 2) (K,L) は原始的，すなわち MK, ML が整数行列となるような有理行列 M は整行列である，3) 任意の二組の (K,L) は連結しておらず，さらに 4) $\frac{1}{2}KL'$ は整行列であるという条件を満たすもの全部を動く．

$$ac-b^2=y\equiv 3 \pmod 4$$

の場合は

$$A(I_5,T)=80\sum_{g|t}\chi(g)g$$

であることをヘル・ブラウンは証明している．ここで g は $t=\det T$ の正の約数全体に渉り，$\chi(g)$ はルジャンドル記号を使って

$$\chi(g)=\left(\frac{a}{g_1}\right),\ g_1=\frac{t}{g}$$

と定義される．これはアイゼンシュタインが結果を述べ，スミスとミンコフスキーによって証明された自然数を5個の平方数の和で表す仕方の個数の表示式の一般化である．例えば

$$T=\begin{pmatrix}7 & 1\\ 1 & 8\end{pmatrix}$$

を考えると $t=55$ より $g=1,5,11,55$ であり，ヘル・ブラウンの公式は

$$80\left[\left(\frac{7}{55}\right)+\left(\frac{7}{11}\right)\cdot 5+\left(\frac{7}{5}\right)\cdot 11+55\right]=80(1-5-11+55)=3200.$$

となる．一方

$$\begin{aligned}7x^2+2xy+8y^2&=(x+y)^2+(x+y)^2+(x+y)^2+(2x-y)^2+(2y)^2\\&=(x+y)^2+(x-y)^2+(x-y)^2+(2x+y)^2+(2y)^2\\&=(x-y)^2+(x-y)^2+(x-y)^2+(2x+2y)^2+y^2\end{aligned}$$

と書け，これ以外の1次式の2乗の5個の和は上の表示の順番と括弧内の符号を変えたものしかないことが分かり，その総数は

$$2^5(60+60+20)=3200$$

であることが分かり，ヘルブラウンの公式と一致する．

2．証明の粗筋

オスロ講演でジーゲルの2次形式論が，それまでの2次形式論を統一したきわめて精緻な理論であることがおぼろげながら推測できたと思われる．オスロでの講演では主定理の証明については述べられていない．証明は複雑であるが，方針は明確であるのでそれを少し見ておこう．

まず定義を復習しておこう．

m 元2次形式に対応する m 次対称行列を S とすると，もとの2次形式は m 次縦ベクトル $x={}^t(x_1, x_2, \cdots, x_m)$ を使って ${}^txSx$ と表示することができるので，以下，2次形式も対応する対称行列も S と略記する．以下 T は n 元2次形式とそれに対応する n 次対称行列を表す．また，特に断らない限り，行列 S, T の成分は整数であると仮定する．さらに，この節では S, T は正定値対称行列である場合のみを考察する．$A(S,T)$ は

$${}^tMSM=T$$

となる (m,n) 整数行列の個数である [*11]．また $E(S)=A(S,S)$

*11　${}^tX$ は X の転置行列である．ジーゲルのオスロ講演や論文では X' と記されている．

と定義する．さらに自然数 q に対して $A_q(S,T)$ を

$$ {}^tMSM \equiv T \pmod{q} $$

となる (m,n) 整数行列 M を $(\bmod q)$ で考えたときの個数と定義する．

2 次形式 S の属する種を広義同値類 ($GL(m,\mathbb{Z})$ に属する行列 M によって $S'={}^tMSM$ と書けるときに S と S' は広義同値であると定義した) で類別して，各類の代表元 $S_1,S_2,\cdots,S_h$ を選んでおく．S と S' が同じ種に属することの定義としてジーゲルは，すべての素数 p に対して S と S' は p 進体 $\mathbb{Q}_p$ 上で同値である，すなわち $S'={}^tM_pSM_p$ となる $M_p \in GL(m,\mathbb{Z}_p)$ となる p 進整数を各要素とする m 次正則行列 M_p が存在し，さらに実数 $\mathbb{R}$ 上でも同値であることとする定義を採用している*12．この定義によって S と S' が同じ種に属する整数係数の正定値対称行列であれば $A_q(S,T)=A_q(S',T)$ であることが分かる．そこで素数 p に対して

$$ \alpha_p(S,T)=\begin{cases} q^{n(n+1)/2-mn}A_q(S,T), & m>n \\ \dfrac{1}{2}q^{n(n+1)/2-mn}A_q(A,T) & m=n \end{cases} $$

と定義する．ここで $q=p^a$ であり，a は十分大きいと仮定する．右辺の値は大きい a に対して一定であることが証明で

*12 実数体 $\mathbb{R}$ 上の同値は行列の符号数（正の固有値数と負の固有値数の対）で決まるので，正定値 2 次形式を考えている限りではこの条件は自動的に満たされる．

きるので，この定義は意味を持つ．そこで

$$M(S)=\sum_{k=1}^{h}\frac{1}{E(S_k)},$$

$$M(S,T)=\sum_{k=1}^{h}\frac{A(S_k,T)}{E(S_k)}$$

とおいて

$$A_0(S,T)=\frac{M(S,T)}{M(S)} \tag{2.1}$$

と定義する．このときジーゲルの主定理は

$$\frac{A_0(S,T)}{A_\infty(S,T)}=\eta\prod_{p:\text{素数}}\alpha_p(S,T) \tag{2.2}$$

と書くことができる． ここで η は $m=n>1$ または $m=n+1$ のとき 1/2 でそれ以外は 1 である．この定理に現れる $A_\infty(S,T)$ は次のように定義される．

一般に k 次実対称行列の全体のなす空間を $S_k(\mathbb{R})$ と記すことにし，ユークリッド空間 $\mathbb{R}^{k(k+1)/2}$ と同一視する．$S_k(\mathbb{R})$ 内に行列 T の開近傍 B を B に含まれる対称行列はすべて正定値であるようにとる．そこで (m,n) 行列の全体のなす空間 $M_{m,n}(\mathbb{R})$ の開集合 B_1 を

$$B_1=\{X\in M_{m,n}(\mathbb{R})\mid {}^tXSX\in B\}$$

と定義する．このとき

$$A_\infty(S,T)=\lim_{B\to T}\frac{v(B_1)}{v(B)}$$

と定義する．ここでユークリッド空間 $\mathbb{R}^N$ の領域 C の体積を $v(C)$ と記した．

$A_\infty(S,T)$ をもう少し詳しく見ておこう．m 次正則実行列

P と n 次正則実行列 Q を選んで

$$ {}^tPSP = E_m,\ {}^tQ^{-1}TQ^{-1} = E_n \tag{2.3} $$

とおく．ここで E_k は k 次単位行列を表す．さらに ${}^tXSX = T$ のとき

$$ X_1 = P^{-1}XQ^{-1} $$

とおくと (16.3) より $S = {}^tP^{-1}P^{-1}$ が成り立つので

$$ \begin{aligned} {}^tX_1S_1X_1 &= {}^t(P^{-1}XQ^{-1})(P^{-1}XQ^{-1}) \\ &= {}^tQ^{-1}\,{}^tX({}^tP^{-1}P^{-1})XQ^{-1} \\ &= {}^tQ^{-1}({}^tX{}^tSX)Q^{-1} = {}^tQ^{-1}TQ^{-1} \\ &= E_n \end{aligned} $$

が成り立つ．そこで上で選んだ n 次対称行列のなす空間 $S_n(\mathbb{R})$ の T の開近傍 B に対して

$$ \tilde{B} = {}^tQ^{-1}BQ^{-1} = \{{}^tQ^{-1}T_0Q^{-1} \mid T_0 \in B\} $$

と定義すると $\tilde{B}$ は E_n の $S_n(\mathbb{R})$ での開近傍となり，B の選び方から $\tilde{B}$ に含まれる任意の対称行列は正定値である．また B_1 に対して

$$ \tilde{B}_1 = P^{-1}B_1Q^{-1} = \{P^{-1}X_0Q^{-1} \mid X_0 \in B_1\} $$

とおくと，$\tilde{B}_1$ は $\tilde{B}$ に対応する $M_{m,n}(\mathbb{R})$ の開集合となる．従って

$$ A_\infty(E_m, E_n) = \lim_{\tilde{B}\to T_1} \frac{v(\tilde{B}_1)}{v(\tilde{B})} $$

が成り立つ．$v(B)$ と $v(\tilde{B})$ の違いは変換 $T_0 \longmapsto {}^tQ^{-1}T_0Q^{-1}$ のヤコビ行列式の違いである．Q を下三角行列と上三角行列の積に分解することによって Q が三角行列の時に変換の

ヤコビ行列を計算すればよく，B や $\tilde{B}$ は対称行列のなす空間 $S_n(\mathbb{R}) \simeq \mathbb{R}^{n(n+1)/2}$ を考えているので，変換のヤコビ行列式は $(\det Q)^{-(n+1)}$ であることが分かる．従って

$$v(B) = (\det Q)^{n+1} v(\tilde{B})$$

が成り立つ．同様に

$$v(B_1) = (\det P)^n (\det Q)^m v(\tilde{B}_1)$$

が成り立つ．従って

$$\frac{v(B_1)}{v(B)} = (\det P)^n (\det Q)^{m-n-1} \frac{v(\tilde{B}_1)}{v(\tilde{B})}$$

また，P, Q の定義 (16.3) より

$$\det P = (\det S)^{-1/2},\ \det Q = (\det T)^{1/2}$$

が成り立つ．従って次の補題が証明されたことになる．

■ 補題 2.1

$$\begin{aligned} &A_\infty(S, T) \\ &= (\det S)^{-n/2} (\det T)^{(m-n-1)/2} A_\infty(E_m, E_n) \end{aligned}$$

S の属する種の同値類の代表元 $S_1, S_2, \cdots, S_h$ に対して $\det S_j = \det S$ であるので，この補題2.1より $A_\infty(S_j, T) = A_\infty(S, T)$ であることが分かる．また定義(2.1) より $A_0(S_j, T) = A_0(S, T)$ である．従って $\alpha(S, T) = \dfrac{A_0(S, T)}{A_\infty(S, T)}$ は S の属する種のみによって決まるので，種の不変量となっていることが分かる．

さて主定理であるが，ジーゲルは $n=m$ の場合にまず証明し，一般の場合は ${}^tXSX=T$ に対して m 次正方行列になるように $(m, m-n)$ 整数行列 Y を加えて m 次正方行列 (X, Y) を作り，

$$W={}^t(X, Y)(S)(X, Y)=\begin{pmatrix} T & Q \\ {}^tQ & R \end{pmatrix} \tag{2.4}$$

によって T も m 次対称行列 W に拡張して，$n=m$ の場合の結果を使って証明する．また $n=m$ の場合は m 次正方行列を (X, Y) の形に分解して (2.4) の形にして，m に関する数学的帰納法を用いて証明する．

さて $n=m$ の場合は補題 2.1 より

$$A_\infty(S, T)=(\det T)^{-1/2}(\det S)^{1/2}A_\infty(S, S)$$

であることが分かる．また合同式に関する考察によって，任意の自然数 q に対して

$$A_q(S, T)=(\det T)^{1/2}(\det S)^{-1/2}M(S, T)A_q(S, S)$$

が証明できる．これより主定理は $T=S$ の場合に証明すればよいことが分かる．$m>1$ の場合の証明は複雑であるが $n=m=1$ の場合は例外的に簡単である．1 次行列は単なる数と同じだからである．自然数 s に対して

$$sx^2=s$$

を考えると解の個数は 2 であり，$A((s), (s))=2$ である．また 1 元 2 次形式 sx^2 が定める種には類は 1 個しかないので

$$A_0((s), (s))=\frac{A((s), (s))}{E((s))}\Bigg/\frac{1}{E((s))}=2$$

である．一方自然数 t の近傍として $(t-\varepsilon, t+\varepsilon)$ を取ると

$sx^2=t$ によって B_1 は開区間 $(\sqrt{(t-\varepsilon)/s},\ \sqrt{(t+\varepsilon)/s})$ と開区間 $(-\sqrt{(t+\varepsilon)/s},-\sqrt{(t-\varepsilon)/s})$ の和集合となっている．従って

$$v(B)=2\varepsilon,$$
$$v(B_1)=2(\sqrt{(t+\varepsilon)/s}-\sqrt{(t-\varepsilon)/s})$$

であるので

$$\lim_{\varepsilon\to 0,\,t\to s}\frac{2(\sqrt{(t+\varepsilon)/s}-\sqrt{(t-\varepsilon)/s})}{2\varepsilon}=\frac{1}{s}$$

を得る．これより主定理 (2.2) の左辺は

$$\frac{A_0((s),(s))}{A_\infty((s),(s))}=2s$$

であることが分かる．

次に主定理 (2.2) の右辺を計算する．素数 p に対して $x^2\equiv 1 \pmod{p^a}$ は $p\neq 2$ のとき 2 個の解を持つ．従って，s を割る最大の p べきを p^b とすると，$a>b$ のとき $sx^2\equiv s \pmod{p^a}$ は $2p^b$ 個の解を持つ [*13]．従って

$$\alpha_p((s),(s))=\frac{1}{2}A_{p^a}((s),(s))=p^b,\ a>b$$

を得る．一方 $p=2$ の場合は $a\geqq 3$ のとき $x^2\equiv 1 \pmod{2^a}$ は 4 個の解を持つ．従って上と同様に

$$\alpha_2((s),(s))=2\cdot 2^{b'}$$

ここで $2^{b'}$ は s を割る最大の 2 のべきである．以上の考察によって

$$\prod_{p:\text{素数}}\alpha_p((s),(s))=2s$$

---

*13　$\pm 1+\alpha p^{a-b} \pmod{p^a}$，$\alpha=0,1,\cdots,p^b-1$ が解である．

が示されて主定理が成り立つことが分かる. $n=m>1$ と $n<m$ の場合の証明は多くのステップからなるので原論文 [20] を参照して頂きたい.

3. 正値2次形式の種の測度

ジーゲルの定理の威力を見るためにアイゼンシュタインから始まる正値2次形式 S の属する種の測度 $M(S)$ の公式について少し見ておこう. $T=S$ のとき S の属する類の代表が S_1 であるとすると $A(S_1,S)=E(S), A(S_k,S)=0,\ k>1$ であるので $A_0(S,S)=1/M(S)$ であることが分かり, 主定理 (2.2) より

$$\frac{1}{M(S)}=\frac{1}{2}A_\infty(S,S)\prod_p \alpha_p(S,S) \tag{3.1}$$

と書くことができる. さらに補題2.1より

$$A_\infty(S,S)=(\det S)^{-(m+1)/2}A_\infty(E_m,E_m)$$

である. そこで $A_\infty(E_m,E_n)$ を計算しよう.

$\gamma_{mn}=A_\infty(E_m,E_n)$ とおき, さらに $\gamma_m=\gamma_{mm}$ と置こう. このとき次の補題が成り立つ.

■ 補題 3.1

$n<m$ のとき

$$\gamma_m=\gamma_{mn}\gamma_{m-n}$$

が成立する.

証明　m 次単位行列 E_m の $S_m(\mathbb{R})$ での開近傍 B に対して

$$B_1 = \{Z \mid {}^tZZ \in B\}$$

とおく．

$$A_\infty(E_m, E_m) = \lim_{B \to E_m} \frac{v(B_1)}{v(B)}$$

であった．そこで $Z = (X, Y)$ と (m, n) 行列 X と $(m, m-n)$ 行列 Y に分解し

$$ {}^tZZ = \begin{pmatrix} T & Q \\ {}^tQ & R \end{pmatrix} = W, \tag{3.2}$$

$$T = {}^tXX,\ Q = {}^tXY,\ R = {}^tYY \tag{3.3}$$

と置く．ここで $(n, m-n)$ 零行列を O と記し

$$Y_1 = \begin{pmatrix} O \\ E_{m-n} \end{pmatrix}$$

と置いて

$$Y = (X, Y_1)\begin{pmatrix} F \\ U \end{pmatrix} \tag{3.4}$$

と $(n, m-n)$ 行列 F と $(m-n)$ 次正方行列 U を定める．必要であれば B を小さく取り直すことによって $\det(X, Y_1) \neq 0$ と仮定することができるので F, U は (X, Y) から一意的に決まると仮定してよい．このとき U は E_{m-n} の近傍を，F は零行列 O の近傍を動く．そこで B_1 の体積を求める積分の変数を (X, Y) から (X, F, U) に変数変換する．

この変数変換に伴うヤコビ行列式は (3.4) より $\det(X, Y_1)^{m-n}$ であることが分かる．X の変数に対応する体積形式を dv_X, Y の変数に対応する体積形式を dv_Y などと記すと，符号を無視すると

$$dv_X dv_Y = \det(X, Y_1)^{m-n} dv_X dv_U dv_F \tag{3.5}$$

が成り立つ[*14].

そこで (3.2) の記号を使って

$$G = \begin{pmatrix} T & Q \\ 0 & H \end{pmatrix}$$

と置く. $(m-n)$ 次正方行列 H は次のように決める.

$${}^tG \begin{pmatrix} T^{-1} & 0 \\ 0 & H \end{pmatrix} G = \begin{pmatrix} T & Q \\ {}^tQ & {}^tQT^{-1}Q + H \end{pmatrix}$$

となるので

$$H = R - {}^tQT^{-1}Q \tag{3.6}$$

---

*14 外積を使って計算すると分かりやすい. 例えば $m=3,\ n=1$ のとき

$$X = \begin{pmatrix} x_{11} & x_{12} \\ x_{21} & x_{22} \\ x_{31} & x_{32} \\ x_{41} & x_{42} \end{pmatrix},\ Y = \begin{pmatrix} x_{13} & x_{14} \\ x_{23} & x_{24} \\ x_{33} & x_{34} \\ x_{43} & x_{44} \end{pmatrix},$$

$F = \begin{pmatrix} u_{11} & u_{12} \\ u_{21} & u_{22} \end{pmatrix},\ U = \begin{pmatrix} u_{31} & u_{32} \\ u_{41} & u_{42} \end{pmatrix}$ と置くと

$$Y = \begin{pmatrix} x_{11}u_{11} + x_{12}u_{21} & x_{11}u_{12} + x_{12}u_{22} \\ x_{21}u_{11} + x_{22}u_{21} & x_{21}u_{12} + x_{22}u_{22} \\ x_{31}u_{11} + x_{32}u_{21} + u_{31} & x_{31}u_{32} + x_{32}u_{22} + u_{32} \\ x_{41}u_{11} + x_{42}u_{21} + u_{41} & x_{41}u_{12} + x_{42}u_{22} + u_{42} \end{pmatrix}$$

が成り立つ.

$(x_{11}du_{11} + x_{12}dv_{21}) \wedge (x_{21}du_{11} + x_{22}du_{21}) = \begin{vmatrix} x_{11} & x_{12} \\ x_{21} & x_{22} \end{vmatrix} du_{11} \wedge du_{12}$ などに注意すると

$$dx_{11} \wedge dx_{21} \wedge \cdots \wedge dx_{42} \wedge (dx_{13} \wedge dx_{23} \wedge \cdots \wedge dx_{44})$$
$$= \begin{vmatrix} x_{11} & x_{21} \\ x_{21} & x_{22} \end{vmatrix}^2 dx_{11} \wedge dx_{21} \wedge \cdots \wedge dx_{42} \wedge (du_{11} \wedge du_{21} \wedge du_{31} \wedge du_{41} \wedge \cdots \wedge du_{42})$$

$\begin{vmatrix} x_{11} & x_{12} \\ x_{21} & x_{22} \end{vmatrix} = \det(XY_1)$ に注意する.

と定義する．すると

$$ {}^tG\begin{pmatrix} T^{-1} & 0 \\ 0 & H \end{pmatrix}G = \begin{pmatrix} T & Q \\ {}^tQ & R \end{pmatrix} = {}^t(XY)(XY) $$

となり，特に $Y = Y_1$ と置いたときの Q, R, H をそれぞれ Q_1, R_1, H_1 と記すと

$$ \det(X, Y_1)^2 = (\det T)^{-1}\det H_1 \tag{3.7} $$

が成り立つことが分かる．ところで Q の定義 (3.3) より

$$ Q = {}^tXY = {}^tX(XF + Y_1U) = TF + Q_1U \tag{3.8} $$

が成り立つが T は X に現れる変数だけで記述されていてしかも可逆行列であるので B_1 の体積の計算で (X,U,F) の変数の代わりに (X,U,Q) の変数を用いてもよいことが分かる．すると $F = T^{-1}F - T^{-1}Q_1U$ より

$$ dv_X dv_U dv_F = (\det T)^{-(m-n)} dv_X dv_U dv_Q \tag{3.9} $$

が成り立つことが分かり，(3.5)，(3.7)，(3.9) より

$$ dv_Z = dv_X dv_Y = \left(\frac{\det H_1}{\det T}\right)^{(m-n)/2} dv_X dv_U dv_Q $$

であることが分かる．一方 B の体積の計算は (3.2) の記号を使うと

$$ \int_B dv_T dv_Q dv_R $$

で表される．dv_Q が B_1 と B の体積の計算に現れているのでこの部分の積分は打ち消し合う． dv_X と dv_T の積分の比較から $S_\infty(E_m, T)$ が現れる．dv_U と dv_R の積分の比較からは等式

$$ {}^tUH_1U = H $$

を使うと $A_\infty(H_1, H)$ が得られる．この等式は (3.6) より

(H_1 は $Y=Y_1$ として得られた), (3.4) および (3.8) を使うことによって

$$
\begin{aligned}
{}^tUH_1U &= {}^tU(R_1-{}^tQ_1T^{-1}Q_1) \\
&= {}^tU{}^tY_1Y_1U-{}^tQ_1T^{-1}Q_1 \\
&= {}^t(Y-XF)(Y-XF)-{}^t(Q-TF)T^{-1}(Q-TF) \\
&= R-{}^tQT^{-1}Q=H
\end{aligned}
$$

と示すことができる．従って上の計算から

$$A_\infty(E_m,W)=\left(\frac{\det H_1}{\det T}\right)^{(m-n)/2}A_\infty(E_m,T)A_\infty(H_1,H)$$

であることが分かる．求めたかったのは $W=E_m$, $T=E_n$, $H_1=H=E_{m-n}$ の場合であるので

$$A_\infty(E_m,E_m)=A_\infty(E_m,E_n)A_\infty(E_{m-n},E_{m-n})$$

が得られた． **［証明終］**

ところで γ_{m1} は m 次元超球 $x_1^2+x_2^2+\cdots+x_m^2 \leqq r^2$ の体積から計算できる．超球 $x_1^2+x_2^2+\cdots+x_m^2=1$ の体積を S_m と記すと 半径 r の m 次元超球の体積 $V_m(r)$ は

$$V_m(r)=\int_0^r S_m r^{m-1}dr=\frac{S_m r^m}{m}$$

で与えられる．一方 S_m は次の様にして計算できる．

$$\int_{-\infty}^\infty\cdots\int_{-\infty}^\infty e^{-(x_1^2+x_2^2+\cdots+x_m^2)}dx_1dx_2\cdots dx_m=S_m\int_0^\infty e^{-r^2}r^{n-1}dr$$

が成り立つことに注意する．変数 $x_1,x_2,\cdots,x_m$ に関する積分を極座標に関する積分に変数変換し，被積分関数が動径 r のみに依存することを使った．この等式の左辺は

$$\left(\int_{-\infty}^{\infty} e^{-x^2} dx\right)^m = \pi^{m/2}$$

であり，ガンマ関数 $\Gamma(t)$ の定義として

$$\Gamma(t) = 2\int_0^{\infty} e^{-r/2} r^{2t-1} dr$$

を採用すると

$$S_m = \frac{2\pi^{m/2}}{\Gamma(m/2)}$$

を得る．従って

$$\begin{aligned}\gamma_{m1} &= \lim_{\varepsilon \to 0} \frac{V_m(\sqrt{1+\varepsilon}) - V_m(\sqrt{1-\varepsilon})}{2\varepsilon} \\ &= \frac{S_m}{2} = \frac{\pi^{m/2}}{\Gamma(m/2)}\end{aligned}$$

を得る．これより

$$\gamma_m = \frac{\pi^{m(m+1)/4}}{\Gamma(1/2)\Gamma(2/2)\cdots\Gamma(m/2)}$$

であることが分かる．従って正定値2次形式 S に対して

$$M(S) = \frac{2\Gamma(1/2)\Gamma(2/2)\cdots\Gamma(m/2)(\det S)^{(m+1)/2}}{\pi^{m(m+1)/4}\prod_p \alpha_p(S,S)} \tag{3.10}$$

が得られる．ミンコフスキーが得ていた公式が実は2のべき乗の部分だけ間違っていたことをジーゲルは指摘している．$S = E_5$ のときこの公式 (3.10) を使うと

$$M(E_5) = \frac{1}{3840}$$

であることをジーゲルは具体的な計算で示している．

4．不定2次形式の場合

オスロ講演では正定値2次形式だけが扱われていたが，論文

［22］“Über die analytischen Theorie der quadratischen Formen II”（2次形式の解析的理論についてII），Annals of Mathematics 37（1936），230–263．

で不定2次形式の場合をジーゲルは考察している．

今まで同様に整係数 m 元2次形式と対応する整係数対称行列を S と，整係数 n 元2次形式と対応する整係数対称行列を T と表す．さらに $\det S \neq 0$, $T \neq 0$ と仮定する．

$$ {}^tXSX = T $$

を満たす整数係数の (m,n) 行列 X の個数を正定値形式の場合と同様に $A(S,T)$ と記したいが，S が不定値2次形式の時は X は無限個ある場合が生じるので，このままでは定義できない．従って $A(S,T)$ の定義を変更する必要がある．一方，任意の自然数 q に対して

$$ {}^tXSX \equiv T \pmod{q} \tag{4.1} $$

を満たす整数係数の (m,n) 行列 X の q を法として考えたときの個数は S が不定値2次形式でも常に有限であるので，この個数を $A_q(S,T)$ と記そう．従って，正定値2次形式のジーゲルの主定理

$$ \frac{A_0(S,T)}{A_\infty(S,T)} = \eta \prod_{p:\text{素数}} \alpha_p(S,T) \tag{4.2} $$

の右辺は S が不定値の場合もそのまま定義できる．一方，左辺の $A_0(S,T)$ は既に指摘したように正定値の時の定義をそのまま使うことはできない． $A_\infty(S,T)$ の定義に関しても T の開近傍 B の体積 $v(B)$ を有限にとっても $v(B_1)$ は有限になる保証はない．

そこで不定値の場合に（4.2）の左辺に当たる量を定義し直す必要があり，ジーゲルは次のように考えた．m 次実対称行列全体のなす空間 $S_m(\mathbb{R})\simeq\mathbb{R}^{m(m+1)/2}$ の中で上の対称行列 S の開近傍 B を次のように取る．任意の $S_0\in B$ は S と $GL(m,\mathbb{R})$ で同値である，すなわち

$$^tXSX=S_0,\ X\in GL(m,\mathbb{R})$$

が成り立つように選ぶ．そこで $GL(m,\mathbb{R})$ の領域 B_1 を

$$B_1=\{X\in GL(m,\mathbb{R})\,|\,^tXSX\in B\}$$

と定義する．$GL(m,\mathbb{R})$ は $\mathbb{R}^{m^2}$ の開集合と考えることができ，従って B_1 も $\mathbb{R}^{m^2}$ の開集合である．S の単数群 $\Gamma(S)$ を

$$\Gamma(S)=\{A\in GL(m\mathbb{R})\,|\,^tASA=S\} \qquad (4.3)$$

と定義すると $\Gamma(S)$ は B_1 に $X\longmapsto AX$ と作用する．この作用による B_1 の基本領域を $\overline{B}$ と記す*[15]．そこで

$$\rho(S)=\lim_{B\to S}\frac{v(\overline{B})}{v(B)} \qquad (4.4)$$

---

*[15] 基本領域 $\overline{B}$ は B_1 の領域とその境界の一部をつけ加えたものからなり，かつ任意の $X_0\in B_1$ に対して $X_0=AY_0$ となる $A\in\Gamma(S)$ と Y_0 が存在し，しかも Y_0 が一意的に決まるるような集合である．基本領域はいつも存在するとは限らないが，今の場合は存在することが示される．基本領域に関しては次節で例を詳しく調べる．

と定義する．ここで $v(\overline{B})$ は $\overline{B}$ のユークリッド空間 $\mathbb{R}^{m^2}$ での体積，$v(B)$ は B のユークリッド空間 $\mathbb{R}^{m(m+1)/2}$ での体積である．S の属する種の広義同値類の代表元を，今まで通り $S_1, S_2, \cdots, S_h$ と記して

$$\mu(S) = \rho(S_1) + \rho(S_2) + \cdots + \rho(S_h) \tag{4.5}$$

とおく．S が正定値の時は単数群 $\Gamma(S)$ は有限群であり，その位数は $E(S)$ に他ならない．有限群の場合は基本領域は常に存在し

$$v(\overline{B}) = \frac{v(B_1)}{E(S)}$$

が成り立つ．従ってて前号の補題2.1より

$$\begin{aligned}\rho(S) &= \frac{A_\infty(S,S)}{E(S)} \\ &= \frac{(\det S)^{-(m+1)/2} A_\infty(E_m, E_m)}{E(S)}\end{aligned}$$

となり，

$$\begin{aligned}\mu(S) &= (\det S)^{-(m+1)/2} A_\infty(E_m, E_m) \\ &\quad \cdot \left(\frac{1}{E(S_1)} + \frac{1}{E(S_2)} + \cdots + \frac{1}{E(S_h)} \right) \\ &= (\det S)^{-(m+1)/2} A_\infty(E_m, E_m) M(S)\end{aligned} \tag{4.6}$$

であることが分かる．ここで

$$M(S) = \sum_{k=1}^{h} \frac{1}{E(S_k)}$$

次に $n < m$ と仮定する．${}^tCSC = T$ は T の S による表現とする．さらに $(n, m-n)$ 実行列 Q と $(m-n)$ 次の実対称行列 R を，$m \times m$ 正方行列

$$Z=\begin{pmatrix} T & Q \\ {}^tQ & R \end{pmatrix}$$

が S と $GL(m,\mathbb{R})$ 同値であり，さらに $\det Z \neq 0$ であるように動かす．これは仮定 $\det T \neq 0$ より常に可能である．このとき Q, R が動くことができる領域 G の次元は $n(m-n)+\frac{1}{2}(m-n)(m-n+1)=\frac{1}{2}(m-n)(m+n+1)$ である．また Q_0, R_0 を

$$\det\begin{pmatrix} T & Q_0 \\ {}^tQ_0 & R_0 \end{pmatrix}=\det S$$

であるように選ぶ．仮定 $\det S \neq 0$, $\det T \neq 0$ より

$${}^t(CY)S(CY)=Z$$

が成り立つような $(m, m-n)$ 行列 Y が存在する．ここで (CY) は (m,n) 行列 C と $(m,m-n)$ 行列 Y を並べてできる m 次の正方行列を意味する．この等式は

$${}^tCSY=Q,\ {}^tYSY=R$$

と同値である．$Z\in G$ となる Y の動くことのできる領域 G_1 の次元は $m(m-n)$ である．さらに

$$\Gamma_C(S)=\{A\in GL(m,\mathbb{Z})\,|\,{}^tASA=S,\ AC=C\}$$

を S の C 不変単数群と呼ぶ．$A\in\Gamma(S)$ であれば ${}^t(CY)S(CY)=Z$ のとき

$${}^t\{A(CY)\}S\{A(CY)\}={}^t(CY)S(CY)=Z$$

であるので，$Y\in G_1$ のとき $AY\in G_1$ が成り立ち，$\Gamma_C(S)$ は G_1 に作用する．そこで $\bar{G}$ を G_1 への $\Gamma_C(S)$ の作用に関する基本領域し

$$\rho(S,C)=\lim_{G\to(Q_0,R_0)}\frac{v(\bar{G})}{v(G)}$$

とおく．S が正定値の時は

$$\rho(S,C)=\frac{A_\infty(S,Z)}{|\varGamma_C(S)|\,A_\infty(S,T)}$$

が成り立つ．ここで $|\varGamma_C(S)|$ は部分群 $\varGamma_C(S)$ の位数である．$A_\infty(S,T)$ が分母に現れるのは開集合 G の定義では T を固定し，T の開近傍を取っていないので，この部分の積分の寄与がないからである．$\det Z=\det S$ に取ったので補題２.１を再び使うと

$$\rho(S,C)=\frac{\det(S)^{-(m+1)/2}A_\infty(E_m,E_m)}{|\varGamma_C(S)|A_\infty(S,T)} \tag{4.7}$$

であることが分かる．

${}^tCSC=T$ を満たす整行列 C の全体 $\mathcal{C}$ に単数群 $\varGamma(S)$ (４.３) は左から作用する．すなわち，$A\in\varGamma(S)$ に対して ${}^tCSC=T$ であれば AC も整行列であり ${}^t(AC)S(AC)=T$ が成り立つ．この作用に対する剰余類の代表元を $C_1,C_2,\cdots,$ C_s とするとき

$$\alpha(S,T)=\sum_{i=1}^{s}\rho(S,C_i) \tag{4.8}$$

と定義し，さらに

$$\mu(S,T)=\alpha(S_1,T)+\alpha(S_2,T)+\cdots+\alpha(S_h,T)$$

と定義する．このとき，もし S が正定値であれば (４.８) に出てくる剰余類の個数 s は

$$s=\frac{A(S,T)|\varGamma_C(S)|}{E(S)}$$

であり，$\Gamma_{C_i}(S)$ は $\Gamma_C(S)$ と $\Gamma(S)$ で共役であるので $|\Gamma_{C_i}(S)|=|\Gamma_C(S)|$ が成り立つことを使うと，(4.7) および (4.8) より

$$\alpha(S,T)=\frac{(\det S)^{-(m+1)/2}A_\infty(E_m,E_m)M(S,T)}{E(S)A_\infty(S,T)}$$

であることが分かる．ここで

$$M(s,T)=\sum_{k=1}^{h}\frac{A(S_k,T)}{E(S_k)}$$

である．従って S が正定値の場合は

$$\mu(S,T)=\frac{(\det T)^{-(m+1)/2}A_\infty(E_m,E_m)M(S,T)}{A_\infty(S,T)}$$

が成り立つ．従って (4.6) より

$$\frac{\mu(S,T)}{\mu(S)}=\frac{A_0(S,T)}{A_\infty(S,T)}$$

が成立することが分かった．

ここまで定義すると不定値2次形式の場合の主定理の証明は正定値の場合と同様にできる．ただ，ここでの議論は2次形式論を越えて，数論的離散群とその基本領域の構成，さらには基本領域の体積を求めるという新しい問題の誕生に繋がっていった．

ジーゲルはさらに論文

[26] "Über die analytischen Theorie der quadratischen Formen III" (2次形式の解析的理論についてIII), Annals of Mathematics 38 (1937), 212-291.

において以上の結果を代数的整数を係数とする2次形式の場合に拡張している．

5. 上半平面

さて前節で無限群の作用と基本領域の話が出て来たので，典型的な例である上半平面 H に作用する $SL(2,\mathbb{Z})$ を考察しておこう．この例はモジュラー形式の理論と関係し，また正値２元２次形式の理論とも深く関係している．上半平面 H は複素平面内で虚部が正である複素数の全体がなす領域

$$H=\{\tau\in\mathbb{C}\,|\,\mathrm{Im}\,z>0\}$$

と定義される．上半平面には $SL(2,\mathbb{R})$ が

$$\begin{pmatrix} a & b \\ c & d \end{pmatrix}\cdot\tau=\frac{a\tau+b}{c\tau+d},\ \begin{pmatrix} a & b \\ c & d \end{pmatrix}\in SL(2,\mathbb{R})$$

によって作用する[*16]．このとき

$$-\begin{pmatrix} a & b \\ c & d \end{pmatrix}\cdot\tau=\begin{pmatrix} a & b \\ c & d \end{pmatrix}\cdot\tau$$

が成り立つので

$$PSL(2,\mathbb{R})=SL(2,\mathbb{R})/\langle\pm E_2\rangle$$

も上半平面に作用する．ここで E_2 は２次の単位行列である．$SL(2,\mathbb{R})$ と $PSL(2,\mathbb{R})$ の作用の違いは次の事実にある．

[*16] 次の条件が満たされるとき，群 G は集合 X に作用するという．

1) 任意の $g\in G$ と $x\in X$ に対して X の点 $g\cdot x$ がただ一つ決まる．

2) $g_1(g_2\cdot x)=(g_1g_2)\cdot x,\ \forall g_1,g_2\in G,\ \forall x\in X.$

3) G の単位元 e に対して $e\cdot x=x,\ \forall x\in X.$

$g\cdot x$ はしばしば gx と略記する．

補題 5.1

$\{M \in SL(2,\mathbb{R}) \mid M\cdot\tau = \tau,\ \forall\tau\in H\} = \{\pm E_2\}$

従って $PSL(2,\mathbb{R})$ は上半平面に有効に作用する *17.

証明

$$\frac{a\tau+b}{c\tau+d} = \tau$$

が成り立ったとする．これより

$$c\tau^2+(d-a)\tau-b=0$$

を得る．$\mathrm{Im}\,\tau>0$ の条件の下に $\tau\to 0$ を取ることによって $b=0$ を得る．これより $c\tau+(d-a)=0$ を得る．再び $\mathrm{Im}\,\tau>0$ の条件の下に $\tau\to 0$ を取ることによって $d=a$ を得る．すると $c\tau=0$ が成り立つので $c=0$ である．［**証明終**］

さて $SL(2,\mathbb{R})$ の部分群 $SL(2,\mathbb{Z})$ を考える．$SL(2,\mathbb{R})$ はリイ群の構造を持ち，$SL(2,\mathbb{Z})$ は $SL(2,\mathbb{R})$ の位相に関して離散部分群になっている *18．同様に $PSL(2,\mathbb{Z}) = SL(2,\mathbb{Z})/\langle\pm E_2\rangle$ は $PSL(2,\mathbb{Z})$ の離散部分群である．

*17　群 G が集合 X に作用しているときすべての $x\in X$ に対して $g\cdot x=x$ となる G の元が単位元のみのとき，群 G は X に有効に作用するという．

*18　$SL(2,\mathbb{R})$ の単位元の近傍 B で $B\cap SL(2,\mathbb{Z})=\{E_2\}$ が成り立つものが存在する．例えば

$$B=\left\{\begin{pmatrix} a & b \\ c & d\end{pmatrix}\in SL(2,\mathbb{R}) \,\middle|\, |a-1|<1/3,\ (d-1)<1/3,\ |b|,\ |c|<1/3\right\}$$

に取ればよい．

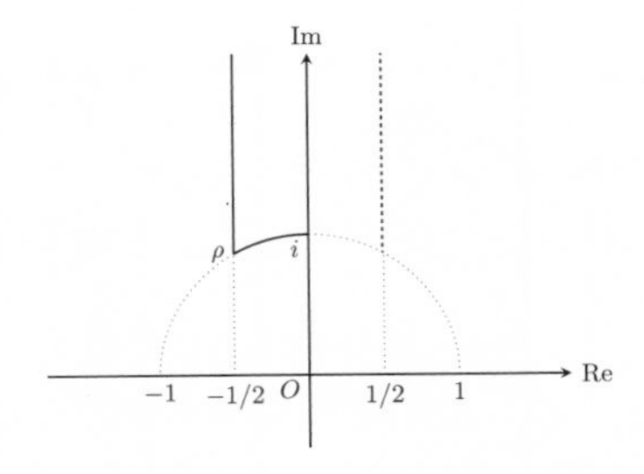

図 3.1　$SL(2,\mathbb{Z})$ および $PSL(2,\mathbb{Z})$ は上半空間への作用に関する基本領域は領域 $F^\circ=\{\tau\in H\,|\,-1/2<\mathrm{Re}\,\tau<1/2,\ |\tau|>1\}$ にその境界の一部 $\{\tau\in H\,|\,\mathrm{Re}\,\tau=-1/2,\ \mathrm{Im}\,\tau\geqq\sqrt{3}/2\}\cup\{\tau\in H\,|\,|\tau|=1,-1/2\leqq\mathrm{Re}\,\tau\leqq 0\}$ をつけ加えたもの．図で i は虚数単位，$\rho=\dfrac{-1+\sqrt{3}\,i}{2}$

定理 5.2　$SL(2,\mathbb{Z})$ および $PSL(2,\mathbb{Z})$ は上半空間への作用に関して基本領域を持つ．部分集合

$$F=\{\tau\in H\,|\,-1/2\leqq\mathrm{Re}\,\tau<1/2,\ |\tau|\geqq 1,\ \text{かつ}\ |\tau|=1\ \text{のときは}\ -1/2\leqq\mathrm{Re}\,\tau\leqq 0\}$$

は基本領域の一つである．

証明　$M=\begin{pmatrix}a & b\\ c & d\end{pmatrix}\in SL(2,\mathbb{R})$ に対して

$$\mathrm{Im}(M\cdot\tau)=\frac{\mathrm{Im}\,\tau}{|c\tau+d|^2} \tag{5.1}$$

であることに注意する．これは

$$\frac{a\tau+b}{c\tau+d}=\frac{(a\tau+b)(c\overline{\tau}+d)}{|c\tau+d|^2}$$

$$=\frac{a|\tau|^2+bd+ad\tau+bc\overline{\tau}}{|c\tau+d|^2}$$

であることより明らかである．

$M=\begin{pmatrix} a & b \\ c & d \end{pmatrix}\in SL(2,\mathbb{Z})$ に対して $|c\tau+d|$ は $|c|\to\infty$ または $|d|\to\infty$ であれば $|c\tau+d|\to\infty$ となるので，(5.1) より M が $SL(2,\mathbb{Z})$ のすべての元を動くとき，各 τ に対して $\mathrm{Im}(M\cdot\tau)$ は上に有界である．そこで $\mathrm{Im}(M\cdot\tau)$ が最大になる M_0 を選び $\tau_0=M_0\cdot\tau$ とおく．このとき必要であればさらに適当に整数 m を選んで $-1/2\leqq\mathrm{Re}(\tau_0+m)<1/2$ であるようにできる．$M_1=\begin{pmatrix} 1 & m \\ 0 & 1 \end{pmatrix}$ を使うと $\tau_1=M_1\cdot\tau_0=(M_1M_0)\cdot\tau=\tau_0+m$ であり，$\mathrm{Im}\,\tau_1=\mathrm{Im}\,\tau_0$ は M が $SL(2,\mathbb{Z})$ のすべての元を動くとき $\mathrm{Im}\,M\cdot\tau$ の中で最大である．もし $|\tau_1|<1$ とすると

$$S=\begin{pmatrix} 0 & -1 \\ 1 & 0 \end{pmatrix}\in SL(2,\mathbb{Z})$$

に対して

$$\mathrm{Im}(S\cdot\tau_1)=\frac{\mathrm{Im}\,\tau_1}{|\tau_1|^2}>\mathrm{Im}\,\tau_1$$

となり $\mathrm{Im}\,\tau_1$ が最大であることに反する．従って $|\tau_1|\geqq1$ でなけれなならない．

もし $|\tau_1|=1$ で $0<\mathrm{Re}\,\tau_0<1/2$ であれば

$$\tau_1=e^{i\theta},\ \frac{\pi}{3}<\theta<\frac{\pi}{2}$$

である．そこで $\tau_2=S\cdot\tau_1$ と置くと

$$\tau_2=-\frac{1}{\tau_1}=-e^{-i\theta}=e^{i(\pi-\theta)},\ \frac{\pi}{2}<\pi-\theta<\frac{2\pi}{3}$$

が成り立つので $\mathrm{Re}\,\tau_2=\cos(\pi-\theta)=-\cos\theta$ となり

$$-\frac{1}{2}<\mathrm{Re}\,\tau_2<0$$

が成り立つ．従って上半空間の任意の点 τ は $SL(2,\mathbb{Z})$ の元

によって F の点に移されることが分かった．よって F は基本領域を含んでいる．

F が基本領域であることを示すためには F の異なる 2 点 τ, τ' に対して

$$\tau' = M \cdot \tau,\ M \in SL(2, \mathbb{Z})$$

が成り立つと $M = \pm E_2$ であることを示せばよい．ここで E_2 は 2 次の単位行列である．

そこで $\mathrm{Im}\,\tau' \geqq \mathrm{Im}\,\tau$ と仮定し

$$\tau' = \frac{a\tau + b}{c\tau + d},\ \begin{pmatrix} a & b \\ c & d \end{pmatrix} \in SL(2, \mathbb{Z})$$

が成り立ったと仮定する．もし $c = 0$ であれば

$$M = \begin{pmatrix} \pm 1 & b \\ 0 & \pm 1 \end{pmatrix}$$

が成立し

$$M \cdot \tau = \tau \pm b$$

が成り立つので，基本領域 F の取り方より $b = 0$ であることが分かり，$M = \pm E_2$ である．

そこで $c \neq 0$ と仮定する．$\mathrm{Im}\,\tau' \geqq \mathrm{Im}\,\tau$ と仮定したので (5.1) より

$$|c\tau + d| \leqq 1$$

が成立する．$\tau = x + iy$ と実部と虚部に分けて書くと $\tau \in F$ であれば $y \geqq \sqrt{3}/2$ である．従って

$$1 \geqq |c\tau + d|^2 = (cx + d)^2 + (cy)^2 \geqq (cy)^2 \geqq \frac{3c^2}{4}$$

が成り立ち，$c \neq 0$ と仮定したので $c = \pm 1$ でなければならない．必要であれば M の代わりに $-M$ を考えることによって

$c=1$ と仮定してよい.

$$|\tau+d|^2=(x+d)^2+y^2=x^2+d^2+2dx+y^2$$

であるので $-1/2<x<1/2$ であればこれより

$$\begin{aligned}x^2+d^2+2dx+y^2&>x^2+d^2-|d|+y^2\\&\geqq 1+d^2-|d|>1\end{aligned}$$

が成り立ち, $|\tau+d|\leqq 1$ に反する. 従って $x=-1/2$ でなければならない. このとき

$$x^2+d^2+2dx+y^2=x^2+d^2-d+y^2\geqq 1+d^2-d$$

より $|\tau+d|\leqq 1$ であるためには $d=0$ または $d=1$ でかつ $|\tau+d|=1$ でなければならない. 従って (5.1) より $\mathrm{Im}\,\tau'=\mathrm{Im}\,\tau$ が成立する. また $d=0$ であれば $|\tau|=1$ でなければならない. $\mathrm{Re}\,\tau=-1/2$ と仮定しているので, これは

$$\tau=\frac{-1+\sqrt{3}\,i}{2}=\rho$$

を意味する. このとき

$$\tau'=\frac{a\tau-1}{\tau}=a-\frac{1}{\tau}$$

であるが

$$-\frac{1}{\rho}=\frac{1+\sqrt{3}\,i}{2}$$

であるので, $\tau'\in F$ であるためには $a=-1$ でなければならず $\tau'=\rho=\tau$ となる. $\tau'\neq\tau$ と仮定しているので, この場合は起こらない.

もし $d=1$ であれば $|\tau+1|=1$, $\mathrm{Re}\,\tau=-1/2$ より再び $\tau=\rho$ でなければならない. $c=d=1$ であるので $a-b=1$ が成り立ち

$$\tau' = \frac{a\tau+b}{\tau+1} = b - \frac{1}{\tau+1}$$

となることより

$$-\frac{1}{\rho+1} = \rho$$

であり $\tau' \in F$ より $b=0$, $\tau' = \tau$ でなければならない．これは $\tau' \neq \tau$ に反する． **［証明終］**

さて不定2次形式の議論では基本領域の体積が問題となった．今の場合は基本領域の面積が問題となる．前節の不定2次形式の場合はユークリッド空間の体積であり，かつ単数群

$$\Gamma(S) = \{X \in M_m(\mathbb{R}) \mid {}^tXSX = S\}$$

の各元 X は $\det X = \pm 1$ である．ところで，基本領域 $\overline{B}$ に対して $X\overline{B}$ も $\Gamma(S)$ に関する基本領域になるが，$\det X = \pm 1$ より通常のユークリッド空間の体積に関して $v(\overline{B}) = v(X\overline{B})$ となるので通常の積分でよかった．しかし上半平面の場合は $SL(2,\mathbb{Z})$ の作用は1次分数変換であるので不定2次形式の場合の議論は通用しない．そのために $SL(2,\mathbb{Z})$ の作用で不変になるような面積要素を見つける必要がある．

$\tau = x+iy$ と実部と虚部に分けると $dx \wedge dy$ がユークリッド平面の体積要素である．$M = \begin{pmatrix} a & b \\ c & d \end{pmatrix} \in SL(2,\mathbb{Z})$ に対して $\tau = x+iy$, $M \cdot \tau = u+iv$ と実部と虚部に分けると

$$du \wedge dv = \frac{dx \wedge dy}{|c\tau+d|^4}$$

であることが直接計算によって示すことができる *19．(5.1) より

$$\frac{du\wedge dv}{v^2}=\frac{dx\wedge dy}{y^2}$$

がなり立つことが分かる．すなわち $\frac{dxdy}{y^2}$ は $SL(2,\mathbb{Z})$（実際は $SL(2,\mathbb{R})$）不変な面積要素であることが分かる．そこでこの面積要素を使って基本領域の面積 $v(F)$ を計算してみよう．

$$\begin{aligned}
v(F)&=\int_F\frac{dxdy}{y^2}=\int_{-1/2}^{1/2}dx\int_{\sqrt{1-x^2}}^{\infty}\frac{dy}{y^2}\\
&=\int_{-1/2}^{1/2}\frac{dx}{\sqrt{1-x^2}}\\
&=\int_{-\pi/6}^{\pi/6}d\theta\ (x=\sin\theta \text{ と置いた})\\
&=\frac{\pi}{3}
\end{aligned}$$

を得る．

ところで $SL(2,\mathbb{Z})$ の作用で互いに移り合う点を同一視することによって商空間 $SL(2,\mathbb{Z})\backslash H$ が定義できる．このとき，この商空間の各点の近傍に複素座標を導入することができ，商空間は 1 次元複素多様体（リーマン面）の構造を持つことが示される．この 1 次元複素多様体は複素平面 $\mathbb{C}$ と正則同型であり，この正則同型は 10 節で導入する楕円モジ

---

*19　τ とその複素共役 $\overline{\tau}$ を複素変数と考えると計算が楽になる．$dx\wedge dy=\frac{i}{2}d\tau\wedge d\overline{\tau}$ が成り立つ．$\eta=\frac{a\tau+b}{c\tau+d}$ とすると $d\eta=\frac{d\tau}{(c\tau+d)^2}$ となるので $d\eta\wedge d\overline{\eta}=\frac{d\tau\wedge d\overline{\tau}}{|c\tau+d|^4}$ が示される．

ュラー関数 $j(\tau)$ によって与えられることを示すことができる．後述するように，ここで取り上げた上半平面はジーゲル上半平面へとジーゲルによって一般化された．

6．2元2次形式と2次体

ところで上半平面の理論は正定値2元2次形式の理論とも深く関係している．そのことを最初に見出したのはディリクレであった．彼の講義をもとにした著された『数論講義』に2元2次形式と2次体の整数の関係が詳しく論じられており，この著作の改訂版の付録としてデデキントはイデアルの概念を初めて導入して，2次形式との関係を詳しく論じてた．そのことを簡単に見ておこう．

平方因子を持たない整数 m をとり有理数体 $\mathbb{Q}$ に $\sqrt{m}$ を付加したできる体

$$K=\mathbb{Q}(\sqrt{m})=\{a+b\sqrt{m}\mid a,b\in\mathbb{Q}\}$$

を2次体という．$m<0$ のときは $\sqrt{m}=\sqrt{|m|}\,i$，i は虚数単位，と定義し，$K=\mathbb{Q}(\sqrt{m})$ を虚2次体と呼ぶ．2次体 K の元のうち最高次の係数が1である整係数の方程式の根となるものを2次体 K に属する代数的整数（あるいは2次体 K の整数）とよび，K に属する代数的整数全体を $\mathfrak{O}_K$ と記して K の全整数環と呼ぶ．K の元 $\alpha=a+b\sqrt{m}$ に対して $\alpha'=a-b\sqrt{m}$ を α の共役元という．

$$\mathrm{Tr}(\alpha)=\alpha+\alpha'=2a$$

を α のトレース（または跡），

$$N(\alpha)=\alpha\cdot\alpha'=a^2-b^2m$$

を α のノルムと呼ぶ．このとき α は2次方程式

$$x^2-\mathrm{Tr}(\alpha)x+N(\alpha)=0$$

を満たす．$b\neq 0$ のとき α を根に持つ整係数多項式は必ずこの左辺の2次式で割り切れなければならないので，$\alpha=a+b\sqrt{m}$, $b\neq 0$ が代数的整数であるための必要十分条件は

$$\mathrm{Tr}(\alpha)\in\mathbb{Z},\ N(\alpha)\in\mathbb{Z} \tag{6.1}$$

である．$b=0$ のときは a が代数的整数であることは a が整数であることを意味するから，この条件(7.1)は $b=0$ の場合も α が代数的整数であるための必要十分条件になっている．m は平方因子を持たないと仮定したので $m\not\equiv 0 \pmod 4$ である．従って次の補題が示されたことになる．

補題 6.1

2次体 K の元 $\alpha=a+b\sqrt{m}$ が代数的整数であるための必要十分条件は $m\equiv 1 \pmod 4$ のときは

$$a=\frac{k}{2},\ b=\frac{l}{2},\ k,l\in\mathbb{Z},\ k\equiv l \pmod 2$$

であり，$m\equiv 2,3 \pmod 4$ のときは

$$a,b\in\mathbb{Z}$$

である．従って

$$\mathfrak{O}_K=\begin{cases}\mathbb{Z}\cdot 1+\mathbb{Z}\cdot\frac{1+\sqrt{m}}{2}, & m\equiv 1 \pmod 4\\ \mathbb{Z}\cdot 1+\mathbb{Z}\cdot\sqrt{m}, & m\equiv 2,3 \pmod 4\end{cases} \tag{6.2}$$

と書くことができる．

上の補題で $m\equiv 1 \pmod 4$ のときは $k=l+2s,\ s\in\mathbb{Z}$ であるので

$$\frac{k}{2}+\frac{l\sqrt{m}}{2}=s+\frac{l(1+\sqrt{m})}{2}$$

と書くことができることに注意する．これより $\mathfrak{O}_K$ が通常の積に関して可換環であることが分かる．そこで

$$\omega=\begin{cases}\frac{1+\sqrt{m}}{2}, & m\equiv 1 \pmod 4\\ \sqrt{m}, & m\equiv 2,3 \pmod 4\end{cases}$$

と定義する．すると $\mathfrak{O}_K=\mathbb{Z}\cdot 1=\mathbb{Z}\cdot\omega$ と書くことができ，$\mathfrak{O}_K$ は $\mathbb{Z}$ 加群として $\mathbb{Z}^2$ と同型であることが分かる．

さらに

$$\Delta=\begin{vmatrix}1 & \omega\\ 1 & \omega'\end{vmatrix}^2=\begin{cases}m, & m\equiv 1 \pmod 4\\ 4m, & m\equiv 2,3 \pmod 4\end{cases} \tag{6.3}$$

とおき，2次体 $K=\mathbb{Q}(\sqrt{m})$ の基本判別式と言う．

2次体 $K=\mathbb{Q}(\sqrt{m})$ の基本判別式を Δ とすると，$K=\mathbb{Q}(\sqrt{\Delta})$ と書くこともできる．2次体 K の全整数環 $\mathfrak{O}_K$ のイデアル $\mathfrak{a}$ は $\mathfrak{O}_K$ の $\mathfrak{O}_K$ 部分加群と定義する．すなわち

(1) $\alpha,\beta\in\mathfrak{a}$ であれば $\alpha\pm\beta\in\mathfrak{a}$.

(2) 任意の $\lambda\in\mathfrak{O}_K$, $\alpha\in\mathfrak{a}$ に対して $\lambda\alpha\in\mathfrak{a}$.

0だけからなる集合もイデアルとなるが，本節ではイデアル $\mathfrak{a}$ と言うときは $\mathfrak{a}\neq\{0\}$ と仮定する．すると商加群 $\mathfrak{O}_K/\mathfrak{a}$ は有限加群であることが分かる．そこでその位数をイデアル $\mathfrak{a}$ のノルムと呼び $\mathrm{N}(\mathfrak{a})$ を記す．

$$\mathrm{N}(\mathfrak{a})=|\mathfrak{O}_K/\mathfrak{a}| \tag{6.4}$$

定義から明らかのようにイデアルが $\mathfrak{a} \subset \mathfrak{b}$ であれば $\mathrm{N}(\mathfrak{b})$ は $\mathrm{N}(\mathfrak{a})$ の約数になっている．$\mathfrak{O}_K$ の元 $\alpha_1, \alpha_2, \cdots, \alpha_s$ に対して

$$(\alpha_1, \alpha_2, \cdots, \alpha_s) = \left\{ \sum_{j=1}^{s} \lambda_j \alpha_j \mid \lambda_j \in \mathfrak{O}_K,\ j = 1, 2, \cdots, s \right\}$$

と定義すると $(\alpha_1, \alpha_2, \cdots, \alpha_s)$ は $\mathfrak{O}_K$ のイデアルになる．これを $\alpha_1, \alpha_2, \cdots, \alpha_s$ から生成されたイデアルと呼ぶ．1個の元から生成されるイデアルを単項イデアルと呼ぶ．単項イデアルは主イデアルと呼ばれることもある．

ところで $\mathfrak{O}_K$ は補題7.1より $\mathbb{Z}$ 加群として $\mathbb{Z}^2$ と同型であり，イデアル $\mathfrak{a}$ は部分 $\mathfrak{O}_K$ 加群であったので $\mathbb{Z}$ 加群として2個の基底を持っている．その基底を α, β とすると $\mathfrak{a}$ は α, β で生成されるイデアル (α, β) と考えることもできる．従って，以下ではイデアル $\mathfrak{a}$ を $\mathbb{Z}$ 加群の基底を使って (α, β) などと記すことがある．この記号を使えば単項イデアル (α) は $(\alpha, \alpha\omega)$ と記される．またイデアルの $\mathbb{Z}$ 基底のとり方は無数にあるが $(\alpha, \beta) = (\gamma, \delta)$ であれば

$$\begin{pmatrix} \gamma \\ \delta \end{pmatrix} = M \begin{pmatrix} \alpha \\ \beta \end{pmatrix},\ M \in GL(2, \mathbb{Z})$$

と書くことができる．

そこでイデアル $\mathfrak{a} = (\alpha, \beta)$ の判別式 $\mathrm{D}(\mathfrak{a})$ を

$$\mathrm{D}(\mathfrak{a}) = \begin{vmatrix} \alpha & \beta \\ \alpha' & \beta' \end{vmatrix}^2 \tag{6.5}$$

と定義すると

$$\mathrm{D}(\mathfrak{a}) = \mathrm{N}(\mathfrak{a})^2 \Delta \tag{6.6}$$

が成り立つ．これは $\mathfrak{a} = (\alpha, \beta)$ のとき

$$\alpha = a + b\omega$$
$$\beta = c + d\omega,\quad a, b, c, d \in \mathbb{Z}$$

と表すと

$$\mathrm{N}(\mathfrak{a}) = \pm\begin{vmatrix} a & b \\ c & d \end{vmatrix}$$

となることから示される．符号 ± は右辺が正になるように選ぶ．特に単項イデアル (α) に対しては

$$\mathrm{N}((\alpha)) = |\mathrm{N}(\alpha)|$$

である[20]．また，

$$\mathrm{D}(\mathfrak{a}) = \mathrm{N}(\mathfrak{a})^2 \Delta \tag{6.6}$$

であることも分かる．

さて $\mathfrak{O}_K$ のイデアル $\mathfrak{a}, \mathfrak{b}$ に対してその積 $\mathfrak{ab}$ を任意の $\alpha \in \mathfrak{a}$, $\beta \in \mathfrak{b}$ に対して積 $\alpha\beta$ から生成されるイデアルであると定義する．このとき

$$\mathrm{N}(\mathfrak{ab}) = \mathrm{N}(\mathfrak{a})\mathrm{N}(\mathfrak{b})$$

が成り立つ[21]．

---

*20　$\alpha = a + b\omega$, $a, b \in \mathbb{Z}$ のとき

$$\alpha\omega = a\omega + b\omega^2 = \begin{cases} \dfrac{b(m-1)}{4} + (a+b)\omega, & m \equiv 1 \pmod 4 \\ bm + a\omega, & m \equiv 2, 3 \pmod 4 \end{cases}$$

が成り立つので

$$\pm\mathrm{N}((\alpha)) = \begin{cases} a(a+b) - \dfrac{b^2(m-1)}{4}, & m \equiv 1 \pmod 4 \\ a^2 - b^2 m, & m \equiv 2, 3 \pmod 4 \end{cases}$$

となり，右辺は $\alpha\alpha'$ に等しい．

*21　$\mathfrak{O}_K/\mathfrak{a} \simeq (\mathfrak{O}_K/\mathfrak{ab})/(\mathfrak{a}/\mathfrak{ab})$ であるので $\mathrm{N}(\mathfrak{a}) = |\mathfrak{O}_K/\mathfrak{ab}|/|\mathfrak{a}/\mathfrak{ab}|$ より $\mathrm{N}(\mathfrak{ab}) = \mathrm{N}(\mathfrak{a})|\mathfrak{a}/\mathfrak{ab}|$，一方 $\mathfrak{a}/\mathfrak{ab} \simeq \mathfrak{O}_K/\mathfrak{b}$ が証明できるので（たとえば，次の注で示されるように $\mathfrak{a}\mathfrak{a}' = (n)$ と単項イデアルになり，以下で示すように $\mathfrak{a}^{-1} = \dfrac{1}{n}\mathfrak{a}'$ と分数イデアルの中で逆を持つことより $\mathfrak{a}/\mathfrak{ab} \simeq (\mathfrak{a}'\mathfrak{a})/(\mathfrak{a}'\mathfrak{ab}) \simeq (n)/n\mathfrak{b} \simeq \mathfrak{O}_K/\mathfrak{b}$ となり $|\mathfrak{a}/\mathfrak{ab}| = \mathrm{N}(\mathfrak{b})$ である．

さらにイデアル $\mathfrak{a}$ に対してその共役イデアル $\mathfrak{a}'$ を

$$\mathfrak{a}' = \{\alpha' \mid \alpha \in \mathfrak{a}\}$$

と定義する．$\mathfrak{a}'$ も $\mathfrak{O}_K$ のイデアルである．このとき $D(\mathfrak{a}') = D(\mathfrak{a})$ であるので(7.6)より

$$\mathrm{N}(\mathfrak{a}) = \mathrm{N}(\mathfrak{a}')$$

であることが分かる．また

$$\mathfrak{a}\mathfrak{a}' = (\mathrm{N}(\mathfrak{a})) \tag{6.7}$$

が成り立つことが分かる*[22]．が成立する．

これまで $\mathfrak{O}_K$ のイデアルを考えてきたが K の有限生成 $\mathfrak{O}_K$ 部分加群を考えることもできる．この $\mathfrak{O}_K$ 部分加群を K の分数イデアルと呼ぶ．言い換えると K の部分集合 $\mathfrak{c}$ は

(1) $\mathfrak{c}$ の任意の元 γ は $\sum_{j=1}^{s} \alpha_j \xi_j$, $\alpha_j \in \mathfrak{O}_K$

と表すことができるような $\xi_j \in K$, $j = 1, 2, \cdots, s$ が存在する．

(2) $\alpha, \beta \in \mathfrak{c}$ であれば $\alpha \pm \beta \in \mathfrak{c}$.

(3) 任意の $\lambda \in \mathfrak{O}_K$ と $\alpha \in \mathfrak{c}$ に対して $\lambda\alpha \in \mathfrak{c}$

が成り立つとき K の分数イデアルと言われる．(1) の $\xi_j \in K$, $j = 1, 2, \cdots, s$ を分数イデアル $\mathfrak{c}$ の生成元と呼ぶ．分

---

*22　$\mathbb{Z}$ 基底を使って $\mathfrak{a} = (\alpha, \beta)$ とすると $\mathfrak{a}\mathfrak{a}' = (\alpha\alpha', \alpha\beta', \alpha'\beta, \beta\beta')$ であるが $\alpha\alpha', \alpha\beta' + \alpha'\beta, \beta\beta'$ は有理整数である．この最大公約数を n とすると $(\alpha\beta')/n$, $(\alpha'\beta)/n$ は $x^2 - px + q = 0$ の根であり，$p = (\alpha\beta' + \alpha'\beta)/n$, $q = (\alpha\alpha'\beta\beta')/n^2$ は整数であるので代数的整数である．これより $\mathfrak{a}\mathfrak{a}' = (n)$ が示される．これより $\mathrm{N}(\mathfrak{a})^2 = \mathrm{N}(\mathfrak{a}\mathfrak{a}') = n^2$ が得られ $n = \mathrm{N}(\mathfrak{a})$ であることが分かる．

数イデアルに対して $\mathfrak{O}_K$ のイデアルを整イデアルと呼ぶこともある．分数イアデアル $\mathfrak{c}$ に対して $n\mathfrak{c}=\{n\alpha \mid \alpha \in \mathfrak{c}\}$ が整イデアルになるような自然数 n を必ず見出すことがでできる [*23]．このとき分数イアデアル $\mathfrak{c}$ のノルム $\mathrm{N}(\mathfrak{c})$ を

$$\mathrm{N}(\mathfrak{c})=\frac{1}{n^2}\mathrm{N}(n\mathfrak{c})$$

と定義する．これが自然数 n のとり方によらず一意的に定まる．整イデアルのときはノルムは自然数であるが分数イデアルのノルムは正の有理数である．分数イデアル $\mathfrak{c}$ の判別式 $\mathrm{D}(\mathfrak{c})$，共役 $\mathfrak{c}'$，積は整イデアルときと同様に定義できる．単項イデアル $(\alpha),(\beta)$ に対して $(\alpha)(\beta)=(\alpha\beta)$ であることから分かるようにイデアルの積は通常の数の積の自然な拡張になっている．

素数に対応するのが素イデアルである．$\mathfrak{O}_K$ のイデアル $\mathfrak{p}$ は剰余環 $\mathfrak{O}_K/\mathfrak{p}$ が整域 [*24] であるとき素イデアルと言われる．一方，$\mathfrak{p}\subsetneqq\mathfrak{a}$ であるイデアル $\mathfrak{a}$ は必ず $\mathfrak{O}_K$ と一致するときに $\mathfrak{p}$ は極大イデアルと言われる．これは剰余環 $\mathfrak{O}_K/\mathfrak{p}$ が体であると定義することと同値である．全整数環 $\mathfrak{O}_K$ の場合 $\mathfrak{p}$ が素イデアルであることと極大イデアルであることと一致することが知られている．それだけでなく次の重要な結果がイデア

[*23] 生成元 $\xi_1,\xi_2,\cdots,\xi_s$ に対して $n\xi_j\in\mathfrak{O}_K, s=1,2,\cdots,s$ となる自然数 n を見つけることができる．従って分数イデアルは整イデアルと同様に $\mathbb{Z}$ 加群として $\mathbb{Z}^2$ と同型である．

[*24] 整域とは零因子を持たない，言い換えると $a\neq 0$，$b\neq 0$ のとき $ab\neq 0$ が成り立つ可換環のことである．

ルを初めて定義したデデキントによって証明されている.

定理 6.2（デデキント）　全整数環 $\mathfrak{O}_K$ のイデアルは素イデアルの積に順序を無視すれば一意的に分解される.

この定理は自然数の素因数分解の一意性の一般化になっている. 2次体の代数的整数に対しては通常の数に対する素因数分解の一意性は必ずしも成立しない.

例 6.3　虚2次体 $K=\mathbb{Q}(\sqrt{-5})$ を考える. 因数分解

$$6=2\cdot 3=(1+\sqrt{-5})(1-\sqrt{-5})$$

が成り立つが, 簡単な計算から分かるように2も3も $\mathfrak{O}_K$ の元の積には単数[*25] を掛けることを除いてこれ以上因数分解できない. これは6が異なる2通りの因数分解ができることになり, 因数分解の一意性は成り立たない. そこでイデアル $\mathfrak{p}=(2,1+\sqrt{-5})$ を考えると $\mathfrak{p}^2=(2)$ が成り立つことが分かる. $1-\sqrt{-5}\in\mathfrak{p}$ であるので $2^2=4$, $(1+\sqrt{-5})(1-\sqrt{-5})=6\in\mathfrak{p}^2$ より $2\in\mathfrak{p}^2$ が成り立ち, $(2)\subset\mathfrak{p}^2$ であることが分かる. 一方 $\mathfrak{p}^2\subset(2)$ も簡単に示せるので $\mathfrak{p}^2=(2)$ が成り立つ. また $\mathfrak{q}_1=(3,1+\sqrt{-5})$, $\mathfrak{q}_2=(3,1-\sqrt{-5})$ とおくと $(3)=\mathfrak{q}_1\mathfrak{q}_2$ が成り立つことが分かる. さらに

$$(1+\sqrt{-5})=\mathfrak{p}\mathfrak{q}_1,\ (1-\sqrt{5})=\mathfrak{p}\mathfrak{q}_2$$

[*25] 代数的整数 ε はその逆数 ε^{-1} も代数的整数であるとき単数と呼ばれる. 例えば $\mathbb{Q}(\sqrt{2})$ では $1+\sqrt{2}$ が単数であり, この数の任意のべきも単数である. $\mathbb{Q}(\sqrt{-5})$ の単数は ± 1 のみである.

が成り立つことも分かり

$$(6) = \mathfrak{p}^2\mathfrak{q}_1\mathfrak{q}_2$$

が成立する．$\mathfrak{p}, \mathfrak{q}_1, \mathfrak{q}_2$ は素イデアルであることも分かり*[26]，これがイデアル(6)の素イデアル分解である．

定義 6.4 二つの分数イデアル $\mathfrak{a}, \mathfrak{b}$ は

$$\mathfrak{a} = (\xi)\mathfrak{b}, \ \chi \in K$$

を満たす $\xi \in K$ が存在するとき同値であるという．さらに $\mathrm{N}(\xi) = \xi\xi' > 0$ ととれるとき二つのイデアルは狭義同値であるという．虚2次体のときは ξ' は ξ の複素虚役であるのでノルムは常に正である．従って虚2次体のときは同値であることと狭義同値であることは同じである．しかし実2次体のときは狭義同値は同値より強い概念である．

整イデアルの積の定義は分数イデアルの積に拡張でき，分数イデアルの全体は積に関して可換群 $\mathcal{I}$ をなす．整イデアル $\mathfrak{a}$ の逆元は(6.7)より

$$\mathfrak{a}^{-1} = \mathrm{N}(\mathfrak{a})^{-1}\mathfrak{a}'$$

となる．また単項イデアルの全体 $\mathcal{H}$ は部分群となる．これを主イデアル群という．剰余群 $\mathcal{I}/\mathcal{H}$ を2次体 K のイデア

*26 $\mathrm{N}(\mathfrak{p}) = 2$, $\mathrm{N}(\mathfrak{q}_j) = 3$, $j = 1, 2$ が成り立つ．整イデアル $\mathfrak{a}$ のノルムは $\mathfrak{O}_K/\mathfrak{a}$ の位数であったが，$\mathfrak{a} \subset \mathfrak{b}$ であるとき $\mathrm{N}(\mathfrak{b})$ は $\mathrm{N}(\mathfrak{a})$ の約数でなければならないので，$\mathrm{N}(\mathfrak{a})$ が素数であれば $\mathfrak{a}$ は極大イデアルであることが分かる．

ル類群と呼び $C\ell(K)$ と記す．主イデアル群 $\mathcal{H}$ の内でイデアルの生成元 ξ を $\mathrm{N}(\xi)>0$ なるものに限ったものの全体を $\mathcal{H}^+$ と記し，剰余群 $C\ell^+(K)=\mathcal{I}/\mathcal{H}^+$ を狭義イデアル類群という．既に注意したように虚2次体のときは $C\ell_K=C\ell_K^+$ であり，実2次体のときは $[\mathcal{H}:\mathcal{H}^+]=2$ であるので $C\ell^+(K)$ の位数は $C\ell(K)$ の2倍である．

以上の準備のもとで分数イデアルと2元2次形式との対応を考えてみよう．以下では整係数2次形式として $ax^2+bxy+cy^2,\ a,b,c\in\mathbb{Z}$ の形で考える．b は今までと違って偶数とは限らないことに注意する．また定値形式のときは正定値と仮定し，従って $a>0$ と仮定する．

分数イデアル $\mathfrak{a}$ の $\mathbb{Z}$ 基底を α,β とする．このとき

$$f_{\alpha,\beta}(x,y)=\frac{(x\alpha+y\beta)(x\alpha'+y\beta')}{\mathrm{N}(\mathfrak{a})} = ax^2+bxy+cy^2 \tag{6.8}$$

と定義する．ここで

$$a=\frac{\alpha\alpha'}{\mathrm{N}(\mathfrak{a})},\ b=\frac{\alpha\beta'+\alpha'\beta}{\mathrm{N}(\mathfrak{a})},\ c=\frac{\beta\beta'}{\mathrm{N}(\mathfrak{a})}$$

となることより a,c は整数であることが分かる[*27]．さらにこの2次形式の判別式は(7.5)を使うと

$$b^2-4ac=\frac{(\alpha\beta'-\alpha'\beta)^2}{\mathrm{N}(\mathfrak{a})^2}=\frac{D(\mathfrak{a})}{\mathrm{N}(\mathfrak{a})^2}=\Delta$$

であることが分かる．a, c, Δ が整数であるので b も整数で

*27　$(\alpha)\subset\mathfrak{a}$ より $\mathrm{N}(\mathfrak{a})$ は $\mathrm{N}((\alpha))=|\mathrm{N}(\alpha)|=|\alpha\alpha'|$ の約数であり，従って $\alpha\alpha'/\mathrm{N}(\mathfrak{a})$ は整数である．

ある．このようにして $f_{\alpha,\beta}(x,y)$ は判別式 Δ の整係数の2元2次形式であることが分かる．$\mathfrak{a}$ の他の $\mathbb{Z}$ 基底 γ,δ をとると

$$\begin{pmatrix}\gamma\\ \delta\end{pmatrix}=M\begin{pmatrix}\alpha\\ \beta\end{pmatrix},\ M\in GL(2,\mathbb{Z}) \qquad (6.9)$$

となり $f_{\alpha,\beta}(x,y)$ と $f_{\gamma,\delta}(x,y)$ の間には

$$\begin{aligned} f_{\gamma,\delta}(x,y)&=(x,y)\begin{pmatrix}\frac{\gamma\gamma'}{\mathrm{N}(\mathfrak{a})} & \frac{\gamma\delta'}{\mathrm{N}(\mathfrak{a})}\\ \frac{\gamma'\delta}{\mathrm{N}(\mathfrak{a})} & \frac{\delta\delta'}{\mathrm{N}(\mathfrak{a})}\delta\end{pmatrix}\begin{pmatrix}x\\ y\end{pmatrix}\\ &=(x,y)M\begin{pmatrix}\frac{\alpha\alpha'}{\mathrm{N}(\mathfrak{a})} & \frac{\alpha\beta'}{\mathrm{N}(\mathfrak{a})}\\ \frac{\alpha'\beta}{\mathrm{N}(\mathfrak{a})} & \frac{\beta\beta'}{\mathrm{N}(\mathfrak{a})}\delta\end{pmatrix}{}^tM\begin{pmatrix}x\\ y\end{pmatrix}\end{aligned}$$

なる関係があり，$f_{\alpha,\beta}(x,y)$ と $f_{\gamma,\delta}(x,y)$ とは広義同値であることが分かる．（狭義）同値な2次形式にするためにはイデアルの $\mathbb{Z}$ 基底に向きを入れる．イデアル $\mathfrak{a}$ の $\mathbb{Z}$ 基底 α,β は

$$\frac{\alpha'\beta-\alpha\beta'}{\sqrt{\Delta}}>0$$

のとき向きづけられているという．γ,δ も $\mathfrak{a}$ の向きづけられた $\mathbb{Z}$ 基底であれば（7.9）の行列 M は $SL(2,\mathbb{Z})$ の元となり，$f_{\alpha,\beta}(x,y)$ と $f_{\gamma,\delta}(x,y)$ は同値になる．このようにして各分数イデアル $\mathfrak{a}$ に対して向きづけられた $\mathbb{Z}$ 基底を取ることによって判別式 Δ の整係数2元2次形式の同値類が対応することが分かる．

次にイデアル $\mathfrak{a}$ と狭義同値であるイデアル $(\xi)\mathfrak{a}$ を考えてみよう．ここで $\xi\in K$ は $\mathrm{N}(\xi)>0$ である．このとき α,β が $\mathfrak{a}$ の向きづけられた $\mathbb{Z}$ 基底であれば $\xi\alpha,\xi\beta$ は $(\xi)\mathfrak{a}$ の向きづけられた $\mathbb{Z}$ 基底である．このとき

$$f_{\xi\alpha,\xi\beta}(x,y)=\frac{\mathrm{N}(\xi)(x\alpha+y\beta)(x\alpha'+u\beta')}{\mathrm{N}(\xi)\mathrm{N}(\mathfrak{a})}$$
$$=f_{\alpha,\beta}(x,y)$$

が成り立つ．以上によって各狭義イデアル類に対して判別式 Δ の2次形式の同値類が対応することが分かった．実はこの対応は全単射である．

定理6.5　自然数 $\Delta\neq 1$ は平方因子を持たないか，$\Delta\equiv 0 \pmod 4$ のときは $\Delta/4\equiv 1 \pmod 4$ であるとき，判別式 Δ の整係数原始2元2次形式（但し $\Delta<0$ のときは正定値形式と仮定する）

$$f(x,y)=ax^2+bxy+cy^2,\ b^2-4ac=\Delta$$

の同値類と2次体 $K=\mathbb{Q}(\sqrt{\Delta})$ の狭義イデアル類とは1対1に対応する．この対応は分数イデアル $\mathfrak{a}$ に対してはその向きづけられた $\mathbb{Z}$ 基底 α,β を使って(7.8)で定義される2次形式の同値類を対応させ，逆に2次形式 $ax^2+bxy+cy^2$ には分数イアデアル $\mathbb{Z}\xi+\mathbb{Z}\dfrac{b+\sqrt{\Delta}}{2a}\xi$ を対応させる．ここで ξ は $\mathrm{N}(\xi)$ が a と同符号となる2次体 $K=\mathbb{Q}(\sqrt{\Delta})$ の元である．さらにこの対応で2次形式の積はイデアルの積に対応し，判別式 Δ の原始2元2次形式の同値類のなす群と $K=\mathbb{Q}(\sqrt{\Delta})$ の狭義イデアル類群 $C\ell^{+}(K)$ とは群として同型である．

証明 判別式 Δ の2次形式

$f(x,y)=ax^2+bxy+cy^2$ は $K=\mathbb{Q}(\sqrt{\Delta})$ では

$$f(x,y)=a(x+y\eta)(x+y\eta'),\ \eta=\frac{b+\sqrt{\Delta}}{2a}$$

と因数分解できる．$\mathbb{Z}1+\mathbb{Z}\eta$ は K の分数イデアルである．$\xi\in K$ を $\mathrm{N}(\xi)$ の符号が a と同じになるように選ぶと（$\Delta<0$ のときは正定値と仮定してので $a>0$ であり，このときは $\xi=1$ に取ることができる），$(\xi)(1,\eta)$ の $\mathbb{Z}$ 基底 $\xi,\xi\eta$ は向きづけられた基底となり，しかも

$$f_{\xi,\xi\eta}(x,y)=f(x,y)$$

が成り立つ．従って K の狭義イデアル類と判別式 Δ の原始2次形式の同値類とは1対1に対応する．群の対応を示す証明は割愛する．［**証明終**］

この定理によって2元2次形式の類数の計算は2次体のイデアル類群の位数（これを2次体の類数という）の計算に帰着される．2次体の類数が L 関数の1での値を使って求めることができることはディリクレによって示された．上の定理はさらに2元2次形式の種の理論に拡張することができるが紙数の関係で割愛し，ここでは上半空間の基本領域と正定値整係数2元2次形式の簡約化の関係を述べる．

定理6.5の対応を念頭に正定値整係数原始2次形式 $f(x,y)=ax^2+bxy+cy^2$ を考える．仮定より $a>0$ であり

$$\Delta=b^2-4ac<0$$

である．上の証明同様に

$$f(x,y)=ax^2+bxy+cy^2=a(1+\eta)(1+\eta'),$$
$$\eta=\frac{-b+\sqrt{\Delta}}{2a}$$

とおこう．$\sqrt{\Delta}=\sqrt{-\Delta}\,i$ と仮定しているので $\mathrm{Im}\,\eta>0$ である．

■ 補題 6.6

$\eta_1,\eta_2\in K=\mathbb{Q}(\sqrt{\Delta})$ かつ $\mathrm{Im}\,\eta_1>0$, $\mathrm{Im}\,\eta_2>0$ のとき分数イデアル $(1,\eta_1)$ と $(1,\eta_2)$ が狭義同値となるための必要十分条件は

$$\eta_2=\frac{\alpha\eta_1+\beta}{\gamma\eta_1+\delta},\ \begin{pmatrix}\alpha & \beta\\ \gamma & \delta\end{pmatrix}\in SL(2,\mathbb{Z}) \tag{6.10}$$

が成り立つことである．

証明　虚2次体であるので $(1,\eta_1)=\xi(1,\eta_2)$ となる $\xi\in K$ が存在することが二つのイデアルが狭義同値となるために必要十分条件である．

$(1,\eta_1)=\xi(1,\eta_2)$ であれば

$$\xi\eta_2=\alpha\eta_1+\beta,\ \ \alpha,\beta\in\mathbb{Z}$$
$$\xi=\gamma\eta_1+\delta,\ \ \gamma,\delta\in\mathbb{Z}$$

これより

$$\eta_2=\frac{\xi\eta_1}{\xi}=\frac{\alpha\eta_1+\beta}{\gamma\eta_1+\delta}$$

が成り立つ．さらに ξ と $\xi\eta_2$ で生成される $\mathbb{Z}$ 加群が $(1,\eta_1)$ と一致するので

$$\begin{vmatrix}\alpha & \beta\\ \gamma & \delta\end{vmatrix}=\pm1$$

が成立する．また $\mathrm{Im}\,\eta_1>0$, $\mathrm{Im}\,\eta_2>0$ よりこの行列式の値は

1でなければならない．

逆に(6.10)が成り立ったと仮定する．

$$\xi=\gamma\eta_1+\delta$$

とおくと

$$\xi\eta_2=\alpha\eta_1+\beta$$

が成り立ち，ξ と $\xi\eta_2$ は分数イデアル $(1,\eta_1)$ の $\mathbb{Z}$ 加群としての基底となり $(1,\eta_1)=\xi(1,\eta_2)$ が成り立ち，二つのイデアルは狭義同値である．　　　　［**証明終**］

そこで判別式 $\Delta<0$ の整係数正定値原始2元2次形式 $f(x,y)$ に対して上半平面 H の点

$$\eta=\frac{-b+\sqrt{\Delta}}{2a}$$

を対応させる．$f(x,y)$ と狭義同値な2元2次形式 $g(x,y)=a'(1+\eta_2)(1+\eta_2')$, $\mathrm{Im}\,\eta_2>0$ を取ると，定理6.5より $\mathbb{Q}(\sqrt{\Delta})$ の分数イデアル $(1,\eta)$, $(1,\eta_2)$ は狭義同値となり，補題6.6より η と η_2 とは $SL(2,\mathbb{Z})$ の元によって互いに移り合う．

上半平面 H への $SL(2,\mathbb{Z})$ の作用

$$\tau\longmapsto\frac{\alpha\tau+\beta}{\gamma\tau+\delta},\ \begin{pmatrix}\alpha & \beta\\ \gamma & \delta\end{pmatrix}\in SL(2,\mathbb{Z})$$

に関する基本領域は定理5.2より

$$-\frac{1}{2}\leqq\mathrm{Re}\,\tau<\frac{1}{2},\ |\tau|\geqq 1$$

で与えられる．但し $|\tau|=1$ のときは

$$-\frac{1}{2} \leqq \mathrm{Re}\,\tau \leqq 0$$

である．

この基本領域に2次形式 $f(x, y) = ax^2 + bxy + cy^2$ に対応する点 $\eta = \dfrac{-b+\sqrt{\Delta}}{2a}$ が含まれたとすると

$$-\frac{1}{2} \leqq -\frac{b}{2a} < \frac{1}{2},\ |\tau|^2 = \frac{(b^2 - \Delta)}{4a^2} = \frac{c}{a} \geqq 1$$

より

$$0 \leqq |b| \leqq a \leqq c$$

が成り立つことが分かる．これはラグランジュ・ガウスによる簡約化に他ならない．このように正定値2次形式の簡約化の理論は数論的離散群の基本領域の決定問題と深く関係していることが分かる．

7. ジーゲルの2次形式論が現代数学にもたらしたもの

今まで長々と2次形式論について記してきた．ジーゲルによってそれまでの2次形式論が高みに達したことはおぼろげながら納得できたと思う．ジーゲルはその後も2次形式論とそれから新たに発展してきた題材に関して次々と論文を発表していった．主要なものを挙げると次のようになる．論文の冒頭につけられた番号は「ジーゲル全集」の論文番号である．

[30] Über die Zetafunktionen indefinite quadratischer Formen (不定値2次形式のゼータ関数について), Math. Zeitschrift 43 (1938), pp. 682-708.

[31] Über die Zetafunktionen indefinite quadratischer Formen II, Math. Zeitschrift 44 (1939), pp. 398-426.

[32] Einführung in die Theorie der Modulfunktionen n-ten Grades (n次モジュラー関数論入門), Math. Ann. 116 (1939), pp. 617-657.

[33] Einheiten quadratischer Formen (2次形式の単数), Abh. Math. Sem. Hanischen Univ., 13 (1940), pp. 209-239.

[36] Equivalence of quadratic forms, Amer. J. Math. 63 (1941), 658-680.

[41] Symplectic Geometry, Amer. J. Math. 65 (1943), pp. 1-86.

[43] Discontinuous groups, Ann. of Math. 44 (1943), pp. 674-689.

[45] On the theory of indefinite quadratic forms, Ann. of Math. 45 (1944), 577-622.

[58], [60] Indefinite quadratische Formen und Funktionentheorie I, II (不定値2次形式と関数論 I, II), Math. Ann. 124 (1951, 52), pp. 17-54, pp. 364-387.

[59] Die Modulgruppe in einer einfachen involutorischen Algebra（単純対合的代数中のモジュラー群）, Festschrift Akad. Wiss. Göttingen 1951, pp. 157-167.

[72] Zur Reduktionstheorie quadratischer Formen（2次形式の簡約化）, Publication Math. Soc. Japan, nr. 5, 1959.

[75] Über die algebraische Abhändidkeit von Modulfunktionen n-ten Grades（n次モジュラー関数の代数的独立性について）, Nachrichten Akad. Wiss. Göttingen Math.-Phys. Klasse, 1960, Nr. 12, pp. 257-272.

[77] Moduln Abelscher Funktionen（アーベル関数のモジュライ）, Nachrichten Akad. Wiss. Göttingen Math.-Phys. Klasse, 1960, Nr. 25, pp. 365-427.

[79] Über die Fourierschen Koeffizienten der Eisensteinschen Reihen（アイゼンシュタイン級数のフーリエ係数について）, Danske Videnskanernes Selskab. Matetatisk-fysiske Meddekekser 34 (1946) nr. 6.

[72] は来日した際のジーゲルの講義に基づいている．この論文から分かるように，2次形式論から新しい方向へ数学が発展していったことが分かる．それらは互いに分かちがたく結びついているが，強いて幾つかに分類すると次のようになろう．

1. 2次形式論の深化（[33], [36], [45], [58], [59], [60]）

2. ジーゲル上半平面とアーベル多様体のモジュライ理論（[32], [41], [77], [79]）

3. ジーゲルモジュラー形式の理論（[32], [75], [79]）

4. 不連続群とその基本領域の構成（[33], [41], [43], [59]）

5. ゼータ関数と古典解析（[30], [31], [58], [60]）

A. ヴェイユは彼の全集の註釈の中でジーゲルについて何度も触れている．『ヴェイユ全集』の論文

[1957c]（1）Rédection des formes quadratiques（2次形式の簡約化），
（2）Groupes de formes quadratiques indéfinies et des form bilinéaires alternées（不定値2次形式と交代双一次形式の群），Séminare H. Carta, 10° année, Novembre 1957.

につけられた註釈には次のように記されている．

1957–58年の一年間を，私はパリで過ごした．秋には佐竹と志村がパリにやってきた．カルタンが保型関数，特に単純群の数論的部分群に関する保型関数についてのセミナーを開くのに，このことは大いにプラスになった．明らかにジーゲルの仕事こそ何よりも先に研究すべきものであった．私は還元理論についての準備的な話をした．

ジーゲルの仕事を註釈することは，現代の数学者にとってもっとも有益な仕事の一つだと私はいつも考えていた．へ

ルマン・ワイルも同じ意見だったに違いない，というのは，彼は多くの論文でそれを実行しているからである（『論文集』第三巻 n° 120，pp. 719–757，第四巻 n° 126，pp. 46–74，n° 136，pp. 232–264），私について言えば［1946 b］がこの種の試みの最初のものであり，［1957 c］，［1958 d］，［1969 b］，［1961 a］，［1964 b］，［1965］がそれに続く．私はジーゲルを読んで典型群に対して基本領域がコンパクトであることが，その群を定義する形式が0を表さないことと関連しているという事実 からとりわけ強い印象を受けた．一つにはこの観察が非常に普遍的であることを立証しようとして，私はジーゲルの1940年の論文（『論文集』第二巻 n° 33，pp. 138–168，または H. Weyl, 上掲論文）に述べられている還元理論を詳しく調べることを企てたのである．

（アンドレ・ヴェイユ著　杉浦光夫訳『数学の創造著作集自註』日本評論社，p. 144）

ヴェイユはこの後，2次形式に関連したジーゲルの結果を玉河恒夫のアイディアをもとにアデールを使って書き換え一般化していき，その後の数論の進展に大きな影響を与えた．そのヴェイユとジーゲルに関して谷山豊は次のように評している．

A.Weil は C.L. Siegel を除けば，恐らく世界第一の現役数学者であろう．シカゴ大学教授．彼は歯に衣を着せない．
....

中略

....

彼は先づclassicな理論の中から，本質的なもの，そのkeystoneを鋭く見抜く．何が，如何に抽象され，一般化さるべきか？ これが第一の問題である．次に此の計画を実行に移さねばならぬ．そこには勿論，重大な障害が山積する．大抵の数学者は，そこで挫折するか，迂路を取る．然し彼は，始めの計画を変えない．障害を一つ一つ，強引に捩ぢ伏せる．この腕力の強さと息の長さ，それが彼の第二の才能である．単なる抽象以上に出た彼の業績の深遠さは，此処に由来するのである．

だが才人は才に走る．彼は余りにも多くのことに手を着けるため，一つの問題を十分に深く追求しない恨みがある．彼の重要な諸結果が繊細さを欠くのも，これに基くのであろう．

更に一つの問題が残る．成程，確実な基礎は得られ，見通しよく一般化は成し就げられた．然しただそれだけではないか？ 此は現代数学そのものに対する疑問である．我々はいつまでも19世紀の脛を齧っているべきか？ 全く新しい分野，予期されぬ展開，幾つかの部門の形式的類似性を超えた深い関連，それ等は最早存在しないのであろうか？Weilの方法では此の新天地を開拓することは不可能なのである．然し，此は，世紀の天才が，時を得て始めて為し得る様なものなのであろう．現代数学の枠の中に於いてさえも，未だ為さねばならぬことが余りにも多い現在，それ以上を求めるのは当を得たものとは云えぬかも知れない．我々は寧ろ，第二，第三のWeilを必要とするのではなかろうか．

さきに，Weilの腕力について述べた．彼よりも遙かに独創的なSiegelは，その点でも彼を凌駕する．独創的な深みに達するには，腕力の強さは不可欠なのではあるまいか．きれい事が好きで腕力が弱い，我が国の多くの数学者にとっては正に，頂門の一針と云うべきであろう．

（『数学の歩み（月報）』第1巻1号，1953年7月，「A.Weilをめぐって」，『［増補版］谷山豊全集』日本評論社，pp. 176–77，上掲『数学の創造　著作集自註』pp. 204–205．）

ヴェイユは次節で述べる玉河恒夫による玉河数の理論に触発を受けて，ジーゲルの結果をアデールを使って書き直し，一般化していった．

8．玉河数

ジーゲルの2次形式論以降で数学的に大きな進展は玉河恒夫によるジーゲルの結果のアデールを使った解釈であろう．2次形式論から代数群の数論へと一つの新しい潮流を切り開いた玉河の議論を少し見ておこう．玉河自身は2次形式論の一つの新しい解釈としか考えなかったようで日本数学会の会合で口頭発表しただけで自身は論文として発表しなかった．玉河の理論はヴェイユによって玉河数の議論として紹介され（玉河数という命名もヴェイユによる），理論は代数群の数論へと深化していった．

玉河数の理論を紹介するために，数論から少し準備をする．まず有理数係数の2次形式を有理数体 $\mathbb{Q}$ 上の有限次ベクトル空間 V と V 上で定義された $\mathbb{Q}$ に値をとる対称双線

型形式 ϕ の組 (V,ϕ) と見よう*28．(V,ϕ) を 2 次空間と呼ぶ．素数 p に対して $\mathbb{Q}_p$ を p 進体とし V の p での局所化 V_p を $V_p = V\otimes_{\mathbb{Q}}\mathbb{Q}_p$ と定義する．V の $\mathbb{Z}$ 束*29 Λ に対して Λ_p を $\Lambda_p = \Lambda\otimes_{\mathbb{Z}}\mathbb{Z}_p$ と定義する．ここで $\mathbb{Z}_p$ は p 進整数環である．$p=\infty$ に対しては $\mathbb{Q}_\infty = \mathbb{R}$ と定義し $V_\infty = V\otimes_{\mathbb{Q}}\mathbb{R}$ と定義するが，Λ_∞ は定義しない．2 次空間 (V,ϕ) に対して直交群 $O(V)$ を

$$O(V) = \{\sigma : V\to V \mid \sigma \text{ は } \mathbb{Q} \text{ 線型写像}, \\ \phi(\sigma(x),\sigma(y)) = \phi(x,y), \forall x,y\in V\}$$

と定義する．写像の合成によって $O(V)$ は群となる．また $\mathbb{Z}$ 線型同型写像 $\sigma : \Lambda\to\Lambda$ を考えることによって $O(\Lambda)$ も

*28 簡単に復習しておこう．$\mathbb{Q}$ 上のベクトル空間 V 上で定義された $\mathbb{Q}$ に値をとる 2 次形式 ϕ とは V から $\mathbb{Q}$ の写像で，$\forall c\in\mathbb{Q}$ と $\forall u\in V$ に対して $\phi(cu) = c^2\phi(u)$ が成立するものを言う．また V 上で定義された $\mathbb{Q}$ に値をとる対称双線型形式 ψ とは $V\times V$ から $\mathbb{Q}$ の写像で，$\forall u,v,w\in V$, $\forall a,b,c\in\mathbb{Q}$ に対して $\psi(u,v) = \psi(v,u)$, $\psi(au+bv,w) = a\psi(u,w)+b\psi(v,w)$, $\psi(u,av+bw) = a\psi(u,v)+b\psi(u,w)$ を満たすものである．このとき $\phi(u) = \psi(u,u)$ は $\mathbb{Q}$ に値をとる V 上の 2 次形式になる．逆に V 上定義された $\mathbb{Q}$ に値をとる 2 次形式 ϕ に対して $\psi(u_1,u_2) = \frac{1}{4}\{\phi(u_1+u_2)-\phi(u_1-u_2)\}$ と定義すると $\mathbb{Q}$ に値をとる V 上の対称双線型形式なる．このように V 上の $\mathbb{Q}$ に値をとる 2 次形式と対称双線型形式とは 1:1 に対応するので，両者を区別せずに以下同じ記号 ϕ を使う．

*29 V の $\mathbb{Z}$ 部分加群 Λ で $\Lambda\otimes_{\mathbb{Z}}\mathbb{Q} = V$ となるもの．言い換えると $\Lambda = \mathbb{Z}e_1+\mathbb{Z}e_2+\cdots+\mathbb{Z}e_m$ で $\{e_1,e_2,\cdots,e_m\}$ が V の $\mathbb{Q}$ 上の基底となるものを $\mathbb{Z}$ 束という．対称双線型形式 ϕ からできる 2 次形式を Λ に制限したものが常に整数値を取れば整係数 2 次形式を定める．逆に整係数 2 次形式に対しては $\mathbb{Z}$ 束を対応させることができる．

同様に定義することができる．さらに V に向きを定める[*30]，向きづけられた基底で線型写像 $\sigma \in O(V)$ を表現したとき行列式が $+1$ となる線型写像からなる $O(V)$ の部分群を $O^{+}(V)$ と定義する．同様に $O^{+}(\Lambda)$ も定義できる．ただし Λ の $\mathbb{Z}$ 基底は V と同じ向きを定めるように選ぶ．同様に $O^{+}(V_p)$，$O^{+}(\Lambda_p)$ も定義できる．$O(V_\infty)$，$O^{+}(V_\infty)$ はリー群であり，素数 p に対しては $O(V_p)$，$O^{+}(V_p)$ は p 進位相によって局所コンパクト位相群となる．

以上は2次形式を座標に依存しない形で記してきたが，これまで扱ってきた座標を使った2次形式との関係を簡単に記しておこう．以下，2次形式の判別式は0でないと常に仮定する．整数係数2次形式

$$f(x_1, x_2, \cdots, x_n) = \sum_{i,j=1}^{n} a_{ij} x_i x_j,\ a_{ij} = a_{ji} \in \mathbb{Z}$$

このとき $e_1, e_2, \cdots, e_n$ を基底とする $\mathbb{Q}$ 線型空間 $V = \mathbb{Q}e_1 + \mathbb{Q}e_2 + \cdots + \mathbb{Q}e_n$ を考える．

$u = \sum_{j=1}^{n} x_j e_j$，$v = \sum_{j=1}^{n} y_j e_j$ に対して

$$\phi(u, v) = \sum_{i,j=1}^{n} a_{ij} x_i y_j$$

と置くと $\mathbb{Q}$ に値をとる対称双線型形式となり (V, ϕ) は $\mathbb{Q}$ 上の2次空間となる．さらに $\Lambda = \mathbb{Z}e_1 + \mathbb{Z}e_2 + \cdots + \mathbb{Z}e_n$ は V の

[*30] V の基底の順序を決めることに対応し，向きづけられた2つの基底は行列式が正の行列で変換できるときに同じ向きを定める基底であると定義する．

$\mathbb{Z}$ 束となり ϕ の Λ への制限は整係数 2 次形式 $f(x_1, \cdots, x_n)$ を定義する．$SL(n, \mathbb{Z})$ による Λ の基底の変換による新しい基底によって ϕ を表現すると狭義同値な 2 次形式ができる．従って $\mathbb{Z}$ 束 Λ には狭義同値な 2 次形式が対応する．

さらに 2 次形式 f と同じ種に属する整係数 2 次形式は f から $GL(n, \mathbb{Q})$ の変換で得られるので，この 2 次形式の狭義同値類は V の $\mathbb{Z}$ 束に対応する．すなわち V の $\mathbb{Z}$ 束はその上への ϕ が整数値を取る限りもとの 2 次形式と同じ種に属する 2 次形式の同値類を定める．こうして $\mathbb{Q}$ 上の 2 次空間 (V, ϕ) と V の $\mathbb{Z}$ 束を考えることと同じ種に属する 2 次形式の狭義同値類を考えることとは同値であることが分かる．

さて，これからの議論で重要な働きをするアデールを定義しよう．以下，$\mathbb{Q}$ 上の 2 次空間 (V, ϕ) を一つ固定して考え，V の $\mathbb{Z}$ 束の一つを Λ とする．アデール $\alpha = \{\alpha_p\}$ とは $p = \infty$ を含むすべての素点 p に対して $\alpha_p \in O^+(V_p)$ で，ほとんどすべて*[31] の素数 p に対して $\alpha_p \in O^+(\Lambda_p)$ であるものを意味する．この定義は $\mathbb{Z}$ 束 Λ のとり方に依存するように見えるが Λ_1, Λ_2 を $\mathbb{Z}$ 束とすると $\Lambda_1 \cap \Lambda_2$ は Λ_1, Λ_2 の有限指数の部分加群となることからアデールは V のとり方によらずに定義できていることが分かる．アデール $\{\alpha_p\}, \{\beta_p\}$ に対して積を成分毎の積

$$\{\alpha_p\}\{\beta_p\} = \{\alpha_p \beta_p\}$$

と定義することによってアデールの全体 $O^+_{\mathbb{A}}$ は群になる．さ

*31 以下「ほとんどすべて」というときは有限個の例外を除いてを意味する．

らに制限直積位相 *32 によって位相群となる．$O^+(V)$ の元 α に対して $\alpha_p = \alpha$ と置くことによって $O^+(V) \subset O^+_{\mathbb{A}}$ と考えることができ，$O^+(V)$ は $O^+_{\mathbb{A}}$ の離散部分群であることも分かる．

ところで $\mathbb{Q}_p$ は加法に関して局所コンパクト群であり，$O^+(V_p)$ も局所コンパクト群であるのでハール測度 μ_p を有している *33．$\mathbb{Q}_p$ のハール測度 μ_p は

$$\mu_p(\mathbb{Z}_p) = 1$$

であるように規格化しておく．また p 進絶対値 $|\ |_p$ を

---

*32　今の場合 T を無限遠点を含み有限個の素点からなる任意の有限集合とし，$O^+_{\mathbb{A}}(T) = \prod_p O^+(V_p) \times \prod_{p \notin T} O^+(\Lambda_p)$ とおいて $O^+_{\mathbb{A}}(T)$ に直積位相を入れる．$O^+_{\mathbb{A}} = \bigcup_T O^+_{\mathbb{A}}(T)$ である．そこで $O^+_{\mathbb{A}}$ の部分集合 X は各 T に対して $X \cap O^+_{\mathbb{A}}(T)$ が $O^+_{\mathbb{A}}(T)$ の開集合であるときに $O^+_{\mathbb{A}}$ の開集合であると定義する．

*33　局所コンパクト群 G のコンパクト集合全体から生成される完全加法族（任意のコンパクト集合を含み可算個の和集合 $\bigcup_{j=1}^{\infty} K_j$ をとる操作と補集合 $K^\circ = G \backslash K$ をとる操作で閉じた G の部分集合の族）を $\mathcal{B}$ と記すと G のハール測度 μ は $\mathcal{B}$ の各元 X に正の実数または無限大 $\mu(X)$ を対応させる写像で，(1) X がコンパクト集合であれば $\mu(X)$ は有限，(2) 完全加法性（互いに共通部分を持たない $X_j \in B$ に対して $\mu(\bigcup_{j=1}^{\infty} X_j) = \sum_{j=1}^{\infty} \mu(X_j)$ が成立する）を持ち，さらに (3) 任意の $g \in G$ に対して $\mu(gX) = \mu(X)$, $X \in \mathcal{B}$ を満たすものである．局所コンパクト位相群はハール測度をもち，正の定数倍を除いて一意的であることが知られている．上の定義で G の作用を右から取って不変性 $\mu(Xg) = \mu(X)$ を要求したものは右不変ハール測度といい，最初の定義の測度は左不変ハール測度と呼ぶこともある．$O^+(V_p)$ の場合は左不変ハール測度は右不変でもあることが証明できる．

$|p^n|_p = p^{-n}$ であるように規格化しておくと μ_p に関する可測集合 X と任意の p 進数 $a \in \mathbb{Q}_p$ に対して

$$\mu_p(aX) = |a|_p \mu_p(X)$$

が成り立つことが証明できる．ここで $aX = \{ax \mid x \in X\}$ と置いた．

$O_{\mathbb{A}}^+$ のハール測度は次のようにして構成される．$O^+ = O^+(V_\infty)$ の単位元での接空間 $T_e(P^+)$ は $\dim T_e(O^+) = n(n-1)/2 = N$ である．双対空間 $T_e^*(O^+)$ の N 次外積 $\wedge^N T_e^*(O^+)$ の 0 でない元 ω_e を一つ選ぶ．このとき群 O^+ は $\mathbb{Q}$ 上定義されているので $T_e(O^+)$，従って $\wedge^n T_e^*(P^+)$ も $\mathbb{Q}$ 上定義されており，ω_e として $\mathbb{Q}$ 上の基底を選ぶ．任意の $g \in O^+$ に対して引き戻し $g^*(\omega_e)$ が定義でき O^+ 上の不変 N 次微分形式 ω が得られる[*34]．ω は定義より $\mathbb{Q}$ 上定義されている．ξ を O^+ に一般の点として，そこでの $\mathbb{Q}$ 上定義された局所一意化変数となる O^+ の有理関数 $t_1, t_2, \cdots, t_N$ を選ぶと

$$\omega = h(\xi) dt_1 \wedge dt_2 \wedge \cdots \wedge d_N$$

と表示できる．$h(\xi)$ は ξ の近傍の $O^+(V_{\mathbb{Q}})$ 上では $\mathbb{Q}$ に値をとるようにできる，そこで完全加法族に属する $X \subset O^+(V_\infty)$ に対して

$$\tau_\infty(X) = \int_X |h(\xi)|_\infty dt_1 dt_2 \cdots dt_N$$

と定義すると，これが $O^+(V_\infty)$ のハール測度になっている．

---

*34　$G = GL(n, \mathbb{R})$ の一般の元 $A = (x_{ij})$ に対して不変 $N = n^2$ 次形式は $\dfrac{1}{(\det A)^n} dx_{11} \wedge dx_{12} \wedge \cdots \wedge dx_{nn}$ で与えられる．$O^+(V_\infty)$ の場合は x_{ij} 間に関係式があるので簡明な表示は難しい．

各素数pに対しては$|dt_j|_p$を$\mathbb{Q}_p$の規格化されたハール測度とし，$O^+(V_p)$上の完全加法族に属する部分集合Xに対してX上の積分$\int_X |h(\xi)|_p |dt_1|_p |dt_2|_p \cdots |dt_N|_p$を考えることによって$O^+(V_p)$の測度$\tau_p$を定義することができる．以上のハール測度の積を取ることによって$O^+_{\mathbb{A}}$のハール測度τが定義できる．この測度は両側不変である．

ところでωの替わりに正の有理数倍$c\omega$を使ってもハール測度τ'_pが定義できるが，定義から

$$\tau'_p = |c|_p \tau_p$$

であることが分かる．一方p進絶対値の定義から

$$\prod_{p:\text{素数}} |c|_p \cdot |c|_\infty = 1$$

が成り立つのでωと$c\omega$から定義される$O^+_{\mathbb{A}}$のハール測度は一致する．このように不変微分形式を使うことによって一意的に$O^+_{\mathbb{A}}$のハール測度τを定義することができる．以後はこのハール測度を使う．

ところで$O^+(V)$は$O^+_{\mathbb{A}}$の離散部分群であり，そのことから$O^+_{\mathbb{A}}$のハール測度τから商空間$O^+_{\mathbb{A}}/O^+(V)$および$O^+(V)\backslash O^+_{\mathbb{A}}$上に測度が定義される．この測度も$\tau$と記す．このとき次の事実を証明することができる．

定理 8.1

$$\tau(O^+_{\mathbb{A}}/O^+(V)) = \tau(O^+(V)\backslash O^+_{\mathbb{A}}) = 2$$

τは両側不変の測度であるので上の定理ではどちらか一方

の商空間の測度を求めれば十分である．玉河の主張はこの結果から対称行列 S に対して $T=S$ のときのジーゲルの 2 次形式の主定理が証明できるということである．そのことは次のように議論される．

任意の $\alpha=\{\alpha_p\}\in O^+_{\mathbb{A}}$ に対して

$$\alpha_p\Lambda_p=\Gamma_p$$

となる V の $\mathbb{Z}$ 束 Γ が存在することが証明できる．このことを

$$\Gamma=\alpha\Lambda$$

と記すことにする．このとき Λ が定義する 2 次形式と Γ が定義する 2 次形式は同じ種に属する．このように $O^+_{\mathbb{A}}$ は V の $\mathbb{Z}$ 束のなす集合に作用し，その軌跡は同じ種を定義する V の $\mathbb{Z}$ 束である．特に $\alpha\in O^+(V)$ であれば Λ と $\alpha\Lambda$ は狭義同値な 2 次形式を定義する．そこで $\Lambda_j\,(1\leqq j\leqq h)$, $\Lambda=\Lambda_1$ を Λ と同じ種に属する $\mathbb{Z}$ 束の同値類とする [*35]．

$\beta_j\in O^+_{\mathbb{A}}$ を $\beta_j\Lambda=\Lambda_j$ であるように選ぶ．すると

$$O^+_{\mathbb{A}}=\bigsqcup_{j=1}^{h}O^+(V)\beta_jS(\Lambda) \tag{8.1}$$

と互いに交わらない和集合に分解できる．ここで

$$\begin{aligned} S(\Lambda)&=\{\alpha\in O^+_{\mathbb{A}}\mid \alpha\Lambda=\Lambda\}\\ S(\Lambda_j)&=\{\alpha\in O^+_{\mathbb{A}}\mid \alpha\Lambda_j=\Lambda_j\}=\beta_jS(\Lambda)\beta_j^{-1}\end{aligned} \tag{8.2}$$

と置いた．測度 τ は $O^+_{\mathbb{A}}$ の作用で両側不変であるので，定理 8.1 および (8.1) より

＊35　$O^+(V)$ の元で移り合う $\mathbb{Z}$ 束を互いに同値であると定義する．

$$2=\tau(O^+(V)\backslash O^+_{\mathrm{A}})=\sum_{j=1}^{h}\tau(X_j) \tag{8.3}$$

が成り立つ．ここで

$$X_j=O^+(V)\backslash O^+(V)S(\Lambda_j) \tag{8.4}$$

と置いた．ところで

$$O^+(V)\cap S(\Lambda_j)=O^+(\Lambda_j)$$

であるので (8.4) は

$$X_j=O^+(\Lambda_j)\backslash S(\Lambda_j)$$

と書き直すことができる．また

$$S(\Lambda_j)=\prod_{p\neq\infty}O^+((\Lambda_j)_p)\times O^+(V_\infty)$$

である．さらに，写像 $O^+(V)\longrightarrow O^+_{\mathrm{A}}$ は各素点で単射であるので

$$X_j=\prod_{p\neq\infty}O^+((\Lambda_j)_p)\times\{O^+(\Lambda_j)\backslash O^+(V_\infty)\}$$

が成り立つことが分かる＊36．従って

$$\tau(X_j)=\tau_\infty(O^+(\Lambda_j)\backslash O^+(V_\infty))\prod_{p\neq\infty}\tau_p(O^+((\Lambda_j)_p))$$

を得る．ところで (8.2) の最後の式より

$$\tau_p(O^+((\Lambda_j)_p))=\tau_p(O^+(\Lambda_p))$$

が成り立つので，これは種の不変量である．これを α_p と置こう．

$$\alpha_p=\tau_p(O^+(\Lambda_p))$$

一方

$$\sigma_j=\tau_\infty(O^+(\Lambda_j)\backslash O^+(V_\infty))$$

＊36　$\alpha\in O^+(V)$ が $\prod_{p\neq\infty}O^+((\Lambda_j)_p)$ を自分自身に移せば $\alpha\in O^+(\Lambda_j)$ であることに注意する．

は j によって値が異なる可能性がある．以上を併せると (8.3) は

$$\sum_{j=1}^{h} \sigma_j = 2\prod_{p\neq\infty} \alpha_p^{-1} \tag{8.5}$$

と書き直すことができる．さて 2 次形式は正定値であると仮定すると $O^+(V_\infty)$ はコンパクト群となり従って $\tau_\infty(O^+(V_\infty))$ は有限であり，それを

$$\lambda_\infty = \tau_\infty(O^+(V_\infty))$$

と置こう．$O^+(\Lambda_j)$ は有限群である．その位数を $o^+(\Lambda_j)$ と記すと

$$\sigma_j = \lambda_\infty / o^+(\Lambda_j)$$

となる．よって (8.5) は

$$\sum_{j=1}^{h} \frac{1}{o^+(\Lambda_j)} = \lambda_\infty^{-1} \prod_{p\neq\infty} \alpha_p^{-1}$$

Λ_j から定まる 2 次形式を S_j と記すと $o^+(\Lambda_j)$ はジーゲルの記号で $E(S_j)$ と記したものに他ならない．一方ジーゲルの主定理で $T = S_1 = S$ と置いたものは

$$\frac{1}{\sum_{j=1}^{h} \frac{1}{E(S_h)}} = A_\infty(S,S) \prod_{p\neq\infty} \alpha_p(S,S)$$

であった．そこで $A_\infty(S,S) = \lambda_\infty$, $\alpha_p = \alpha(S,S)$ を示すことによってジーゲルの定理が導かれる．これが証明の粗筋である．

定理 8.1 の証明はやっかいである．詳細は例えば

A. Weil: "Adeles and Algebraic Groups", Progress in Math. 23, Birkuhäuser, 1982 (1961 年のプリンストン高等科学研究所での講義ノートの再版).

を見てもらうことにして，これよりはるかに簡単な $SL(2,\mathbb{Q})$ の場合の玉河数の計算の概略を次節に述べることにする．

9．$SL(2,\mathbb{Q})$ の玉河数

2次の特殊線型群 $SL(2,\mathbb{Q})$ に対応するアデール群は $O^{+}(V)$ の場合と類似に定義できる．それをここでは $SL(2,\mathbf{A})$ と記す．このとき $SL(2,\mathbb{Q})$ を $SL(2,\mathbf{A})$ の部分群と考えると，この作用による基本領域は $\Sigma\times\prod_{p,\text{素数}}SL(2,Z_p)$ であることが証明できる．ここで Σ は $SL(2,\mathbb{Z})$ の $SL(2,\mathbb{R})$ での基本領域である．従って

$$\begin{aligned}&\tau(SL(2,\mathbb{Q})\backslash SL(2,\mathbf{A}))\\&=\tau_\infty(\Sigma)\times\prod_{\text{素数}\,p}\tau_p(SL(2,Z_p))\end{aligned}$$

となる．

$SL(2,\mathbb{R})$ の不変微分形式は $SL(2,\mathbb{R})$ の元を $\begin{pmatrix}x & y\\ z & t\end{pmatrix}$, $xt-yz=1$ と記すと $x^{-1}dx\wedge dy\wedge dz$ と取ることができ，これは $\mathbb{Q}$ 上定義されている．ところで $SL(2,\mathbb{Z}_p)$ の部分群 $\Gamma(p)$ を

$$\Gamma(p)=\left\{\begin{pmatrix}a & b\\ c & d\end{pmatrix}\in SL(2,\mathbb{Z}_p)\,\middle|\; a\equiv d\equiv 1\,(\mathrm{mod}\,p),\ b\equiv c\equiv 0\,(\mathrm{mod}\,p)\right\}$$

と定義すると完全列

$$\{1\}\to\Gamma(p)\to SL(2,\mathbb{Z}_p)\to SL(2,\mathbb{Z}/p\mathbb{Z})\to\{1\}$$

ができる．ここで $SL(2,\mathbb{Z}/p\mathbb{Z})$ は位数が $p(p^2-1)$ の有限群で

ある．従って

$$\tau_p(SL(2,\mathbb{Z}_p))=p(p^2-1)\tau_p(\Gamma(p))$$

となる．一方

$$\tau(\Gamma(p))=\int_{\Gamma(p)}\left|\frac{1}{x(\Gamma(p))}\right|_p|dx|_p|dy|_p|dz|_p$$
$$=\left|\frac{1}{x(\Gamma(p))}\right|_p\mu_p(x(\Gamma(p)))\mu_p(y(\Gamma(p)))\mu_p(z(\Gamma(p)))$$

であるが

$$x(\Gamma(p))=\left\{1+\sum_{j=1}^{\infty}a_jp^j\right\}=1+p\mathbb{Z}_p,$$
$$y(\Gamma(p))=\left\{\sum_{j=1}^{\infty}b_jp^j\right\}=p\mathbb{Z}_p,$$
$$z(\Gamma(p))=\left\{\sum_{j=1}^{\infty}c_jp^j\right\}=p\mathbb{Z}_p$$

であるので

$$\left|\frac{1}{x(\Gamma(p))}\right|_p=1,$$
$$\mu_p(x(\Gamma(p)))=\mu_p(y(\Gamma(p)))=\mu_p(z(\Gamma(p)))=p^{-1}$$

となり

$$\tau_p(\Gamma(p))=p^{-3}$$

である．従って

$$\tau_p(SL(2,\mathbb{Z}_p))=1-p^{-2}$$

を得る．これより

$$\prod_{素数 p}\tau_p(SL(2,Z_p))=\prod_{素数 p}(1-p^{-2})=\zeta(2)^{-1} \qquad (9.1)$$

を得る．

一方 $\tau_\infty(\Sigma)$ の計算であるが，$SL(2,\mathbb{R})$ から上半平面 H への 写像

$$\varphi : \begin{pmatrix} x & y \\ z & t \end{pmatrix} \longmapsto \frac{ti+y}{zi+x}$$

を考えると，これは全射であり基本領域 Σ は $\Sigma = K_0 D_0$ と取ることができることが分かる．ここで

$$K_0 = \left\{ \begin{pmatrix} \cos\theta & -\sin\theta \\ \sin\theta & \cos\theta \end{pmatrix} \middle| \theta \in [0, \pi] \right\}$$

$$D_0 = \left\{ \begin{pmatrix} a & 0 \\ 0 & a^{-1} \end{pmatrix} \begin{pmatrix} 1 & u \\ 0 & 1 \end{pmatrix} \middle| |u| \leqq \frac{1}{2},\ 0 \leqq a \leqq \frac{1}{\sqrt[4]{1-u^2}} \right\}$$

である．すると基本領域 Σ では

$$x = a\cos\theta,\ y = au\cos\theta - a^{-1}\sin\theta,\ z = a\sin\theta$$

が成り立つので

$$\frac{dx \wedge dy \wedge dz}{x} = ada \wedge du \wedge d\theta$$

となる．従って

$$\begin{aligned} \tau_\infty(\Sigma) &= \int_0^\pi d\theta \int_{-1/2}^{1/2} du \int_0^{1/\sqrt[4]{1-u^2}} ada \\ &= \frac{\pi}{2} \int_{-1/2}^{1/2} \frac{du}{\sqrt{1-u^2}} = \frac{\pi}{2} \int_{-\pi/6}^{\pi/6} d\vartheta \\ &= \frac{\pi^2}{6} = \zeta(2) \end{aligned}$$

これと (9.1) より

$$\tau(SL(2, \mathbb{Q}) \backslash SL(2, \mathbf{A})) = 1$$

が示された．基本領域 Σ は上半平面の $SL(2, \mathbb{Z})$ の作用に関する基本領域と深く関係している．これは $SL(2, \mathbb{R})$ は上半平面 H に推移的に作用し，点 i での固定部分群は $SO(2)$ と同型であり $SO(2) \backslash SL(2, \mathbb{R})$ を H と同一視できるからである．

$SL(2, \mathbb{Q})$ の上記の計算のように玉河数の計算にはゼータ

関数の特殊値と基本領域の体積が深く関係している．また，上記の議論のように，2次形式から定義される群（直交群）だけでなく，一般の代数群に対して玉河数を考えることができ，ジーゲルの2次形式論は思いもかけない方向に深められていくことになった．

10．1次元複素トーラスとモジュライ空間

ジーゲルの2次形式論の解析的な側面ではジーゲル上半空間が重要な働きをしたが，その一番簡単な場合が上半平面 H である．そこで一般のジーゲル上半空間を考える前に上半平面 H とその商空間 $SL(2,\mathbb{Z})\backslash H$ の重要な意味づけを与える幾何学的な対象について簡単に触れておこう．

加法群として考えた複素数の全体 $\mathbb{C}$ の階数2の $\mathbb{Z}$ 部分加群 Λ で $\mathbb{C}$ で離散的であるものによる商群 $\mathbb{C}/\Lambda$ は1次元の複素トーラスと呼ばれる．Λ の $\mathbb{Z}$ 基底は2個の複素数 ω_1,ω_2 で与えられる．

$$\Lambda=\mathbb{Z}\cdot\omega_1+\mathbb{Z}\cdot\omega_2$$

このとき Λ が $\mathbb{C}$ の離散部分群であるための必要十分条件は ω_2/ω_1 が実数でないことである．実数であれば Λ の中に0に収束する部分列を見出すことができるからである．Λ が離散部分群であれば自然な写像 $p:\mathbb{C}\to\mathbb{C}/\Lambda$ は局所位相同型となり，$\mathbb{C}$ の複素座標から自然に $\mathbb{C}/\Lambda$ の局所複素座標を導入することができ，$\mathbb{C}/\Lambda$ は1次元複素多様体の構造（複素構造という）を持つことが分かる．1次元の複素構造をも

った $\mathbb{C}/\Lambda$ は1次元複素トーラスと呼ばれる．ここで $z\in\mathbb{C}$ に対して z の定める $\mathbb{C}/\Lambda$ の点を $[z]$ と記す．言い換えれば $p(z)=[z]$ である．

Λ の $\mathbb{Z}$ 基底 ω_1,ω_2 の順序は変えてもよいので，$\mathrm{Im}(\omega_1/\omega_2)>0$ と仮定しても一般性も失わない．そこで Λ の基底を選ぶときは常に $\mathrm{Im}(\omega_1/\omega_2)>0$ が成り立つように決めておく．ところで Λ の $\mathbb{Z}$ 基底の選び方は無数にあるが，$\{\omega_1,\omega_2\}$，$\{\omega_1',\omega_2'\}$ が2つの $\mathbb{Z}$ 基底とすると

$$\begin{pmatrix}\omega_1'\\ \omega_2'\end{pmatrix}=\begin{pmatrix}a & b\\ c & d\end{pmatrix}\begin{pmatrix}\omega_1\\ \omega_2\end{pmatrix},\ \begin{pmatrix}a & b\\ c & d\end{pmatrix}\in SL(2,\mathbb{Z})$$

が成り立つ．$\mathrm{Im}(\omega_1/\omega_2)>0$，$\mathrm{Im}(\omega_1'/\omega_2')>0$ と仮定しなければ $\begin{pmatrix}a & b\\ c & d\end{pmatrix}$ は $GL(2,\mathbb{Z})$ に取ることができる．

ところで $\tau=\omega_1/\omega_2$，$\mathrm{Im}\,\tau>0$ であるようにとると

$$\Lambda_\tau=\mathbb{Z}\tau+\mathbb{Z}=\{m\tau+n\,|\,m,n\in\mathbb{Z}\}$$

からできる1次元複素トーラス $T_\tau=\mathbb{C}/\Lambda_\tau$ と $\mathbb{C}/\Lambda$ とは写像

$$\begin{array}{rccc}\varphi & \mathbb{C}/\Lambda & \longrightarrow & T_\tau=\mathbb{C}/\Lambda_\tau\\ & [z] & \longmapsto & [z/\omega_2]\end{array}$$

によって複素多様体として同型になることが分かる．

このように上半平面の点 $\tau\in H$ に対して1次元複素トーラス T_τ が対応し，任意の1次元複素トーラス $T=\mathbb{C}/\Lambda$ に対して T と複素同型となる1次元複素トーラス $T_\tau,\tau\in H$ が存在する．

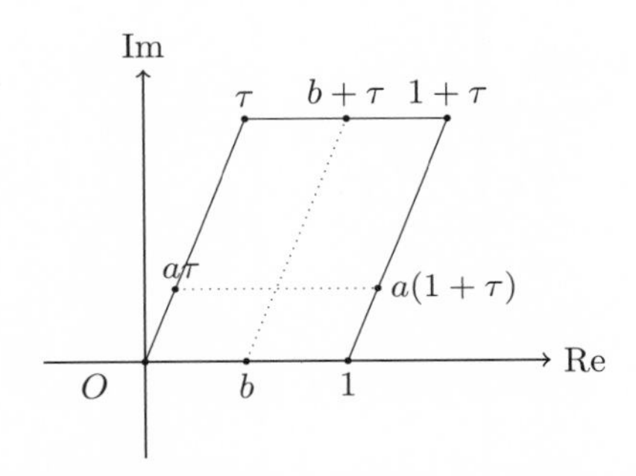

図 10.1　原点 O と τ を結ぶ線分と 1 と $1+\tau$ を結ぶ線分上の点 $a\tau$ と $a(1+\tau)$, $0 \leqq a \leqq 1$ を同一視し，原点 O と 1 を結ぶ線分と τ と $1+\tau$ を結ぶ線分上の点 b と $b+\tau$, $0 \leqq b \leqq 1$ を同一したものが T_τ の位相モデルとなる．これはドーナツの表面と位相同型であり（実 2 次元）トーラスと呼ばれる．単位円を S^1 と記すと実 2 次元トーラスは $S^1 \times S^1$ と位相同型である．

さらに $\tau, \tau' \in H$ に対して T_τ と $T_{\tau'}$ が複素同型となる為に必要十分条件は

$$\Lambda_{\tau'} = \alpha \Lambda_\tau \tag{10.1}$$

となる複素数 α が存在することであることが分かる[*37]．これは

$$\begin{pmatrix} \tau' \\ 1 \end{pmatrix} = \begin{pmatrix} a & b \\ c & d \end{pmatrix} \begin{pmatrix} \alpha\tau \\ \alpha \end{pmatrix}, \begin{pmatrix} a & b \\ c & d \end{pmatrix} \in SL(2, \mathbb{Z}) \tag{10.2}$$

が成り立つことを意味し，

$$\tau' = \frac{a\tau + b}{c\tau + d}, \begin{pmatrix} a & b \\ c & d \end{pmatrix} \in SL(2, \mathbb{Z}) \tag{10.3}$$

が成り立つことが分かる．逆に（10.3）が成り立てば $\alpha = (c\tau + d)^{-1}$ と取ることによって（10.2）が，従って

＊37　T_τ から $T_{\tau'}$ への正則同型写像は $[z] \longmapsto [\alpha z + \beta]$, α, β は定数，の形で与えられることが証明できる．

(10.1) が成り立つことが分かる．このようにして1次元複素トーラスの同型類と $SL(2,\mathbb{Z})$ の (10.3) による H への作用による商空間 $SL(2,\mathbb{Z})\backslash H$ の点とが1対1に対応することが分かる．

ところで，写像 $p;\mathbb{C}\to T_\tau$ は局所的には正則同型写像である．T_τ 上の有理型関数 $f(z)$ に対して複素平面 $\mathbb{C}$ への引き戻し $\tilde{f}=f\circ p$ は

$$\tilde{f}(m+n\tau+z)=\tilde{f}(z),\ m,n\in\mathbb{Z} \tag{10.4}$$

を満たす複素平面 $\mathbb{C}$ 上の有理型関数であり，逆に複素平面 $\mathbb{C}$ 上の有理型関数 $\tilde{f}$ が (10.4) を満たす2重周期関数であれば $\tilde{f}=f\circ p$ となる T_τ 上の有理型関数 f が存在する．このような $\mathbb{C}$ 上の2重周期関数は周期 $1,\tau$ を持つ楕円関数と呼ばれる．

周期 $1,\tau$ を持つ楕円関数の典型例はワイエルシュトラスのペー関数 $\wp(z)$ であり，

$$\wp(z)=\frac{1}{z^2}+\sum_{\substack{(m,n)\in\mathbb{Z}^2\\(m,n)\neq(0,0)}}\left\{\frac{1}{(z-m-n\tau)^2}-\frac{1}{(m+n\tau)^2}\right\}$$

と定義される．この無限和は $\mathbb{C}\backslash\Lambda_\tau$ で広義一様収束して複素平面上の有理型関数を定義することが証明できる．これが2重周期関数であることを直接証明することは面倒であるが，この関数の導関数 $\wp'(z)$ は

$$\wp'(z)=-2\sum_{(m,n)\in\mathbb{Z}^2}\frac{1}{(z-m-n\tau)^3}$$

となり，$1,\tau$ を周期に持つ楕円関数であることが分かる．従って $\wp(z+1)=\wp(z)+a$, a は定数，であることが分かる．

従って $\wp(z)=\wp(z-1+1)=\wp(z-1)+a$ が成り立つので $\wp(z-1)=\wp(z)-a$ が成立する．一方 $\wp(-z)=\wp(z)$ が成立するので，$a+\wp(z)=\wp(z+1)=\wp(-z-1)=\wp(-z)-a=\wp(z)-a$ が成り立ち，これより $a=0$ であることが分かる．同様の議論で $\wp(z+\tau)=\wp(z)$ が示される．さらに次の重要な定理が証明できる．

定理 10.1

$$\wp'(z)^2=4\wp(z)^3-g_2(\tau)\wp(z)-g_3(\tau) \tag{10.5}$$

が成り立つ．ここで

$$g_2(\tau)=60\sum_{\substack{(m,n)\in\mathbb{Z}^2\\(m,n)\neq(0,0)}}\frac{1}{(m+n\tau)^4} \tag{10.6}$$

$$g_3(\tau)=140\sum_{\substack{(m,n)\in\mathbb{Z}^2\\(m,n)\neq(0,0)}}\frac{1}{(m+n\tau)^6} \tag{10.7}$$

であり，

$$\Delta(\tau)=g_2^3(\tau)-27g_3(\tau)^2 \tag{10.8}$$

はすべての点 $\tau\in H$ で 0 にならない．

証明は複素解析の教科書を参照されたい．

この定理を使うと1次元複素トーラスが代数的に取り扱うことができることが分かる．そのことを示すために，2次元射影空間 $\mathbb{P}^2(\mathbb{C})$ を定義しておこう．2次元射影空間とは3個の数の比を点と考えたものである．正確には $\mathbb{C}^3\setminus\{(0,0,0)\}$ に同値関係 $\sim$ を

$(a_0,a_1,a_2)\sim(b_0,b_1,b_2)\Longleftrightarrow$

$(a_0,a_1,a_2)=(\alpha b_0,\alpha b_1,\alpha b_2)$ を満足する $\alpha\neq0$ が存在する

と定義し，商空間 $(\mathbb{C}^3\setminus\{(0,0,0)\})/\sim$ を $\mathbb{P}^2(\mathbb{C})$ と記して2次元複素射影空間あるいは単に射影平面という．(a_0,a_1,a_2) が定める射影空間の点を $(a_0:a_1:a_2)$ と記す．また，変数 z_0,z_1,z_2 の比を考えた $(z_0:z_1:z_2)$ を斉次座標と呼ぶ．この考え方を一般化して，$n+1$ 個の複素数の比を考えることによって n 次元射影空間 $\mathbb{P}^n(\mathbb{C})$ を定義することが出来る．特に $\mathbb{P}^1(\mathbb{C})$ は複素射影直線といわれ，以下と類似の議論でリーマン球面と同一視できる．

さて $\mathbb{P}^2(\mathbb{C})$ の点のうち $a_0\neq 0$ である部分 $U_0=\{(a_0:a_1:a_2)\,|\,a_0\neq 0\}$ を考えると

$$(a_0:a_1:a_2)=\left(1:\frac{a_1}{a_0}:\frac{a_2}{a_0}\right)$$

であり，対応

$$(a_0:a_1:a_2)\longmapsto\left(\frac{a_1}{a_0},\frac{a_2}{a_0}\right)$$

によって U_0 の点と $\mathbb{C}^2$ の点とが1対1に対応することが分かる．逆の対応は

$$(x_1,x_2)\longmapsto(1:x_1:x_2)$$

によって与えられる．この対応によって2次元複素アフィン空間（アフィン平面）$\mathbb{C}^2$ は射影平面に含まれていると考えることができる．また，

$$\mathbb{P}^2(\mathbb{C})\setminus U_0=\{(0:b_1:b_2)\}$$

であるので $(0:b_1:b_2)$ に $(b_1:b_2)\in\mathbb{P}^1(\mathbb{C})$ を対応させることによって $\mathbb{P}^2(\mathbb{C})\setminus U_0$ は射影直線と同一視することができる．$\mathbb{P}^2(\mathbb{C})\setminus U_0$ は斉次座標を使えば $z_0=0$ と表示することができ

るので，$\mathbb{P}^2(\mathbb{C})\backslash U_0$ を無限遠直線と呼ぶ．アフィン平面 $\mathbb{C}^2$ から見て無限の彼方にある点の全体である．同様の考え方を $\mathbb{P}^1(\mathbb{C})$ に適用すると，$\mathbb{P}^1(\mathbb{C})$ は $(1:b)$ の全体は複素平面 $\mathbb{C}$ と同一視でき，$(0:1)$ が無限遠点に対応させることができ，リーマン球面と同一視することができる．

さて射影平面では，斉次座標 z_0, z_1, z_2 を変数とする m 次斉次多項式

$$F(z_0, z_1, z_2) = \sum_{i+j+k=m} a_{ijk} z_0^i z_1^j z_2^k$$

を考えると，$F(\alpha z_0, \alpha z_1, \alpha z_2) = \alpha^m F(z_0, z_1, z_2)$ であるので

$$C := \{(a_0 : a_1 : \cdots : a_n) \mid F(a_0, a_1, \cdots, a_n) = 0\}$$

は意味を持つ．これを $F=0$ で定義される m 次平面曲線という．特に，m 次式 F が既約多項式のとき，m 次曲線 C を既約曲線という．

さて上述したように射影平面はアフィン平面（2 次元アフィン空間）$\mathbb{C}^2$ を含んでいた．アフィン平面の座標を (x, y) と記すと斉次座標との間には

$$x = \frac{z_1}{z_0},\ y = \frac{z_2}{z_0}$$

という関係がある．これより (x, y) の m 次多項式 $f(x, y)$ に対して

$$F(z_0, z_1, z_2) = z_0^m f\left(\frac{z_1}{z_0}, \frac{z_2}{z_0}\right)$$

と置くと m 次斉次式になる．これによってアフィン平面 $\mathbb{C}^2$ 上で式 $f(x, y) = 0$ で定義された図形を射影平面の m 次平面曲線 $F(z_0, z_1, z_2) = 0$ に拡張することができる．たとえば直

線の式

$$ax+by+c=0$$

は射影平面では

$$az_1+b_1z_2+cz_0=0$$

になる．これを射影平面の直線の式と呼ぶことにする．アフィン平面では

$$ax+by+c=0$$
$$ax+by+d=0,\ \ c\neq d$$

は平行な2直線であり交わることはない．ところが対応する射影平面の直線として考えると連立方程式

$$az_1+bz_2+cz_0=0$$
$$az_1+bz_2+dz_0=0$$

は解 $(0,-bt,at)$, t は任意の数，を持つことから射影平面の2直線は $(0:-b:a)$ で交わることが分かる．則ちアフィン平面で平行な直線はその傾き $-a/b$ によって定まる無限遠直線 $\mathbb{P}^2(\mathbb{C})\backslash U_0$ の一点で交わることが分かる．このように $\mathbb{P}^2(\mathbb{C})\backslash U_0$ はアフィン平面から眺めると無限の彼方にあると考えられるので無限遠直線と呼ぶ．直線と呼ぶ理由は $z_0=0$ で定義される1次平面曲線であることによる．

定理 10.2 1次元複素トーラス $\mathbb{T}_\tau$ から3次曲線

$$E_r : z_2^2 z_0 - 4z_1^3 + g_2(\tau) z_1 z_0^2 + g_3(\tau) z_0^3 = 0$$

への写像 $\varphi : \mathbb{T}_\tau \longrightarrow E_r$ を

$$[z] \longmapsto (1 : \wp(z) : \wp(z))$$

によって定義する．ただし，$[z]=[0]$ の近傍では

$$\varphi([z]) = (1/\wp'(z) : \wp(z)/\wp'(z) : 1)$$

と定義する．このときこの写像は1対1の正則写像であり，$\mathbb{T}_\tau$ と E_r の正則同型を与える．

証明 まず写像 φ が全射であることを示す．E_τ の無限遠点は $z_0=0$ であれば $z_1=0$ であるので $(0:0:1)$ である．$z=0$ の近傍で $1/\wp'(z)$，$\wp(z)/\wp'(z)$ は正則で零点を持つので $\varphi([0])=(0:0:1)$ であることが分かる．無限遠点以外の点 $(1:x_0:y_0)$ は $y_0^2=4x_0^3-g_2x_0-g_3$ を満たす．$\wp(z)-x_0$ は基本平行四辺形内で2位の極を唯一つ持つので，$\wp(z)-x_0$ は重複度も込めて基本平行四辺形内で2個の零点を持つ [*38]．そ

---

*38 $1,\tau$ を周期に持つ楕円関数 $f(z)$ は重複度を込めて数えると，基本平行四辺形 $\square$ 内での零点の個数と極の個数は等しいことが示される．$g(z)=f'(z)/f(z)$ も $1,\tau$ を周期に持つ楕円関数であるので $g(z+1)=g(z)$，$g(z+\tau)=g(z)$ が成り立つことから，積分

$$\int_{\partial\square} \frac{f'(z)}{f(z)}dz = \int_0^1 (g(z)-g(z+1))dz + \int_0^\tau (g(z+\tau)-g(z))dz = 0$$

が成り立つ．$g(z)$ の基本平行四辺形内での留数は a が $f(z)$ の m 位の零点であれば m, n 位の極であれば $-n$ であることから，基本平行四辺形内での $f(z)$ の零点の位数の和は，極の位数の和に等しいことが分かる．

の一つを z_0 とおくと，他の一点は $-z_0$ と同値な点である．$\wp(\pm z_0)=x_0$ であり，$\wp'(\pm z_0)^2=4\wp(\pm z_0)^3-g_2\wp(\pm z_0)-g_3$ を満たす．従って y_0 は $\wp'(z_0)$ であるか $y_0=-\wp'(z_0)=\wp'(-z_0)$ であり，$\varphi([z_0])$ または $\varphi([-z_0])$ が $(1:x_0:y_0)$ と一致する．

次に1対1であることを示す．$\varphi([z_0])=\varphi([z_1])$ と仮定する．この点が無限遠点であれば $[z_0]=[0]$ と仮定してよい．このとき $\wp(z)$ は点 z_0, z_1 で極を持つので，$[z_1]=[0]$ である．無限遠点でない場合は $\varphi([z_0])=\varphi([z_1])=(1:x_0:y_0)$ と記すと，$\wp(z)-x_0$ は基本平行四辺形内に2個の零点を持つ．z_0, z_1 は基本平行四辺形内の点であると仮定してよい．このとき $z_0=z_1$ であるか，$[z_1]=[-z_0]$ が成り立つ．一方 $\wp'(z_0)=\wp'(z_1)$ が成り立つが，$[z_1]=[-z_0]$ であれば $\wp'(z_1)=\wp'(-z_0)=-\wp'(z_0)$ であるので $y_0\neq 0$ であれば $[z_1]=[-z_0]$ となることはなく，$[z_0]=[z_1]$ である．一方 $y_0=0$ であれば，下の補題10.3より $x_0=e_j$, $j=1,2,3$, であり，$[-z_0]=[z_0]$ が成り立つので $[z_1]=[z_0]$ である．$[z_0]\neq[0]$ であれば $\wp(z), \wp'(z)$ は z_0 で正則であり，$[z_0]=[0]$ のときは $1/\wp'(z)$, $\wp(z)/\wp'(z)$ は $z=0$ で正則であるので，写像 φ は正則である．双正則であるのは陰関数の定理より証明できる．　**［証明終］**

ところで，n 次斉次式 $F(z_0, z_1, z_2)=0$ で定義される n 次平面曲線 C の点 $(a_0:a_1:a_2)$ は

$$\frac{\partial}{\partial z_0}F(a_0,a_1,a_2)=\frac{\partial}{\partial z_1}F(a_0,a_1,a_2)=\frac{\partial}{\partial z_2}F(a_0,a_1,a_2)=0$$

を満たすとき**特異点**と呼ばれる．特異点を持たない n 次平面曲線を非特異 n 次平面曲線という．

上の3次平面曲線 E_τ の定義式で $g_2=g_2(\tau)$, $g_3=g_3(\tau)$ と略記し

$$F=z_0z_2^2-4z_1^3+g_2z_0^2z_1+g_3z_0^3=0$$

と記すと，対応するアフィン曲線は

$$y^2=4x^3-g_2x-g_3,\quad x=\frac{z_1}{z_0},\quad y=\frac{z_2}{z_0}$$

である．このとき

$$F_{z_0}=z_2^2+2g_2z_0z_1+3g_3z_0^2$$
$$F_{z_1}=-12z_1^2+g_2z_0^2$$
$$F_{z_2}=2z_0z_2$$

が成り立つ．従って特異点は

$$z_2^2+2g_2z_0z_1+3g_3z_0^2=0$$
$$-12z_1^2+g_2z_0^2=0$$
$$2z_0z_2=0$$

を解いて得られる．最後の式より $z_0=0$ または $z_2=0$. $z_0=0$ とすると二番目，一番目の式より $z_1=0$, $z_2=0$ となるが，これに対応する射影平面の点はない．$z_0\neq 0$, $z_2=0$ とすると，$x=z_1/z_0$ は

$$4x^3-g_2x-g_3=0$$

の根である．この根を調べるために，まず $\wp'(z)=0$ となる z を求める．$\wp'(z)$ は基本平行四辺形内で3位の極を原

点で持ち，他の点では正則であるので，基本平行四辺形内で $\wp'(z)=0$ となる z は注1）で述べた事実より3個ある．$\wp'(z)$ が奇関数であることを考えると，この3点は $z=1/2$, $\tau/2$, $(1+\tau)/2$ であることが分かる．

■ 補題 10.3

$$\wp\left(\frac{1}{2}\right)=e_1,\quad \wp\left(\frac{\tau}{2}\right)=e_2,\quad \wp\left(\frac{1+\tau}{2}\right)=e_3$$

は異なり

$$4x^3-g_2(\tau)x-g_3(\tau)=0$$

の3根である．従ってこの3次方程式は重根を持たず，

$$\varDelta(\tau)=g_2(\tau)^3-27g_3(\tau)^2\neq 0 \tag{10.9}$$

がすべての $\tau\in H=\{\tau\in\mathbb{C}\mid \mathrm{Im}\,\tau>0\}$ で成り立つ．

証明　$\wp(z)$ は基本平行四辺形内では原点で2位の極を持ち他の点では正則であるので注1）で述べた事実より $\wp(z)-e_1$ は $z=1/2$ で2位の零点を持つ．なぜならば $\wp'(1/2)=0$ より $\wp(z)-e_1$ は2位以上の零点を持つからである．$\wp(z)-e_2$, $\wp(z)-e_3$ も同様の理由で $z=\tau/2$, $(1+\tau)/2$ で2位の零点を持つ．このことは e_1, e_2, e_3 がすべて異なることを意味する．何故ならば，もし例えば $e_1=e_2$ とすれば $\wp(z)-e_1$ は $z=1/2$, $z=\tau/2$ でそれぞれ2位の零点を持ち，基本平行四辺形内で重複度も込めて4個以上の零点を持つからである．

以上の議論より

$$f(x)=4x^3-g_2x-g_3=4(x-e_1)(x-e_2)(x-e_3)$$

であることが分かり，根と係数の関係より

$$e_1+e_2+e_3=0$$

$$e_1e_2+e_2e_3+e_3e_1=-\frac{g_2}{4}$$

$$e_1e_2e_3=\frac{g_3}{4}$$

が成り立つ．また $f(x)=4(x-e_1)(x-e_2)(x-e_3)$ より

$$f'(e_1)=4(e_1-e_2)(e_1-e_3),\quad f'(e_2)=4(e_2-e_1)(e_2-e_3),$$
$$f'(e_3)=4(e_3-e_1)(e_3-e_2)$$

を得るので

$$f'(e_1)\,f'(e_2)\,f'(e_3)=-64\{(e_1-e_2)(e_2-e_3)(e_3-e_1)\}^2$$

を得る．一方 $f(x)=4x^3-g_2x-g_3$ および根と係数の関係式

より

$$\begin{aligned}
&f(e_1)f'(e_2)f'(e_3)\\
&=(12e_1^2-g_2)(12e_2^2-g_2)(12e_3^2-g_2)\\
&=-g_2^3+12g_2^2(e_1^2+e_2^2+e_3^2)-12^2g_2(e_1^2e_2^2+e_2^2e_3^2+e_3^2e_1^2)+12^3(e_1e_2e_3)^2\\
&=-g_2^3+12g_2^2\{(e_1+e_2+e_3)^2-2(e_1e_2+e_2e_3+e_3e_1)\}\\
&\quad -12^2g_2\{(e_1e_2+e_2e_3+e_3e_1)^2-2e_1e_2e_3(e_1+e_2+e_3)\}+3^2\cdot 12g_3^2\\
&=-g_2^2+6g_2^3-9g_2^3+108g_3^2\\
&=-4(g_2^3-27g_3^2)
\end{aligned}$$

を得る．従って

$$16\{(e_1-e_2)(e_2-e_3)(e_3-e_1)\}^2=g_2^3-27g_3^2$$

を得，これは 0 ではない． ［**証明終**］

補題 10.4

平面3次曲線

$$E_\tau : z_2^2 z_0 - 4z_1^3 + g_2(\tau) z_1 z_0^2 + g_3(\tau) z_0^3 = 0$$

はすべての $\tau \in H$ に対して非特異曲線である．

証明　上の考察より，特異点があるとするとそれは $(1:e_j:0)$, $j=1,2,3$ でなければならない．一方これらの点が特異点であれば

$$F_{z_0}(1, e_j, 0) = 2g_2 e_j + 3g_3 = 0, \quad F_{z_1}(1, e_j, 0) = -12e_j^2 + g_2 = 0$$

が成り立たなければならない．$g_2 \neq 0$ であれば最初の式から $e_j = -3g_3/2g_2$ を得てこれを二番目の式に代入して整理すると

$$g_2^3 - 27g_3^2 = 0$$

が成り立つ．しかし，これは上の補題 10.3 に反する．一方 $g_2 = 0$ であれば最初の式から $g_3 = 0$ となり，これも上の補題 10.3 に反する．　**[証明終]**

このように1次元複素トーラスは非特異平面3次曲線 E_τ と見ることができ，代数的に取り扱うことができることを示唆する．E_τ は楕円曲線と呼ばれ，現代の数論で大切な役割をする．

ところで，簡単に分かることであるが $g_2(\tau)$, $g_3(\tau)$ 従って $\Delta(\tau)$ は上半平面 H の正則関数であり，任意の $M = \begin{pmatrix} a & b \\ c & d \end{pmatrix}$

$\in SL(2,\mathbb{Z})$ に対して

$$g_2\left(\frac{a\tau+b}{c\tau+d}\right)=(c\tau+d)^4 g_2(\tau)$$
$$g_3\left(\frac{a\tau+b}{c\tau+d}\right)=(c\tau+d)^6 g_3(\tau)$$
$$\Delta\left(\frac{a\tau+b}{c\tau+d}\right)=(c\tau+d)^{12}\Delta(\tau)$$

を満たす．上半平面 H で正則で

$$h\left(\frac{a\tau+b}{c\tau+d}\right)=(c\tau+d)^{2k}h(\tau),\ \forall\begin{pmatrix}a & b\\ c & d\end{pmatrix}\in SL(2,\mathbb{Z})$$

を満たす関数を重さ $2k$ のモジュラー形式または保型形式と呼ぶ＊39．さらに

$$j(\tau)=1728\frac{g_2^3(\tau)}{\Delta(\tau)} \tag{10.10}$$

を楕円モジュラー関数と呼ぶ．簡単に分かるように

$$j\left(\frac{a\tau+b}{c\tau+d}\right)=j(\tau),\ \forall\begin{pmatrix}a & b\\ c & d\end{pmatrix}\in SL(2,\mathbb{Z})$$

が成り立ち，$j(\tau)$ を複素平面 $\mathbb{C}$ から $\mathbb{C}$ への写像とみると商空間 $SL(2,\mathbb{Z})\backslash H$ から複素平面への写像 $\bar{j}$ を引き起こす．$SL(2,\mathbb{Z})\backslash H$ を1次元複素多様体とみると，この写像 $\bar{j}$ によって複素平面と正則同型であることが証明できる．　以上の議論から基本領域あるいはこの商空間の意味は明らかになった．この事実から商空間 $SL(2,\mathbb{Z})\backslash H$ は1次元複素トーラ

＊39　正確には無限遠点での挙動も考える必要がある．$h(\tau+1)=h(\tau)$ であるので $h(\tau)$ は $q=e^{2\pi iz}$ の級数に展開できる．このとき q の負べきの項が有限個であることが保型形式の条件である．これは商空間 $SL(2,\mathbb{Z})\backslash H$ を1点コンパクト化した閉リーマン面の付け加えた点（無限遠点）で $h(\tau)$ は正則または極を持つという条件に他ならない．

スのモジュライ空間と呼ばれる．以上の議論は次の定理にまとめることができる．

定理 10.5

1次元複素トーラス T_τ と $T_{\tau'}$ が正則同型であるための必要十分条件は

$$j(\tau)=j(\tau')$$

がなりたつことである．従って1次元複素トーラスの正則同型類と商空間 $SL(2,\mathbb{Z})\backslash H$ の点とが1:1に対応する．また楕円モジュラー関数 $j(\tau)$ によって商空間 $SL(2,\mathbb{Z})\backslash H$ は複素平面 $\mathbb{C}$ と正則同型になる．

11．ジーゲル上半平面とジーゲルモジュラー形式

1次元複素トーラスの g 次元版，g 次元複素トーラスは次のように定義される．g 次元複素ベクトル空間 $\mathbb{C}^g$ を横ベクトル $(z_1, z_2, \cdots, z_n)$ の全体と考える．$(2g, g)$ 行列 $\Omega=(\omega_{ij})$ に対して各行からできる行ベクトル $\vec{\omega}_i=(\omega_{i1}, \omega_{i2}, \cdots, \omega_{ig})$ から生成される $\mathbb{Z}$ 加群を Λ_Ω と記そう．

$$\Lambda_\Omega=\mathbb{Z}\vec{\omega}_1+\mathbb{Z}\vec{\omega}_2+\cdots+\mathbb{Z}\vec{\omega}_{2g}$$

この $\mathbb{Z}$ 加群の階数が $2g$ であり，かつ $\mathbb{C}^n$ の離散部分群である（このことを Λ_Ω は階数 $2g$ の $\mathbb{C}^g$ の格子群であるということがある）ための必要十分条件は

$$\det(\Omega\overline{\Omega})\neq 0 \qquad (11.1)$$

が成り立つことである[40]．ここで $\overline{\Omega}$ は行列の各成分の複素共役を取ってできる行列である．

(11.1) が成り立つときに $\mathbb{C}^g$ に同値関係 $\sim$ を

$$(a_1, a_2, \cdots, a_g) \sim (b_1, b_2, \cdots, b_g)$$
$$\Longleftrightarrow (a_1, a_2, \cdots, a_g) - (b_1, b_2, \cdots, b_g) \in \Lambda_\Omega$$

と定義し，この同値関係による商空間 $\mathbb{C}^g/\sim$ を T_Ω と記す．商空間への自然な写像 $p: \mathbb{C}^n \to T_\Omega$ は局所位相同型であり，この写像が正則写像であるように T_Ω に複素多様体の構造を導入することができる．T_Ω を複素多様体と考えたものを n 次元複素トーラスとよぶ．1次元複素トーラスの場合はその上に有理型関数が存在したが，$n \geqq 2$ の場合は事情が異なる．この点に関してもジーゲルは先駆的な業績を挙げている．

［64］ Meromorphe Funktionen auf kompakten analytischen Mannigfaltigkeiten（コンパクト複素解析的多様体上の有理型関数），Nachrichten Akad. Wissen. Göttingen, Math.-Phys. Klasse, 1955, No. 4, pp. 144-170.

n 次元複素多様体 M 上の有理型関数[41] の全体は体

---

*40 1次元の場合は前節の条件 $\mathrm{Im}\,\omega_1/\omega_2 \neq 0$ と同値な条件である．$\begin{vmatrix} \omega_1 & \omega_2 \\ \overline{\omega}_1 & \overline{\omega}_2 \end{vmatrix} = 0$ であれば $(\omega_1, \overline{\omega}_1) = (\alpha\omega_2, \alpha\overline{\omega}_2)$ となる α が存在する．これより $\omega_1/\omega_2 = \alpha = \overline{\omega}_1/\overline{\omega}_2$ が導かれ，α は実数であることが分かる．逆に $\alpha = \omega_1/\omega_2$ が実数であれば，$\alpha = \overline{\omega}_1/\overline{\omega}_2$ となり，$\begin{vmatrix} \omega_1 & \omega_2 \\ \overline{\omega}_1 & \overline{\omega}_2 \end{vmatrix} = 0$ が成り立つ．

*41 多変数の場合は局所的に正則関数の比として表される関数が有理型関数である．

を成している．これを複素多様体 M の関数体とよび $\mathbb{C}(M)$ と記す．g 次元複素トーラスは円 S^1 の $2g$ 個の直積 $\underbrace{S^1\times S^1\times\cdots\times S^1}_{2g}$ と位相同型であるのでコンパクトであることに注意する．

> **定理 11.1**（ジーゲル）
> コンパクト n 次元複素多様体 M 上の関数体 $\mathbb{C}(M)$ の超越次数は g 以下である．

この定理は次のことを主張している．コンパクト g 次元複素多様体 M 上の $g+1$ 個の有理型関数 $f_1, f_2, \cdots, f_{g+1}$ の間には必ず代数的な関係がある，すなわち $P(f_1, f_2, \cdots, f_{g+1})=0$ が成り立つように複素数係数の $(g+1)$ 変数多項式 $P(x_1, x_2, \cdots, x_{g+1})\not\equiv 0$ が存在する．

この定理は後に一般化されて，g 次元コンパクト複素多様体 M は必ず m 変数代数関数体になることが証明される．ここで $m\leqq g$ であり，$m=0$ のときは M 上に定数以外の有理型関数は存在しない．m 変数代数関数体とは m 個の独立な変数 $x_1, x_2, \cdots, x_m$ のなす有理関数体 $\mathbb{C}(x_1, x_2, \cdots, x_m)$ 上の有限次拡大体と同型な体を意味する．このことは $\mathbb{C}(M)$ と同型な体を関数体に持つ m 次元射影多様体 V が存在することを意味する．そのため，関数体 $\mathbb{C}(M)$ の超越次数 m をコンパクト複素多様体の代数次元という．

さて $g\geqq 2$ の場合 g 次元複素トーラス T_Ω の代数次元は 0 から g までのすべての値を取ることが証明できる．このこ

とが $g=1$ の場合との大きな違いである．どのような場合に g 次元複素トーラス T_Ω の代数次元が g であるかが重要になる．そのための準備として g 次元複素トーラス T_Ω と $T_{\Omega'}$ が複素多様体として同型になる条件を考察しておこう．$(2g,g)$ 行列 Ω と Ω' が $\mathbb{C}^g$ の同一の離散部分群をなせば T_Ω と $T_{\Omega'}$ は同型というより同一の複素トーラスであるが，この条件は

$$\Omega' = M\Omega, \quad M \in GL(2g,\mathbb{Z})$$

である．一方 n 次元複素トーラス T_Ω から $T_{\Omega'}$ への正則写像は $\mathbb{C}^g$ から $\mathbb{C}^g$ の 1 次写像

$$(z_1,z_2,\cdots,z_g)\longmapsto(z_1,z_2,\cdots,z_g)A+(b_1,b_2,\cdots,b_g)$$

より引き起こされる．ここで A は g 次の複素正方行列であり，同型写像であるための必要十分条件は A は Ω の定める離散部分群を Ω' の定める離散部分群に同型に移すことである．したがってこの時は $\det A \neq 0$ である．$(b_1,b_2,\cdots,b_g)$ は複素トーラスの平行移動で常に同型を引き起こす．以上の議論より T_Ω と $T_{\Omega'}$ とが複素多様体として同型であるための必要十分条件は

$$\Omega' = M\Omega A,\ M \in GL(2g,\mathbb{Z}),\ A \in GL(g,\mathbb{C})$$

が成り立つような行列 A, M が存在することである．n 次元複素トーラス T_Ω の代数次元が g である為の必要十分条件に関しては次の重要な定理がある．

定理 11.2　g 次元複素トーラス T_Ω の代数次元が g であるための必要十分条件は

$$M\Omega A = \begin{pmatrix} \tau \\ \delta \end{pmatrix}$$

を満たす $M \in GL(2g, \mathbb{Z})$, $A \in GL(g, \mathbb{C})$ が存在することである．ここで τ は g 次複素対称行列で，その虚部は正定値行列であり δ は対角成分が自然数である対角行列で

$$\delta = \begin{pmatrix} d_1 & 0 & 0 & \cdots & 0 \\ 0 & d_2 & 0 & \cdots & 0 \\ 0 & 0 & d_3 & \cdots & 0 \\ 0 & 0 & 0 & \cdots & 0 \\ 0 & 0 & 0 & \cdots & 0 \\ 0 & 0 & 0 & \cdots & d_g \end{pmatrix}, \ d_1 | d_2 | \cdots | d_{g-1} | d_g$$

の形をしている．このとき複素トーラス T_Ω は複素射影空間 $\mathbb{P}^N$ に複素部分多様体として埋め込むことができる．

この定理の証明に関してはジーゲルの名著

Topics in Function Theory, vol. 3, Wiley, 1989.

を参照して頂きたい．この定理に現れた虚部が正定値となる g 次複素対称行列の全体

$$\mathfrak{S}_g = \{\tau = X + iY \mid X \text{ 実対称行列}, \quad Y \text{ 正定値対称行列}\}$$

はジーゲル上半空間と呼ばれる．$g = 1$ のときは上半平面であるのでこの名称がある．

ところで複素射影空間 $\mathbb{P}^N$ に複素部分多様体として埋め込むことができる複素トーラスはアーベル多様体と呼ばれる．上の定理より複素トーラス T_Ω がアーベル多様体である

ための必要十分条件は複素トーラスがジーゲル上半空間 $\mathfrak{S}_g$ の点 τ と (i,i) 成分が正整数 d_i であり d_i は d_{i+1} を割り切り，対角成分以外は 0 である対角行列 δ によってできる複素トーラス $T_{{}^t(\tau,\delta)}$ と正則同型となることが証明できる．この対角行列 δ はアーベル多様体の偏極と呼ばれる．

上半平面に $SL(2,\mathbb{Z})$ が作用し，1 次元複素トーラスの同型類と関係したように，同じ偏極 δ を持つ g 次元複素トーラス $T_{{}^t(\tau,\delta)}$ と $T_{{}^t(\tau',\delta)}$ が複素多様体として同型である為の必要十分条件は

$$\begin{pmatrix}\tau' \\ \delta\end{pmatrix}=\begin{pmatrix}A & B \\ C & D\end{pmatrix}\begin{pmatrix}\tau \\ \delta\end{pmatrix}(C\tau+B)^{-1}\delta$$

となることである．ここで，A, B, C, D は g 次整数係数正方行列であり，整数係数 $2g$ 正方行列 $M=\begin{pmatrix}A & B \\ C & D\end{pmatrix}$ は

$${}^tM\begin{pmatrix}0 & \delta \\ -\delta & 0\end{pmatrix}M=\begin{pmatrix}0 & \delta \\ -\delta & 0\end{pmatrix}$$

を満足する．このような整数係数 $2g$ 正方行列 M の行列の全体は群となり，それを $Sp(\delta,\mathbb{Z})$ と記し，g 次のパラモジュラー群と呼ぶ．特に δ が g 次の単位行列 I_g の場合は $Sp(I_g,\mathbb{Z})$ は $Sp(2g,\mathbb{Z})$ と書かれ，g 次のジーゲルモジュラー群と呼ばれる．

g 次のパラモジュラー群 $Sp(\delta,\mathbb{Z})$ は $\mathfrak{S}_g$ に

$$\tau\longmapsto(A\tau+B)(C\tau+D)^{-1}\delta$$

によって真性不連続に作用し商空間 $Sp(\delta,\mathbb{Z})\backslash\mathfrak{S}_g$ は複素解析空間の構造を持つ．$g\geqq 2$ の場合は商空間は特異点を

持ち，複素多様体にはならないことが知られている．商空間 $Sp(\delta,\mathbb{Z})\backslash\mathfrak{S}_g$ の各点は偏極 δ をもつ g 次元アーベル多様体の同型類と1対1に対応している．すなわち商空間 $Sp(\delta,\mathbb{Z})\backslash\mathfrak{S}_g$ は偏極 δ をもつアーベル多様体のモジュライ空間と考えることができる．

$Sp(\delta,\mathbb{Z})$ の $\mathfrak{S}_g$ への作用に関する基本領域は正定値2次形式の簡約化理論と深く関係している．このようにジーゲルの2次形式論では離散群に関する基本領域の存在問題だけでなく，上半平面の一般化としてのジーゲル上半空間とその空間に作用する離散群としてのパラモジュラー群やジーゲルモジュラー群が現れる．それだけでなく以前に述べたように多変数の保型形式であるジーゲルモジュラー形式が新たに現れた．

重さ $2k$ の g 次のジーゲルモジュラー形式 $F(\tau)$ とは

$$F((A\tau+B)(C\tau+D)^{-1})=\det(C\tau+D)^{2k}F(\tau),$$
$$\begin{pmatrix} A & B \\ C & D \end{pmatrix}\in Sp(2g,\mathbb{Z}) \tag{11.2}$$

を満たす $\mathfrak{S}_g$ 上の正則関数と定義する．$g=1$ のときは無限遠点に関する条件が必要となるが，$g\geqq 2$ の場合はこの条件は不要である．これは商空間 $Sp(2g,\mathbb{Z})\backslash\mathfrak{S}_g$ の佐武コンパクト化の理論と深く関係している[*42]．またジーゲルモジュラー形式の重さが偶数であるのは $M\in Sp(2g,\mathbb{Z})$ であれば $-M\in Sp(2g,\mathbb{Z})$ となるから，重さが奇数であれば上の条件(11.2)から $F(\tau)=0$ となってしまうからである．

＊42　I. Satake, On the compactification of the Siegel space, J. Indian Math. Soc., 20 (1956) pp. 259--281

第2章

天体力学

ジーゲルの2次形式論がいささか長くなってしまったので，話題を変えてジーゲルの天体力学について述べたい．初回に紹介したジーゲルのフロベニウスに対する回想で，ジーゲル自身はベルリン大学入学時は天文学を学ぼうと考えており，在学時にはプランクのゼミに出席していた．また，フランクフルト時代には早朝に天体力学の講義を行っており，天体力学に関する興味を持ち続けていたことが分かる．

コンピュータの発展によって天体力学を取り巻く状況はジーゲルが研究を始めたときとは現在は大きく異なっている．幸いにジーゲルが1941年に行った天体力学に関する講演が残されており，当時の天体力学研究の状況を知ることができる．そこでまず，ジーゲルの講演

［35］On the modern development of celestial mechanics, Amer. Math. Monthly. 48 (1941), 430-435

を読んでみよう．

1.　ジーゲルのラトガス大学での講演
天体力学の現代の発展について[*1]

天体力学は n 体問題を取り扱う，すなわち3次元ユークリッド空間内にニュートンの重力法則に従って互いに引力を及ぼし合う n 個の物体 $P_1, \cdots, P_n$ の運動を考察する．物体 P_k の質料を m_k, P_kP_l の距離を r_{kl} とするとこの物理系の重力ポテンシャルは

$$-U = \sum_{1 \leqq k < l \leqq n} m_k m_l r_{kl}^{-1}$$

で与えられる．P_k の直交座標を x_k, y_k, z_k とすると P_k の運動方程式は

$$m_k \ddot{x}_k = \frac{\partial U}{\partial x_k},\ m_k \ddot{y}_k = \frac{\partial U}{\partial y_k},\ m_k \ddot{z}_k = \frac{\partial U}{\partial z_k},\ (k = 1, \cdots, n)$$

である．これは $3n$ 個からなる2階常微分方程式系である．速度の成分 u_k, v_k, w_k を導入すると運動方程式は $6n$ 個の1階微分方程式からなる系，すなわち

(1)　$\dot{x}_k = u_k,\ \dot{y}_k = v_k,\ \dot{z}_k = w_k,$

$$\dot{u}_k = \frac{1}{m_k}\frac{\partial U}{\partial x_k},\ \dot{v}_k = \frac{1}{m_k}\frac{\partial U}{\partial y_k},\ \dot{w}_k = \frac{1}{m_k}\frac{\partial U}{\partial z_k}$$

に書き直すとことができる．

$6n$ 個の実数値 x_k，y_k，z_k，u_k，v_k，w_k，$(k = 1, \cdots, n)$ を $6n$ 次元空間での点 Q の座標と考え，$n(n+1)/2$ 個の距離 r_{kl} が0でないすべての点 Q がなす多様体を S と記す．微

---

*1　1941年2月11日ラトガス大学にて．大学創設175年記念祭のときに行われた天体力学に関するシンポジュームでの講演．

分方程式の解の存在定理により，唯一の運動曲線が S の点 Q を通る．$6n$ 次元空間 S 内のこの流線のなす多様体の位相的，解析的性質を研究するのが天体力学の主要な問題である．この問題の完全な解決はこれまで知られている数学手法の力のはるか先にある様に思われる．しかし，月の運動に関するヒル[*2] の発見[*3] 以来，この 60 年間興味ある特殊な結果が得られてきた．これらの現代的な理論のうちで重要なもののいくつかについてこの講義で述べてみたい．これらの結果はブルンス[*4]，ポアンカレ，スンドマン[*5] の名前とむず

*2 訳注 George William Hill (1838–1914) 1855 年 Rutgers College を卒業した．1861 年－1863 年航海暦局，1882 年－1892 年ワシントン DC で木星と土星の軌道計算に従事した他には職に就かず，農場のある West Nyack の自宅で研究を続けた．月の軌道の関する研究が重要な業績であり，そこから派生したヒルの微分方程式は有名である．

*3 訳注 Hill, G.W.:Research in the lunar theory. Amer. J. Math. 1(1878), pp.5–26, pp.129–147, pp.245–269.

*4 訳注 Ernst Heinrich Bruns(1848–1919), 1866–1871 ベルリン大学で学び，1871 年にワイエルシュトラスとクンマーの元で学位を取り，ロシア，サンクト・ペルテルブルクのプルコヴァ天文台に職を得る．1873 年にエストニアのドルパト天文台に移り，1876 年にベルリン大学の数学の教授となる．1882 年にライプツィヒ大学の天文学の教授となり 1919 年の死までこの職にあった．位相空間論の創始者であるハウスドルフ (Felix Hausdorff (1868–1942)) は 1891 年にブルンスの元で天文学に関する論文で学位を得ている．

*5 訳注 Karl Frithiof Sundman (1873–1949)，フィンランドの出身．ヘルシンキ大学で数理天文学を主として学ぶ．1902 年ヘルシンキ大学講師，1907–1918 ヘルシンキ大学員外教授，1918–1949 ヘルシンキ大学教授兼ヘルシンキ大学天文台長．下に出てくる三体問題に関する功績で 1913 年にはパリ学士院の賞を受けている．

びついている．

まずブルンスの研究から始めよう[*6]．これは微分方程式系(1) の積分に関するものである．1階微分方程式系

(2)　$\dot{\xi}_k=f_k(\xi_1,\cdots,\xi_m,t),\ (k=1,\cdots,m)$

の積分とは (2) の解に対して定数となる関数 $\phi(\xi_1,\cdots,\xi_m,t)$ のことである．条件 $\dot{\phi}=0$ より関係式

$$\frac{\partial\phi}{\partial t}+\sum_{k=1}^{m}f_k\frac{\partial\phi}{\partial\xi_k}=0$$

が導かれ，従って (2) の積分はこの微分方程式の任意の解 ϕ であることが分かる．定数でない積分があれば，それによって (2) の方程式系は $m-1$ 個の1階微分方程式系に帰着できることが微分方程式論で知られている．より一般には (2) の r 個の独立な積分が知られていれば，$m-r$ 個の1階微分方程式系に帰着でき，従って m 個の独立な積分を見出すことができれば (2) は完全に解けたことになる．

オイラーとラグランジュの研究以来，系 (2) の 10 個の独立な積分，すなわち6個の運動量積分，3個の角運動量積分とエネルギー積分が知られている．運動量積分は

$$\phi_1=\sum_{k=1}^{n}m_ku_k,\ \phi_2=\sum_{k=1}^{n}m_kv_k,\ \phi_3=\sum_{k=1}^{n}m_kw_k,$$

$$\phi_4=t\phi_1-\sum_{k=1}^{n}m_kx_k,\ \phi_5=t\phi_2-\sum_{k=1}^{n}m_ky_k,$$

$$\phi_6=t\phi_3-\sum_{k=1}^{n}m_kz_k,$$

---

*6　訳注　Bruns, H.:Über die Integrale des Vielkörper-Problems.（多体問題について），Acta Math. 11（1887–88），pp.25–96.

であり，これより物体の系 $P_1, \cdots, P_n$ の重心は定速で直線運動をすることが示される．角運動量積分は

$$\phi_7 = \sum_{k=1}^{n} m_k (y_k w_k - z_k v_k),$$

$$\phi_8 = \sum_{k=1}^{n} m_k (z_k u_k - x_k w_k),$$

$$\phi_9 = \sum_{k=1}^{n} m_k (x_k v_k - y_k u_k)$$

であり，エネルギー積分は

$$\phi_{10} = T - U$$

である．ここで

$$T = \frac{1}{2} \sum_{k=1}^{n} m_k (u_k^2 + v_k^2 + w_k^2)$$

は物体の系の運動エネルギーである．これら (1) の積分は代数積分，すなわち変数 t, $x_1, \cdots, w_n$ の代数関数である．長い間，数学者と天文学者はこれ以外の簡単な積分を求めようと試みたが成功しなかった．ついにブルンスが n 体問題の場合，これらの積分と独立な代数積分は存在しない，すなわち，n 体問題の代数積分は既に知られている $\phi_1, \cdots, \phi_{10}$ の代数関数であることを証明した．ブルンスのこの定理は n 体問題では代数的な手段ではこれ以上微分方程式の個数を減らすことができないことを示している．ブルンスの定理の証明は難しい．ブルンスの証明は，楕円関数は指数関数，対数関数，代数関数の有限和では表すことはできないことをリーヴィユが証明したのと同じアイディアを使っている．

スンドマンの研究は $n=3$ の場合，すなわち三体問題の場合のみを扱っている[*7]．微分方程式系（1）の右辺は $6n$ 変数 $x_1, \cdots, w_m$ の解析関数であるので，コーシーの存在定理より（1）の解は独立変数 t の解析関数である．t の値 t_0 を一つ固定し，増大する実数値 $t>t_0$ に対して運動曲線上の座標 $x_k, y_k, z_k, (k=1,2,3)$ を考えよう．これらの座標はすべての $t>t_0$ で正則であるか，$t_0 \leqq t < t_1$ で正則で $t=t_1$ で少なくとも一つの座標が特異であるかの二つの可能性がある．後者の場合，$t \to t_1$ での三体の運動の挙動を調べてみよう．$t=t_1$ で単純衝突するか，一般衝突するか，すなわち三体の内の二体が衝突するか，三体が一緒に衝突するかのいずれかであることをスンドマンは証明した．さらに，一般衝突が起きるのは3個の角運動量積分が0のときに限ることを彼は証明した．もし，3個の角運動量のいずれかが0でないならば $t=t_1$ で単純衝突が起きる．このとき座標は t の関数として2次の分岐点を持つことをスンドマンは証明した．すなわち，座標は $t=t_1$ の近傍で一意化変数 $(t-t_1)^{1/3}$ の収束べき級数を使って書き表される．従ってこれらの関数を分岐点 $t=t_1$ を越えて解析接続することができる．3乗根が3個あることに応じて分岐点 $t=t_1$ を越えて3種類の異なる解析接続があるが，実数値 $t>t_1$ に対して実数値を取る分枝はただ一つである．9個の座標のそれぞれにこの実の分枝を取る

---

*7　訳注 Sundman, F.K.: Mémoire sur le problème des trois corps.（三体問題に関する覚え書き），Acta Math.,36（1913），pp.105-179.

ことによって単純衝突点を越えて運動の実解析的接続を得ることができる．もちろん，この解析接続は物理的な意味は持たないが，微分方程式の数学上の研究からは重要である．

さて増大する実数値 $t>t_1$ に対する解析関数 x_k, y_k, z_k の挙動を考察しよう．この場合も二つの可能性がある：すべての有限な $t>t_1$ に対して正則であるか，最初の特異点 $t=t_2$ が存在するかのいずれかである．三体の軌道上で角運動量積分の少なくとも一つは0でないと仮定しているので，特異点 $t=t_2$ でも単純衝突が起きる．これは2次の分岐点を意味し，この分岐点を超えて運動の実解析接続を構成することができる．このような単純衝突が起きる時間 $t_1, t_2, t_3, \cdots$ は無限に存在するかもしれない．この場合には増大列 $t_1, t_2, t_3, \cdots$ は有限値には収束しないことをスンドマンは示した．言い換えると単純衝突の時間は有限の時間のところには集積しない．その結果，初期値 $t=t_0$ より大きな任意の有限の時間に対して運動は継続している．明らかに同様のことは減少値 $t<t_0$ に対しても正しい．従って，以下の条件を持つような時間 t のすべての有限実数値に対して実解析接続ができる．すなわち各座標は，$t=\tau$ が単純衝突する点でなければ $t=\tau$ の近傍で変数 $t-\tau$ のべき級数であり，$t=\tau$ が衝突点であればこの点の近傍で変数 $(t-\tau)^{1/3}$ のべき級数である．

これらのべき級数は τ の近傍で収束するが，t 全体では収束しないかもしれない．スンドマンは，$t-\tau$ や $(t-\tau)^{1/3}$ の替

わりに

$$s=\int_{t_0}^{t}(U+1)dt \tag{3}$$

で定義される新しい変数 s を使うと運動全体は1個のべき級数で表されるという重要な発見をした．t が $-\infty$ から ∞ まで動けば s も同様である．すべての実有限値 s に対して座標 x_k, y_k, z_k は s の正則関数であり，t も同様の性質を持つ．複素変数 s の関数としての x_k, y_k, z_k と t [*8] の特異点は s 平面の実軸には集積しないことをスンドマンは証明した．言い換えると s 平面の実軸を含むある帯状領域でこれらの関数は特異点を持たない．この命題の証明はそれ自身興味深い二つの補題に基づいている．最初の補題は三体の運動中，三角形 $P_1P_2P_3$ の周の長さは時間 t には関係しないある正の下界を持つことを主張する．二番目の補題は次のようなものである：P_k が三角形の最小の辺の反対側にある瞬間 $t=\tau$ を考えると，この物体の速度 $(u_k^2+v_k^2+w_k^2)^{1/2}$ は τ に関係しない正の上界を持つ．これらの二つの補題を使って x_k, y_k, z_k, t の特異点を含まない帯状領域 $-\delta<I(s)<\delta$ が存在することをスンドマンは証明した．ここで δ は三体問題の初期値のみに依存する正数であり，$I(s)$ は s の虚部である．そこで

*8　訳注　x_k, y_k, z_k と t は実変数 s の収束べき級数として表示できるので，実数 s の近傍の複素数に対してもべき級数は収束する．このことをこの論説では「複素変数 s の関数」と表現している．

$$(4)\qquad p=\frac{e^{\pi s/2\delta}-1}{e^{\pi s/2\delta}+1},\ s=\frac{2\delta}{\pi}\log\frac{1+p}{1-p}$$

と置くことによってこの帯状領域は単位円板 $|p|<1$ に等角に写像される．$-1<p<1$ は s 平面の実軸に対応する．従って t 平面の実軸にも対応し，x_k, y_k, z_k は全単位円板 $|p|<1$ で一意化変数 p の正則関数である．従ってこれらの関数は $|p|<1$ で収束する変数 p のべき級数によって表現される．p が -1 から $+1$ へ動けば t は $-\infty$ から ∞ へ動き，全運動はこれらのべき級数で表現される．スンドマンの最終的な結果は次の通りである．

角運動量積分のいずれかが 0 でなければ 座標 x_k, y_k, z_k, $(k=1,2,3)$ および時間 t は (3) と (4) で定義されたパラメータ p のべき級数で表現される．これらのべき級数は $|p|<1$ で収束し，$-1<p<1$ に制限すると三体のすべての時間に渉る運動曲線を得ることができる．

スンドマンの手法と結果をいささか詳しく述べたが，それは彼の重要な結果がほとんど研究されてこなかったからである．一方，ポアンカレの研究は広く知られている．それは彼の有名な著作“天体力学の新方法” *9 の中に記されている．彼の仕事の創意に満ちた豊かなアイディアの数々の全体像を簡潔に言い表すことは不可能である．ここでは周期軌

*9　訳 注　Poincaré, H.: Les méthodes nouvelles de mécanique céleste, vol.1–vol.3, 1892, 1893, 1899, Gauthier Villars, Paris

道に関する彼の研究のスケッチをすることだけにしたい.

再び1階微分方程式系

(5) $$\dot{\xi}_k = f_k(\xi_1, \cdots, \xi_m), \ (k = 1, \cdots, m)$$

を考察しよう. ここでは f_k は独立変数 t を陽に含んでおらず, ある領域 D で f_k は連続的に1回偏微分可能と仮定する. さらに t に依存しない積分, すなわち (5) の任意の解上で定数である関数 $\Phi(\xi_1, \cdots, \xi_m)$ が存在すると仮定する. また Φ は領域 D の各点で連続な偏導関数を持つと仮定する. 初期条件 $t = 0$, $\xi_k = \alpha_k$, $(k = 1, \cdots, m)$ の (5) の一般解は

$$\xi_k = g_k(t, \alpha_1, \cdots, \alpha_m),$$
$$g_k(0, \alpha_1, \cdots, \alpha_m) = \alpha_k, \ (k = 1, \cdots, m)$$

の形をしている. もし領域 D で周期 $\tau > 0$, 初期条件 $\xi_k = \beta_k$ の周期解が存在すれば関係式

(6) $$g_k(\tau, \beta_1, \cdots, \beta_m) = \beta_k, \ (k = 1, \cdots, m)$$

が成り立つ. 解の一意性定理より条件 (6) は τ を周期として持つ為の十分条件でもある. 点 $Q_0 = (\beta_1, \cdots, \beta_m)$ の近傍の点を通るすべての軌道を考察し, τ と少し異なる周期 σ を持つ領域 D での周期解を見つけることを試みる. このとき点 Q_0 を通る閉軌道は平面 $\xi_1 = \beta_1$ に接しないと仮定する. これは $f_{\beta_1}(\beta_1, \cdots, \beta_m) \neq 0$ を意味する. 差 $\beta_k - \alpha_k$, $(k = 2, \cdots, m)$ が十分小さいときに限り, $t = 0$ で平面 $\xi = \beta_1$ の点 $Q = (\beta_1, \alpha_2, \cdots, \alpha_m)$ を通る解は, 次に, 時間 $t = \sigma$ でこの平面を点 $(\beta_1, \xi_2, \cdots, \xi_m)$ で切り, σ は τ の任意に小さい近傍に

属している．点 Q を通るこの軌道は，$\sigma, \alpha_2, \cdots, \alpha_m$ が m 個の方程式 $h_1=0, \cdots, h_m=0$ を満たすときに閉じている．ここで $h_1=0, \cdots, h_m=0$ は以下の $\sigma, \alpha_2, \cdots, \alpha_m$ の関数

$$h_1=g_1(\sigma, \beta_1, \alpha_2, \cdots, \alpha_m)-\beta_1,$$
$$h_k=g_k(\sigma, \beta_1, \alpha_2, \cdots, \alpha_m)-\alpha_k, \ (k=2, \cdots, m)$$

を意味する．

積分 ϕ の偏微分 $\partial\phi/\partial\xi_k, (k=1, \cdots, m)$ のいずれかが Q_0 で 0 にならなければ，関係式

$$\phi(h_1+\beta_1, h_2+\alpha_2, \cdots, h_m+\alpha_m)$$
$$=\phi(\beta_1, \alpha_2, \cdots, \alpha_m) \quad (k=2, \cdots, m)$$

より，$\beta_k-\alpha_k$ が十分小さいとき m 個の方程式 $h_k=0$ の内の一つは残りの $m-1$ 個の方程式より導くことができることを示すことができる．その結果，他の周期解を求めるためには m 個の未知数 $\sigma, \alpha_2, \cdots, \alpha_m$ の $m-1$ 個の方程式 $h_k=0$ を解かねばならず，この方程式はその特別な解 $\sigma=\tau, \alpha_k=\beta_k, (k=2, \cdots, m)$ を持っている．$m-1$ 個の h_k を $\alpha_2, \cdots, \alpha_m$ の関数と見たときの関数行列式が $\sigma=\tau, \alpha_2=\beta_2, \cdots, \alpha_m=\beta_m$ で 0 にならなければ，よく知られた陰関数の定理より，τ の十分小さい近傍に属する与えられた σ に対してこの方程式系は $\alpha_2, \cdots, \alpha_m$ に関して一意的な解を有している．この最後の条件の仮定の下で，与えられた閉軌道の近傍で閉軌道の 1 径数多様体を得ることができる．

ポアンカレのこの方法を適用するためには，最初に周期解を知っておかねばならず，この最初の解をどのようにして得るかという問題が生じる．この問題は異なる性格を持ち，

ポアンカレは位相的な方法によってこの問題を解こうと試みた．増大する t に対して曲面 $\xi_1 = \beta_1$ 上の任意の点 Q を通る (5) の解を考える．さらにこの解は点 Q' で曲面 $\xi_1 = \beta_1$ を切ると仮定する．このように Q に Q' を対応させることによって曲面 $\xi_1 = \beta_1$ から曲面 $\xi_1 = \beta_1$ への位相写像が定義される．明らかに周期解はこの写像の固定点 $Q = Q'$ に対応する．閉軌道を見出す問題は，従って，曲面から自分自身への位相写像に固定点が存在することを示す問題に変換される．ある種の条件のもとでは固定点が実際存在することをポアンカレは予想し *10，後にバーコフがこの予想を証明した *11．曲面の位相変換に関する研究でバーコフは力学系の問題に興味深い応用を持つ様々な結果を得ている．

ヒレの創意に満ちた最初の研究以降に得られたいくつかの

*10 訳注　ポアンカレの最後の定理と呼ばれる．死を予期したポアンカレは未完の結果を論文 Sur un théorème de géométrie. Rend. Circ. Mat. Palermo 33 (1912), 375-407 として発表した．ポアンカレが予想したことは

> 円環（同心円に囲まれた領域）から自分自身への面積保存写像 f が，境界円上の点を反対方向に写像すれば（一方の境界円上では点 P に対して $f(P)$ が時計回りの方向にあれば，他方の境界円では点 Q に対して $f(Q)$ は反時計回りの方向にある），少なくとも 2 個の固定点を持つ．

という主張である．ポアンカレは写像 f が固定点を 1 個持てばもう 1 個持つことは証明できたが，固定点を常に持つことの証明ができずに世を去った．

*11 訳注　Birkhoff,G.D.: Proof of Poincaré's geometric theorem. Trans. Amer. Math. Soc. 14 (1913), 14–22.

Birkhoff, G.D.:An extension of Poincaré' s last geometric theorem. Acta Math. 47 (1925), 297–311.

重要な進展について述べることができたと思う．しかしながら，例えば安定性の問題や転移の問題のように，未解決の問題が天体力学には山積している．そして，主要な問題の解決のためには解析学の新しい方法が必要であるように思われる．

2．ジーゲルの天体力学に関する論文

天体力学に関するジーゲルの最初の論文は以下に記すようにそれほど多くはない．しかし，最晩年に至るまで興味をもって研究を続けていたことが分かる．それだけでなく，後述するようにジーゲルは理論の進展に大きな寄与をしている．

天体力学に関する最初の論文は

［23］ Über die algebraischen Integrale des restringierten Dreikörperproblems（制限三体問題の代数積分について），Trans. AMS. 39（1936），225–233．

である．これはフランクフルト大学で早朝に講義をしていた題材の一つであったと思われる．制限三体問題とは，太陽と木星と小惑星の三体問題を考察するときのように三個の天体のうち一個が残りに比してその質量がきわめて小さい場合の極限として三番目の天体の質量を 0 として考えた三体問題である．三個の質点 P_1, P_2，P_3 が万有引力で引き合って運動をしている場合，P_k の質量を m_k，座標を (x_k, y_k, z_k) とする．$r_{ij}=\sqrt{(x_i-x_j)^2+(y_i-y_j)^2+(z_i-z_j)^2}$ と

おき，簡単のため万有引力係数を1に取る．運動方程式は

$$\begin{cases} m_k \dfrac{d^2 x_k}{dt^2} = \dfrac{m_k m_{k'}(x_k - x_{k'})}{r_{kk'}^3} + \dfrac{m_k m_3(x_3 - x_k)}{r_{k3}^3} \\ m_k \dfrac{d^2 y_k}{dt^2} = \dfrac{m_k m_{k'}(y_k - y_{k'})}{r_{kk'}^3} + \dfrac{m_k m_3(y_3 - y_k)}{r_{k3}^3} \\ m_k \dfrac{d^2 z_k}{dt^2} = \dfrac{m_k m_{k'}(z_k - z_{k'})}{r_{kk'}^3} + \dfrac{m_k m_3(z_3 - z_k)}{r_{k3}^3} \end{cases} \tag{2.1}$$

$$k = 1, 2,\ \{k, k'\} = \{1, 2\}$$

$$\begin{cases} m_3 \dfrac{d^2 x_3}{dt^2} = \dfrac{m_3 m_1(x_3 - x_1)}{r_{13}^3} + \dfrac{m_3 m_3(x_3 - x_2)}{r_{23}^3} \\ m_3 \dfrac{d^2 y_k}{dt^2} = \dfrac{m_3 m_1(y_3 - y_1)}{r_{13}^3} + \dfrac{m_k m_3(y_3 - y_2)}{r_{k3}^3} \\ m_3 \dfrac{d^2 z_k}{dt^2} = \dfrac{m_3 m_1(z_3 - z_1)}{r_{13}^3} + \dfrac{m_k m_3(z_3 - z_2)}{r_{k3}^3} \end{cases} \tag{2.2}$$

制限三体問題はこの運動方程式で $m_3 = 0$ と置くが，(2.2) はそのままでは0になってしまうので，両辺を m_3 で割った式

$$\begin{cases} \dfrac{d^2 x_3}{dt^2} = \dfrac{m_1(x_3 - x_1)}{r_{13}^3} + \dfrac{m_2(x_3 - x_2)}{r_{23}^3} \\ \dfrac{d^2 y_k}{dt^2} = \dfrac{m_1(y_3 - y_1)}{r_{13}^3} + \dfrac{m_2(y_3 - y_2)}{r_{k3}^3} \\ \dfrac{d^2 z_k}{dt^2} = \dfrac{m_1(z_3 - z_1)}{r_{13}^3} + \dfrac{m_2(z_3 - z_2)}{r_{k3}^3} \end{cases} \tag{2.2a}$$

を考える．(2.1) は $m_3 = 0$ と置くと二体問題の運動方程式になるが，P_1, P_2 はその共通重心の回りを円運動 $(x_k(t), y_k(t), z_k(t))$，$k = 1, 2$ をしていると仮定して，(2.2a) に代入して $(x_3(t), y_3(t), z_3(t))$ を求める問題が制限三体問題と呼ばれる．座標をうまく取り直すと制限三体問題は

$$\dot{x} = 2\dot{y} + V_x,\ \dot{y} = -2\dot{x} + V_y \tag{2.3}$$

$$V=\mu_1\left(\frac{1}{2}r^2+r^{-1}\right)+\mu\left(\frac{1}{2}r_1^2+r_1^{-1}\right)$$

$$r^2=(x-\mu)^2+y^2,\ r_1^2=(x+\mu_1)^2+y^2,$$

$$\mu+\mu_1=1,\ 0<\mu<1$$

の形に書き直すことができる．一般の三体問題に比べると易しくなっているいるが，それでも問題を解くのは容易ではない．上記のジーゲルの論文は制限三体問題での代数的積分は本質的にヤコビ積分

$$\dot{x}^2+\dot{y}^2-2V=C,\ C\text{ は定数}$$

のみであることを証明したものである．

この論文以降，ジーゲルは次のような論文を発表している．これらの論文は三体問題の解の特異点と解の安定性の問題と関係したものであり，天体力学で長い間論じられてきた未解決問題を解決した重要な論文も含まれている．

[34] Der Dreistoß（三体衝突），Ann. of Math. 42 (1941), 127-168.

[35] On the modern development of celestial mechanics, Amer. Math. Monthly, 48 (1941), 430-435.

[38] Some remarks concerning the stability of analytic mappings, Revista Univ. Nacional Tucumán A2 (1941), 151-157.

[39] Iteration of analytic functions, Ann. of Math. 43 (1942), 607-612.

[57] Über eine periodische Lösung im ebenen Dreikörperproblem（平面三体問題の周期解につい

て), Math. Nachrichten 4 (1951), 28–35.

[61] Über die Normalform analytischer Differentialgleichungen in der Nähe einer Gleichgewichtslösung (平衡解の近傍での解析的微分方程式の標準形について), Nachrichten Akad. Wissenschaften Göttingen, Math.-phys. Kl. Nr. 5, 1952, 21–30.

[63] Über die Existenz einer Normalform analytischen Hamiltonscher Differentialg-leichungen in der Nähe einer Gleichgewicht-slösung ((平衡解の近傍での解析的ハミルトン微分方程式系の標準形の存在について), Math. Ann. 128 (1954), 144–170.

[71] Vereinfacher Beweis eines Satz von J. Moser (J.Moser の一定理の簡単な証明), Commun. Pure Applied Math. 10 (1957), 305–309.

[94] Periodische Lösung von Differentialgleichungen (微分方程式の周期解), Nachrichten Akad. Wissenschaften Göttingen, Math.-phys. Kl. 1971, Nr. 13, 261–283.

[98] Beitrag zum Problem der Stabilität (安定性問題への寄与), Nachrichten Akad. Wissenschaften Göttingen, Math.-phys. Kl. 1974, Nr. 3, 23–58.

論文の他にモーザーとの共著

C.L. Siegel & J. Moser: Lectures on Celestial Mechanics, Springer, 1971.

が重要である．これは1956年にジーゲルがSpringer社から出版したドイツ語による著作の改訂版である．KAM理論を含む1960年代までの天体力学に関する数学が要領よくまとめられている．

ところで，論文［34］は三体問題の解に関するスンドマンの理論で，特異点として現れる三体衝突の場合の詳しい解析であり，論文［57］は三体問題の周期解を特別な場合に与えたものである．残りの論文の大半は解の安定性に関係している．

解の安定性は，最初は太陽系の安定性の問題として多くの数学者によって考察されてきた．こうした問題には運動方程式をハミルトン系に書き直し，正準変換によってハミルトン系を簡単な形に変換する議論が用いられる．n 体問題の場合は質点 P_k, $k=1,\cdots,n$ の質量を m_k，座標を $q_k=(x_{3k-2}, x_{3k-1}, x_{3k})$，対応する運動量を $p_k=m_k\dot{q}_k=(y_{3k-2}, y_{3k-1}, y_{3k})$ と記すと運動方程式は

$$\frac{d^2q_k}{dt^2}=-\sum_{j\neq k}\frac{m_j(q_k-q_j)}{|q_k-q_j|^3}, \tag{2.4}$$

$$|q_k-q_j|=\sqrt{\sum_{i=0}^{2}(x_{3k-i}-x_{3j-i})^2}$$

と書くことができる．エネルギー T とポテンシャル U は

$$T=\frac{1}{2}\sum_{k=1}^{n}\frac{1}{m_k}|p_k|^2,\ |p_k|=\sqrt{\sum_{i=0}^{2}y_{3k-i}^2}$$

$$U=\sum_{k<j}\frac{m_km_j}{|q_k-q_j|}$$

で与えられ，ハミルトニアン H は

$$H=T-U$$

と定義される．このとき運動方程式(2.4)はハミルトン系

$$\frac{dx_k}{dt}=\frac{\partial H}{\partial y_k},\ \frac{dy_k}{dt}=-\frac{\partial H}{\partial x_k},$$

$$k=1,2,\cdots,d=3n \tag{2.5}$$

に書き直すことができる．ハミルトン系が積分（ハミルトン系の解曲線上で定数となる関数）を持てば，変数の数を減らすことができる．こうした積分を見出すことが最初の問題である．さらに正準変換（ハミルトン系をハミルトン系に移す変換）によって変数を変換し，ハミルトン系をできるだけ簡単な形にすることが重要になる．ハミルトニアンが $2d=6n$ 変数の実係数の収束べき級数で表され，1次の項を行列表示したときの係数行列の固有値を $\lambda_1,\cdots,\lambda_d,-\lambda_1,-\cdots,-\lambda_d$ とする．もし任意の整数 $g_1,\cdots,g_d$ に対して常に $\lambda_1g_1+\lambda_2g_2+\cdots+\lambda_dg_d\neq 0$ であれば，正準変換 $x_k(u_k,v_k)$, $y_k(u_k,y_k)$ によって H を $\omega_k=u_kv_k$ のべき級数に変換することができ，ハミルトン系は

$$H_{v_k}=u_kH_{\omega_k},\ H_{v_k}=-v_kH_{\omega_k}$$

に移る．このときはハミルトン系は簡単に解くことができて，$t=0$ で $u_k=\xi_k$, $v_k=\eta_k$ である解は

$$u_k=\xi_ke^{H\omega_kt},\ v_k=\eta_ke^{-H\omega_kt} \tag{2.6}$$

である．

そこで天体力学では

$$H=H_0+\nu H_1+\nu^2H_2+\nu^3H_3+\cdots$$

の形の摂動を考察してきた．ここで H_0 は積 x_ky_k, $k=1,\cdots,d$ のみの収束べき級数で，ν は摂動のパラメータで H は x_k,y_k,ν の正則関数である．正準変換でできるだけ簡単な

ハミルトン系に変換する問題や，摂動計算では形式的べき級数が登場する．その収束性の判定が天体力学の重要な問題となっていた．

ところで，1858年にディリクレがクロネッカーに対して n 体問題に関しては近似解を順次構成でき，それによって太陽系の安定性を証明できたと話したと伝えられているが，証明を発表しないうちにディリクレが亡くなってしまった．しかし，ディリクレの話は広まり，安定性の問題は肯定的に解くことができるという期待が高まった．ワイエルシュトラスはディリクレの解法はべき級数の収束に関するものであろうと考え，自ら準周期解を表す形式的べき級数を発見したがその収束性を証明することはできなかった．そのこともあり，彼はミッターク・レッフラーに n 体問題の解に関して，すべての時間で収束するべき級数展開を求める問題を懸賞問題として提出するように勧め，スウェーデン王グスタフ2世による懸賞問題となった．ポアンカレの受賞論文がその後の天体力学の進展に大きく寄与したことはよく知られているが，ポアンカレ自身も当初の問題に解答することはできなかった．前回のジーゲルの講演にあるように，スンドマンが三体問題の場合は新たな変数 ω を導入することによって解の座標と時間を収束半径無限大の ω のべき級数として表示できることを証明した．しかし，二体や三体が衝突して特異点が発生する可能性があり，どのような初期条件のもとで，衝突が生じないかを示すことは難しく，安点性の問題は未だに未解決のままである．

こうした収束の問題ではべき級数に表れる係数の分母が小さいことで証明が困難となる場合が多い．この問題に新たな道を切り拓いたのが論文［39］である．その直前に出版された論文［38］では，$f_k(0,\cdots,0)=0,\ k=1,\cdots,n$ である n 変数正則関数が定義する写像

$$T:(x_1,x_2,\cdots,x_n)\longmapsto(\xi_1,\xi_2,\cdots,\xi_n)$$
$$=(f_1(x_1,\cdots,x_n),\cdots,f_n(x_1,\cdots,x_n))$$

の安定性の問題が取り扱われている．但し，(f_k) の関数行列式は原点で 0 ではなく，逆正則写像が存在すると仮定する．原点の小近傍に含まれる集合 N は $T(N)=N$ であるとき不変集合と呼ばれる．原点の任意の近傍が常に不変近傍，すなわち $f(U)=U$ である O の近傍 U を含んでいる場合に写像 T は原点で安定であるという．一方，原点以外の不変集合を含まない原点の近傍が少なくとも一つ存在する場合，写像は不安定であるという．安定でも不安定でもない場合が存在することに注意する．論文［38］では写像 T が原点で安定であれば，関数行列の原点での特性根，すなわち $\det\left(zI_n-\left(\frac{\partial f_k}{\partial x_j}(0)\right)\right)=0$ の根の絶対値は 1 であることが証明されている．またどの特性根の絶対値も 1 でなければ写像 T は原点で不安定であることも証明されている．

次の論文［39］では収束半径 $R>1$ の定数項を持たないべき級数

$$f(z)=\sum_{k=1}^{\infty}a_k z^k$$

を原点の近傍 V から V へのからの写像と考えたときの，写像の反覆に関する安定性が考察されている．写像 $z\to f(z)$ に対して z に対して $z_1=f(z),\ z_{n+1}=f(z_n),\ n=1,2,\cdots$ と定

義するとき，$|z|<r_0$ を満たす z に対して $|z_n|<r$, $n=1,2,\cdots$ が常に成り立つように $r_0 \leqq R$, $r \leqq R$ を選ぶことができるときに安定であるという．$|a_1|<1$ のときは $|z|<r_0 \leqq R$ であれば常に $|f(z)| \leqq |z|$ が成り立つような r_0 を見出すことができる．そこで $|a_1| \geqq 1$ が問題となる．そのために

$$\varphi^{-1} \circ f \circ \varphi(\zeta) = z_1 \zeta$$

が成り立つような変数変換

$$z = \varphi(\zeta) = \zeta + \sum_{k=2}^{\infty} c_k \zeta^k$$

を考える．もしこのような変数変換が可能であれば $|a_1|=1$ のとき $f(z)$ は原点で安定であることが分かる．形式的な計算から

$$a_1(a_1-1)c_2 = a_2$$
$$a_1(a_1^2-1)c_3 = a_3 + 2a_2c_2$$
$$\cdots\cdots\cdots$$
$$a_1(a_1^{n-1}-1)c_n = a_n + \{a_2, \cdots, a_{n-1}, c_2, \cdots, c_{n-1} \text{の多項式}\}$$

であることが分かる．従って a_1 が 1 のべき根でなければ c_n, $n=2,3,\cdots$ は一意的に定まる．こうして形式的に得られたべき級数が収束するかが問題である．$|a_1|>1$ のときは収束の証明は簡単である．一方，$|a_1|=1$ のとき，c_n の分母には $a_1(a_1^{n-1}-1)$ が現れ，分母の絶対値が小さいので収束の判定が難しく小分母の問題と呼ばれる．ジーゲルは $a_1=e^{2\pi\omega}$ と記すときに任意の整数 m, n に対して

$$\left|\omega - \frac{m}{n}\right| > \frac{\lambda}{n^{\mu}}$$

が成り立つような ω のみに依存する $\lambda>0$, $\mu>0$ が存在すれば，形式的べき級数

$$\zeta+\sum_{k=2}^{\infty} c_k \zeta^k$$

は収束することを証明した．優級数を使った巧妙な証明法はジーゲルならではの手法であった．

この結果を手がかりにジーゲルは微分方程式の平衡解の近傍での標準形の問題を考察している．論文［61］では実変数 t の関数 $x_1(t),\cdots,\ x_n(t)$ の満たす微分方程式系

$$\dot{x}_k=P_k,\ k=1,2,\cdots,n \tag{2.7}$$

を考察している．ここで $P_1,\cdots,P_n$ は定数項を持たない $x_1,\cdots,x_n$ の実係数の収束べき級数と仮定する．従って $x_k=0,\ k=1,\cdots,n$ は（2.4）の解である．すると定数項0の実係数の収束べき級数

$$y_k=F_k(x_1,\cdots,x_n),\ k=1,\cdots,n \tag{2.8}$$

によって（2.7）が

$$\dot{y}_k=Q_k,\ Q_k=\sum_{j=1}^{n}\frac{\partial F_j}{\partial x_j}P_j \tag{2.9}$$

に移る．この変換の逆変換も存在する場合は微分方程式（2.7）と（2.9）は同値であるという．同値な変換によって微分方程式の標準形を求めるのが問題である．P_k の1次の項の係数を並べた n 次正方行列を P，F_k の1次の項の係数からできる n 次正方行列を F，Q_k の1次の項の係数からできる n 次正方行列を Q と記すと（2.7）と（2.9）が同値であるためには

$$Q=FPF^{-1}$$

が必要条件である．P の固有値 $\lambda_1,\cdots,\lambda_n$ は同値類の不変量である．論文［61］ではルベーグ測度0の固有値の集合を除いて，変換（2.8）によって微分方程式は

$$\dot{x}_k=L_k,\ k=1,\cdots,n$$

と同値であることが証明されている．ここで L_k は P_k の1次の項である．証明は（2.7）を上の形の微分方程式に変換するべき級数を形式的に構成し，それが収束することを証明する．固有値の実部がすべて同じ符号の場合はこの事実はすでに証明されていたが，ジーゲルは小分母が登場する場合にもべき級数が収束することを証明している．

［61］で除外された場合の条件は，$0,\cdots,0$ 以外の任意の整数 $g_1,\cdots,g_n$ に対して

$$\frac{\log(|\lambda_1 g_1+\cdots+\lambda_n g_n|^{-1})}{\log(|g_1|+\cdots+|g_n|+1)}$$

が有界でないという条件である．ハミルトン系

$$\frac{dx_k}{dt}=H_{y_k},\ \frac{dy_k}{dt}=-H_{x_k},\ k=1,\cdots,n \qquad (2.10)$$

では固有値 λ と $-\lambda$ が対で現れるので，除外された場合に当たる．論文［63］では $n=2$ の場合に，ハミルトン系を標準形に移す正準変換を与えるべき級数がほとんどの場合収束しないことが示されている．この事実はバーコフによって予想されていたが，ジーゲルによって初めて証明された．

以上のようにジーゲルの証明は精密な評価を元にする議論で，学位論文以来のジーゲルの得意とする議論である．緻密な解析的な議論がジーゲルの真骨頂で，抽象数学に対す

る敵視に近い晩年の態度はこうして議論が廃れていくことへの危惧を，いささか行きすぎた形で表していたとも考えられる．

ところで，1954年のアムルテルダムで開かれた国際数学者会議での招待講演でコルモゴルフはジーゲルの結果をさらに深める結果を発表した．可積分ハミルトン系の解が不変トーラス上の準周期解であるときに，ハミルトニアンのわずかな摂動によってもほとんどの場合準周期解であるという性質は保たれるというもので，ここでも再び形式的べき級数の収束が問題となった．コルモゴルフは収束性の証明を発表しなかったが，後にジーゲルに指導をうけたモーザーとコロモゴルフに指導を受けたアーノルドによって肯定的に解決され，今日三人の数学者のイニシャルを取って KAM 理論と呼ばれている．今日では様々な形で KAM 理論は拡張されている．

このように，ジーゲルの業績は古典的な天体力学の未解決の重要な問題のいくつかを解決したのみならず，KAM 理論への橋渡しをした点でも重要であると考えられる．

第3章

ジーゲル上半空間と
ジーゲル・モジュラー形式

ジーゲルの２次形式論は様々な分野へ大きな影響を与えたが，本章は，これまで少し触れただけであったジーゲル上半空間とアーベル多様体のモジュライ空間との関係を見ておこう．

1．ジーゲル上半空間

複素対称行列でその虚部が正定値であるものは，既にリーマンの代数関数論で登場していた．

種数 g の閉リーマン面 R には g 個の１次独立な正則１次形式 $\omega_1, \omega_2, \cdots, \omega_g$ が存在する．また R 上には整数係数１次元ホモロジー群の基底 $\{\alpha_1, \alpha_2, \cdots, \alpha_g, \beta_1, \beta_2, \cdots, \beta_g\}$ で交点数が

$$\alpha_i \cdot \alpha_j = 0,\ \alpha_i \cdot \beta_j = \delta_{ij},\ \beta_i \cdot \beta_j = 0$$

を満たすものが存在する．ここで δ_{ij} は $i \neq j$ のとき０，$i = j$ のとき１を意味する記号である（クロネッカーのデルタと呼

ばれる）．このような基底をシンプレクティック基底と呼ぶことにする．このとき

$$\Omega = \begin{pmatrix} \int_{\alpha_1}\omega_1 & \int_{\alpha_1}\omega_2 & \cdots & \int_{\alpha_1}\omega_g \\ \int_{\alpha_2}\omega_1 & \int_{\alpha_2}\omega_2 & \cdots & \int_{\alpha_2}\omega_g \\ \vdots & \vdots & \vdots & \vdots \\ \int_{\alpha_g}\omega_1 & \int_{\alpha_g}\omega_2 & \cdots & \int_{\alpha_g}\omega_g \\ \int_{\beta_1}\omega_1 & \int_{\beta_1}\omega_2 & \cdots & \int_{\beta_1}\omega_g \\ \int_{\beta_2}\omega_1 & \int_{\beta_2}\omega_2 & \cdots & \int_{\beta_2}\omega_g \\ \vdots & \vdots & \vdots & \vdots \\ \int_{\beta_g}\omega_1 & \int_{\beta_g}\omega_2 & \cdots & \int_{\beta_g}\omega_g \end{pmatrix}$$

とおき，リーマン面の周期行列という．

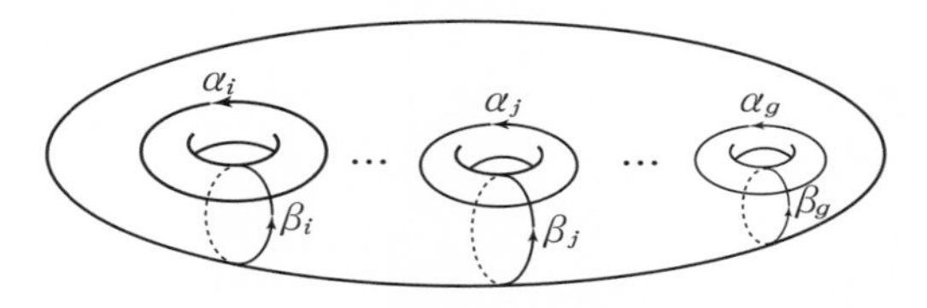

図 3.1　種数 g のリーマン面は g 個穴が空いたトーラスと位相同型である．1 次元整係数ホモロジー群の基底として図の様な閉曲線を選ぶことができる．

そこで $2g$ 次の歪対称行列 J_g を次のように定義する．

$$J_g = \begin{pmatrix} 0 & I_g \\ -I_g & 0 \end{pmatrix}$$

ここで I_g は g 次単位行列である．これは 1 次元整係数ホモロジー群の基底 $\{\alpha_1, \alpha_2, \cdots, \alpha_g,\ \beta_1, \beta_2, \cdots, \beta_g\}$ の交点数からできる行列

$$\begin{pmatrix} \alpha_i \cdot \alpha_j & \alpha_i \cdot \beta_j \\ \beta_i \cdot \alpha_j & \beta_i \cdot \beta_j \end{pmatrix}$$

に他ならない．リーマンは周期行列に関して

$$ {}^t\Omega\, J_g \Omega = 0 \tag{1.1}$$

$$\frac{\sqrt{-1}}{2}\, {}^t\Omega\, J_g\, \overline{\Omega} > 0 \tag{1.2}$$

であることを示した．ここで $\overline{\Omega}$ は Ω の各要素の複素共役を取ってできる行列を意味する．また実対称正方行列 M に対して $M>0$ は M が正定値であることを意味する．

そこで g 次複素正方行列 $\mathfrak{A}, \mathfrak{B}$ を

$$\mathfrak{A} = \left(\int_{\alpha_i} \omega_j \right),\ \mathfrak{B} = \left(\int_{\beta_i} \omega_j \right)$$

と定義する．もし $\det \mathfrak{A} = 0$ であれば $(a_1, a_2, \cdots, a_g)\,{}^t\mathfrak{A} = (0, 0, \cdots, 0)$ である横ベクトル $\mathbf{a} = (a_1, a_2, \cdots, a_g) \neq (0, 0, \cdots, 0)$ が存在する．すると（1.2）より

$$\frac{\sqrt{-1}}{2}\, \mathbf{a}\, {}^t\Omega J_g \Omega^t\, \overline{\mathbf{a}} > 0$$

一方，左辺を直接計算すると簡単な計算から 0 になることが分かり，この不等式に矛盾する．従って $\det \mathfrak{A} \neq 0$ である．そこで

$$\tau = \mathfrak{B}\mathfrak{A}^{-1}$$

とおくと（1.1）より

$$\tau = {}^t\tau$$

が成り立ち τ は対称行列であることが分かる．このことと（1.2）より

$$\operatorname{Im} \tau > 0$$

が成り立つことが分かる．このことから行列 τ は g 次ジーゲ

ル上半空間 $\mathfrak{S}_g$ の点であることが分かる[*1]. リーマン面を動かすと τ はジーゲル上半空間の中を動く.

ところで $\mathfrak{B}\mathfrak{A}^{-1}$ を考えることは正則1次形式の基底を $\omega_1,\cdots,\omega_g$ から $\omega'_1,\cdots,\omega'_g$ に変えることに対応する. ここで

$$(\omega'_1,\cdots,\omega'_g)=(\omega_1,\cdots,\omega_g)\mathfrak{A}^{-1}$$

である. この基底を使うと周期行列は

$$\begin{pmatrix} I_g \\ \tau \end{pmatrix}$$

と表される. また, 周期行列は1次正則微分形式の基底のとり方だけでなく, 1次元整係数ホモロジー群のシンプレクティック基底の取り方にも依存する. 1次元整係数ホモロジー群のシンプレクティック基底を $\{\alpha'_1,\cdots,\alpha'_g,\beta'_1,\cdots,\beta'_g\}$ に変えると

$$\begin{pmatrix} \beta' \\ \alpha' \end{pmatrix}=\begin{pmatrix} A & B \\ C & D \end{pmatrix}\begin{pmatrix} \beta \\ \alpha \end{pmatrix} \tag{1.3}$$

が成り立つ. ここで A, B, C, D は g 次整数係数正方行列で ${}^t\alpha'=(\alpha'_1,\cdots,\alpha'_g)$, ${}^t\alpha=(\alpha_1,\cdots,\alpha_g)$ とおいた. このとき ${}^t\alpha\cdot\alpha=(\alpha_i\cdot\alpha_j)$ などと交点数を計算すると

$$\begin{aligned}\begin{pmatrix} \beta' \\ \alpha' \end{pmatrix}\cdot({}^t\beta'\cdot{}^t\alpha')&=\begin{pmatrix} A & B \\ C & D \end{pmatrix}\begin{pmatrix} \beta \\ \alpha \end{pmatrix}\cdot({}^t\beta,{}^t\alpha)\begin{pmatrix} {}^tA & {}^tC \\ {}^tB & {}^tD \end{pmatrix}\\ &=\begin{pmatrix} A & B \\ C & D \end{pmatrix}\begin{pmatrix} 0 & -I_g \\ I_g & 0 \end{pmatrix}\begin{pmatrix} {}^tA & {}^tC \\ {}^tB & {}^tD \end{pmatrix}\end{aligned}$$

が成り立つが,

---

*1　$\mathfrak{S}_g$ は虚部が正定値である複素 g 次対称行列の全体と定義される(p.96 および p.128 を参照のこと).

$$\begin{pmatrix}\beta' \\ \alpha'\end{pmatrix}\cdot({}^t\beta', {}^t\alpha') = \begin{pmatrix}0 & -I_g \\ I_g & 0\end{pmatrix}$$

であるので $M = \begin{pmatrix}A & B \\ C & D\end{pmatrix}$ とおくと

$$MJ_g{}^tM = J_g \tag{1.4}$$

が成立する．逆に整数係数 $2g$ 次正方行列 M が（1.4）を満たせば $M = \begin{pmatrix}A & B \\ C & D\end{pmatrix}$ と書き，（1.3）によって α', β' を定義すると，$\{{}^t\alpha', {}^t\beta'\}$ はリーマン面 R の整係数 1 次元ホモロジー群のシンプレクティック基底となる．

$$\tau' = \left(\int_{\beta'_i}\omega_j\right)\left(\int_{\alpha'_i}\omega_j\right)^{-1}$$

とおくと

$$\tau' = (A\tau + B)(C\tau + D)^{-1} \tag{1.5}$$

が成り立つことが分かる．

ところで（1.4）の左から M^{-1} を右から ${}^tM^{-1}$ を掛けると $M^{-1}J_g{}^tM^{-1} = J_g$ が得られるが $J_g^{-1} = -J_g$ であるのでこれは $M^{-1}J_g^{-1}{}^tM^{-1} = J_g^{-1}$ と書き直すことができ，両辺の逆行列をとることによって

$${}^tMJ_gM = J_g \tag{1.6}$$

が成り立つ．すなわち条件（1.4）と（1.6）とは同値である．そこで $2g$ のシンプレクティック群 $Sp(2g, \mathbb{R})$ とその離散部分群である g 次モジュラー群 $Sp(2g, \mathbb{Z})$ を

$$Sp(2g, \mathbb{Z}) = \{M \in GL(2g, \mathbb{R}) \mid {}^tMJ_gM = J_g\}$$
$$Sp(2g, \mathbb{Z}) = \{M \in GL(2g, \mathbb{Z}) \mid {}^tMJ_gM = J_g\}$$

と定義する．$Sp(2, \mathbb{R}) = SL(2, \mathbb{R})$，$Sp(2, \mathbb{Z}) = SL(2, \mathbb{Z})$ である

ことに注意する．また $Sp(2g,\mathbb{Z})$ を $Sp(g,\mathbb{Z})$ と書く流儀もある．

前述のようにジーゲル上半空間に属する複素対称行列はリーマンの代数関数論で既に登場し，そこでは，テータ関数（今日よく使われ記法を使う）

$$\begin{aligned}
&\theta_{mm'}(\tau,z)=\sum_{\xi\in\mathbb{Z}_g}\mathbf{e}\Bigl(\frac{1}{2}(\xi+m)\tau^{t}(\xi+m)+(\xi+m)^{t}(z+m')\Bigr),\\
&\xi=(\xi_1,\cdots,\xi_g),\ z=(z_1,\cdots,z_g)\\
&m=(m_1,\cdots,m_g),\ m'=(m'_1,\cdots,m'_g),\\
&\mathbf{e}(x)=e^{2\pi ix}
\end{aligned}\tag{2.1}$$

がヤコビの逆問題を解くために使われていた．しかし，こうした行列全体の空間（ジーゲル上半空間）を直接取り扱うことはジーゲルまではほとんどなかった．もちろん，$g\geqq 2$ のリーマン面のモジュライ数が $3g-3$ であり，ジーゲル上半空間 $\mathfrak{S}_g$ の次元が $g(g+1)/2$ であることから，閉リーマン面から決まる行列 τ は $\mathfrak{S}_g$ の部分集合あることは早い段階から認識されていた．ジーゲルは彼の2次形式論を通してジーゲル上半空間の重要性に気づいたわけである．

g 次のジーゲル上半空間 $\mathfrak{S}_g$ は

$$\mathfrak{S}_g=\{\tau\,|\,\tau \text{ は複素 } g \text{ 次対称行列，} \operatorname{Im}\tau>0\}$$

と定義される．すると g 次シンプレクティック群 $Sp(2g,\mathbb{R})$ は g 次上半空間に

$$\begin{aligned}
&M\cdot\tau=(A\tau+B)(C\tau+D),\\
&\tau\in\mathfrak{S}_g
\end{aligned}\tag{2.2}$$

$$M=\begin{pmatrix}A & B\\ C & D\end{pmatrix}\in Sp(2g,\mathbb{R})$$

として作用することが分かる．$g=1$ のときは $SL(2,\mathbb{R})$ の上半平面 H への作用に他ならない．上半空間の正則自己同型群は 1 次分数変換の全体であり，それは $PSL(2,\mathbb{R})=SL(2,\mathbb{Z})/\langle\pm I_2\rangle$ と同型である．ジーゲル上半空間に対しても類似の定理が成り立つこと，すなわちジーゲル上半空間の正則自己同型は

$$\tau\longmapsto(A\tau+B)(C\tau+D)^{-1},\ \begin{pmatrix}A & B\\ C & D\end{pmatrix}\in Sp(2g,\mathbb{R})$$

で与えられ，正則自己同型のなす群は $PSp(2g,\mathbb{R})=Sp(2g,\mathbb{R})/\langle\pm I_{2g}\rangle$ と同型であることをジーゲルは証明している．さらに $Sp(2g,\mathbb{R})$ の離散部分群の $\mathfrak{S}_g$ の作用に関して，基本領域の存在と構成を与えている．$\mathfrak{S}_g$ の各の虚部は実数係数正定値 2 次形式を与える対称行列であることを考えれば，2 次形式の考察が基本領域の構成に役立ったであろうことは想像に難くない．さらにモジュラー群 $Sp(2g,\mathbb{Z})$ に関する基本領域 Γ の体積 $v(\Gamma)$ も $SL(2g,\mathbb{Z})$ の上半平面の作用に関する基本領域の体積の計算の自然な拡張として，ゼータ関数の偶数での値を使って

$$v(\Gamma)=2\prod_{k=1}^{n}\zeta(2k)$$

と表される．ただし，体積を計算するためには $\mathfrak{S}_g$ に計量を導入する必要がある．ジーゲルは

$$ds^2=\mathrm{Tr}(Y^{-1}d\tau Y^{-1}d\bar{\tau}),\ Y=\mathrm{Im}\,\tau$$

と定義した．これは $Sp(2g,\mathbb{R})$ 不変な計量であり，上半平面の計量の自然な拡張になっている（p. 42 を参照のこと）．これらの結果は

[41] Symplectic Geometry, American J. Math. 65 (1943), 1-86.

として出版された．なお，この論文は単行本としても出版されている．筆者も大学生時代に購入して，分からないながらも読んだ懐かしい思い出がある．その時は，これが本来論文として出版されたことに気がつかなかった．そのくらい，最初から丁寧に記されているが，そのことはとりもなおさず，理論が誕生したばかりであったことを意味している．

アンドレ・ヴェイユはジーゲルに $\mathfrak{S}_g$ はエリー・カルタンが導入した対称領域の一つであることを注意したと 1955 年の東京・日光の数論の国際シンポジュームの際に谷山豊たちに語っている．事実，ジーゲルのこの論文は対称領域の研究を活発化させただけでなく，ジーゲル領域という新しい研究対象を生み出していった．

2．ジーゲル・モジュラー形式

ジーゲル上半空間 $\mathfrak{S}_g$ の個々の元 τ はリーマン以来テータ関数 (2.1) の定義の中で使われていたが，τ の関数としての性質はそれほど研究されてこなかった．ジーゲルの 2 次形式の理論からジーゲル上半空間 $\mathfrak{S}_g$ の保型形式が誕生し，さらにジーゲルによって本格的に研究が始まった．ジーゲルの論文

[32] Einführung in die Theorie der Modulfunktionen n-ten Grad (n 次モジュラー関数論入門), Math. Ann. 116 (1939), 671-657.

は今日ジーゲル・モジューラー形式と呼ばれる保型形式の研究の始まりを告げるものであった．1変数のモジュラー形式は楕円関数の研究から誕生した．特に虚2次体のアーベル拡大は楕円モジュラー関数 $J(\tau)$ の特殊値によって生成されるというクロネッカー青春の夢によってモジュラー関数の重要性が認識されるようになった．ヒルベルトはパリの国際数学者会議で提出した20の問題の内，第12問題で1変数のモジュラー関数を多変数に拡張して，クロネッカー青春の夢を拡張することを提案した．n 変数のモジュラー関数とモジューラ形式はヒルベルトの学生であったブルーメンタール（Otto Blumenthal, 1876-1944）によって本格的な研究が始まった．今日ヒルベルト・モジュラー形式やヒルベルト・モジュラー関数と呼ばれる．これは1変数のモジュラー形式を自然な形で拡張したものである．整数係数 n 次既約多項式 $f(x)$ の根 $\omega_1, \omega_2, \cdots, \omega_n$ がすべて実数である場合に有理数体 $\mathbb{Q}$ にこれらの根の一つを添加して得られる体 K を n 次総実体とよぶ．$K=\mathbb{Q}(\omega_1)$ としよう．K の元は

$$\alpha = a_0 + a_1\omega_1 + a_2\omega_1^2 + \cdots + a_{n-1}\omega_1^{n-1},\ a_j \in \mathbb{Q}$$

と一意的に表示できる．このとき

$$\alpha^{(k)} = a_0 + a_1\omega_k + a_2\omega_k^2 + \cdots + a_{n-1}\omega_k^{n-1},$$

$$k = 1, 2, \cdots, n$$

と定義する．K の整数環を $\mathfrak{O}_K$ と記し，上半平面の n 個の

直積 H^n の座標を $z_1, z_2, \cdots, z_n$ とするとき $SL(2, \mathfrak{O}_K)$ は H^n に

$$(z_1, z_2, \cdots, z_n) \longmapsto \left(\frac{\alpha z_1+\beta}{\gamma z_1+\delta}, \frac{\alpha^{(2)} z_2+\beta^{(2)}}{\gamma^{(2)} z_2+\delta^{(2)}}, \cdots, \frac{\alpha^{(n)} z_n+\beta^{(n)}}{\gamma^{(n)} z_n+\delta^{(n)}}\right)$$

$$\begin{pmatrix} \alpha & \beta \\ \gamma & \delta \end{pmatrix} \in SL(2, \mathfrak{O}_K)$$

と作用する．H^n 上の正則関数 $f(z_1, z_2, \cdots, z_n)$ は

$$f\left(\frac{\alpha z_1+\beta}{\gamma z_1+\delta}, \cdots, \frac{\alpha^{(n)} z_n+\beta^{(n)}}{\gamma^{(n)} z_n+\delta^{(n)}}\right) = \prod_{k=1}^{n} (\gamma^{(k)} z_k+\delta^{(k)})^m f(z_1, \cdots, z_n)$$

を満足するとき重さ m のヒルベルト・モジュラー形式と呼ぶ．$SL(2, \mathfrak{O}_K)$ の作用で不変な H^n の有理型関数，すなわち上の変換式で $m=0$ の場合が成り立つときにヒルベルト・モジュラー関数と呼ぶ．ブルーメンタールの研究を受け継いだヘッケ（Erich Hecke, 1887–1947）は 1912 年の学位論文で，2 変数のヒルベルト・モジュラー関数の特殊値を使ってある代数体上のアーベル拡大が構成できることを示した．このヘッケの研究は志村・谷山・ヴェイユによってアーベル多様体の虚数乗法論に拡張された．三人の研究は全く独立に行われ，1955 年の東京・日光での数論に関する国際シンポジュームで発表され，その後の数論の発展の礎となったことはよく知られている．実はヘッケの学位論文ではヒルベルト・モジュラー形式は，τ を $\mathfrak{S}_g$ の特別な部分多様体に制限したテータ零値 $\theta_{mm'}(\tau, 0)$ を使って構成できることが示されていた．虚数乗法論の立場からはこうした部分多様体に制限することは特別の性質を持ったアーベル多様体を取り出すことを意味する．一方，ジーゲルの 2 次形式論からは $\mathfrak{S}_g$

上のモジュラー形式が必要となった．

すでに述べたが，$\mathfrak{S}_g$ の正則関数 $f(\tau)$ は

$$f((A\tau+B)(C\tau+D)^{-1})=\det(C\tau+D)^m f(\tau)$$

$$\begin{pmatrix} A & B \\ C & D \end{pmatrix} \in SP(2g,\mathbb{Z})$$

を満たすとき，重さ m のジーゲル・モジュラー形式と呼ぶ．m は偶数の正整数である．論文［32］の関心は代数的に独立なモジュラー形式の個数とモジュラー形式の間の関係式であり，ジーゲルは $g(g+1)/2+1$ 個の代数的に独立なモジュラー形式が存在し，それらはアイゼンシュタイン級数を使って構成できること，さらに $g(g+1)/2+2$ 個のモジュラー形式の間には複素数を係数とする斉次関係式（モジュラー形式の重さを次数と考える）があることを示している．また，$Sp(2g,\mathbb{Z})$ による変数変換で不変な $\mathfrak{S}_g$ の有理型関数はジーゲル・モジュラー関数と呼ばれるが，それは同じ重さのモジュラー形式の商として書き表すことができる．ジーゲルは $g(g+1)/2+1$ 個のモジュラー関数は代数的な関係式を持つこと示した．実はジーゲルモジュラ関数の全体は超越次数 $g(g+1)/2$ の代数関数体になることが後に示された．

ジーゲルが証明したことは，後にさらに強く，商空間 $\mathfrak{S}_g/Sp(2g,\mathbb{Z})$ が複素射影空間に擬射影多様体（射影多様体から部分多様体を除いてできる代数多様体）として埋め込むことができることが示された．佐竹一郎（1927–2014）は $\mathfrak{S}_g/Sp(2g,\mathbb{Z})$ のコンパクト化として佐竹コンパクト化を導入し，コンパクト化した空間が正規多様体であることを示し

た．佐竹コンパクト化は $\mathfrak{S}_g/Sp(2g,\mathbb{Z})$ を擬射影多様体とみたときのコンパクト化した射影多様体になっている．

ジーゲルのこの論文の結果も，多方面に発展していった．ジーゲル自身もコンパクトな n 次元複素多様体上の有理型関数の全体がなす体の超越次数は n 以下であることを示している．

［64］Meromorphe Funktionen auf kompakten analytishcen Mannigfaltigkeiten（コンパクト解析的多様体上の有理型関数），Nachricht. Akad. Wissen. Göttingen, Math.-phys. Klasse 1955, Nr. 4, 71–77.

これも後に有理型関数体は代数関数体であることが証明された．

3．アーベル多様体のモジュライ

ところで，ジーゲル上半空間はアーベル多様体のモジュライ空間と深く関係している．そのことを見るために，先ず g 次元複素トーラスを考えよう．$2g\times g$ 複素行列 Ω が

$$\det(\Omega\overline{\Omega})\neq 0$$

であると仮定する．Ω の m 行ベクトルを $\vec{\omega}_m=(\omega_{m1},\omega_{m2},\cdots,\omega_{mg})$ と記し $L=\sum_{m=1}^{2g}\mathbb{Z}\cdot\vec{\omega}_m$ と定義する．$\mathbb{C}^g$ をベクトル空間とみると L はその離散的な部分加群となっている．$\mathbb{C}^g$ に同値関係 $\sim$ を次のように導入する．

$$(z_1, z_2, \cdots, z_g) \sim (z'_1, z'_2, \cdots, z'_g)$$
$$\Longleftrightarrow (z_1 - z'_1, z_2 - z'_2, \cdots, z_g - z'_g) \in L$$

この同値関係による商空間 $\mathbb{C}^g/\sim$ を $\mathbb{T}_\Omega$ と記す．$\mathbb{T}_\Omega$ は加群としては商加群 $\mathbb{C}^g/L$ に他ならない．点 $z \in \mathbb{C}^g$ の同値類を $[z]$ と記す．自然な写像

$$\pi : \mathbb{C}^g \longrightarrow \mathbb{T}_\Omega \qquad z \longmapsto [z]$$

が局所正則同型写像になるように $\mathbb{T}_\Omega$ に複素構造を入れたものを g 次元複素トーラスと呼ぶ．1 次元複素トーラスの場合と違って，$g \geqq 2$ のときは $\mathbb{T}_\Omega$ 上の有理型関数は定数関数しか存在しない場合がある．$\mathbb{T}_\Omega$ 上に g 個の代数的に独立な有理型関数が存在するための必要十分条件は

$$\begin{pmatrix} \Delta \\ \tau \end{pmatrix} = M\Omega G, \tag{4.1}$$

が成り立つような g 次整数行列 $\Delta, \tau \in \mathfrak{S}_g$, $2g$ 次整数行列 $M \in GL(2g, \mathbb{Z})$，および g 次複素行列 $G \in GL(g, \mathbb{C})$ が存在することである．ここで Δ は g 次整数行列

$$\Delta = \begin{pmatrix} d_1 & 0 & 0 & \cdots & 0 \\ 0 & d_2 & 0 & \cdots & 0 \\ & \vdots & & \vdots & \\ 0 & 0 & 0 & \cdots & d_g \end{pmatrix} \quad 1 \leqq d_1 | d_2 | d_3 | \cdots | d_g$$

の形をしている．$d_j | d_{j+1}$ は自然数 d_j は d_{j+1} を割り切ることを意味する．G は $\mathbb{C}^g$ の座標変換 $(w_1, \cdots, w_g) = (z_1, \cdots, z_g)G$ に対応し，$M \in GL(2g, \mathbb{Z})$ は L の生成元の変換を意味する．従って (4.1) の左辺の $2g \times g$ 行列が定義する複素トーラスと $\mathbb{T}_\Omega$ とは正則同型であることが分かる．このようにして g 個代数的に独立な有理型関数を持つ g 次元複素トーラ

スは特別な形をしていて，ジーゲル上半空間と関係していることが分かる．こうした複素トーラスは射影空間に埋め込むことができアーベル多様体と呼ばれる．しかも，その埋め込み方は Δ によって決まる．Δ はアーベル多様体の偏極構造と呼ばれる．アーベル多様体のモジュライを考えるときは，偏極構造を込めて考える必要がある．アーベル多様体である複素トーラス $\mathbb{T}_{\binom{\Delta}{\tau}}$ と $\mathbb{T}_{\binom{\Delta}{\tau'}}$ が偏極アーベル多様体として同型であるための必要十分条件は

$$\tau' = (A\tau + B\Delta)(C\tau + D\Delta)^{-1}\Delta, \begin{pmatrix} A & B \\ C & D \end{pmatrix} \in Sp(\Delta, \mathbb{Z})$$

が成り立つことである．ここで

$$Sp(\Delta, \mathbb{Z}) = \left\{ M \in GL(2g\ \mathbb{Z}) \,\middle|\, {}^tM \begin{pmatrix} 0 & \Delta \\ -\Delta & 0 \end{pmatrix} M = \begin{pmatrix} 0 & \Delta \\ -\Delta & 0 \end{pmatrix} \right\}$$

である．以上の議論はジーゲルの講義録

Analytic functions of several complex variables: Lecture delivered at the Institute for Advanced Study, 1948–1949

に分かりやすく記されている．この講義録は日本でも出版されたこともあるが，現在は絶版になっている．ジーゲルの教科書

Topics in Complex Function Theory, vol. 3, Wiley-Interscience, 1973

にも記述があるが，残念ながら上記の講義録より記述が省略されていてより読みにくい．

さてジーゲルは論文

［77］Moduln Abelscher Funktionen（アーベル関数のモジュライ），Nachricht. Akad. Wissen. Göttingen, Math.-phys. Klasse 1960, Nr. 25, 365–427.

ではテータ関数の関係式が本質的にはアーベル多様体の定義方程式と関係していることを論じている．これはテータ関数がアーベル多様体の射影空間の埋め込みに使われることと深く関係している．この論文の冒頭で，ジーゲルは「テータ関数の間のたくさんの関係式を見出すのは簡単であるが，この関係式の迷宮から抜け出すのは容易ではない」とのフロベニウスの言葉を引用している．ジーゲルのこの考察はマンフォード（David Mumford, 1937– ）によって正標数の場合も含めたアーベル多様体に対して解決された．通常のテータ関数に関しては井草潤一（1924–2013）の名著

J. Igusa :Theta Functiosn, Springer, 1972

第 4 章に手際よく紹介されている．

第4章

ゼータ関数

はじめに

ジーゲルとゼータ関数といえば，ゲッチンゲン大学に残されたリーマンの手稿を解読して，リーマン自身がゼータ関数に関して時代を先駆けた研究をしていたことを示した論文が先ず言及されるであろう．しかし，それだけでなく，ジーゲルはゼータ関数の研究に関してもいくつかの貢献をしている．本章ではそのことを駆け足で見て行こう．

1．デデキントのゼータ関数

ジーゲルのゼータ関数に関する最初の論文はデデキントのゼータ関数の関数等式に関する論文である．

［7］Newer Beweis für die Fuktionalgleichung der Dedekindschen Zetafunktion（デデキントのゼータ関数の関数等式の新しい証明），Math. Ann. 85（1922），123－128.

代数体 K の整数環 $\mathfrak{O}_K$ の零イデアル以外のイデアル $\mathfrak{a}$ に対

してそのノルム $N(\mathfrak{a})$ は剰余環 $\mathfrak{O}_K/\mathfrak{a}$ の元の個数と定義される．

$$N(\mathfrak{a})=\#(\mathfrak{O}_K/\mathfrak{a})$$

代数体 K デデキントのゼータ関数 $\zeta_K(s)$ は

$$\zeta_K(s)=\sum_{\mathfrak{O}_K\text{のイデアル}\,\mathfrak{a}\neq(0)}\frac{1}{N(\mathfrak{a})^s}$$

と定義される．イデアル $\mathfrak{a}$ は素イデアルの積に順序を無視すれば一意的に分解できるので，ゼータ関数はオイラー積

$$\zeta_K(s)=\sum_{\mathfrak{O}_K\text{の素イデアル}\,\mathfrak{p}\neq(0)}\frac{1}{1-\dfrac{1}{N(\mathfrak{p})^s}}$$

を持つ．ヘッケは 1917 年にデデキントのゼータ関数は全複素平面に有理型関数として解析接続され，$s=1$ でのみ 1 位の極を持ち他では正則，かつ関数等式を持つことを初めて証明した．ヘッケの証明はリーマンのゼータ関数の関数等式に関する二番目の証明法を拡張したものであった．ガンマ関数の変数を 1 ずらした関数

$$\Pi(s)=\int_0^\infty e^{-x}x^s\,dx=\Gamma(s+1)$$

を使うと

$$\begin{aligned}\int_0^\infty e^{-nx}x^{s-1}dx&=\frac{1}{n^s}\int_0^\infty e^{-x}x^{s-1}dx\\&=\frac{\Pi(s-1)}{n^s}\end{aligned}\qquad(1.1)$$

と表示できることから $\mathrm{Re}\,s>1$ では

$$\Pi(s-1)\zeta(s)=\int_0^\infty\frac{x^{s-1}}{e^x-1}dx$$

と書くことができる．これがリーマンの議論の出発点になっている．ところで (1.1) より

$$\frac{1}{n^s}\pi^{-s/2}\Pi\left(\frac{s}{2}-1\right)=\int_0^\infty e^{-n^2\pi x}x^{s/2-1}dx$$

と表示でき，従って $\mathrm{Re}(s)>1$ では

$$\pi^{-s/2}\Pi\left(\frac{s}{2}-1\right)\zeta(s)=\int_0^\infty\left(\sum_{n=1}^\infty e^{-n^2\pi x}\right)x^{s/2-1}dx$$

が成り立つ．ここで，積分中に出て来た無限和

$$\phi(x)=\sum_{n=1}^\infty e^{-n^2\pi x}$$

はテータ関数（正確にはテータ零値）と深く関係し，ヤコビによるテータ関数の変換公式から

$$\frac{1+2\phi(x)}{1+2\phi(1/x)}=\frac{1}{\sqrt{x}}$$

が成り立つ．リーマンはさらに変数変換と部分積分を巧みに使って

$$\Pi\left(\frac{s}{2}-1\right)\pi^{-\pi/2}\zeta(s)=\int_1^\infty\phi(x)(x^{s/2}+x^{(1-s)/2)})dx$$

を示した．両辺は s に関する解析関数であり，従って $\mathrm{Re}(s)>1$ だけでなくすべての s に対して成り立つ．さらに右辺は s を $1-s$ に変えても不変である．従って，関数等式

$$\Pi\left(\frac{s}{2}-1\right)\pi^{-s/2}\zeta(s)=\Pi\left(\frac{1-s}{2}-1\right)\pi^{-(1-s)/2}\zeta(1-s)$$

が成り立つ．この証明法は関数等式のリーマンによる第二証明とよばれる．

ヘッケはデデキントのゼータ関数に対しても多変数のテータ関数を使ってリーマンと類似の議論で関数等式を証明した．

一方，$+\infty$ から実軸上を $\delta>0$ まで向かい，点 δ で原点を中心とする半径 δ の円周上を反時計回りに回り，δ に戻って

実軸上を $+\infty$ に向かう道を C_δ とするとき，$\delta\to 0$ のときの積分をシンボリックに $\int_C$ と記すと，$\mathrm{Re}(s)>1$ のとき

$$\int_C \frac{(-x)^s}{e^x-1}\cdot\frac{dx}{x}=2i\sin(\pi s)\Pi(s-1)\zeta(s) \tag{1.2}$$

が成り立つことをリーマンは示している．ここで $(-x)^s=e^{s\log(-x)}$, $\log(-x)$ は最初の $+\infty$ から δ の積分の所では $\log|x|-i\pi$ であり，半径 δ の円を一周して δ から $+\infty$ へ向かうときは $\log|x|+i\pi$ と定義する．一方，$\mathrm{Re}(s)<1$ であれば積分路 C_δ を連続的に変形して $+\infty$ から $(2N+1)\pi$ へ向かい，$(2N+1)\pi$ から原点を中心とする半径が $(2N+1)\pi$ の円周上を反時計回りに回り，$(2N+1)\pi$ から $+\infty$ へ向かう道 C_N を考え，円内の被積分関数の留数を計算して，さらに $N\to+\infty$ をとることによって

$$\begin{aligned}\int_C \frac{(-x)^s}{e^x-1}\cdot\frac{dx}{x}&=2\pi i(2\pi)^{s-1}(i^{s-1}+(-i)^{s-1})\zeta(1-s)\\&=2\pi i(2\pi)^{s-1}\left(2\sin\frac{\pi s}{2}\right)\zeta(1-s)\end{aligned}$$

が成り立つことをリーマンは示し，(1.2) と (1.3) が等しいことから関数等式の証明（第一証明）を与えている [*1]．

ジーゲルはリーマンの第一証明の手法がデデキントのゼータ関数の関数等式の証明に使えることを示したものである．証明はテータ関数を使わずに留数計算を使うという意味では初等的だが複雑である．論文 [7] では複雑さを避けるため

---

*1　公式 $\Pi(s)=s\Pi(s-1)$, $\Pi(s)\Pi(-s)\sin\pi s=\pi s$ などを使う．

に K が総実体の場合に記されている．もちろんジーゲル自身は一般の場合の証明を持っていたことは明らかである．

2. リーマン・ジーゲルの公式

ゼータ関数に関するジーゲルの寄与で大きなものは1932年に発表されたリーマンの遺稿に関する論文である．

［18］ Über Riemanns Nachlaß zur analytischen Zahlentheorie（解析数論に関するリーマンの遺稿について），Quellen und Studien zur Geschichte der Mathematik, Astoronomie und Physik 2 (1932), 45–80.

1859年のワイエルシュトラス宛の手紙でリーマンはゼータ関数に関して新しい展開があるが十分に練れていないので発表できる段階にはないと記していた．1876年出版の改定版リーマン全集の編集を行ったH. ヴェーバー（Heinrich Martin Weber, 1842–1913）はリーマンの遺稿を調査したらゼータ関数に関するリーマンの研究が明らかになるのでは考えていたようである．その後，ゲッチンゲン大学附属図書館にゼータ関数に関するリーマンの遺稿があることが明らかになったが，式が記されていただけで解読することはできなかった．依頼を受けて，バラバラに羅列された式からリーマンの議論を再現して見せたのが，論文［18］である．ジーゲル以前にも解読を試みた数学者がいたようであるが，リーマンの意図を見抜くことはできず，ジーゲルによって初めて明らかにされた．それによると，1920年にハーディーとリトルウッドによって展開された理論は既にリーマンによって本質的に見出されていたことが判明した．ハーディーとリトルウッドはリーマンの理論を知らなかったことはもちろんであるが，逆にハーディー・リトルウッド理論があったのでリーマンの遺稿を解読するのに役立ったことは想像に難くない．

ここではジーゲルの議論を少し簡易化した形でその粗筋を述べる．（1.2）より

$$\zeta(s)=\frac{\Pi(-s)}{2\pi i}\int_C \frac{(-x)^s}{e^x-1}\cdot\frac{dx}{x} \tag{2.1}$$

が成り立つ *2．$\dfrac{e^{-Nx}}{e^x-1}=\sum_{n=N+1}^{\infty} e^{-nx}$ より

$$\zeta(s)=\sum_{n=1}\frac{1}{n^s}+\frac{\Pi(-s)}{2\pi i}\int_C \frac{e^{-Nx}(-x)^s}{e^x-1}\cdot\frac{dx}{x} \tag{2.2}$$

を得る．積分路 C を前節の関数等式の第一証明のところで述べた道 C_N（$+\infty$ から $(2N+1)\pi$ まで実軸上を進み，$(2N+1)\pi$ から原点を中心とする半径 $(2N+1)\pi$ の円周上を反時計回りに進み，$(2N+1)\infty$ から $+\infty$ まで実軸上を進む道）に変え，被積分関数の極を考慮して計算すると，

$$\zeta(s)=\sum_{n=1}^{N} n^{-s}+\Pi(-s)(2\pi)^{s-1}2\sin\frac{\pi s}{2}\sum_{n=1}^{N} n^{-(1-s)}$$
$$+\frac{\Pi(-s)}{2\pi i}\int_{C_N} \frac{e^{-Nx}(-x)^s}{(e^x-1)}\cdot\frac{dx}{x} \tag{2.3}$$

*2　注1）を参照のこと．

が成り立つことが分かる. そこで (2.3) の両辺に

$\frac{1}{2}s(s-1)\Pi(s/2-1)\pi^{-s/2}$ を掛け,

$$\xi(s)=\frac{1}{2}s(s-1)\Pi(s/2-1)\pi^{-s/2}$$

とおくと, (2.3) は

$$\begin{aligned}\xi(s)&=(s-1)\Pi\left(\frac{s}{2}\right)\pi^{-s/2}\sum_{n=1}^{N}n^{-s}\\&\quad+(-s)\Pi\left(\frac{1-s}{2}\right)(2\pi)^{-(1-s)/2}\sum_{n=1}^{N}n^{-(1-s)}\\&\quad+\frac{(-s)\Pi(1-s/2)\pi^{-(1-s)/2}}{(2\pi)^{s-1}2\sin(\pi s/2)2\pi i}\int_{C_N}\frac{e^{-Nx}(-x)^s}{(e^x-1)}\cdot\frac{dx}{x}\end{aligned}\tag{2.4}$$

と書き直すことができる.

一方 $s=\frac{1}{2}+it$ での $\frac{1}{2}s(s-1)\Pi(s/2-1)\pi^{-s/2}$ の実部と虚部の計算から

$$\begin{aligned}\xi\left(\frac{1}{2}+it\right)&=\left(e^{\mathrm{Re}(\log\Pi(it/2-3/4))}\pi^{-1/4}\cdot\frac{-(t^2+1/4)}{2}\right)\\&\quad\cdot\left(e^{i\,\mathrm{Im}(\log\Pi(it/2-3/4))}\pi^{-it/2}\zeta\left(\frac{1}{2}+it\right)\right)\end{aligned}$$

と書くことができることが分かる. ここで右辺の最初の項は常に負であり, $\xi\left(\frac{1}{2}+it\right)$ が 0 になるか否かは第二項の挙動で分かる. 第一項を $r(t)$, 第二項を $Z(t)$ と記す.

$$r(t)=e^{\mathrm{Re}(\log\Pi(it/2-3/4))}\pi^{-1/4}\cdot\frac{-(t^2+1/4)}{2}$$

$$Z(t)=e^{i\vartheta(t)}\zeta\left(\frac{1}{2}+it\right)$$

$$\vartheta(t)=\mathrm{Im}(\log\Pi(it/2-3/4))-\frac{t}{2}\log\pi$$

そこで

$$f(t)=r(t)e^{i\vartheta(t)}$$

と置き，(2.4) に $s=\frac{1}{2}+it$ を代入すると

$$\xi\left(\frac{1}{2}+it\right)=f(t)\sum_{n=1}^{N}n^{-1/2-it}+f(-t)\sum_{n=1}^{N}n^{-1/2+it}$$
$$+\frac{f(-t)}{(2\pi)^{1/2+it}2i\sin(\frac{1}{2}\pi(\frac{1}{2}+it))}\cdot\int_{C_N}\frac{-(-x)^{-1/2+it}e^{-Nx}}{e^x-1}dx$$

が成り立つ．従って，任意の実数 t に対して

$$Z(t)=2\sum_{n=1}^{N}n^{-1/2}\cdot\cos(\vartheta(t)-t\log n)+R$$

$$R=\frac{e^{-i\vartheta(t)}e^{-t\pi/2}}{(2\pi)^{1/2}(2\pi)^{it}e^{-i\pi/4}(1-ie^{-t\pi})}\cdot\int_{C_N}\frac{(-x)^{-1/2+it}e^{-Nx}}{e^x-1}dx$$

と書くことができる．ジーゲルによって再構築されたリーマンの公式は項 R の近似公式を与えるものであり，R は小さく $Z(t)$ は漸近的に

$$Z(t)\sim 2\sum_{n=1}^{N}n^{-1/2}\cos(\vartheta(t)-t\log n)$$

であることが分かる．項 R の定積分の近似は，今日鞍点法をよばれる方法をリーマンは使っている．鞍点法はデバイ (P.J.W. Debye, 1884–1966) の 1910 年の論文 [*3] に始まると言われているが，デバイ自身はリーマン全集に発表されたリーマンの遺稿にヒントを得たと言明しているように，鞍点法はリーマンに始まる．なお， $N=[\sqrt{t/2\pi}]$ (記号 $[x]$ は x を

*3　Debye, P.J.W., Näherungformeln für die Zylinderfunktionen (円柱関数の漸近公式), Math. Ann.67 (1910), 535–558.

越えない最大の整数をあらわす．いわゆるガウス記号.）と取って計算をしている．近似式は種々の表記法があり，ジーゲルはリーマンの手稿とは少し異なる形の表現を与えている．ジーゲルと異なる形の近似式としてたとえば

$$R \approx (-1)^{N-1}\left(\frac{t}{2\pi}\right)^{-1/4}\left[C_0+C_1\left(\frac{t}{2\pi}\right)^{-1/2}+C_2\left(\frac{t}{2\pi}\right)^{-2/2}+C_3\left(\frac{t}{3\pi}\right)^{-2/2}+C_4\left(\frac{t}{2\pi}\right)^{-4/2}\right]$$

がある．ここで $N=[(t/2\pi)^{1/2}]$ であり，関数 $C_j(p)$ は

$$C_0=\Psi(p)=\frac{\cos(2\pi(p^2-p-1/16))}{\cos(2\pi p)}$$

$$C_1=-\frac{1}{2^5\cdot 3\pi^2}\Psi^{(3)}(p)$$

$$C_2=\frac{1}{2^{11}\cdot 3^2\pi^4}\Psi^{(6)}(p)+\frac{1}{2^6\pi^2}\Psi^{(2)}(p)$$

などと具体的に書くことができる．この表記を使って $Z(t)$ が正となる区間と負となる区間を調べることによってゼータ関数の $\mathrm{Re}\,s=1/2$ 上での零点を計算することができる．リーマン自身も最初の零点を実際に計算している．また，ハーディ・リトルウッドは $Z(t)$ が無限回符号を変えることを示し，ゼータ関数は $\mathrm{Re}\,s=1/2$ 上に無限個の零点を持つことを証明した.

3．不定2次形式のゼータ関数

ジーゲルのゼータ関数の研究では2次形式のゼータ関数

に関する研究をとりあげる必要がある．

2次形式のゼータ関数では，実係数の2次形式 $Q(x_1, \cdots, x_n)$ が正定値の場合のエプシュタインのゼータ関数

$$\zeta_n(s, Q) = \frac{1}{2} \sum_{\substack{(a_1, \cdots, a_n) \in \mathbb{Z}^n \\ (a_1, \cdots, a_n) \neq (0, \cdots, 0)}} \frac{1}{Q(a_1, \cdots, a_n)^s}$$

が有名である．このタイプのゼータ関数はエプシュタインによって初めて定義された．

Epstein, P. “Zur Theorie allgemeiner Zetafunktionen. I.”（一般ゼータ関数論へ）Math. Ann. 56 (1903), 614-644,.

エプシュタインはリーマンのゼータ関数の関数等式と類似の関数等式を持つゼータ関数として正定値2次形式を使ってゼータ関数を定義した．この定義は正定値2次形式しか適用できない．不定2次形式では $(a_1, \cdots, a_m) \neq (0, \cdots, 0)$ であっても $Q(a_1, \cdots, a_n) = 0$ となることがあるからである．

ジーゲルは彼の2次形式論を使って不定形式に対してもゼータ関数を定義し，関数等式を証明した．

[30] Über die Zetafunktionen indefiniter quadratischer Formen（不定2次形式のゼータ関数について），Math. Zeit. 43 (1938), 682-798.

[31] Über die Zetafunktionen indefiniter quadratischer Formen II（不定2次形式のゼータ関数についてII），Math. Zeit. 44 (1939), 398-426.

これらの論文では有理数係数の不定2次形式が考察され，論文［30］では実数体上で $x_1^2-(x_2^2+\cdots+x_n^2)$ に変換される2次形式を，［31］では一般の不定2次形式が考察されている．有理数係数不定2次形式 Q の場合は正整数 t に対して $Q(a_1,\cdots,a_n)=t$ となる $(a_1,\cdots,a_n)\in\mathbb{Z}^n$ は一般には無限個存在するので，エプシュタインのゼータ関数の定義を修正する必要がある．そのために，ジーゲルは2次形式 $Q(x_1,\cdots,z_n)$ を対称行列 S を使って $(x_1,\cdots,x_n)S^t(x_1,\cdots,x_n)$ と表現し，2次形式 Q の単数群

$$\tilde{\Gamma}(S)=\{C\in GL(n,\mathbb{Z})\,|\,{}^tCSC=S\}$$

を定義し，さらに

$$\Gamma(S)=\tilde{\Gamma}(S)/\langle\pm I_n\rangle$$

と定義した．次に $(x_1,x_2,\cdots,x_n)\neq(0,0,\cdots,0)$ の比を考えて $n-1$ 次元射影空間 $\mathbb{P}^{n-1}$ の点と考えて，$(x_1,\cdots,x_n)\,S^t\,(x_1,\cdots,x_n)>0$ で定義される $\mathbb{P}^{n-1}$ の領域 P を考える．S の正負の慣性指数が $(1,n-1)$，すなわち2次形式が実数上で $x_1^2-(x_2^2+\cdots+x_n^2)$ と同値であるときには $\Gamma(S)$ は領域 P に不連続に働き，基本領域 $F(S)$ が存在することが2次形式の簡約理論から導くことができる．一方，領域 D には非ユークリッド測度

$$\sqrt{\det S}\,(\mathbf{z}S^t\mathbf{z})^{-n/2}dz_1dz_2\cdots dz_{n-1},$$
$$\mathbf{z}=(z_1,z_2,\cdots.z_{n-1},1)$$
$$z_1=x_1/x_n,\ z_2=x_2/x_n,\cdots,z_{n-1}=x_{n-1}/x_n$$

が定義され，この測度による $F(S)$ の体積 $v(S)$ が定まる．これを使って，2次形式 Q の整数での値 $t=Q(a_1,a_2,\cdots,a_n)$,

$(a_1,\cdots,a_n)\in\mathbb{Z}^n$，すなわち2次形式が$\mathbb{Z}^n$上で取る値$t$が正の場合に$M(S,t)$を定義する．定義が余りに複雑なので，ここではこれ以上述べることができないが，詳細は論文［30］の§1，§2を見ていただきたい．一方慣性指数が$(m,n-m)$，$m\geqq 2$のときは$\Gamma(s)$のDへの作用は不連続とならずに，事態はさらに複雑になるが，ジーゲルは論文［31］でこの場合も$M(S,t)$を定義し，ゼータ関数

$$\zeta(S,s)=\sum_{t>0}\frac{M(S,t)}{t^s}$$

と定義した．tは2次形式Qが$\mathbb{Z}^n$上で取る正の値すべてを動く．するとこのゼータ関数は全複素平面$\mathbb{C}$に解析接続でき，$s=n/2$で1位の極を持つことを示すことができる．さらに

$$\varphi(S,s)=\pi^{-s}\Gamma(s)\zeta(S,s)$$

と置くと，$m\geqq 2$の場合に次の定理をジーゲルは証明している．

定理 3.1　$n\geqq 4$の場合

$$\varphi(S,s)=(-1)^{(m-n)/2}|\det S|^{-1/2}\varphi(S^{-1},n/2-s)$$

$m-n$は偶数

$$\sin(\pi s)\varphi(S,s)=(-1)^{(m-n)/2}|\det S|^{-1/2}$$
$$\cdot\{\cos(\pi s)\varphi(S^{-1},n/2-s)-\varphi(-S^{-1},n/2-s)\}$$

$m-n$は奇数

が成立する．

$m=1$ で n が奇数の場合は $n-3$ の特別な場合を除くと上の一番目の関数等式が成り立つ． n が偶数の場合は $t<0$ に対応するゼータ関数を導入して関数等式が証明される．詳細は［30］を見ていただきたい．以上の結果は解析的に巧妙な計算によって得られている．

第5章

超越数論とディオファントス幾何学

ジーゲルの数学の多くは数論と関わるが，本章は学位論文の自然な発展としてのディオファントス幾何学と超越数論について述べよう．基本となる論文は

［16］Über einige Anwendungen diophantischer Approximationen（ディオファントス近似のいくつかの応用について），Abh. Preuss. Akad. Wiss. Phys. math. Klasse Nr. 1, 1929.

である．本論文は二部に分かれ，第一部は「超越数について」と題され M. デーンに献呈されている．第二部は「ディオファントス方程式について」と題され A. シェーンフリースに献呈されている．M. デーンはフランクフルト大学でのジーゲルの同僚であり，ジーゲルは A. シェーンフリースの後任としてフランクフルト大学の教授職を得ていたことはすでに述べた．本稿では主としてこの論文に基づいてジーゲルの成果とその後の進展について述べることにする．

1. 超越数論

リンデマンは1882年に$\alpha \neq 0$が代数的数であればe^{α}は超越数であることを示し，そのことを使って円周率πの超越性を示した[*1].
また，この論文の中で代数的数$\alpha_1, \alpha_2, \cdots, \alpha_n$が有理数体$\mathbb{Q}$上1次独立であれば$e^{\alpha_1}, e^{\alpha_2}, \cdots, e^{\alpha_n}$は代数的に独立であることを証明無しで述べている．1885年にワイエルシュトラスはこの事実を証明した[*2]．このリンデマン・ワイエルシュトラスの定理を拡張するためにジーゲルは論文［16］の第一部でE関数を導入した．

冪級数

$$f(x)=\sum_{n=0}^{\infty}\frac{a_n}{n!}x^n$$

が次の条件を満たすとき$f(x)$をE関数とジーゲルは呼んだ．

（1）a_nはすべてある有限次代数体Kの元である．

（2）代数体Kの共役体を$K^{(1)}, K^{(2)}, \cdots, K^{(m)}$，$a_n$に対応する$K^{(\nu)}$の元を$a_n^{(\nu)}$と記すとき，任意の$\varepsilon>0$に対して

$$\max_{1\leqq\nu\leqq m}|a_n^{(\nu)}|=O(n^{\varepsilon n})$$

---

*1　F. Lindemann: Über die Zahl π，Math. Ann. 20（1882），213-225.

*2　K.Weierstrass : Zu Lindemann's Abhandlung “Über die Ludolph'sche Zahl”.，Sitzungsberichte der Königlich Preussischen Akademie der Wissenschaften zu Berlin 5（1885），1067-1085.

が成り立つ.

(3) 任意の $\varepsilon>0$ に対して次の条件を満たす自然数の列 $q_0, q_1, q_2, \cdots$ が存在する.

(条件) $q_n = O(n^{\varepsilon n})$ であり, $k=0,1,\cdots,n,\ n=0,1,2,\cdots$ に対して, $q_n a_k$ は K に属する代数的整数である.

(4) $f(x)$ は代数的数を係数とする多項式を係数とする線型方程式を満たす.

ここで O はランダウの記号である. 条件 (2) から $f(x)$ は整関数, すなわち全複素平面で正則な関数であることが分かる.

指数関数 $e^z = \sum_{n=0}^{n} \frac{1}{n!} z^n$ は E 関数の一例であり, E は Exponential function の頭文字と思われる. ベッセル関数

$$J_0(x) = \sum_{n=0}^{\infty} \frac{(-1)^n}{n!\,n!} \left(\frac{x}{2}\right)^{2n}$$

も E 関数である. $E_1(x), E_2(x)$ が E 関数であれば $E_1(x)+E_2(x)$, $E_1(x)E_2(x)$ も E 関数であることは定義から簡単に示すことができる.

論文 [16] では代数的数 $\xi \neq 0$ に対して $J_0(\xi)$ と $J_0'(\xi)$ は代数的に独立 *3 であり, $J_0(\xi)$ は超越数であることが示されている. さらにより一般に $\xi_1, \xi_2, \cdots, \xi_n$ が有理数体上 1 次独

*3 有理数を係数とする代数方程式 $f(x,y)=0$ が $f(J_0(\xi), J_0'(\xi))=0$ を満たせば $f(x,y)\equiv 0$ であることを意味する.

立であれば $J_0(\xi_1), J_0'(\xi_1), J_0(\xi_2), J_0'(\xi_2), \cdots, J_0(\xi_n), J_0'(\xi_n)$ が代数的に独立であることを示している．これはリンデマン・ワイエルシュトラスの定理に対応する事実である．

論文［16］以降，この結果はさらに複数の E 関数の場合に拡張され，ジーゲル・シドロフスキーの定理と呼ばれる次の結果が得られている．

定理 1.1　n 個の E 関数 $E_1(x), E_2(x), \cdots,\ E_n(x)$ が斉次線型微分方程式

$$y_i' = \sum_{j=1}^{n} f_{ij}(x) y_i,\ 1 \leqq i \leqq n$$

を満たすと仮定する．但し，$E_i(x)$ の冪級数展開の係数および x の有理関数 $f_{ij}(x)$ の係数は有限次代数体 K に属する．$E_1(x),\ E_2(x), \cdots, E_n(x)$ が K 上の有理関数体 $K(x)$ 上1次独立であれば，任意の代数的数 $\alpha \neq 0$ に対して $E_1(\alpha),\ E_2(\alpha), \cdots, E_n(\alpha)$ は代数的に独立である．

この定理はさらに精密化されて，ゼータ関数の特殊値が無理数になることの可能性の証明などにも応用されている．また，論文［16］では特別な楕円積分が超越数であることが議論されている．このことは

［17］Über die Perioden elliptischer Funktionen（楕円関数の周期について），J. reine angew. Math. 167 (1932)，62–69．

でさらに詳しく論じられている．この論文の結果の特別な場合として

$$\int_{-1}^{1}\frac{dx}{\sqrt{1-x^4}},\ \int_{-1}^{1}\frac{dx}{\sqrt{1-x^6}}$$

が超越数であることが示されるが，これは

$$\int_{-1}^{1}\frac{dx}{\sqrt{1-x^2}}=\pi$$

が超越数であることの自然な拡張になっている．ジーゲルのプリンストンの講義録

Transcendental Numbers, Annals of Math. Studies no. 16, Princeton Univ. Press, 1949.

では以上の議論およびゲルフォントやシュナイダーの超越数論が要領よくまとめられていて，
その後の理論の進展に大きく寄与した．

2．ディオファントス幾何学

論文［16］の第二部ではディオファントス幾何学が展開されている．

整数係数の2変数多項式 $f(x,y)$ に関して a, b が整数で $f(a,b)=0$ となる点 (a,b) を $f(x,y)=0$ の整数点と呼ぶ．また，a, b が有理数である場合は (a,b) を有理点とよぶ．より一般には $f(x,y)$ の係数が有限次代数体 K，すなわち有理数体の有限次拡大体の元である場合に， $f(a,b)=0$ で a, b

が K に属する場合，(a,b) を K 有理点，a, b が K に属する代数的整数の場合は (a,b) を K 整数点と呼ぶことにする．

次の定理は今日，ジーゲルの定理と呼ばれる．

定 理 2.1　$(x,y)=(A/L(t)^n,\ B/L(t)^n)$ または $(x,y)=(C/Q(t)^n, D/Q(t)^n)$ が変数 t に関して恒等的に整数係数既約方程式 $f(x,y)=0$ を満たすことがないならば，曲線 $f(x,y)=0$ は高々有限個の整数点しか持たない．ここで A, B, C, D は整数であり，$L(t)$ は変数 t の整係数1次式，$Q(t)$ は整係数不定値2次式（すなわち $Q(t)=0$ は実根を持つ）である．

定理で例外とされた場合は，$f(x,y)=0$ が t の有理関数解を持つことを意味し，$f(x,y)=0$ から定まる非特異代数数曲線の種数は0である[*4]．もちろん，種数が0であっても整数解が有限個の場合もあり得る．ジーゲルはさらに強い結果を得ている．

---

*4　既約方程式 $f(x,y)=0$ から閉リーマン面を構成することができき（これは $f(x,y)=0$ から定まる非特異代数曲線を閉リーマン面と考えたものと一致する），その位相モデルは g 個穴の空いたトーラスである．この穴の数 g を $f(x,y)=0$ の種数とよぶ．種数0であることは閉リーマン面の位相モデルが球面であることを意味し，閉リーマン面はリーマン球面に他ならない．$g=1$ のときは，1次元複素トーラスと正則同型である（第1章定理10.2を参照のこと）．

定理 2.2 有限次代数体 K の元を係数に持つ既約方程式 $f(x,y)=0$ が無限個の K 有理点 (x_ν, y_ν) を持ち，ある自然数 c によってこれらの無限個の点に対して cx_ν，cy_ν が K に含まれる代数的整数となるための必要十分条件は $f(P(t),\ Q(t))=0$ を満たす定数ではない K 係数の有理式

$$P(t)=a_0t^n+a_{n-1}t^{n-1}+\cdots+a_{-n}t^{-n}$$
$$Q(t)=b_0t^n+b_{n-1}t^{n-1}+\cdots+b_{-n}t^{-n}$$

が存在することである．

この場合，$f(P(t),\ Q(t))=0$ となる $f(x,y)=0$ が定める曲線 C の種数は 0 である．

ここでは $f(x,y)=0$ が種数 1 の場合にジーゲルの証明の粗筋を紹介しよう．証明には種数 1 の非特異代数曲線は楕円曲線であり，楕円曲線の点には加法が定義でき，定義体が代数体 K の場合には K 有理点の全体は有限生成のアーベル群であるというモーデルの定理を使う．このモーデルの定理は種数 2 以上の代数曲線 C に対しては，A. ヴェイユによって，C のヤコビ多様体 $J(C)$ の K 有理点の全体は有限生成のアーベル群であるという形に一般化された．ヴェイユの結果を利用してジーゲルは種数 2 以上の場合の上の定理の証明を行っている．

代数体 K 上定義された既約方程式 $f(x,y)=0$ が定義する代数曲線 C の種数が 1 であるとしよう．すると K 上定義

された双有理変換*5

$$x=\phi(u,t),\ y=\psi(u,t),\ \phi,\psi\in K(u,t) \tag{2.1}$$

によって曲線の定義方程式を

$$t^2=4u^3-g_2u-g_3,\ g_2,g_3\in K \tag{2.2}$$

に変換することができる．ここで(2.2)はワイエルシュトラスのペー関数 $\wp(s)$ *6 を使って

$$u=\wp(s),\ t=\wp'(s) \tag{2.3}$$

---

*5　u,t の有理関数によって $x=\phi(u,t)$, $y=\psi(u,t)$ と変数変換することを有理変換とよぶ．この有理変換が x, y の有理関数によって $u=G(x,y)$, $t=H(x,y)$ と逆に解くことができるとき双有理変換とよばれる．

*6　第1章 §10 で $1,\tau$ を基本周期とするワイエルシュトラスのペー関数を定義したが，ここではより一般に $\omega_1,\omega_2,\mathrm{Im}\,\omega_2/\omega_1>0$ を基本周期とするワイエルシュトラスのペー関数

$$\wp(s)=\frac{1}{s^2}=\sum_{(m,n)\in\mathbb{Z}^2\{(0,0)\}}\left\{\frac{1}{(s-m\omega_1-n\omega_2)^2}-\frac{1}{(m\omega_1+n\omega_2)^2}\right\}$$

を使う必要がある．このとき g_2,g_3 を

$$g_2=60\sum_{(m,n)\in\mathbb{Z}^2\setminus\{(0,0)\}}\frac{1}{(m\omega_1+n\omega_2)^4}$$

$$g_3=140\sum_{(m,n)\in\mathbb{Z}^2\setminus\{(0,0)\}}\frac{1}{(m\omega_1+n\omega_2)^6}$$

と定義すると

$$\wp'(s)^2=4\wp(s)^3-g_2\wp(s)-g_3$$

が成り立つ．ただし，$g_2,g_3\in K$ となるためには $\{\omega_1,\omega_2\}$ をうまく取る必要がある．ペー関数 $\wp(s)$ は

$$\wp(s+m\omega_1+n\omega_2)=\wp(s),\ m,n\in\mathbb{Z}$$

と2重周期関数である．これより $\wp(s),\wp'(s)$ は以下で定義する1次元複素トーラス $\mathbb{T}_{\omega_1,\omega_2}$ 上の有理型関数と見ることができる．

とパラメータ表示できる．K 上 $\wp(s), \wp'(s)$ で生成される体 $K(\wp(s), \wp'(s))$ は曲線 C の関数体 $K(C)$ とみなすことができる．関数 $w(s) \in K(\wp(s)\wp'(s))$ と複素数 a に対して基本平行四辺形*7 内で $w(s)=a$ となる点を重複度を込めて $\nu_1, \nu_2, \cdots, \nu_r$ とすると，正整数 n と複素数 c に対して $w(ns+c)=a$ となる s は

$$s=\frac{1}{n}(\nu_k-c+\omega)$$

と書くことができる．ここで ω は $\wp(s)$ の任意の周期 $m\omega_1+n\omega_2, m, n \in \mathbb{Z}$ である．これより $w(ns+c)$ の位数*8 は $n^2 r=g$ であることが分かる．

そこで $f(x_0, y_0)=0$ となる K 有理点 (x_0, y_0) の全体 M を考えると，モーデルの定理によって有限生成となる．$x_0=\wp(s_0)$，$y_0=\wp'(s_0)$ と書くことができるが s_0 のとり方には周期分の不定性がある．そこで ω_1, ω_2 で定まる 1 次元複

*7 (2.3) のワイエルシュトラスのペー関数の基本周期が ω_1, ω_2 のとき $\{s=x\omega_1+y\omega_2 \mid 0 \leqq x<1, 0 \leqq y<1\}$ を基本平行四辺形という．

*8 $1, \tau$ を周期に持つ，すなわち任意の $m, n \in \mathbb{Z}$ に対して $f(s+m\omega_1+n\omega_2)=f(s)$ である複素平面上の有理型関数 $f(s)$ は基本平行四辺形内で重複度を込めて数えた極の個数が l のとき位数は l であるという．このとき，任意の複素数 a に対して $f(s)-a$ の基本平行四辺形内での重複度を込めて数えた零点の個数は l であり（第 1 章　注 39)，逆にこれを位数の定義に使うこともできる．

素トーラス $\mathbb{T}_{\omega_1,\omega_2}$ [*9] を考え，s_0 に対応する点 $[s_0]$ を考えると $(x_0, y_0) = (\wp(s_0), \wp'(s_0))$ に $[s_0]$ を対応させることによって，M は $\mathbb{T}_\tau$ の部分群と考えることができる．モーデルの定理による基底を $[s_1], \cdots, [s_q]$ とすると M の任意の元 $[s]$ は

$$[s] = n_1[s_1] + n_2[s_2] + \cdots + n_q[s_q],$$
$$n_1, n_2, \cdots, n_q \in \mathbb{Z}$$

と書くことができる．正整数 n に対して M の任意の元 $[s]$ は

$$[s] = n[\sigma] + [c],\ [\sigma] \in M$$

と書くことができる．ここで $[c]$ は

$$[c] = n_1[s_1] + n_2[s_2] + \cdots + n_q[s_q], \tag{2.4}$$
$$0 \leqq n_j \leqq n-1,\ j = 1, 2, \cdots, q$$

と書き表すことができ，このような $[c]$ は有限個である．

さて $f(x, y) = 0$ の K 有理点 (x, y) は (2.1), (2.3) より

$$x = \phi(\wp(s), \wp'(s)),\ y = \psi(\wp(s), \wp'(s))$$

と書けるので, K 有理点 (x, y) に対して対応する $[s] \in M \subset \mathbb{T}_{\omega_1,\omega_2}$ が一意的に定まる．さらに自然数 $n \geqq 2$ を

---

*9　複素平面 $\mathbb{C}$ に同値関係 $\sim$ を

$$z_1 \sim z_2 \Longleftrightarrow z_1 - z_2 \in L = \mathbb{Z}\cdot\omega_1 + \mathbb{Z}\cdot\omega_2$$

と定義し，商空間 $\mathbb{C}/\sim$ を $\mathbb{T}_{\omega_1,\omega_2}$ と記す．自然な写像 $p: \mathbb{C} \ni z \longmapsto [z] \in \mathbb{T}_{\omega_1,\omega_2}$ が正則写像になるように $\mathbb{T}_\tau$ に閉リーマン面の構造を入れることができる．これを1次元複素トーラスとよぶ（第1章 §10を参照のこと）．種数1の曲線は閉リーマン面は，ω_1, ω_2 を適当に選ぶことによって1次元複素トーラス $\mathbb{T}_{\omega_1,\omega_2}$ と正則同型である．

一つ固定すると$[s]$に対して$[c]$が一意的に決まる．従ってK有理点(x, y)に対して$[c]$が一意的に定まる．

さてK有理点(x, y)のうちでxが代数的整数になるものが無限個あったと仮定する．$[c]$は有限個しかないので，K有理点(x, y)のうちでxが代数的整数になり，対応する$[c]$が同じであるものが無限個存在すると仮定してよい．そこで

$$w(s) = \phi(\wp(s), \wp'(s))$$

とおいて$w(n\sigma + c)$，$n[\sigma] + [c] \in M$を考える．

$$\xi = \phi(\wp(\sigma), \wp'(\sigma)),\ \eta = \psi(\wp(\sigma), \wp'(\sigma))$$

とおく．ここで，ペー関数の加法公式*10によって$w(ns + c)$は$K(\wp(s), \wp'(s))$に属していることに注意する．

ξが代数的整数であるような$f(x, y) = 0$のK有理点(ξ, η)が無限にあることは，$|\xi_k| \to \infty$となるK有理点列$(\xi_k, \eta_k), k = 1, \cdots$が存在することを意味する．射影平面$\mathbb{P}^2(\mathbb{C})$で考えると無限点列$(1 : \xi_k : \eta_k)$は収束する部分列を含む*11．この部分列の収束先をQとすると，これは$w(ns + c)$の極である．$w(s)$の位数をrとすると$w(ns + c)$の位数は$n^2 r = g$であり，点Qでの$w(ns + c)$の極の位数は高々rである．さらに$1/\xi_k \to 0$より$z = 1/x$と置き，

---

*10

$$\wp(s_1 + s_2) = -\wp(s_1) - \wp(s_2) + \frac{1}{4} \cdot \left(\frac{\wp'(s_1) - \wp'(s_2)}{\wp(s_1) - \wp(s_2)} \right)^2$$

*11 $\mathbb{P}^2(\mathbb{C})$はコンパクトであるので$\mathbb{P}^2(\mathbb{C})$の無限点列は収束する部分列を含んでいる．

$$z^d f(1/z, x) = g(z, y)$$

と z の冪を $f(1/z, y)$ に掛けて $g(z, y)$ が既約多項式になるようにすると $g(0, y) = 0$ が極 Q の座標を与える．$g(0, y) = 0$ は K 係数の多項式であるので，Q の各座標成分は代数的数となる．

そこで $f(x, y) = 0$ が定める射影平面の曲線 C 上に M が定める点列を考えると，上の $(1 : \xi_k : \eta_k)$ 以外にも点 Q に収束する点列が存在する．その収束する点列を取り出して $(\zeta_\nu, \xi_\nu, \eta_\nu)$ とする．ここで $\zeta_\nu, \xi_\nu, \eta_\nu$ は K に属する代数的整数で最大公約数は1であるように取ることができる．このとき ξ_ν/ζ_ν は有限値 ρ に収束するか（この場合は Q の座標は代数的数に取ることができることから収束値 ρ も代数的整数であり，さらに $w(ns+c)$ の位数が g であることから，K 上高々 g 次の代数的数である），または発散する（この場合は，以下の議論で ξ_ν/ζ_ν の代わりに ζ_ν/ξ_ν を使う）．ρ に収束する場合は任意の ε に対して

$$\left|\frac{\xi_\nu}{\zeta_\nu} - \rho\right| < c(|\xi_\nu| + |\zeta_\nu|)^{-g/hr+\varepsilon}$$

が成り立つことをジーゲルは証明している．ここで，h は $f(x, y)$ の次数であり，c は ξ_ν, ζ_ν には依存しない定数である．一方，トゥエ・ジーゲルの定理より

$$\left|\frac{\xi_\nu}{\zeta_\nu} - \rho\right| > c'\left\{H\left(\frac{\xi_\nu}{\zeta_\nu}\right)\right\}^{-\lambda\sqrt{g}}$$

が成り立つ．ここで c' は ρ にのみ依存する定数であり，λ は K の有理数体上の拡大次数のみに依存する正数，$H(\xi_\nu/\zeta_\nu)$ は代数的数 ξ_ν/ζ_ν が満たす整数係数既約方程式の

係数の絶対値の内で最大のものである．$[K:\mathbb{Q}]=l$ のとき $H(\xi_\nu/\zeta_\nu)$ と $(|\xi_\nu|+|\zeta_\nu|)^l$ とは互いに ξ_ν, ζ_ν に依存しない定数倍で抑えることができる関係にある．このことから二つの不等式より $n>\lambda hl\sqrt{r}$ のとき，この両者の不等式を満たす ξ_ν と $\zeta_n u$ は有限個しか無いことになり，仮定に反する．このようにして，背理法によって x が K の整数となる K 有理点 (x, y) は有限個しか無いことが示された．

$(x, y)=0$ の種数が 2 以上の場合はアーベル関数の議論とヴェイユの定理を使った類似の議論で有限性が証明されている．種数が 2 以上の場合は K 有理点が有限個であることが予想されていたが（モーデル予想），ファルティングスによって 1983 年に証明された．

以上のようにジーゲルの論文は超越数論とディオファントス幾何学のその後の進展の基礎となった．

第6章

ジーゲルの著書

ジーゲルの数論における貢献は幅広く，2次体の類数や，実代数体の判別式や総実体の総正の整数に関する研究など，まだ述べるべき業績は多いが，あまりに専門的になり，私の能力を超えているので，ジーゲルの数学の紹介は前章を以て終わりにし，ここでジーゲルの著書に関して記しておきたい．

1．ジーゲルの著書

ジーゲルの名前で出版されている著書の多くは，彼の講義録をもとにしており，ジーゲル自ら最初から書籍として執筆したものはないようである．ここでは彼の代表的な著作のいくつかを取り上げてその内容を簡単に紹介しよう．著作のほとんどは数論と複素解析に関係したものである．ただ，天体力学に関する次の著作は有名である．

C.L. Siegel & J.K. Moser : Lectures in Celestial Mechanics, revised and enlarged edition, Springer, 1971.

初版はドイツ語で書かれ1953年に出版されている．ジーゲルが1951年から52年にかけてゲッチンゲン大学で行った講義をMoserが丁寧にノートを作り，それに基づき初版は出版されている．ゲッチンゲン大学でレリッヒ（Franz Rellich, 1906-1955）に師事していたモーザー（Jürge, Kurt Moser, 1928-1999）はジーゲルの講義に出席して天体力学の魅力にとりつかれ，以後天体力学の研究に進路を変更した．原著を英訳して，さらにジーゲルとモーザーによってその後の進展を取り入れた形で補充拡張されたのが本書である．

この本は微分方程式の解の大域的な挙動を解析的に調べる観点から記されている．特に三体問題に重点が置かれ，スンドマンによる古典的な結果の手際よい紹介とそこから進展した理論やポアンカレ・バーコフの固定点定理が丁寧に説明され，最後の章で安定性の問題が論じられてKAM理論が紹介されている．本書が出版されたのは1971年であるので，本書で紹介されているのは1960年代末までの理論である．その後，天体力学は力学系の理論として大きく進展する一方で，コンピュータの進展によって，三体問題の解の近似計算ができるようになり，三体問題そのものも大きく進展している．こうした新たな進展があっても，本書が天体力学の古典として位置を保ち続けていることは確かである．

複素関数論では次の著書が代表作である．

"Topics in Complex Function Theory", vol. 1, vol. 2, vol3, 1969, 1971, 1973, Wiley-Interscience.

本書はゲッチンゲン大学でのジーゲルの複素関数論の講義ノートをもとに，原文のドイツ語を英訳し，さらにジーゲルが加筆したものである．1巻の序文にジーゲルが述べているように，もとの講義のスタイルを残し，現代的な用語への変更や抽象的な記述への変更は行われていない．そのためにジーゲルの考え方や，代数関数が定義する閉リーマン面の古典的な取り扱い方を学ぶことができる．章番号は第1巻から3巻へ通しでつけられている．

第1巻は第1章「楕円関数」第2章「一意化」からなっている．第1章は楕円関数を楕円積分の逆関数として定義している．まず楕円積分の加法定理が証明されている．歴史的にはこの加法定理を使って楕円積分の逆関数として定義された楕円関数の定義域を拡張したが，本書ではその後のリーマンの観点を取り入れ， $\sqrt{a_0z^4+a_1z^3+a_2z+a_3}$ が1価関数となるようにリーマン球面の二重被覆として閉リーマン面が導入され，楕円積分はこの閉リーマン面上の積分として捉えられる．この閉リーマン面は実2次元トーラスと位相同型であることが示され，トーラスのホモロジー群の基底に沿った積分によって楕円積分の周期が定義される．ホモロジーの基底を変えたときの周期の変化が記述され，周期と上半平面の点との関係が明らかにされる．さらにリーマン球面の1次分数変換によって楕円積分の式変形を行うことによ

って，楕円積分はルジャンドルの標準形

$$w=\int_0^s \frac{d\sigma}{\sqrt{(1-\sigma^2)(1-k^2\sigma^2)}}$$

に変形できることが示される．本書ではさらにこの標準形がワイエルシュトラスの標準形

$$w=\int_\infty^s \frac{d\sigma}{\sqrt{4\sigma^3-g_3\sigma-g_3}}$$

に変形できることが示される．そしてこの楕円積分の逆関数としてワイエルシュトラスのペー関数 $\wp(w)$ が導入される．この楕円積分の基本周期が ω_1, ω_2 のとき $\mathbb{Z}\omega_1+\mathbb{Z}\omega_2$ の元を ω と記すと

$$\wp(w)=w^{-2}+\sum_{\omega\neq 0}\{(w-\omega)^{-2}-\omega^{-2}\}$$

と部分分数展開できることが証明される．今日の複素関数論の教科書ではこの部分分数展開を使ってペー関数を定義するが，ワイエルシュトラスの本来の定義はジーゲルが採用している定義の方であった．これらの議論のあと，二重周期関数の基本性質が証明され，ω_1, ω_2 を周期に持つ楕円関数がなす体（楕円関数体）が $\mathbb{C}(\wp(w), \wp'(w))$ であることやペー関数の加法公式が証明されている．通常の楕円関数論と異なるところは，楕円関数の退化が議論されていることであろう．$\operatorname{Im}\omega_2/\omega_1>0$ と仮定し，$\operatorname{Im}\omega_2/\omega_1\to+\infty$ が楕円関数の退化に対応するが，この極限操作によってペー関数の極限は三角関数を使って表すことができる．このように，第1章から本書は従来の複素解析の教科書とは根本的に違っていることが分かる．

第2章「一意化」は代数関数の閉リーマン面を定義し，その普遍被覆空間を構成している．その構成法はリーマンの考え方を厳密にしたものである．ここでは閉リーマン面を二通りの方法で構成している．一つは代数関数を定義する既約方程式 $P(w,z)=0$ に関して w の方程式と見たときの根は z の多価関数となるが，それを解析接続していくことによって閉リーマン面を構成する．もう一つの方法は点 (w,z) を z 平面，さらにはそれをコンパクト化したリーマン球面上の被覆空間として閉リーマン面を構成する．両者を区別するために，本書では被覆空間を使って構成した閉リーマン面はリーマン領域（Riemann region）と呼ばれている．こうして構成した閉リーマン面の位相構造が丁寧に解明され，p 個穴の空いたトーラスと同相であることが証明される．この数 p はリーマン面の種数に他ならない．19世紀にリーマンがアーベル関数論の論文で言明したことが，厳密に証明されている．さらに閉リーマン面の一意化定理も丁寧に証明されている．すなわち，閉リーマン面の普遍被覆空間が $p=0$ のときはリーマン球面と，$p=1$ のときは複素平面に，$p \geqq 2$ のときは単位円板と等角同値になることが証明される．このことは，ディリクレ積分を極小にする関数を具体的に構成し，等角同値を与える関数を構成することによって示される．証明は長いが，リーマンが予想しながら実際には証明することができなかった証明が一歩一歩厳密に進む様は，読者に深い感銘を与えるだろう．この1巻だけでも時間をかけて読むと得る所は大きいであろう．

第2巻は第3章「保型関数」から始まる．種数 $p \geqq 2$ の閉リーマン面は第2章の結果から単位円板 D の離散部分群 Γ による商空間 D/Γ として複素解析的に実現できる．商空間 D/Γ の有理型関数は $f(\gamma z) = f(z)$, $\forall \gamma \in \Gamma$ となる単位円板上の有理型関数 $f(z)$ で与えられる．このような関数は保型関数と呼ばれる．ところで単位円板 D の等角写像（正則同型写像）の全体は

$$z \longmapsto A \cdot z = \frac{\overline{a}\, z + \overline{b}}{bz + a},$$

$$A = \begin{pmatrix} \overline{a} & \overline{b} \\ b & a \end{pmatrix}, \ |a|^2 - |b|^2 = 1$$

の形で書くことができる群 G で与えられる．従って離散部分群 Γ は G の離散部分群である．このとき

$$g(A \cdot z) = (bz + a)^{2k} g(z), \ A = \begin{pmatrix} \overline{a} & \overline{b} \\ b & a \end{pmatrix} \in \Gamma$$

を満たす単位円板 D の正則関数 $g(z)$ は重さ $2k$ の保型形式と呼ばれる．$k \geqq 2$ のとき D の有界正則関数 $\varphi(z)$ に対してポアンカレ級数

$$\varphi_k(z) = \sum_{A \in \Gamma} (bz + z)^{-2k} \varphi(A \cdot z)$$

は D で広義一様収束し，重さ $2k$ の保型形式となる．保型関数は同じ重さの保型形式の商として実現できる．ポアンカレが保型関数を研究していたときに，馬車の踏み台に足を掛けたときに，単位円板の非ユークリッド幾何学を使うことによって問題を解決することができることを発見した逸話は有名である．本書でも単位円板の非ユークリッド幾何学が活躍する．離散部分群に関する基本領域の構成には非ユー

クリッド幾何学が欠かせない．このようにして種数 2 以上の代数関数は保型関数を使って一意化できることが分かる．第 2 巻の第 4 章「アーベル積分」ではヤコビの逆問題が考察され解決されている．主要な粗筋はリーマンによって与えられており，本書ではリーマンの議論が厳密に実行されている．

以上のように，第 1 巻，第 2 巻はリーマンの代数関数論を厳密に展開したものである．議論はきわめて具体的であり，抽象的な議論は意図的に避けられている．本書を読めば，古典的な複素解析の醍醐味を味わうことができるであろう．

第 3 巻は多変数の有理型関数である一般のアーベル関数とジーゲルモジュラー形式の理論が取り扱われている．第 3 巻の序文で記されているように，第 5 章の「アーベル関数」はもとの原稿がかなり削られ，その分，第 6 章「多変数のモジュラー関数」が加筆されている．そのために第 5 章には幾分物足りなさを感じる．g 次元複素トーラスは g 次元アフィン空間 $\mathbb{C}^g$ の格子（階数 $2g$ の $\mathbb{C}^g$ の部分加群）による商空間として定義される．$\mathbb{C}^g$ の点を縦ベクトル $z={}^t(z_1, z_2, \cdots, z_g)$ で表すと，格子の生成元である縦ベクトルを並べて $g\times 2g$ 行列ができる．この行列を Ω と記し，周期行列と呼ぶ．商空間へは $\mathbb{C}^g$ からの自然な局所同相写像ができるが，この局所同相写像が局所正則同型写像であるように商空間に複素構造を導入することができる．複素構造を持った商空間を g 次元複素トーラスと呼び，$\mathbb{T}_\Omega$ と記す．

ところで，$g \geqq 2$ の場合は $g=1$ の場合と違って $\mathbb{T}_\Omega$ 上の有理型関数が存在するとは限らない．

$\mathbb{T}_\Omega$ 上に g 個の代数的に独立な有理型関数が存在する必要十分条件は

$$G\Omega M=(T,W),\ G\in DL(g,\mathbb{C}),\ M\in GL(2g,\mathbb{Z})$$

が成り立つような g 次複素正則行列 G と行列式が ± 1 である $2g$ 次整数行列 M が存在することである．ここで T は自然数を成分に持つ行列で，対角成分以外は 0，j 次の対角成分を t_j と記すと自然数 t_j は t_{j+1} を割り切る，すなわち

$$t_1\ |t_2|\ \cdots\ |t_{g-1}|\ t_g$$

が成り立つ対角行列である．W は複素対称行列でその虚部は正定値である．以前に使った用語を使えば S はジーゲル上半平面の点である．周期行列 (T,W) に対してテータ関数を定義することができる．本書では古典的な名称ヤコビ関数が使われている．(T,W) の第 j 列を ω_j と記そう．このとき $\mathbb{C}^g$ の有理型関数 $f(z)$ が

$$f(z+\omega_j)=f(z),\ j=1,2,\cdots,2g$$

を満足するとき周期 $\omega_j, j=1,2,\cdots,2g$ を持つアーベル関数という．同じ周期を持つアーベル関数の全体は g 個の代数的に独立なアーベル関数のなす有理関数体の有限次代数拡大体となることが証明され，これが対応する複素トーラス $\mathbb{T}_{(T,W)}$ の有理型関数全体のなす関数体と一致する．第 4 章で扱った閉リーマン面上の正則 1 次微分形式の周期から作られる周期行列の場合は T が単位行列であることは第 4 章で示されていた．第 4 章でヤコビの逆問題を解くために導

入されたテータ関数は，第5章ではさらに一般化された形で理論が展開されている．そして第6章はジーゲル上半空間上の保型形式，ジーゲルモジュラー形式の理論が展開されている．

第5章，第6章で取り扱われている主題は様々な方向へ展開可能であり，本書はそのための入門的な役割を果たしている．第3巻が第1，2巻と色彩が異なる感じを受けるのはそのためであろう．第5章に関してはジーゲルの講義録である

Analytic Functions of Several Complex Variables

をお勧めしたい．今は絶版となってしまっているが，かつて東京大学出版会からリプリント版が発売されていたので，図書館で見つけることが可能であろう．第6章に関してはジーゲルの論文

［41］Symplectic Geometry, Amer. J. Math., 65 (1943), 1-86

の方が著者の息吹がより強く感じられるであろう．いずれにせよ，時間をかけて最初の二巻，または全三巻を読まれれば，得られる所はきわめて大きいであろう．日本語で読めないのは残念ではあるが．

ジーゲルの数論における解析的手法を解説した講義録は

幸いに日本語訳がある．

カール・ジーゲル著　片山孝治次訳『解析的整数論』I, II, 岩波書店，2018年

本書第1巻は1963年の夏学期に，第2巻は1963年秋から1964年春の冬学期にゲッチンゲン大学でジーゲルが行った講義のノートの独文からの日本語訳である．本書Iには「C.L. ジーゲルのこと」と題した訳者片山孝治次氏の解説をかねたジーゲルの思い出が記されていて，大変貴重な記録となっている．

さて第1巻はI「数論における乗法的問題」，II「数論における加法的問題」の二つの題材が扱われている．I「数論における乗法的問題」ではディリクレの素数定理が扱われている．素数が無限に存在することのユークリッド『原論』の証明から始まり，リーマンのゼータ関数 $\zeta(s)$ が導入され，ゼータ関数がオイラー積を持つことを使って，$\lim_{s\to 1+0}\zeta(s)=\infty$ を示すことによって素数が無限にあることを示すオイラーの方法が紹介されている．さらにこの手法を深めて素数の逆数の和 $\sum_p \frac{1}{p}$ が発散することを示している．また n までの素数の個数を $\pi(n)$ と記すとき

$$\liminf_{n\to\infty}\frac{\pi(n)\log n}{n}\leqq 1\leqq \limsup_{n\to\infty}\frac{\pi(n)\log n}{n}$$

がチェビシェフのアイディアに基づいて初等的に示されている．こうした議論を通して素数定理（上の極限値が1になること）の証明への準備を行っている．

本章ではまず最初にディリクレの素数定理「自然数 m が整数 a と互いに素であるとき等差数列 $mx+a$ には無限に多くの素数が含まれる」が証明されている．そのために有限アーベル群の指標が導入される．$(\mathbb{Z}/a\mathbb{Z})^{\times}$ の指標 χ に対して n が a と共通因数を持つときには $\chi(n)=0$ と定義して定義を拡張して

$$L(s,\chi)=\sum_{n=1}^{\infty}\chi(n)n^{-s},\ s>1$$

とディリクレの L 関数を定義する．この L 関数もオイラー積

$$L(s,\chi)=\prod_{p}\frac{1}{1-\chi(p)p^{-s}},\ s>1$$

を持っている．本章では χ が主指標（$(n,a)=1$ のとき $\chi(n)=1$ となる指標）以外の実指標（$\chi(n)$ がすべて実数である指標）の場合に

$$L(1,\chi)\neq 0$$

を初等的な方法で証明し，それを用いてディリクレの素数定理を証明している．その後に複素関数論を使った証明を紹介し，複素関数論的手法がゼータ関数や L 関数や更に一般のディリクレ級数の研究に有効であることが示されている．そして，複素関数論の手法を駆使して素数定理

$$\pi(n)=\int_{2}^{n}\frac{du}{\log u}+O(ne^{-\frac{1}{c}\log\frac{1}{10}n})$$

が証明される．最後にリーマンのゼータ関数の関数等式が証明されて本章が終わる．このように本章の内容はきわめて豊富であり，通常であれば多くの頁を使う所が，実に簡明に

記されている．計算を追うだけでも大変なところもあるが，複素関数論的な手法を学ぶにはうってつけの章となっている．

II「数論における加法的問題」ではウェアリングの問題が取り上げられている．「任意に与えられた自然数 s に対して，すべての自然数 n に関する方程式

$$n = x_1^s + x_2^s + \cdots + x_m^s$$

が，$m \geqq m(s)$ のとき整数解 $x_1, \cdots, x_m \geqq 0$ を常に持つような自然数 $m(s)$ が存在する」ことを 1770 年にウェアリングが主張した．この主張が正しいことはヒルベルトが初めて証明したが，本章ではハーディー・リトルウッドが導入して円周法を使った証明が記されている．上で与えられた自然数 s と複素数 z に対して，収束半径 1 の無限級数

$$g(z) = \sum_{k=0}^{\infty} z^{ks}$$

を考える．

$$g(z)^m = \sum_{n=0}^{\infty} a_n z^n$$

と記すと a_n は

$$x_1^s + x_2^s + \cdots + x_m^2 = n$$

の 0 以上の整数解の個数である．従ってある自然数 $m(s)$ 以上の m に対して常に $a_n > 0$ が示されればウェアリングの問題は肯定的に解決されたことになる．a_n はコーシーの定理を使うと

$$a_n = \frac{1}{2\pi i} \int_C \frac{g^m(z)}{z^{n+1}} dz$$

で与えられる．ここで積分路 C は単位円板に含まれ，原点を正の向きに一周する道であれば何を取ってもよい．ハーディー・リトルウッドは 1 に十分近い $r(n)$ を取って積分路 C を円周 $|z|=r(n)$ にとり，この円周を巧みに分割して $a_n>0$ を証明した．ハーディー・リトルウッドの手法は複雑であったが，後にヴィノグラードフが簡易化した（それでも十分複雑であるが）．その証明法が本章では紹介されている．

第 2 巻では複素関数論的な手法がさらに活用された解析的整数論が展開される．第 2 巻は六章からなり I「テータ関数」, II「デデキントのゼータ関数」, III「2 次体」, IV「円分体」, V「2 次体の種の理論」, VI「クロネッカーの極限公式」と 19 世紀から 20 世紀にかけて展開された理論が手際よく紹介されている．ここでもゼータ関数や L 関数が理論を支える基本的な道具となっている．それを支えている重要な手法がテータ関数である．そのこともあって第二巻はテータ関数から始まる．テータ関数の零値はモジュラー関数と密接に関係していることからも，数論でテータ関数が果たす役割の大きさが想像できよう．本章ではテータ関数の基本性質が解説されたあとに，変換公式が証明され，特にヤコビの虚変換を使ってガウスの和が計算され，さらに平方剰余の相互法則が証明されている．

II「デデキントのゼータ関数」では代数体のデデキントのゼータ関数が導入され，ヘッケによる関数等式の 証明が紹介されている．さらに代数体の L 関数が導入されて，ディリクレの素数定理の 類似が証明されている．この章を理解するためには代数的整数論の基本が必要となるが，基本的な事項しか使われていないので，理解するのにそれほど困難はないであろう．代数体 K のデデキントのゼータ関数 $\zeta(s,K)$ は $s=1$ で極を持つが，そこでの留数は次で与えられることが本章で証明される．

$$\mathrm{Res}_{s=1}\zeta(s,K)=h\rho,\ \rho=\frac{2^{r_1+r_2}\pi^{r_2}R}{w\sqrt{D}} \tag{1.1}$$

で与えられる．ここで h は代数体 K の類数，r_1 は K と共役な実体（実数体 $\mathbb{R}$ に含まれる体）の個数の個数であり，$2r_2$ は K と共役な複素数の体（$\mathbb{R}$ には含まれず $\mathbb{C}$ に含まれる体，K と共役な体 K' が $\mathbb{R}$ には含まれず $\mathbb{C}$ に含まれれば，その複素共役体 $\overline{K'}$ も K と共役な体である）の個数である．D は代数体 K の判別式の絶対値，R は K の単数基準，w は K に含まれる1のべき根の個数である．以下の章はある意味ではこの事実の応用であるとも言えよう．

III「2次体」では2次体の類数公式の証明が行われる．平方剰余のルジャンドル・ヤコビの記号 $\left(\frac{d}{n}\right)$ を使って L 関数

$$L_d(s)=\sum_{n=1}^{\infty}\left(\frac{d}{n}\right)n^{-s}$$

を定義すると（1.1）は2次体の場合はデデキントゼータ関数の関数等式を使うことによって

$$h\rho=L_d(1)=\sum_{n=1}^{\infty}\left(\frac{d}{n}\right)\frac{1}{n}$$

であることが分かる．この無限和を閉じた形に書くのが類数

項式である．虚２次体 $\mathbb{Q}(\sqrt{d})$（ただし d がこの２次体の判別式であるように負の整数 d を選ぶ）の場合は類数 h_d は

$$h_d=-\frac{w}{2\sqrt{|d|}}\sum_{k=1}^{|d|-1}k\left(\frac{d}{k}\right)$$

で表される．w は

$$w=\begin{cases}6, & d=-3\\4, & d=-4\\2, & d<-4\end{cases}$$

であることが知られている．さらに本章では

$$\lim_{|d|\to\infty}\frac{\log h_d}{\log\sqrt{|d|}}=1$$

というジーゲル自身の結果も証明されている．また実２次体の場合も詳しく調べられている．IV「円分体」では円分体の 類数公式が論じられている．クンマーがフェルマ予想に関して導入した正則素数，非正則素数に関してもかなりの紙数を割いている（素数 m に対して，1 の原始 m 乗根を有理数体 $\mathbb{Q}$ に付加してできる円分体の類数を h_m とするときに，m が類数 h_m を 割り切らないとき正則素数，割り切るとき非正則素数という．クンマーは正則素数に対してフェルマ予想を解決した）．V「２次体の種の理論」は２次形式論の種の理論を２次体のイデアルの理論に書き直したものである．

リーマンのゼータ関数 $\zeta(s)$ を $s=1$ でローラン展開

$$\zeta(s)=\frac{1}{s-1}+C+\cdots$$

すると，定数項はオイラーの定数である．同様に虚２次体のイデアル類 A のゼータ関数 $\zeta(s,A)$ も $s=1$ で１位の極を

持ち，$s=1$ でのローラン展開の定数項を計算することがクロネッカーの第一極限定理と深く関係している．VI「クロネッカーの極限公式」では虚2次体と楕円関数との関係を研究したクロネッカーの仕事に触れながらクロネッカーの第一・第二極限定理が証明されている．

これで本書は終わるが，ゼータ関数と L 関数と関係する代数整数数論のたくさんの興味深い結果が，複素解析的手法を使って論じられている．

本書の続きにあたる内容的を持つ講義をジーゲルはタタ研究所で行っており

On Advanced Analytic Number Theory

と題してタタ研究所から講義録が出版されている．幸いにもこの講義ノートは一般に公開されていて

https://www-users.cse.umn.edu/~garrett/m/mfms/notes_2013-14/Siegel_AdvAnNoTh.pdf

から入手することができる．このノートはクロネッカーの極限定理から話が始まっていて，大変面白い内容になっている．

ジーゲルにはさらに

Lecture on the Geometry of Numbers, Springer, 1989

という数の幾何学を扱った講義ノートをもとにした著作がある．この本では巧妙な式変形と評価式が使われ，大変面白い内容の本になっている．

索 引

【さ行】

【た行】

【な行】

【は行】

【ま行】

【や行】

【ら行】

【わ行】

著者紹介：

上野 健爾（うえの・けんじ）

1945 年　熊本県生まれ

1968 年　東京大学理学部数学科卒業

現　在　京都大学名誉教授，四日市大学 関孝和数学研究所所長

主要著書：

『代数入門（現代数学への入門）』 岩波書店，2004 年

『数学の視点』 東京図書，2010 年

『円周率が歩んだ道』 岩波書店，2013 年

『小平邦彦が拓いた数学』 岩波書店，2015 年

『数学者的思考トレーニング 複素解析編』 岩波書店，2018 年

他，多数

双書㉓・大数学者の数学／ジーゲル 2

2 次形式論の発展と現代数学

2022 年 5 月 22 日　初版第 1 刷発行

著　者　上野健爾

発行者　富田　淳

発行所　株式会社　現代数学社

〒 606-8425 京都市左京区鹿ヶ谷西寺ノ前町 1

TEL 075（751）0727　FAX 075（744）0906

https://www.gensu.co.jp/

装　幀　中西真一（株式会社 CANVAS）

印刷・製本　亜細亜印刷株式会社

ISBN 978-4-7687-0582-7　2022 Printed in Japan

JN056723

双書⑳・大数学者の数学

フォン・ノイマン ②
量子力学の数学定式化へ

廣島文生

現代数学社

まえがき

フォン・ノイマンが, 公理論的集合論の研究者として, ハンガリーのブダペストからロックフェラー財団の奨学金でダフィット・ヒルベルトの待つゲッチンゲンにやって来たのは 1926 年であった. 当時, ハイゼンベルク, シュレーディンガーらによって, 19 世紀末に始まった量子革命は量子力学として完成されつつあった. しかし, ボーアの対応原理から導かれたハイゼンベルクの行列力学とド・ブロイの物質波から生まれたシュレディンガーの波動力学は流儀も哲学も異なっていた.

1927 年に弱冠 23 歳のフォン・ノイマンは抽象的なヒルベルト空間を定義し, 非有界作用素, 特に自己共役作用素の理論を展開し, 行列力学と波動力学が同等であることを, 目の覚めるような鮮やかさで数学的に証明した. これは, フォン・ノイマンの敬愛するヒルベルトが 1900 年に発表した 23 の問題の第 6 問 '物理学の公理化' に相当する. これらの結果は, 教授資格取得の大作 [45] (1929 年) と, 名著 [47, 第 1,2 章] にまとめらて 1932 年に出版された.

本書第 2 巻の目的は, これらの偉業を紹介することにある. 主に参考にしたのは, [42, 45, 48, 47, 49] である. 論文 [45] に倣い, 線型空間の定義からはじめ, 位相空間論の歴史と解説 (第 1 章), ヒルベルト空間の命名物語 (第 3 章), 非有界作用素の性質 (第 6 章), 非有界作用素のスペクトル分解定理 (第 9 章), そして行列力学と波動力学の同値性の証明 (第 10 章) を説明した. 筆者はこのために 270 ページ余りを費やした. しかし, フォン・ノイマンにとっては, 陽炎の寿命のように一瞬の出来事でしかなかったに違いない. フォン・

ノイマンは, 量子力学の数学的定式化後, プリンストン高等研究所に招かれ, ゲーム理論, コンピューター開発, オートマトン, 米軍施設の顧問, マンハッタン計画, そして, 戦後の水爆開発などに理論面で携わることになる. もちろん, いかなるときでも純粋数学の研究は続けていた. 位相群, 概周期関数, エルゴード理論, 作用素環などの研究である. 1951-52 年にはアメリカ数学会会長にも就任している. まさに超人である.

筆者は, 学生の頃, 非有界作用素の理論を吉田耕作・伊藤清三著『函数解析と微分方程式』(岩波書店) の第 2 章で学んだ. 第 2 章は僅か 30 ページ足らずである. それは, 今ではあまりみなくなったハードカバーで箱付きの荘厳な書で, ページを捲ると紙の匂いとともに, ゆっくり時間が流れていた 30 年前が甦る. 恐る恐る第 2 章を開けてみると, まさにフォン・ノイマンの香りを嗅ぐことができた. 当時, フォン・ノイマンのことを知っていたかどうか. ここで体得した知識は, その後の自分の研究の言語になった. これ無くして一体何ができたであろうか. 筆者の数学の礎を与えてくれたフォン・ノイマンに感謝の念を捧げたい.

最後に, 第 1 巻に引き続き執筆の機会を現代数学社の富田淳氏に与えて頂いた. 遅々として進まない筆者の執筆にも, 心温まる激励とともに, 何度となく深夜まで付き合っていただいた. ここに, 心から感謝申し上げる次第である.

大数学者の数学『フォン・ノイマン』第 1 巻および第 2 巻の誤字脱字などの訂正は下記アドレスで掲載する.

https://www2.math.kyushu-u.ac.jp/~hiroshima/vNmistypo.pdf

2021 年 5 月廣島文生

目次

第1章 線形位相空間

1 線形空間

1.1 線形空間の定義

線型空間と線型写像の歴史から始めよう．有限次元線形空間の定義は 1888 年にイタリアのジュゼッペ・ペアノによって与えられた．一方，行列は 1850 年にジェームス・ジョセフ・シルベスターが定義した．シルベスターは 1814 年生まれのイギリス人で，14 歳の頃には，ロンドン大学の，ド・モルガンの法則で有名なアウグスト＝ド・モルガンの学生でもあった．さらに，イギリスのアーサー・ケーリーが 1858 年に行列の和と積，単位行列を [4] で定義した．線形空間という概念が行列の演算が確立された後に定義されたことは興味深い．

A・ケーリー

ケーリーは 1821 年生まれで，ケンブリッジに学んだ．ケーリーの名のつく数学概念は非常に多い．ケーリー・ハミルトンの公式，ケーリーグラフ，ケーリー数（八元数），ケーリー・クライン距離など. そして, 実数と単位円周の間の写像であるケーリー変換は, フォン・ノイマンが非有界自己共役作用素のスペクトル分解を導くときのキーになった変換である. 本書第2巻でも活躍することになるだろう.

ケーリーは数学だけでなく月面にも名を残している. ケーリークレーターである. 興味深いことにケーリークレータの北側にはド・モルガンクレーターが並ぶ. ド・モルガンもケーリーもともに四色問題に取り組んだことがあるのが原因だろうか. フォン・ノイマンクレーターは月面の裏側にあるが, ケーリークレーターは, アポロ11号が着陸した'静かの海'の西側のデカルト高原に位置している. 1972年4月16日に打ち上げられたアポロ16号は, ジョン・ヤング船長とチャールズ・デュークが月面に71時間滞在し, 月面車で延べ26.7キロメートル移動した. そして, このケーリークレーターからサンプルを採集し, ここが火山由来の地質でないことを証明したのである. これは, 当時の予想を翻すもので, アポロ計画の大きな科学的成果といわれている. ケーリークレーターは, A・Chaikinの名著 A Man on the Moon [5, Chapter12] にも詳しく登場する.

さて, 線型空間の話に戻ろう. 以降 $\mathbb{K}$ は $\mathbb{R}$ または $\mathbb{C}$ を表すものとする. 集合 V を考える. V 上には2つの演算, 和 $+$ と $\mathbb{K}$ のスカラー積が定義されているとする. 和とスカラー積が次の公理を満たすとき集合 V を $\mathbb{K}$ 上の線形空間という. これは量子力学の数学的基礎付けの基本となる空間である. ただし, 公理に現れる和とスカラー積の計算に関する約束ごとはどれも当たり前で, 気にするようなことではないように思える. 例えば $f+g$ と $g+f$ が等しいことは, 言及されなくても, 当たり前になっていることだろう. 重要なことはこの公理で全て事足りているということである. [47] に従って線形空間を定義しよう.

[47, II.1***A***] 線形空間の公理

V の元に和とスカラー積が定義されていて次を満たすとき V を線型空間という. $f, g, h \in V$, $\lambda, \mu \in \mathbb{K}$ とする.

(1) $f + g = g + f$
(2) $(f + g) + h = f + (g + h)$
(3) 任意の f に対して $f + 0 = f$ となる 0 が存在する.
(4) 任意の f に対して $f + g = 0$ となる g が存在する.
(5) $\lambda(\mu f) = (\lambda\mu)f$
(6) $(\lambda + \mu)f = \lambda f + \mu f$
(7) $\lambda(f + g) = \lambda f + \lambda g$
(8) 任意の f に対して $1f = f$

(1) は可換性, (2) は結合法則, (3) は和における単位元であるゼロ元の存在, (4) は逆元の存在を表している. 演算に対して, 単位元と逆元が存在して結合法則が成り立つとき群という. 線形空間での和の演算は可換な群になっていることがわかるだろう. (5) - (8) はスカラー積に関する約束である. (5) はスカラー積の結合法則, (6) と (7) はスカラー積の分配法則を表し, (8) はスカラー積と和を関連づける約束である. 例えば $f + f$ は f が 2 つなので $2f$ と表したい. $1f = f$ の約束があるので $f + f = 1f + 1f = (1 + 1)f = 2f$ となる. 後述するが, $(-1)f = -f$ も (8) から導かれる. 公理論的には $-f$ は f の逆元で, $(-1)f$ は f と -1 のスカラー積だから, 異なるものであるが, 最終的には $-f = (-1)f$ となって, 馴染みの形になる. 何にしても (8) がないとちょっと困ってしまうのである.

線形空間の公理から導かれる事実を説明しよう 0 と $\bar{0}$ がゼロ元であるとすると (3) より任意の f に対して $f + 0 = f, f + \bar{0} = f$ が成り立つ. この f にそれぞれ $\bar{0}$ と 0 を代入し, (1) を用いると

$\bar{0} = \bar{0} + 0 = 0 + \bar{0} = 0$ がわかるからゼロ元は唯一つに定まる．また

$$0f = 0$$

が従う．すなわち, 任意の元を 0 倍すればゼロ元になる．これは次のようにして示せる．$0f$ の逆元を g とすると（4）より $0f + g = 0$ である．よって $0f = 0f + 0 = 0f + (0f + g) = (0f + 0f) + g = (0 + 0)f + g = 0f + g = 0$ となり示せた．また, 逆元は唯一つに定まることも示せる．f の逆元を g, h とすると $f + g = 0$, $f + h = 0$ が成り立つ．このとき $g = g + 0 = g + (f + h) = (g + f) + h = (f + g) + h = 0 + h = h + 0 = h$ となるから逆元はただ一つである．f の逆元を $-f$ と表す．最後に

$$-f = (-1)f$$

を示そう．$f + (-1)f = 1f + (-1)f = \{1 + (-1)\}f = 0f = 0$. よって逆元は唯一つなので $(-1)f = -f$ となる．線形空間の元をベクトルという．

例えば $\mathbb{R}$ 上の線型空間 V は, $f \in V$ とすると任意の $\alpha \in \mathbb{R}$ に対して $\alpha f \in V$ なので, 等方的にだだっ広く拡がった集合を連想させる．直感的には単位球のような閉じた空間は線形空間になりえない．

W は線形空間 V の部分集合で, 和とスカラー積で閉じているとする．つまり, $f, g \in W$, $\alpha \in \mathbb{K}$, ならば $f + g \in W$, $\alpha f \in W$. このとき W を V の部分空間という．$W, U \subset V$ を部分空間としよう．このとき

$$W \cap U$$

も部分空間になる．また

$$W + U = \{x + y \mid x \in W, y \in U\}$$

も定義から部分空間になることがわかる.

部分集合 $W \subset V$ から W を含む最小の部分空間を作ることができる. それは次のようにすればいい. $\alpha_j \in \mathbb{K}$, $f_j \in W$ として $\alpha_1 f_1 + \cdots + \alpha_n f_n$ という形のベクトル全体を考える. 記号で書けば次のようになる.

$$\mathscr{L}\{W\} = \{\alpha_1 f_1 + \cdots + \alpha_n f_n \mid \alpha_j \in \mathbb{K}, f_j \in W, j \in \mathbb{N}\}$$

この $\mathscr{L}\{W\}$ が線形空間で $W \subset \mathscr{L}\{W\}$ もわかる. また $W \subset S \subset V$ で S が部分空間であるとする. このとき $\alpha_j \in \mathbb{K}$, $f_j \in W$ として $\alpha_1 f_1 + \cdots + \alpha_n f_n$ は S にも含まれるから $\mathscr{L}\{W\} \subset S$ となる. よって $\mathscr{L}\{W\}$ が W を含む最小の部分空間になることがわかる. $\mathscr{L}\{W\}$ を W が張る部分空間という.

線形空間の例を挙げる.

(例 1) 成分が $\mathbb{K}$ の n 項列ベクトル $\begin{pmatrix} a_1 \\ \vdots \\ a_n \end{pmatrix}$ 全体を $\mathbb{K}^n$ と表す. $\mathbb{K}^n$ での和とスカラー積を

$$\begin{pmatrix} a_1 \\ \vdots \\ a_n \end{pmatrix} + \begin{pmatrix} b_1 \\ \vdots \\ b_n \end{pmatrix} = \begin{pmatrix} a_1+b_1 \\ \vdots \\ a_n+b_n \end{pmatrix}, \quad \alpha \begin{pmatrix} a_1 \\ \vdots \\ a_n \end{pmatrix} = \begin{pmatrix} \alpha a_1 \\ \vdots \\ \alpha a_n \end{pmatrix}$$

で定めれば $\mathbb{K}^n$ は $\mathbb{K}$ 上の線形空間になる.

(例 2) 成分が $\mathbb{K}$ の $m \times n$ 行列 $\begin{pmatrix} a_{11} & \cdots & a_{1n} \\ \vdots & & \vdots \\ a_{m1} & \cdots & a_{mn} \end{pmatrix}$ の全体を $\mathbb{M}_{mn}(\mathbb{K})$ とおく. 和を

$$\begin{pmatrix} a_{11} & \cdots & a_{1n} \\ \vdots & & \vdots \\ a_{m1} & \cdots & a_{mn} \end{pmatrix} + \begin{pmatrix} b_{11} & \cdots & b_{1n} \\ \vdots & & \vdots \\ b_{m1} & \cdots & b_{mn} \end{pmatrix} = \begin{pmatrix} a_{11}+b_{11} & \cdots & a_{1n}+b_{1n} \\ \vdots & & \vdots \\ a_{m1}+b_{m1} & \cdots & a_{mn}+b_{mn} \end{pmatrix}$$

で定め, スカラー積を

$$\alpha \begin{pmatrix} a_{11} & \cdots & a_{1n} \\ \vdots & & \vdots \\ a_{m1} & \cdots & a_{mn} \end{pmatrix} = \begin{pmatrix} \alpha a_{11} & \cdots & \alpha a_{1n} \\ \vdots & & \vdots \\ \alpha a_{m1} & \cdots & \alpha a_{mn} \end{pmatrix}$$

で定めれば $\mathbb{M}_{mn}(\mathbb{K})$ は $\mathbb{K}$ 上の線形空間になる．

(例 3) $\mathbb{K}$ 係数の多項式 $a_n x^n + \cdots + a_1 x + a_0$ 全体を P とおけば P は $\mathbb{K}$ 上の線形空間になる．

(例 4) 半径 1 の 2 次元球面 $S^2 = \{(x, y, z) \in \mathbb{R}^3 | x^2 + y^2 + z^2 = 1\}$ や $\{(x, y) \in \mathbb{R}^2 | y = x^2\}$ のような集合は線形空間ではない．

(例 5) $n \times n$ 正則行列全体からなる集合 $GL(n, \mathbb{K})$ や特殊ユニタリー行列全体からなる集合 $SU(n)$ などは線形空間ではない．これらはリー群といわれる概念に属する．一方，そのリー環 $\mathfrak{gl}(n, \mathbb{K}) = M_{nn}(\mathbb{C})$ や

$$\mathfrak{su}(n) = \{X \in M_{nn}(\mathbb{C}) | X^* + X = 0, \mathrm{Tr} X = 0\}$$

は $\mathbb{R}$ 上の線形空間になる．幾何学的に，リー環はリー群の原点での接平面とみなせる．

次に関数や数列の集合からなる線形空間の例を挙げよう．これらの例は量子力学を数学的に定式化するときに必要である．

(例 6) 集合 $C(\mathbb{R})$ を $\mathbb{R}$ 上の複素数値連続関数の全体とする．$f, g \in C(\mathbb{R})$ に対して和 $f + g$ を $(f + g)(x) = f(x) + g(x)$，スカラー積を $(\alpha f)(x) = \alpha f(x)$ と定義すれば $f + g, \alpha f \in C(\mathbb{R})$ となるから $C(\mathbb{R})$ は $\mathbb{C}$ 上の線形空間になる．

(例 7) 集合 $\mathscr{R}^2(\mathbb{R}^d)$ は 2 乗リーマン可積分な $\mathbb{R}^d$ 上の複素数値関数の全体とする．つまり，

$$\mathscr{R}^2(\mathbb{R}^d) = \left\{ f : \mathbb{R}^d \to \mathbb{C} \mid \int_{\mathbb{R}^d} |f(x)|^2 dx < \infty \right\}$$

$f \in \mathscr{R}^2(\mathbb{R}^d)$ ならば $\alpha f \in \mathscr{R}^2(\mathbb{R}^d)$ はすぐにわかる．また

$$|f(x) + g(x)|^2 \leq 2|f(x)|^2 + 2|g(x)|^2$$

なので

$$\int_{\mathbb{R}^d} |f(x)+g(x)|^2 dx \leq 2\int_{\mathbb{R}^d} |f(x)|^2 dx + 2\int_{\mathbb{R}^d} |g(x)|^2 dx$$

となり $f,g \in \mathscr{R}^2(\mathbb{R}^d)$ ならば $f+g \in \mathscr{R}^2(\mathbb{R}^d)$ になる．故に $\mathscr{R}^2(\mathbb{R}^d)$ は $\mathbb{C}$ 上の線形空間になる．

(例 8) 集合 ℓ_2 を 2 乗総和可能数列の全体とする．つまり，

$$\ell_2 = \{(a_n) | \sum_{n=0}^{\infty} |a_n|^2 < \infty\}$$

このとき ℓ_2 は $\mathbb{C}$ 上の線形空間である．

1.2 線形空間の次元

線形空間 V には次元という概念が存在する．直感的には $\mathbb{R}$, $\mathbb{R}^2$, $\mathbb{R}^3$ はそれぞれ 1 次元, 2 次元, 3 次元の線型空間である．定義を与えよう．$f_1,\ldots,f_n \in V$ に対して

$$\alpha_1 f_1 + \cdots + \alpha_n f_n$$

という形の元を $f_1,\ldots,f_n$ の線形結合と呼ぶ．

$$\alpha_1 f_1 + \cdots + \alpha_n f_n = 0$$

となるのが $\alpha_1 = \ldots = \alpha_n = 0$ に限るとき $f_1,\ldots,f_n$ は線形独立であるという．線形独立でないとき線形従属という．つまり，

$$\alpha_1 f_1 + \cdots + \alpha_n f_n = 0 \quad \text{かつ} \quad (\alpha_1,\ldots,\alpha_n) \neq (0,\ldots,0)$$

となるとき $f_1,\ldots,f_n$ は線形従属という．V を線形空間とする．V に含まれる線形独立なベクトルの個数の最大値を V の次元という．

[47, II.1$\boldsymbol{C}^{(n)}$ および $\boldsymbol{C}^{(\infty)}$] 次元の定義

$f_1, \ldots, f_n \in V$ が線形独立で, 任意の $g \in V$ を加えたとき $f_1, \ldots, f_n, g$ が線形従属になるとき, この n を V の次元とよび

$$\dim V = n$$

と表す. ただし, 任意の n に対して n 個の線形独立なベクトル $f_1, \ldots, f_n \in V$ が存在するとき V の次元は無限と定め, 次のように表す.

$$\dim V = \infty$$

$\dim V = n$ としよう. いま $f_1, \ldots, f_n$ は線形独立で $y \in V$ は非零なベクトルとする. $y + \sum_{j=1}^{n} \alpha_j f_j = 0$ とおけば, $f_1, \ldots, f_n$ は独立で, $y, f_1, \ldots, f_n$ は従属だから, 必ず $(\alpha_1, \ldots, \alpha_n) \neq (0, \ldots, 0)$ となるものが存在するので

$$y = \sum_{j=1}^{n} \alpha_j f_j$$

と表される. つまり, 任意の $y \in V$ は $f_1, \ldots, f_n$ の線形結合で表せる. また, $y = \sum_{j=1}^{n} \beta_j f_j$ とおけば

$$0 = \sum_{j=1}^{n} \alpha_j f_j - \sum_{j=1}^{n} \beta_j f_j = \sum_{j=1}^{n} (\alpha_j - \beta_j) f_j$$

だから, $f_1, \ldots, f_n$ の線形独立性から $\alpha_1 = \beta_1, \ldots, \alpha_n = \beta_n$ が示せる. つまり, y の $f_1, \ldots, f_n$ の線形結合による表し方が一意的であることが示せた. n 次元線形空間の n 個の独立なベクトルを V の基底という. 一般に基底は, 一意的ではなくたくさん存在するが基

底を構成するベクトルの個数は常に n で一定である．そして任意のベクトルは与えられた基底の線形結合で一意的に表せる．簡単な例をあげよう．

(例 1) $\dim \mathbb{R}^n = n$. 例えば j 番目の成分が 1 で他の成分が 0 であるベクトルを e_j とすれば $\{e_1, \ldots, e_n\}$ は基底になる．

(例 2) $\dim M_{mn}(\mathbb{K}) = mn$. 例えば (i, j) 成分のみ 1 で残りの成分が全て 0 であるような行列

$$I_{ij} = i \begin{pmatrix} 0 & \overset{j}{\ldots} & 0 \\ \vdots & 1 & \vdots \\ 0 & \ldots & 0 \end{pmatrix}$$

の全体 $\{I_{ij}, 1 \leq i \leq m, 1 \leq j \leq n\}$ は基底になる．

(例 3) 多項式全体

$$P = \{a_n x^n + \cdots + a_1 x + a_0 | a_j \in \mathbb{C}, 0 \leq j \leq n, n \geq 0\}$$

は $\dim P = \infty$. 例えば $\{1, x, x^2, x^3, \ldots\}$ は基底になる．

(例 4) $\dim \mathscr{R}^2(\mathbb{R}^d) = \infty$. 例えば, $h_m(x)$ をエルミート多項式とし,

$$f_{m_1,\ldots,m_n}(x) = \prod_{j=1}^{n} h_{m_j}(x_j) e^{-\sum_{j=1}^{n} |x_j|^2/2}$$

とすれば $\{f_m, m = (m_1, \ldots, m_n) \in \mathbb{Z}_+^n\}$ は $\mathscr{R}^2(\mathbb{R}^d)$ の基底である．ここで $\mathbb{Z}_+ = \{z \in \mathbb{Z} \mid z \geq 0\}$ は非負整数全体を表す．

(例 5) $\dim \ell_2 = \infty$. 例えば $\ell_2 \ni e^{(n)} = (e_m^{(n)})_m$ で $e_m^{(n)} = \delta_{mn}$ とすれば $\{e^{(n)}, n \in \mathbb{N}\}$ は ℓ_2 の基底である．

2　位相空間

2.1 位相の定義

位相という概念は $\mathbb{R}$ の開集合や閉集合を抽象化してフランスのモーリス=ルネ・フレッシェやドイツのフェリックス・ハウスドルフが20世紀初頭に苦難の末に完成させたものである. ヒルベルト空間論になくてはならない位相の概念や測度論の完成が量子力学発見の時期と重なっているのは興味深い.

1904年フレッシェは学位論文で2つの関数がお互いに近いとはどういうときかを決定しなければならなくなり, $\mathbb{R}$ の位相概念を任意の集合に拡張することを試みた. フレッシェは, 一般的な集合に対してコンパクト集合という概念を定義した. さらに 種々の証明の中で距離という概念が必ずしも必要でないことを指摘した.

$\mathbb{R}^d$ の有界集合と閉集合は次のように定義される. $B_\varepsilon(a)$ を中心が $a \in \mathbb{R}^d$ で半径が ε の開球

$$B_\varepsilon(a) = \{x \in \mathbb{R}^d \| x - a| < \varepsilon\}$$

とする. ここで $|x-a| < \varepsilon$ であって $|x-a| \leq \varepsilon$ でないことに注意. $\mathbb{R}^d$ の部分集合 S が有界集合とは $S \subset B_R(0)$ となる R が存在すること. つまり, 十分大きな半径のボールに S が含まれるということに他ならない. また, S が閉集合とは $x_n \in S$ が $\lim_{n\to\infty} x_n = x$ ならば $x \in S$ ということである. いいかえると $|x_n - x| \to 0$ $(n \to \infty)$ ならば $x \in S$ となることである. つまり, 2つの性質は $\mathbb{R}$ 上の距離

$$\mathrm{d}(x, y) = |x - y|$$

を使って定義されていることに注意しよう. また, S がコンパクトとは, 任意の部分集合 $A \subset S$ には収束する部分列が存在するとい

うことである. 実は, S がコンパクトであることは, S が有界閉集合であることと同値である. 余談になるが, 英語で compact と表記する. com は combine などから想像できるように'一緒'という意味のラテン語で, pact は impact などに使われ, '固定する'という意味のラテン語 pangere が語源である. '一塊の小さなもの'のイメージである.

さて, 陽に距離の概念を使わなくても S のコンパクト性を定義できる. S が開集合とは, 任意の $x \in S$ に対して, $B_\varepsilon(x) \subset S$ となる $\varepsilon > 0$ が存在することである. 開集合の言葉でコンパクト性を示すことができる.

命題(ハイネ・ボレルの被覆定理)

$S \subset \mathbb{R}^d$ がコンパクトであることは, 次と同値. $S \subset \cup_{\alpha \in \Lambda} A_\alpha$ のように開集合族 $\{A_\alpha\}_\alpha$ で覆われていれば, 有限集合 Λ_0 が存在して $S \subset \cup_{\alpha \in \Lambda_0} A_\alpha$ とできる.

ハイネ・ボレルの被覆定理の歴史的な経緯は以下である. エドゥアルト・ハイネは 1821 年生まれのドイツの数学者で, ワイエルストラスの弟子である. 1872 年に [12] で, 連続関数が有界閉区間で一様連続になることを証明した. しかし, ハイネ・ボレルの定理の証明はしていない. ハイネが示したことと同じ事実は, 1852 年にディリクレが示している. しかし, 公表は遅れて 1904 年であった.

E・ハイネ

ハイネ・ボレルの定理を証明したのは, もう一人の, エミール・ボレルである. 証明は彼の学位論文 [1] にある. ボレルは 1871 年生まれのフランスの数学者でルベーグの先生であり, 測度論に大きな貢献をしたことは本書第1巻第10章で述べた. まさに, ボレル集合, ボレル可測, ボレル測度などに名前が残っている.

E・ボレル

それでは, なぜ, ハイネの名前が残ったのか? ワイエルシュトラスの弟子で, 関数の集合に位相を定めることに興味のあったアーサー・シェーンフリースが一役買った. ハイネと同門のシェーンフリースは, [32] で, ボレルの結果に対して, 「ハイネも同じことを証明している」と言及したのが原因と思われる. シェーンフリースにはヒルベルト空間の発見物語（第3章）で再登場してもらう.

さて, 話を戻そう. フレッシェは一般の集合に対してもコンパクト性を距離の概念なしで, 開集合による被覆で定義したのである. これこそが現代数学における大きな飛躍であった.

F・ハウスドルフ

位相空間論の礎を築いたのはフェリックス・ハウスドルフである. ハウスドルフは, 当初, 天文学を志していたが, 数学に転向しボン大学で研究した. ハウスドルフはユダヤ人であったが, 1933年のヒトラー政権誕生後も出国を拒み1935年にボン大学を退官し, 1942年には強制収容所に送られることが決定されたため, 妻や義理の妹と共に1942年1月26日に73歳で自死した.

ハウスドルフは1914年に Grindzüge der Mengenlehre（集合基礎論）を出版し位相空間論の一般論を展開した. さらに, 1927年に全面的に改訂した第2版を Mengenlehre（集合論）と改題して公刊した．1935年には第3版も出版された．現代の位相空間論の基礎は全てハウスドルフのこの教科書によっているといっても過言ではない．ハウスドルフは距離，近傍，極限の概念を位相空間論の3つの基本的概念とし，特に距離の概念から始めれば他の二つを導くことができ，また近傍の概念から極限の概念を導くことができることを示した．つまり，概念的には以下のようになる．

距離・近傍・極限

距離の概念 $\subset$ 近傍の概念 $\subset$ 極限の概念

しかし，一般にこの手続きの逆はできない．そこでハウスドルフはとり敢えず距離を捨てて近傍の概念から始めようと決意したのである．

2次元平面 $\mathbb{R}^2$ で開集合の満たす性質をみてみよう．$A \subset \mathbb{R}^2$ に対して内点，外点，境界が定義できる．まずは内点の定義から．$a \in A$ が内点とは十分小さな $\varepsilon > 0$ に対して $B_\varepsilon(a)$ が A に含まれることと定義される．一方，外点とは A の補集合 $A^c = \mathbb{R}^2 \setminus A$ の内点のことである．内点でも外点でもない点の集まりを A の境界といい ∂A と表す．

A に含まれる全ての点が内点であるとき A を開集合といったことを思い出そう．A, B が開集合ならば $A \cap B$ も開集合である．実際 $a \in A \cap B$ ならば $B_{\varepsilon_1}(a) \subset A$, $B_{\varepsilon_2}(a) \subset B$ となる ε_1 と ε_2 が存在する．ε_1 と ε_2 の小さい方を ε とすれば

$$B_\varepsilon(a) \subset A \cap B$$

であるから a は $A \cap B$ の内点である．よって $A \cap B$ は開集合になる．また Λ を適当な添字集合としよう．A_α, $\alpha \in \Lambda$, を開集合とす

る．このとき $\cup_{\alpha\in\Lambda}A_\alpha$ も開集合になる．実際 $a\in\cup_{\alpha\in\Lambda}A_\alpha$ とすればば $a\in A_\beta$ となる $\beta\in\Lambda$ があるから，

$$B_\varepsilon(a)\subset A_\beta\subset\bigcup_{\alpha\in\Lambda}A_\alpha$$

になるから a は $\cup_{\alpha\in\Lambda}A_\alpha$ の内点になる．まとめると A_j, A_α が開集合ならば 2 つの部分集合

$$\bigcap_{j=1}^{n}A_j,\quad \bigcup_{\alpha\in\Lambda}A_\alpha$$

も開集合である．$\cup$ で Λ は非加算集合でも構わないが，$\cap$ で $n=\infty$ にすると $\cap_{j=1}^{\infty}A_j$ は開集合とは限らない．

例えば $I_n=(1-1/n,1+1/n)\times(1-1/n,1+1/n)$ は開集合だが $\cap_{n=1}^{\infty}I_n=\{(1,1)\}$ は一点からなる集合で，これは開集合にはならない．実際，点 $(1,1)$ は一点集合 $\{(1,1)\}$ の内点にはなり得ない．

これらの事実から，位相空間の定義を与えよう．

位相 $\mathcal{V}$ の定義

位相空間とは集合 V と，位相と呼ばれる V の部分集合族 $\mathcal{V}$ の対 $(V,\mathcal{V})$ で，次を満たすものである．

(1) $\emptyset, V\in\mathcal{V}$

(2) $A,B\in\mathcal{V}$ ならば $A\cap B\in\mathcal{V}$

(3) $A_\alpha\in\mathcal{V}$, $\alpha\in\Lambda$, ならば $\cup_{\alpha\in\Lambda}A_\alpha\in\mathcal{V}$

なんとも無味乾燥な定義と思われるかもしれないが，要するに $\mathcal{V}$ とは有限回の交わり $\cap$ と，非可算回も許す和 $\cup$ で閉じている集合族である．$\mathcal{V}$ の元を V の開集合という．$\mathbb{R}^2$ における開集合にある程度馴染みのある読者は，この定義に違和感を感じるかもしれないが，

これが抽象的な開集合の定義であり, 先ほど与えた $\mathbb{R}^2$ の開集合族は (2) と (3) の性質を満たすことは既にみた. 開集合そのものを定義するのではなく, (1), (2), (3) を満たす集合族を定義し, その元を開集合と呼ぶことにするので, 非常に応用範囲が拡がる. 同じ集合に異なる位相が定義されることもある. $\mathcal{V}, \mathcal{W}$ が V の位相ならば $\mathcal{V} \cap \mathcal{W}$ も V の位相である. さらに位相の族 $\mathcal{V}_\alpha$, $\alpha \in \Lambda$, に対して $\mathcal{V} = \bigcap_{\alpha \in \Lambda} \mathcal{V}_\alpha$ もまた位相になる.

位相 $\mathcal{V}$ の導入された線形空間 $(V, \mathcal{V})$ を線形位相空間という. 位相空間の基本的な概念を定義しよう.

位相空間 $(V, \mathcal{V})$ の基本的な概念

(閉集合) A が閉集合とは $A^c \in \mathcal{V}$ のことである. 平たくいえば, 補集合が開集合となるような集合が閉集合である.

(近傍) $a \in V$ の近傍とは, 字の如く a の近くだが, 位相空間では A が a の近傍とは, $a \in A$ かつ $a \in O \subset A$ となる $O \in \mathcal{V}$ が存在することである.

(極限) $\{x_n\}$ が x に収束するとは x の任意の近傍 A に対して, ある N が存在して $\forall n > N$ で $x_n \in A$ となることである.

(コンパクト集合) A がコンパクトとは, $A \subset \bigcup_{\alpha \in \Lambda} A_\alpha$ のように開集合 A_α の和で A が被覆されるとき, 有限集合 Λ_0 が存在して $A \subset \bigcup_{\alpha \in \Lambda_0} A_\alpha$ とできることである.

閉集合の定義は, 点列の収束先が必ず元の集合に含まれるという, 本来の閉集合の定義とは見かけ上違うようにみえることを注意する.

2.2 位相空間の例

位相空間の例を挙げる.

(例 1) $(\mathbb{R}^d, \mathcal{V}_{\mathbb{R}^d})$. $\mathbb{R}^d \supset A$ に含まれる点が全て内点のとき $A \in \mathcal{V}_{\mathbb{R}^d}$ とする. このとき $(\mathbb{R}^d, \mathcal{V}_{\mathbb{R}^d})$ は位相空間になる. 位相空間 $\mathbb{R}^d$ といったら, 慣例で位相は $\mathcal{V}_{\mathbb{R}^d}$.

(例 2) $(V, 2^V)$. 2^V は V の全ての部分集合からなる集合族である. $(V, 2^V)$ は位相空間で 2^V を離散位相という. 勿論, 最も細かい位相である. $(V, \{V, \emptyset\})$. これは位相空間で密着位相という. 勿論, 最も粗い位相である.

呼称について説明する. 粗い位相なのに'密着'というのは一瞬'?'となるかもしれない. 位相というのは部屋割りのことだと思うといい. 位相が粗いと, つまり, 部屋数が少ないと, 密着するというイメージ. 密着位相に至っては, 部屋は大部屋 V と空き部屋 $\emptyset$ だけだから, いつも満員で密着している感じ. 一方, 離散位相は部屋数が多すぎて, 全員個室に入れて離散している感じ.

(例 3) $(V, \mathcal{V})$ を位相空間とする. $M \subset V$ に対して

$$\mathcal{V}_M = \{A \cap M \mid A \in \mathcal{V}\}$$

と定めると, $(M, \mathcal{V}_M)$ は位相空間になる. $\mathcal{V}_M$ を相対位相という. 例えば, 2 次元球面 $S^2 \subset \mathbb{R}^3$ は相対位相で位相空間になる. また円周 $S^1 \subset \mathbb{R}^2$ も同様に位相空間になる.

2.3 連続写像

$\mathbb{R}$ 上の関数 f が連続とはどういうことであろうか. 自然に考えると x が a に近づくとき $f(x)$ も $f(a)$ に近づけば f は a で連続といえる.

$$\lim_{x \to a} f(x) = f(a)$$

がまさに f が $x = a$ で連続ということの定義である．いまの場合は実数上の関数なのですんなり入ってきたけど，これが一般の集合 V から W への写像だった場合はどうだろうか？ x が a に近づくということを数学的に定義しなければならない．そのために実数上の関数が連続であることと同値な条件を考える．実は次が示せる．任意の開集合 $A \subset \mathbb{R}$ に対して

$$f^{-1}(A) = \{x \in \mathbb{R} | f(x) \in A\}$$

も開集合になることと f が $\mathbb{R}$ で連続であることは同値である．なかなかピンとこない同値条件だろう．実はこの事実を使って一般の写像 $f : V \to W$ が連続になることを定義する．

$$f : (\mathbb{R}, \mathcal{V}_{\mathbb{R}}) \to (\mathbb{R}, \mathcal{V}_{\mathbb{R}}) \text{ が連続} \iff \lim_{x \to a} f(x) = f(a)$$

を念のために証明しよう．

$(\Longleftarrow)$ の証明．$A \in \mathcal{V}$ として $f^{-1}(A) \in \mathcal{V}$ を示す．$f^{-1}(A) \ni a$ が内点であることを示す．そのためには，適当な $\delta > 0$ が存在して $B_\delta(a) \in f^{-1}(A)$ をいえばいい．つまり，$B_\delta(a) \ni x$ ならば $f(x) \in A$ をいえばいい．これはいえる．なぜなら，$\lim_{x \to a} f(x) = f(a)$ を $\varepsilon - \delta$ 論法で表せば，$B_\varepsilon(f(a)) \subset A$ となる任意の $\varepsilon > 0$ に対して，ある $\delta_1 > 0$ が存在して，$x \in B_{\delta_1}(a)$ のとき $f(x) \in B_\varepsilon(f(a)) \subset A$ だから，$\delta = \delta_1$ とおけばいい．

$(\Longrightarrow)$ の証明．任意の $\varepsilon > 0$ に対して，ある $\delta > 0$ が存在して，$x \in B_\delta(a)$ のとき $f(x) \in B_\varepsilon(f(a))$ となることを示す．

$$f^{-1}(B_\varepsilon(f(a))) = \{x \mid f(x) \in B_\varepsilon(f(a))\}$$

は開集合．$f^{-1}(B_\varepsilon(f(a))) \ni a$ だから，$B_\delta(a) \subset f^{-1}(B_\varepsilon(f(a)))$ となる $\delta > 0$ 存在する．つまり，$B_\delta(a) \ni x$ ならば $f(x) \in B_\varepsilon(f(a))$．

[終]

そこで2つの位相空間 $(V,\mathcal{V})$ と $(W,\mathcal{W})$ の間の写像 $f:V\to W$ が連続とは以下で定義する.

連続写像の定義

$f:(V,\mathcal{V})\to(W,\mathcal{W})$ が任意の $A\in\mathcal{W}$ に対して $f^{-1}(A)\in\mathcal{V}$ となるとき f は連続という.

V から W への写像 f が $f(x)=f(y)\Longrightarrow x=y$ となるとき, 単射という. また, 任意の $z\in W$ に対して, $f(x)=z$ となる $x\in V$ が存在するとき, 全射という. 単射かつ全射な写像を全単射と呼ぶ.

2つの位相空間 $(V,\mathcal{V})$ と $(W,\mathcal{W})$ の間に連続な全単射 $f:(V,\mathcal{V})\to(W,\mathcal{W})$ が存在し, 逆写像 f^{-1} も連続なとき, $(V,\mathcal{V})$ と $(W,\mathcal{W})$ は位相同型という. また, f を同相写像という.

位相によって写像の連続性は変わる. 次に例を挙げる.

$$f:(\mathbb{R},\mathcal{V}_*)\to(\mathbb{R},\mathcal{V}_{\mathbb{R}})$$

(例 1) $\mathcal{V}_*=\mathcal{V}_{\mathbb{R}}$ とすれば f が a で連続ということは任意の $\varepsilon>0$ に対して, ある $\delta>0$ が存在して, $|a-x|<\delta$ のとき $|f(a)-f(x)|<\varepsilon$ となること.

(例 2) $\mathcal{V}_*=2^{\mathbb{R}}$ とすれば全ての f が連続である.

(例 3) $\mathcal{V}_*=\{\emptyset,\mathbb{R}\}$ とすれば定数関数 f だけが連続になる.

V として適当な関数の集合を考え, 位相 $\mathcal{V}$ を定義できれば, 関数の集合 V に対しても開集合, 閉集合, 閉包, 関数の近傍, 関数列の収束, 関数からなる集合のコンパクト性, などの幾何学的な概念が考察できる. さらに, そのような関数空間 V から別の関数空間 W への写像 $K:V\to W$ の族にも位相を定義することができる. そうすると写像の族にも開集合, 閉集合, 閉包, 写像の近傍, 写像列の収束, コンパクト性などが考察できる. つまり, 一点が写像であるような集合を幾何学的に考察できる.

以上, 位相空間の概念は解析学に幾何学的な直観を与える. これは真に驚くべき 20 世紀に起きた現代数学の革命で, フォン・ノイマンの量子力学の数学的な基礎付けはこれらが基礎になっている.

写像の連続性から位相を定義できる. 数学は自由だといわれるが, 位相によって写像を連続にしたり, 不連続にしたりできる.

(例 1) 位相空間 $(V, \mathcal{V})$ と集合 W が与えられていると仮定する. 写像から W に位相を定義したい. 2 つの場合を考える.

(1) $f : (V, \mathcal{V}) \to W$ の場合. f を連続にするためには W にどんな位相を定義すればいいだろうか? 例えば $f^{-1}(A) \in \mathcal{V}$ となる $A \subset W$ を全て開集合と決める. つまり,

$$\mathcal{W} = \{A \subset W \mid f^{-1}(A) \in \mathcal{V}\}$$

このとき $(W, \mathcal{W})$ は位相空間になる. もし, $f : (V, \mathcal{V}) \to (W, \mathcal{W}')$ が連続だとしたら, $\forall A \in \mathcal{W}'$ に対して $f^{-1}(A) \in \mathcal{V}$ となるから, $\mathcal{W}' \subset \mathcal{W}$. よって $\mathcal{W}$ は f を連続にする最も細かい位相になる. $\mathcal{W}$ は f を連続にする最強の位相と呼ばれる. いい方をかえれば $\mathcal{W}$ より粗い位相でも f は連続になる.

(2) $g : W \to (V, \mathcal{V})$ の場合. g を連続にするためには W にどんな位相を定義すればいいだろうか? 少なくとも $g^{-1}(A)$, $A \in \mathcal{V}$ は開集合でなければならない. $\mathcal{W}$ は

$$\{g^{-1}(A) \mid A \in \mathcal{V}\}$$

を含む最小の位相とすれば $(W, \mathcal{W})$ は位相空間になる. もし, $g : (W, \mathcal{W}') \to (V, \mathcal{V})$ が連続だとしたら, $\forall A \in \mathcal{V}$ に対して $g^{-1}(A) \in \mathcal{W}'$ となる. よって $\mathcal{W} \subset \mathcal{W}'$ となるから $\mathcal{W}$ は g を連続にする最も粗い位相ということになる. $\mathcal{W}$ は g を連続にする最弱の位相と呼

ばれる.

(例 2) $(V_j, \mathcal{V}_j)$, $j = 1, \ldots, n$ を n 個の位相空間とする. 直積空間

$$X = \prod_{j=1}^{n} V_j$$

に位相を定義したい.

$$p_j : X \to V_j$$

を射影とする. つまり, $p_j(\{x_1, \ldots, x_n\}) = x_j$. X には $p_1, \ldots, p_n$ を連続にする最弱の位相を入れる. つまり,

$$\{\prod_{j=1}^{n} A_j \mid A_j \in \mathcal{V}_j, j = 1, \ldots, n\}$$

を含む最小の位相. これを直積位相という.

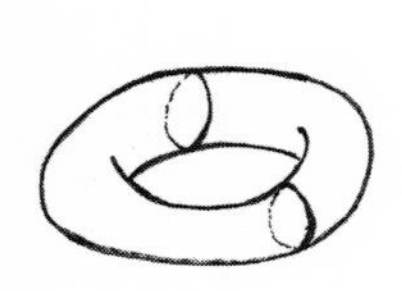

2次元トーラス

$T_n = \underbrace{S^1 \times \cdots \times S^1}_{n}$ は直積位相で位相空間になる. T_n を n 次元トーラスという. また, $\mathbb{R}^d = \underbrace{\mathbb{R} \times \cdots \times \mathbb{R}}_{d}$ と思って直積位相を定義すると $\mathcal{V}_{\mathbb{R}^d}$ と一致する.

(例 3) $(V, \mathcal{V})$ を位相空間とする. V に同値類 $\sim$ が定義されているとき, 以下のように商集合 $V/\sim$ に位相が定義できる. $V/\sim$ の元を $[x]$ と表す. ここで $x \in V$ は代表元. 自然な上への写像 $\pi : V \to V/\sim$ を $\pi(x) = [x]$ で定義する.

$$\mathcal{V}/\sim = \{A \subset \mathcal{V}/\sim \mid \pi^{-1}(A) \in \mathcal{V}\}$$

と定義する. つまり, π を連続にする最強の位相. このとき, $\mathcal{V}/\sim$ を商位相,

$$(V/\sim, \mathcal{V}/\sim)$$

を商位相空間という．$\mathbb{R}$ 上に同値関係 $\sim$ を $a \sim b \Leftrightarrow a - b \in \mathbb{Z}$ で定める．このとき $\mathbb{R}/\sim$ は位相空間になる．実際 $\mathbb{R}/\sim$ は S^1 と位相同型になる．

3　距離空間

位相空間の特別な空間である距離空間を定義しよう．

距離関数の定義

公理（1）-（4）を満たす関数 $\mathrm{d} : V \times V \to \mathbb{R}$ を距離関数という．任意の $f, g, h \in V$ に対して

（1）$\mathrm{d}(f,g) \geq 0$　　（2）$f = g \iff \mathrm{d}(f,g) = 0$
（3）$\mathrm{d}(f,g) = \mathrm{d}(g,f)$　　（4）$\mathrm{d}(f,h) \leq \mathrm{d}(f,g) + \mathrm{d}(g,h)$

(V, d) を距離空間という．距離空間では $\mathrm{d}(x, x_n) \to 0$ $(n \to \infty)$ のとき $\lim_{n\to\infty} x_n = x$ と表す．距離空間 (V, d) は位相空間の最も簡単な例になる．それをみよう．$B_\varepsilon(a)$ を a 中心とした d で測った半径 ε の開球とする．つまり，$B_\varepsilon(a) = \{x \in V | \mathrm{d}(a,x) < \varepsilon\}$．$\mathbb{R}^d$ と同様に，$W \subset V$ は任意の $x \in W$ に対して $B_\varepsilon(x) \subset W$ となる $\varepsilon > 0$ が存在するとき $W \in \mathcal{V}_\mathrm{d}$ と定める．

命題（距離空間の位相）

距離空間 (V, d) に対して $(V, \mathcal{V}_\mathrm{d})$ は位相空間になる．

証明．（1）$\emptyset, V \in \mathcal{V}$ はすぐわかる．（2）$A, B \in \mathcal{V}$ とする．いま $A \cap B \ni x$ とすれば，$\varepsilon_1 > 0$ と ε_2 が存在して，$x \in B_{\varepsilon_1}(x) \subset A$，$x \in B_{\varepsilon_2}(x) \subset B$ である．$B_{\varepsilon_1}(x) \cap B_{\varepsilon_2}(x) \ni x$ に対して十分小さな ε をとれば $x \ni B_\varepsilon(x) \subset B_{\varepsilon_1}(x) \cap B_{\varepsilon_2}(x) \subset A \cap B$ となるから $A \cap B \in \mathcal{V}$ である．（3）最後に $A_\alpha \in \mathcal{V}$，$x \in \cup_\alpha A_\alpha$ とすると

$x \in A_i$ となる i があるから $B_\varepsilon(x) \subset A_i$. よって $B_\varepsilon(x) \subset \cup_\alpha A_\alpha$ であるから $\cup_\alpha A_\alpha \in \mathcal{V}$ である. [終]

距離空間におけ極限と収束について説明する. 位相空間での極限の定義に従えば $x_n \to x$ $(n \to \infty)$ は次と同値である. 任意の $\varepsilon > 0$ に対して, ある N が存在して, 任意の $n > N$ に対して $\mathrm{d}(x, x_n) < \varepsilon$. これを $\lim_{n\to\infty} x_n = x$ や $\lim_{n\to\infty} \mathrm{d}(x_n, x) = 0$ とも表す.

位相空間では, A が閉集合とは A^c が開集合として定義された. 距離空間における次の事実は有用である.

命題（距離空間の閉集合）

A を距離空間の部分集合とする. このとき, 次の同値関係が成り立つ.

$$A \text{ が閉集合} \iff x_n \in A \text{ が } \lim_{n\to\infty} x_n = x \text{ のとき } x \in A$$

$(\Longrightarrow)$ の証明. 背理法による. $x \notin A$ とする. このとき, 十分小さな $\varepsilon > 0$ に対して n を十分大きくとれば $\mathrm{d}(x, x_n) < \varepsilon$ となるから $x_n \in A^c$ となり矛盾.

$(\Longleftarrow)$ の証明. 背理法による. A^c は開集合でないとする. このとき $\mathrm{d}(x, x_n) < 1/n$ となる $x \in A^c$ と $x_n \in A$ が存在する. $\lim_{n\to\infty} x_n = x$ だから $x \in A$. これは矛盾. [終]

以上をまとめると次のようになる.

距離空間 (V, d) における開集合と閉集合

(1) W が開集合とは任意の $x \in W$ が内点になる集合.

(2) W が閉集合とは点列 $\{x_n\} \subset W$ が $\lim_{n\to\infty} x_n = x$ のとき $x \in W$ となる集合.

$D \subset V$ に対して D を含む最小の閉集合を $\bar{D}$ と書いて D の閉包

という. $x \in V$ に対して $x_n \in D$ で $\mathrm{d}(x, x_n) \to 0$ となるものが存在するとき x を D の集積点という. $x \in D$ は $x = x_n$ ととればいいから全て集積点である. 簡単に $\bar{D} = \{x \in V | x$ は D の集積点 $\}$ が示せる. さて $\lim_{n\to\infty} x_n = x$ のとき

$$\lim_{n,m\to\infty} \mathrm{d}(x_n, x_m)$$

はどうなるだろうか. 詳しく説明すると次のようになる. 任意の $\varepsilon > 0$ に対して, ある $N > 0$ が存在し, 任意の $n, m > N$ に対して $|a_{nm} - a| < \varepsilon$ となるとき $\lim_{n,m\to\infty} a_{nm} = a$ と記す. $\mathrm{d}(x_n, x_m) \leq \mathrm{d}(x_n, x) + \mathrm{d}(x, x_m)$ だから $\lim_{n,m\to\infty} \mathrm{d}(x_n, x_m) = 0$ がわかる.

コーシー列の定義

$\{x_n\} \subset V$ が $\lim_{n,m\to\infty} \mathrm{d}(x_n, x_m) = 0$ のときコーシー列と呼ぶ.

収束列はコーシー列である. 逆にコーシー列 $\{x_n\}$ は収束するであろうか? 一般に答えは '否' である. 例をあげよう. いま $\{a_n\} \subset \mathbb{Q}$ が無理数 $\sqrt{2}$ に収束するとしよう. このとき $\{a_n\}$ はコーシー列であるが, $\mathbb{Q}$ での収束列ではない. 一方, $\mathbb{R}$ のコーシー列は収束列になることが知られている.

[47, II.1***D***] 完備距離空間の定義

コーシー列が収束列であるような距離空間を完備距離空間という.

完備距離空間の性質について, 特徴的な事実を紹介する. $x - y$ 平面 $\mathbb{R}^2$ を想像して, x 軸に平行に数直線 $\mathbb{R}$ を y 軸方向に敷き詰めることを考える. いくら可算個の数直線 $\mathbb{R}$ をしきつめても決して $\mathbb{R}^2$ を

覆うことはできない．つまり, $\mathbb{R}^2 \neq \bigcup_{\text{可算個}} \mathbb{R}$. この事実の一般化が次である．

命題（ベールのカテゴリー定理）

V は空でない完備距離空間とする．$V = \cup_{n=1}^{\infty} V_n$ かつ V_n は閉集合ならば, 少なくとも一つの V_n は V の内点を含む．

ベールのカテゴリー定理により, 内点を含まない閉集合の可算和として完備距離空間 V を表すことはできない．例えば, 上述したように $\mathbb{R}$ は $\mathbb{R}^2$ の内点を含まないので, $\mathbb{R}^2 \neq \bigcup_{\text{可算個}} \mathbb{R}$ となる．

証明．背理法で示す．全ての V_n が内点を含まないと仮定して矛盾を導く．$V \neq \emptyset$ なので $x \in V$ が存在して, $B_\varepsilon(x) \subset V$ となるから内点が存在することを注意しておく．V_1 は内点を含まないから, 特に $V \neq V_1$ であり, また, $V \setminus V_1$ は開集合であるから,

$$B_{r_1}(x_1) \subset V \setminus V_1$$

であるような $x_1 \in V$ と $0 \leq r_1 \leq 1$ が存在する．次に, V_2 が内点を含まない閉集合であることから, $B_{r_1}(x_1) \setminus V_2$ は空でない開集合になる．故に

$$B_{r_2}(x_2) \subset B_{r_1}(x_1) \setminus V_2$$

となる $x_2 \in V$ と $0 < r_2 \leq 1/2$ が存在する．以下, 点列 $\{x_k\}$ と正数列 r_k を,

$$B_{r_k}(x_k) \subset B_{r_{k-1}}(x_{k-1}) \setminus V_k$$

のようにとることができる．このとき,

$$\mathrm{d}(x_{k+1}, x_k) \leq r_k \leq \frac{1}{2^{k-1}}$$

なので, $\{x_k\}$ はコーシー列で, V が完備だから,

$$\lim_{n\to\infty} x_n = x$$

が存在する．一方, $x_k \in B_{r_l}(x_l) \subset V \setminus V_l$ が $k \geq l$ で成り立つ．$x \in B_{r_l}(x_l) \subset V \setminus V_l$ が $k \geq 1$ で成り立つから

$$x \in V \setminus \cup_l V_l = \emptyset$$

で矛盾する．[終]

内点を含まない閉集合の可算和で表される集合を疎な集合という．完備距離空間は疎な集合ではないことがベールのカテゴリー定理でわかる．

（例 1） ユークリッド空間 $(\mathbb{R}^n, |\cdot|)$ は線形位相空間である．

（例 2） 閉区間 $[a,b]$ 上の連続関数の空間 $C([a,b])$ に

$$\mathrm{d}(f,g) = \max_{x\in[a,b]} |f(x) - g(x)|$$

と定義すれば, $(C([a,b]), \mathrm{d})$ は線形位相空間になる．

（例 3） ℓ_2 に

$$\mathrm{d}(a,b) = \left(\sum_{n=1}^{\infty} |a_n - b_n|^2\right)^{1/2}$$

と定義すれば, (ℓ_2, d) は線形位相空間になる．

特に **（例 2）** と **（例 3）** は無限次元線形位相空間である．

（例 4） ℓ_2 を模して, $\mathscr{R}^2(\mathbb{R}^d)$ に

$$\mathrm{d}(f,g) = \left(\int_{\mathbb{R}^d} |f(x) - g(x)|^2 dx\right)^{1/2}$$

と定義する．しかし, $\mathrm{d}(f,g) = 0 \iff f = g$ とならないので, これは距離関数にならない．故に, $(\mathscr{R}^2(\mathbb{R}^d), \mathrm{d})$ は距離空間ではない．

4　分離公理

位相空間の概念は抽象的に定義されているため, 100 年前にフレッシェが望んだ通り, 数学の様々な分野で広く応用可能である. $\mathcal{V}$ の導入により, 部分集合の内部（内点の全体), 外部（外点の全体), 境界, 開集合, 閉集合, 近傍, 点列の収束, コンパクト性という幾何学的な対象が解析学の対象にもなった. 一方で, 非常に抽象的かつ一般的に定義されているため必ずしも直感が当てはまらない場合もある. 次のように, 位相空間は, 点と閉集合を開集合で分離できるかどうかで分類される.

分離公理

$(V, \mathcal{V})$ は位相空間とする. T_0 空間-T_4 空間を次で定義する.

T_0: 任意の $x, y \in V$ に対して, どちらか一方の開近傍で他方を含まないものが存在する.

T_1: 任意の $x, y \in V$ に対して, x の開近傍で y を含まないものと y の開近傍で x を含まないものが存在する.

T_2: 任意の $x, y \in V$ に対して, $A, B \in \mathcal{V}$ で $x \in A$, $y \in B$, $A \cap B = \emptyset$ となるものが存在する.

T_3: 任意の $x \in V$, 任意の $K \subset V$（ただし, $x \notin K$, K は閉集合）に対して $A, B \in \mathcal{V}$ で $x \in A$, $K \subset B$, $A \cap B = \emptyset$ となるものが存在する.

T_4: 任意の $F, K \subset V$（ただし, F, K は閉集合で $F \cap K = \emptyset$）に対して $A, B \in \mathcal{V}$ で $F \subset A$, $K \subset B$, $A \cap B = \emptyset$ となるものが存在する.

位相空間 $(V, \mathcal{V})$ では異なる 2 点 $x, y \in V$ が与えられたときに 2 つ

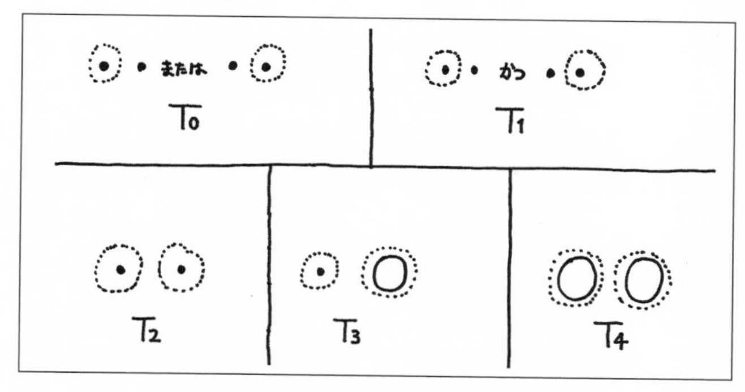

分離公理 $T_0 - T_4$ 空間

の交わらない開集合 $A, B \in \mathcal{V}$ で $x \in A,\ y \in B$ とできるとは限らない．つまり，異なる 2 点を開集合で分離できるかどうかは保証されていない．点と点，点と閉集合，閉集合と閉集合を開集合で分離できるかどうか一般に分からず，位相空間はこの分離の仕方によって分類されている．

T_1 はフレッシェ空間，T_2 はハウスドルフ空間，T_1 かつ T_3 のときは正則 (regular) 空間，T_1 かつ T_4 のときは正規 (normal) 空間，と呼ばれることもある．収束の一意性はハウスドルフ空間で成立する．

位相空間 $(V, \mathcal{V})$ があれば連続関数 $\varphi : V \to \mathbb{R}$ が定義できた．次のウリゾーンの補題は解析学で有用な補題である．分離公理の言葉でいうと，正規空間の閉集合を連続関数で分離できることを主張している．

命題（ウリゾーンの補題）

X が正規空間とする．$A, B \subset X$ は閉集合で $A \cap B = \emptyset$ とする．このとき，連続関数 $\varphi : X \to \mathbb{R}$ で $\varphi(x) = \begin{cases} 1 & x \in A \\ 0 & x \in B \end{cases}$ を満たすものが存在する．

5　局所コンパクト・ハウスドルフ空間

最後に局所コンパクト・ハウスドルフ空間について説明しよう.

局所コンパクト・ハウスドルフ空間の定義

位相空間 $(V, \mathcal{V})$ が局所コンパクト・ハウスドルフ空間とは, 全ての $x \in V$ がコンパクトな近傍を持つ T_2 空間のことである.

局所コンパクト・ハウスドルフ空間の直感的なイメージは距離空間に限りなく近いということである. それをみよう.

$(V, \mathcal{V})$ が第 2 可算公理を満たすとは, 可算個の元からなる開集合族 $\{O_j\}$ が存在して任意の $A \in \mathcal{V}$ が O_j の和集合で表されるとうことである. 例えば, ユークリッド空間 $\mathbb{R}$ は, 局所コンパクト・ハウスドルフ空間である. また, $\mathbb{R}$ の開集合は可算個の開区間 $\{(p, q)\}_{p,q \in \mathbb{Q}}$ の和集合で表せるので第 2 可算公理を満たす.

位相空間 $(V, \mathcal{V})$ が距離付け可能とは V 上に, ある距離が存在して, それの定める位相が $\mathcal{V}$ の定める位相と一致することである. 次が知られている.

命題（距離付け可能性と第 2 可算公理）

$(V, \mathcal{V})$ を局所コンパクト・ハウスドルフ空間とする. このとき,
第 2 可算公理を満たす $\Longleftrightarrow$ 距離付け可能

第2章

ヒルベルト空間とその幾何学

1　フォン・ノイマンとヒルベルト空間

フォン・ノイマンは [47, II] の中で抽象的なヒルベルト空間を $\mathfrak{R}$ という記号で表している．空間のドイツ語 Raum の R だと思われる．また, [42] では $\bar{\mathfrak{H}}$ と表している．勿論, Hilbert の H だと思われる．ここで, 内積を $Q(\cdot,\cdot)$ と表している．Quadratic form=二次形式の Q だろう．フォン・ノイマンは [47, II.1] でヒルベルト空間の特徴として次のものを挙げている．

フォン・ノイマンによるヒルベルト空間 $\mathfrak{R}$ の特徴付け

$\boldsymbol{A}$	複素線形空間
$\boldsymbol{B}$	内積空間
$\boldsymbol{C}^{(n)}$	n 個の独立なベクトルの存在
$\boldsymbol{D}$	完備
$\boldsymbol{E}$	可分

$\boldsymbol{A}, \boldsymbol{C}^{(n)}, \boldsymbol{D}$ については前章で既に説明した．n は無限大も含む．[47] より 2 年早く出版されている論文 [45, I] では $\boldsymbol{A}$ 複素線形空間, $\boldsymbol{B}$ 内積空間, $\boldsymbol{C}$ 可分, $\boldsymbol{D}$ 無限次元空間, $\boldsymbol{E}$ 完備と記号が割り振ら

れている．本書では [47] の記号に従う．

[47] では n 次元のヒルベルト空間を $\mathfrak{R}_n$ と表し，無限次元のヒルベルト空間を $\mathfrak{R}_\infty$ と表している．2 乗総和可能な数列空間 ℓ_2 は F_Z と表し，Ω 上で 2 乗可積分な関数空間 $L^2(\Omega)$ は F_Ω と表している．F は Funktionengesamtheit（関数の集合）の F であろう．残念ながらフォン・ノイマンの使った記号は現在では殆ど使われることがない．

2　ノルム空間と内積空間

$\mathbb{K}^n$ の 2 つのベクトル x と y の内積を

$$(x, y) = \sum_{j=1}^{n} \bar{x}_j y_j$$

で定めた．$|(x,y)|/\|x\|\|y\| \le 1$ だから

$$(x, y) = \|x\|\|y\| \cos\theta, \quad 0 \le \theta \le \pi$$

と表すことができる．そこで，内積が

$$(x, y) = 0$$

のとき x, y は直交するという．また $\mathbb{K}^n$ のベクトル $x \in \mathbb{K}^n$ の長さは

$$\|x\| = \sqrt{(x, x)}$$

と定めた．特に $\mathbb{K} = \mathbb{R}$ のとき，$(\mathbb{R}^n, (\cdot, \cdot))$ をユークリッド空間という．

これらを以下で一般化してノルム空間と内積空間を定義する．

ノルムの定義

$\mathfrak{K}$ を線形空間とする．$f \in \mathfrak{K}$ に対して $\|f\| \in \mathbb{R}$ が以下の（1）-（4）を満たすとき $\mathfrak{K}$ 上のノルムという．$f, g \in \mathfrak{K}$, $\alpha \in \mathbb{C}$ とする．

（1）$\|f\| \geq 0$

（2）$\|f\| = 0$ ならば $f = 0$

（3）$\|\alpha f\| = |\alpha| \|f\|$

（4）$\|f + g\| \leq \|f\| + \|g\|$

（4）の不等式は三角不等式といわれている．ノルムが定義された線形空間 $(\mathfrak{K}, \|\cdot\|)$ をノルム空間という．ノルムを用いて 2 つのベクトルの距離を定義することができる．実際

$$\mathrm{d}(f, g) = \|f - g\|$$

と定義すれば d が $\mathfrak{K}$ 上の距離関数になる．つまり，$(\mathfrak{K}, d)$ は距離空間になるから，特に線形位相空間である．次に内積空間を定義しよう．

[47, II.1*B*] 内積の定義

$\mathfrak{H}$ を線形空間とする．$f, g \in \mathfrak{H}$ に対して $(f, g) \in \mathbb{K}$ が以下の（1）-（4）を満たすとき $\mathfrak{H}$ 上の内積という．$f, g \in \mathfrak{H}$, $\alpha, \beta \in \mathbb{K}$ とする．

（1）$(f, \alpha g + \beta h) = \alpha(f, g) + \beta(f, h)$

（2）$\overline{(f, g)} = (g, f)$. $\mathbb{K} = \mathbb{R}$ のときは $(f, g) = (g, f)$

（3）$(f, f) \geq 0$

（4）$(f, f) = 0$ ならば $f = 0$

内積が定義された線型空間 $(\mathfrak{H}, (\cdot,\cdot))$ を内積空間という．以降 $\mathbb{K}=\mathbb{C}$ とする．内積の正値性から (f,f) は非負なので

$$\|f\| = \sqrt{(f,f)}$$

が定義できる．$\|f\|$ が $\mathfrak{H}$ 上のノルムになることは簡単に示せる．つまり, 内積空間からいつでもノルム空間が定義できる．以上をまとめると, 次の包含関係がわかるであろう．

位相空間

内積空間 $\subset$ ノルム空間 $\subset$ 距離空間 $\subset$ 位相空間

逆にノルム空間がいつ内積空間になるかを考えてみよう．内積空間で内積 (f,g) はノルムを用いて次のように表せる．

$$(f,g) = \frac{1}{4}\sum_{n=0}^{3} \|f - i^n g\| i^n$$

これは偏極恒等式（polarization identity）と呼ばれている．ところが, ノルム空間で (f,g) を上のように定義しても内積の公理を満たさない．例えば $(f,f) \geq 0$ はいえない．実はノルム空間のノルムが

$$\|f+g\|^2 + \|f-g\|^2 = 2(\|f\|^2 + \|g\|^2)$$

を満たせば, 上で定義した (f,g) は内積の公理を全て満たすことがわかる．これは中線定理と呼ばれている．

$\mathbb{R}^2$ 上のベクトル u, v に対して, $(u,v) = \|u\|\|v\|\cos\theta$ であることを知っているので, $|(u,v)| \leq \|u\|\|v\|$ が成立する．等号成立は $\theta = 0$ または $\theta = \pi$. つまり, $v = u$ または $v = -u$ のときに限る．一般の場合はどうなるのか？ 内積空間では, 次のシュワルツの不等式が成立する．

命題（シュワルツの不等式）

$|(f,g)| \le \|f\|\|g\|, \forall f,g$ が成り立つ．また，等号成立は $g = \alpha f, \alpha \in \mathbb{C}$ のときに限る．

証明．次の恒等式を考えよう．

$$\|f + tg\|^2 = \|f\|^2 + 2\,\mathrm{Re}\{(f,g)t\} + \|g\|^2|t|^2$$

これは任意の $t \in \mathbb{C}$ に対して非負であるから，$(f,g) = re^{i\theta}$, $t = \rho e^{-i\theta}$ とおけば

$$0 \le \|f\|^2 + 2r\rho + \|g\|^2\rho^2 \quad \forall \rho \in \mathbb{R}$$

故に，二次関数

$$\rho \mapsto y(\rho) = \|f\|^2 + 2r\rho + \|g\|^2\rho^2$$

の判別式は $4r^2 - 4\|f\|^2\|g\|^2 \ge 0$ を満たすから $r^2 \le \|f\|^2\|g\|^2$ が従う．等号が成立するための条件を求めよう．$|(f,g)| = \|f\|\|g\|$ は $y(\rho)$ が重解をもつための必要十分条件である．このとき，2 次関数のグラフを思い浮かべれば $\rho' = -|(f,g)|/\|g\|^2$ で $y(\rho') = 0$ になる．よって，$|(f,g)| = \|f\|\|g\|$ ならば $\|f - \rho' g\| = 0$．故に等号成立は $g = \alpha f$, $\alpha \in \mathbb{C}$ のときに限る．[終]

3 ヒルベルト空間

3.1 ヒルベルト空間の定義

$\mathfrak{H}$ は内積空間とする．$f, g \in \mathfrak{H}$ に対して $\mathrm{d}(f,g) = \|f - g\|$ と定めれば，これは距離になることは既に説明した．つまり，$(\mathfrak{H}, \mathrm{d})$ は距離空間になる．距離空間の場合，収束の概念はユークリッド空間の

それと類似なのでわかりやすい. $\{f_n\} \subset \mathfrak{H}$ が $f \in \mathfrak{H}$ に収束するとは

$$\lim_{n\to\infty} \|f_n - f\| = 0$$

のことである. これを $\lim_{n\to\infty} f_n = f$ と表す. さて, このとき次が成り立つ.

$$\lim_{n\to\infty} \|f_n\| = \|f\|$$
$$\lim_{n\to\infty} (g, f_n) = (g, f)$$

これは次の不等式を使えば示すことができる.

$$|\|f_n\| - \|f\|| \leq \|f_n - f\|$$
$$|(g, f_n) - (g, f)| \leq \|g\|\|f_n - f\|$$

これらの性質はノルムの連続性, 内積の連続性といわれる.

ヒルベルト空間の定義

内積空間 $\mathfrak{H}$ が完備距離空間のときヒルベルト空間という.

フォン・ノイマンの記号でいえば $\boldsymbol{A}, \boldsymbol{B}, \boldsymbol{D}$ が満たされるときヒルベルト空間という. $\boldsymbol{C}^{(n)}$ は次元に関わることなのでヒルベルト空間の定義には直接関係がなく, また, $\boldsymbol{E}$ はヒルベルト空間の定義に必要ない.

部分集合 $D \subset \mathfrak{H}$ が存在して, 任意の $f \in \mathfrak{H}$ と任意の $\varepsilon > 0$ に対して, $f_\varepsilon \in D$ で $\|f - f_\varepsilon\| < \varepsilon$ とできるとき D は $\mathfrak{H}$ で稠密という. つまり, $f \in \mathfrak{H}$ にいくらでも近づける元が D に存在するとき D を稠密な部分集合という. 例えば, $\mathbb{Q}$ は $\mathbb{R}$ で稠密である.

[47, II.1$\boldsymbol{E}$] 可分の定義

可算個の点からなる稠密な部分集合が存在するとき $\mathfrak{H}$ は可分であるという.

フォン・ノイマンがヒルベルト空間と呼んだのは現代では可分なヒルベルト空間のことである. ヒルベルト空間の本質は完備性にあり, 次元や可分性は付加的なものである. いくつか例をあげよう.

(例 1) $\mathbb{K}^n$ は有限次元のヒルベルト空間である.

(例 2) ℓ_2 は $a, b \in \ell_2$ に対して

$$(a, b) = \sum_{n=1}^{\infty} \bar{a}_n b_n$$

と定義すればこれは内積になり, さらに $(\ell_2, (\cdot, \cdot))$ はヒルベルト空間になる. これは, 2.4 章で証明する.

(例 3) $\mathscr{R}^2(\mathbb{R}^d)$ は $f, g \in \mathscr{R}^2(\mathbb{R}^d)$ に対して ℓ_2 を模して,

$$(f, g) = \int_{\mathbb{R}^d} \bar{f}(x) g(x) dx$$

としても, これは内積にならない. $(f, f) = 0 \iff f = 0$ ではない. ましてや, ヒルベルト空間にはならない. ヒルベルト空間にするためには, リーマン積分をルベーグ積分に拡張し, 同値関係 $\sim$ を導入して商空間を考える必要がある. これについては 2.5 章で説明する.

最後に, バナッハ空間を定義しよう.

バナッハ空間の定義

ノルム空間 $\mathfrak{K}$ が完備距離空間のときバナッハ空間という.

3.2 完全正規直交系の存在

ユークリッド空間 $\mathbb{R}^d$ を考える．その正規直交基底を $e_1, \ldots, e_d$ としよう．そうすると $v \in \mathbb{R}^d$ はこの基底で

$$v = a_1 e_1 + \cdots + a_d e_d$$

と一意的に表せる．係数 a_j は，両辺の内積をとることにより $(e_j, v) = a_j$ と計算できるから

$$v = \sum_{j=1}^{d} (e_j, v) e_j$$

となることがわかる．また

$$\|v\|^2 = (v, v) = \sum_{j=1}^{d} |(e_j, v)|^2$$

が従う．特に

$$\sum_{j=1}^{n} |(e_j, v)|^2 \leq \|v\|^2, \quad n \leq d$$

である．これと同じことはヒルベルト空間 $\mathfrak{H}$ でも成り立つ．ヒルベルト空間 $\mathfrak{H}$ の基底について考えよう．

正規直交系の定義

$D \subset \mathfrak{H}$ とする．任意の相異なる $x, y \in D$ が

$$(x, y) = 0, \quad \|x\| = \|y\| = 1$$

となるとき D を正規直交系という．

D は互いに直交した単位ベクトルの集合で，$D \subset \mathbb{R}^d$ ならば，$\#D$ は高々 d 個である．

命題（正規直交系の可算性）

$\mathfrak{H}$ が可分なとき正規直交系 D に含まれるベクトルの個数 $\#D$ は高々可算個である.

証明. $D \ni x, y$ のとき

$$\|x-y\| = \sqrt{2}$$

だから, D の元は互いに十分距離をとっているのでスカスカな集合と思える. 一方で, 稠密な $M \subset \mathfrak{H}$ でさえ $\#M$ は可算なのだから $\#D$ は可算を超えることがない. これが直感的な証明である. きちんと示そう. $x \in \mathfrak{H}$ の $\varepsilon-$ 近傍には少なくとも一つは $u_x \in M$ が存在する. つまり, $\|x-u_x\| \le \varepsilon$. そうすると

$$\begin{aligned}\sqrt{2} = \|x-y\| &\le \|x-u_x\| + \|u_x-u_y\| + \|u_y-y\| \\ &\le 2\varepsilon + \|u_x-u_y\|\end{aligned}$$

より, $0<\varepsilon$ が十分小さいとき, $\|u_x-u_y\|>0$ となるから, 特に $u_x \ne u_y$. $[D] = \{u_x \mid x \in D\}$ とすれば, 写像

$$T : D \to [D], \quad Tx = u_x$$

は全単射になる. $[D] \subset M$ だから, $\#D = \#[D] \le \#M$ となり $\#D$ は可算個. [終]

ここから $\mathfrak{H}$ は可分とする. そうすると, 正規直交系は $D = \{e_n\}$ のように可付番で表すことができる. このとき

$$\sum_{n=1}^{N} |(e_n, f)|^2 \le \|f\|^2$$

が成り立つ. これは

$$0 \le \|\sum_{n=1}^{N}(e_n, f)e_n - f\|^2 = \|f\|^2 - \sum_{n=1}^{N}|(e_n, f)|^2$$

から従う．また $\sum_{n=1}^{N} |(e_n, f)|^2$ は $N \to \infty$ のとき収束して次のベッセルの不等式が成り立つ．

命題（ベッセルの不等式）

$\{e_n\}$ を $\mathfrak{H}$ の正規直交系とする．このとき $f \in \mathfrak{H}$ に対して次が成り立つ．

$$\sum_{n=1}^{\infty} |(e_n, f)|^2 \leq \|f\|^2$$

この不等式は 1828 年にドイツのフリードリッヒ・ウイルヘルム・ベッセルによって発見された．ベッセルは高等教育を受けていないが, 1811 年にゲッチンゲン大学のガウスから名誉博士号を授与されている天文学者である．星までの距離を割り出すことに人生をかけ, 3222 個の星の位置を調べた．さらに, 自らが台長をつとめるドイツのケーニヒスベルグの天文台で 1821-33 年にかけて観測された 9 等星までの約 5 万個もの恒星の正確な位置を決定し, それらのデータを解析し, 1838 年に, はくちょう座 61 番星の年周視差の検出に初めて成功した．

M・パーセバル

次の定理はフランスのマルク・アントワーヌ・パーセバルによって 1799 年に示された．パーセバルは生涯で 5 編の論文を書いているが, その 2 編目の論文 Mémoire sur les séries et sur líntégration compléte dúne équation aux différences partielles linéaires du second ordre, á coefficients constants で, 証明なしで, 関数の 2 乗の積分とそのフーリ級数の 2 乗和

が等しいことを述べている．つまり

$$\sum_{n=\infty}^{\infty} |c_n|^2 = \int_{-\pi}^{\pi} |f(x)|^2 \frac{dx}{2\pi}$$

ここで $c_n = \int_{-\pi}^{\pi} f(x) e^{-inx} \frac{dx}{2\pi}$ は f のフーリ級数を表す．

現在，それは一般化されパーセバルの等式として残っている．余談になるが，パーセバルはナポレオン政府を批判した詩を発表して，フランス革命 3 年後の 1792 年に投獄されている．

命題（パーセバルの等式）

$D = \{e_n\}$ を正規直交系とし，$\overline{\mathscr{L}\{D\}} = \mathfrak{M}$ とする．このとき，等式

$$\sum_{n=1}^{\infty} |(e_n, f)|^2 = \|f\|^2, \quad \forall f \in \mathfrak{H}$$

が成り立つための必要十分条件は $\mathfrak{H} = \mathfrak{M}$ である．

証明．$f_m = \sum_{n=1}^{m} (e_n, f) e_n$ とおけば

$$\|f_m - f_l\|^2 = \sum_{n=m}^{l} |(e_n, f)|^2$$

となる．ベッセルの不等式から右辺は $m, l \to \infty$ のとき 0 に収束するから $\{f_m\}$ はコーシー列で

$$\lim_{m \to \infty} f_m = \sum_{n=1}^{\infty} (e_n, f) e_n = g$$

が存在する．すぐに $(f - g, e_n) = 0 \ \forall n$ がわかるから

$$(f - g, h) = 0 \quad \forall h \in \mathscr{L}\{D\}$$

$\mathfrak{M}^\perp = \{f \in \mathfrak{H} \mid (f,h) = 0\ \forall h \in \mathfrak{M}\}$ としよう．任意の $h \in \mathfrak{M}$ に対して $h_n \in \mathscr{L}\{D\}$ で $\lim_{n\to\infty} h_n = h$ となるものがあるから $(f-g,h) = \lim_{n\to\infty}(f-g,h_n) = 0$ となり

$$f - g \in \mathfrak{M}^\perp$$

$f = g+(f-g)$ に注意すれば，正射影定理 (5.3 章) より，$f = X+Y$, $X \in \mathfrak{M}$, $Y \in \mathfrak{M}^\perp$ の表し方は一意的なので，$\mathfrak{H} = \mathfrak{M}$ のとき $f = g$. 逆に等号が $\forall f$ で成立するとき $\mathfrak{H} = \mathfrak{M}$ である．[終]

完全正規直交系の定義

D を $\mathfrak{H}$ の正規直交系とする．$\mathfrak{H} = \overline{\mathscr{L}\{D\}}$ となるとき D を完全正規直交系という．

完全正規直交系は CONS と略記する．これは，complete orthonormal system の略である．$D = \{e_n\}$ が $\mathfrak{H}$ の CONS ならば任意の $f \in \mathfrak{H}$ が

$$f = \sum_{n=1}^{\infty}(e_n, f)e_n$$

と表される．次は [45, I. 定理 7] 又は [47, II.2] で与えられている．

命題（CONS の同値な条件）

次の (1) - (4) は同値である．

(1) $\{e_n\}$ は $\mathfrak{H}$ の CONS

(2) $(f,g) = \sum_{n=1}^{\infty}(f,e_n)(e_n,g), \forall f,g \in \mathfrak{H}$

(3) $\|f\|^2 = \sum_{n=1}^{\infty}|(e_n,f)|^2, \forall f \in \mathfrak{H}$

(4) $(f,e_n) = 0, \forall n \geq 1$, ならば $f = 0$

(2) を変形すると $(f,g)=(f,\sum_{n=1}^{\infty}(e_n,g)e_n)$ であるから, (2) は

$$g=\sum_{n=1}^{\infty}(e_n,g)e_n$$

のように展開できることを示している. (3) はピタゴラスの定理の一般化で, 各 e_n への f の射影 $(e_n,f)e_n$ の大きさの 2 乗 $|(e_n,f)|^2$ の和が $\|f\|^2$ に一致することをいっている. (4) から, $\{e_n\}$ が完全正規直交系であるための必要十分条件は $\mathscr{L}(\{e_n\})$ が稠密であることがわかる.

フォン・ノイマンは [45, I. 定理 8] 又は [47, II. 定理 8] で CONS の存在を証明している.

命題 (CONS の存在)

可分なヒルベルト空間には CONS が存在する.

証明. $D=\{e_k\}\subset\mathfrak{H}$ は稠密な可算部分集合とする. $\forall k$ で $e_k\neq 0$ としておく. 次のルールで e_k を間引いていく. $e_k\in\mathscr{L}\{e_1,\ldots,e_{k-1}\}$ なら省き, $e_k\notin\mathscr{L}\{e_1,\ldots,e_{k-1}\}$ なら省かない. 省かれずに残った $\{e_{k'}\}$ を, 順番をくずさずに改めて $\{\bar{e}_k\}$ とおく. そうすると 任意の n に対して $\bar{e}_1,\ldots,\bar{e}_n$ は線型独立になている. 線形代数でお馴染みのシュミットの直交化法

$$\begin{aligned}
&\gamma_1=\bar{e}_1, && \varphi_1=\tfrac{1}{\|\gamma_1\|}\gamma_1\\
&\gamma_2=\bar{e}_2-(\bar{e}_2,\varphi_1)\varphi_1, && \varphi_2=\tfrac{1}{\|\gamma_2\|}\gamma_2\\
&\gamma_3=\bar{e}_3-(\bar{e}_3,\varphi_1)\varphi_1-(\bar{e}_3,\varphi_2)\varphi_2, && \varphi_3=\tfrac{1}{\|\gamma_3\|}\gamma_3\\
&\cdots && \cdots
\end{aligned}$$

によって, 帰納的に正規直交系 $\{\varphi_k\}$ で次を満たすものが作れる. 任意の n に対して φ_n は $\bar{e}_1,\ldots,\bar{e}_n$ の線型結合であり, 同時に, $\bar{e}_n$

は $\varphi_1, \ldots, \varphi_n$ の線型結合である．正規直交系 $\{\varphi_k\}$ が CONS であることを示そう．任意の k に対して $(f, \varphi_k) = 0$ と仮定する．このとき $f = 0$ を示せばいい．仮定から任意の k に対して $(f, \bar{e}_k) = 0$ もわかる．$\{e_k\}$ の中で省かれた元は $\{\bar{e}_k\}$ の線型結合で表せるから，任意の k に対して $(f, e_k) = 0$ もわかる．$D = \{e_k\}$ は稠密だったから $f = 0$. [終]

3.3 強位相と弱位相

ヒルベルト空間にはノルム $\|f\|$ で定義される位相の他に内積 (f, g) から定義される位相がある．それを以下にまとめる．

ヒルベルト空間の位相の定義

(1) 強位相で $f_n \to f$ とは $\lim_{n\to\infty} \|f_n - f\| = 0$ のこと．

(2) 弱位相で $f_n \to f$ とは $\lim_{n\to\infty} (g, f_n) = (g, f)$ が全ての $g \in \mathfrak{H}$ で成り立つこと．

定義から明らかなように，強位相で収束すれば弱位相でも収束する．弱位相について説明する．弱位相は無限次元線形空間に備わる位相で，有限次元の場合は強位相と弱位相が一致する．$\|f_n\| \to 0$ $(n \to \infty)$ とは，まさに，f_n がゼロベクトルに収束するということである．しかし，弱位相でゼロベクトルに収束するからといって，ベクトルの大きさがゼロに収束するとは限らない．例えば $\{e_n\}$ を CONS とする．このとき $f \in \mathfrak{H}$ は $f = \sum_{n=1}^{\infty} a_n e_n$ と表されて，$\sum_{n=1}^{\infty} |a_n|^2 < \infty$ であった．なので

$$\lim_{n\to\infty} (e_n, f) = \lim_{n\to\infty} a_n = 0$$

故に，$e_n \to 0$ $(n \to \infty)$ が弱収束で成立するが，勿論，$\lim_{n\to\infty} \|e_n\| = 1$ である．

3.4 単位球面のコンパクト性

ヒルベルト空間の次元と幾何学的な性質の関係をみる．特に次元とコンパクト性には深い関係がある．3 次元ユークリッド空間 $\mathbb{R}^3$ を考える．$M \subset \mathbb{R}^3$ とする．$\mathbb{R}^3$ では M がコンパクトであることと有界閉集合であることは同値であった．例えば単位球面は有界閉集合なのでコンパクトである．この事実は一般に有限次元ノルム空間で成り立つ．つまり，$\mathfrak{K}$ が有限次元ノルム空間のとき $M \subset \mathfrak{K}$ がコンパクトであることと有界閉集合であることは同値である．

この事実は無限次元ノルム空間では成立しない．$\mathfrak{H}$ は可分なヒルベルト空間とする．例えば $\{e_n\}$ を $\mathfrak{H}$ の CONS としよう．$(e_n, e_m) = \delta_{nm}$ を満たしているから e_n の大きさは 1 なので単位球面上に存在している．一方，

$$\|e_n - e_m\| = \sqrt{2}$$

となり e_n と e_m は $\sqrt{2}$ だけ離れているから $\{e_n\}$ のどんな部分列をとってきても収束列になはりえない．つまり，$\dim \mathfrak{H} = \infty$ のとき単位球面はコンパクトではない．これは無限次元の特徴づけにもなっている．ヒルベルト空間をノルム空間に置き換えて，以下の定理が成り立つ．証明はヒルベルト空間のように単純ではないので省略する．

命題（次元とコンパクト性）

ノルム空間 $\mathfrak{K}$ が $\dim \mathfrak{K} < \infty$ であるための必要十分条件は単位球面がコンパクトであること．

上の事実から，ノルム空間 $\mathfrak{K}$ の単位球面がコンパクトでなければ $\dim \mathfrak{K} = \infty$ である．

3.5 内積空間の完備化

内積空間の完備化という操作を説明しよう．内積空間 $(\mathfrak{H}, (\cdot,\cdot))$ が与えられたときそれをヒルベルト空間に拡張することができる．

証明はやや抽象的だがやってみよう．$\mathfrak{H}$ のコーシー列全体を $\mathfrak{H}_C$ とおく．$\{f_n\},\{g_n\} \in \mathfrak{H}_C$ に対して $\sim$ を

$$\{f_n\} \sim \{g_n\} \iff \lim_{n\to\infty} \|f_n - g_n\| = 0$$

で定める．さて，$\sim$ が同値関係になることを確かめよう．$\{f_n\} \sim \{f_n\}$ は自明．$\{f_n\} \sim \{g_n\}$ なら $\{g_n\} \sim \{f_n\}$ も自明．$\{f_n\} \sim \{g_n\}$, $\{g_n\} \sim \{h_n\}$ を仮定する．このとき

$$\|f_n - h_n\| \le \|f_n - g_n\| + \|g_n - h_n\| \to 0$$

となるから $\{f_n\} \sim \{h_n\}$ である．よって $\sim$ は同値関係になる．商空間 $\mathfrak{H}_C/\sim$ の元を $[f_n]$ と表す．ここで，$\{f_n\}$ が代表元である．本来は $[\{f_n\}]$ と表すべきだが，カッコが重なってわずらわしいので $[f_n]$ と表すことにする．$\mathfrak{H}_C/\sim$ に内積を次で定義する．

$$([f_n],[g_n]) = \lim_{n\to\infty} (f_n, g_n)$$

この定義は代表元の選び方によらない．実際 $[f_n] = [f'_n]$, $[g_n] = [g'_n]$ とする．このとき

$$\begin{aligned}&|\lim_{n\to\infty}(f'_n, g'_n) - \lim_{n\to\infty}(f_n, g_n)|\\ &\le \lim_{n\to\infty}\|f_n - f'_n\|\|g_n\| + \lim_{n\to\infty}\|f'_n\|\|g_n - g'_n\| = 0\end{aligned}$$

となるから $([f_n],[g_n]) = ([f'_n],[g'_n])$ であり，確かに代表元の選び方によらない．$(\mathfrak{H}_C/\sim, (\cdot,\cdot))$ は内積空間になる．

(1) $f \in \mathfrak{H}$ に対して，f と $[f_n](f_n = f, \forall n)$ を同一視すれば，$\mathfrak{H} \subset \mathfrak{H}_C/\sim$ とみなせるから，$\mathfrak{H}_C/\sim$ を $\mathfrak{H}$ の拡大とみなせる．

(2) $\varepsilon > 0$ とする. $\mathfrak{H}_C/\sim \ni [f_n]$ は, ある n_0 が存在して, 任意の $n, m \geq \exists n_0$ に対して $\|f_n - f_m\| < \varepsilon$ だから, $[g_n]$ を $g_n = f_{n_0}$ $(\forall n)$ とすれば, $[g_n] \in \mathfrak{H}$ かつ $\|[g_n] - [f_n]\| < \varepsilon$ となるから, $\mathfrak{H}$ は $\mathfrak{H}_C/\sim$ で稠密である.

(3) $\{[f_n^N]\}_N \subset \mathfrak{H}_C/\sim$ をコーシー列とする. 対角成分 f_n^n からなる数列を $\{g_n\} = \{f_n^n\}$ とすれば, コーシー列になるから $[g_n] \in \mathfrak{H}_C/\sim$. また, 任意の $\varepsilon > 0$ に対して N を十分大きくとれば

$$\|[f_n^N] - [g_n]\| = \lim_{n \to \infty} \|f_n^N - f_n^n\| < \varepsilon$$

だから, $[f_n^N]$ は $[g_n]$ に収束する. 故に $\mathfrak{H}$ は完備である.

(1), (2), (3) より, $\mathfrak{H}_C/\sim$ は $\mathfrak{H}$ の完備な拡大になっている. $\mathfrak{H}_C/\sim$ を $\bar{\mathfrak{H}}$ と表す. 以上をまとめると次のようになる.

命題 (内積空間 $\mathfrak{H}$ の完備化)

内積空間 $\mathfrak{H}$ に対して, 完備な空間 $\bar{\mathfrak{H}}$ で $\mathfrak{H} \subset \bar{\mathfrak{H}}$ かつ $\mathfrak{H}$ は $\bar{\mathfrak{H}}$ で稠密なものが存在する.

実数 $\mathbb{R}$ とは四則の公理, 順序の公理, 連続の公理を満たす体系である. 四則の公理, 順序の公理を満たす体系として有理数 $\mathbb{Q}$ が存在する. しかし, $\mathbb{Q}$ は連続の公理を満たさない. 連続の公理に同値な公理が数多く知られている. その一つが‘コーシー列は収束列’というものである. 有理数の完備化が $\mathbb{R}$ になる.

$$\mathbb{R} = \bar{\mathbb{Q}}$$

これを $\mathbb{R}$ の定義と思ってもいい.

4　ℓ_2 空間

量子力学の数学的基礎付けで重要なヒルベルト空間として $\mathbb{C}$ 上の 2 乗総和可能な数列空間

$$\ell_2 = \left\{ a = \{a_n\}_{n=1}^{\infty} \mid \sum_{n=1}^{\infty} |a_n|^2 < \infty, a_j \in \mathbb{C}, \forall j \right\}$$

がある．この空間はハイゼンベルクの行列力学の舞台になったヒルベルト空間であり，ヒルベルト自身によって研究された空間でもある．フォン・ノイマンは [47] で ℓ_2 を F_Z と表している．ℓ_2 上に内積を

$$(a, b) = \sum_{n=1}^{\infty} \bar{a}_n b_n$$

で定義する．

命題（2 乗総和可能な数列空間 ℓ_2）

ℓ_2 は可分な無限次元ヒルベルト空間である．

証明．$\boldsymbol{A} - \boldsymbol{E}$ をチェックする．$\boldsymbol{A}$ の線型空間であることは既にみた．$\boldsymbol{B}$ の内積空間であることもわかっている．$\boldsymbol{C}^{(\infty)}$ の次元をチェックをしよう．$e^{(n)} \in \ell_2$ は n 番目のみ 1 で他が全て 0 である数列とする．

$$e^{(n)} = \{0, \ldots, 0, \overset{n\text{ 番目}}{1}, 0, \ldots\}$$

$(e^{(n)}, e^{(m)}) = \delta_{nm}$ で，任意の $a = \{a_n\} \in \ell_2$ が

$$a = \sum_{n=1}^{\infty} a_n e^{(n)}$$

と表せるから $\{e^{(n)}\}$ は ℓ_2 の CONS である．故に $\dim \ell_2 = \infty$ がわかる．$\boldsymbol{E}$ の可分性は次のようにしてわかる．$\mathbb{Q}$ 係数の線型結

合全体 $\mathscr{L}\{e^{(n)}\}$ は稠密な部分集合で $\#\{e^{(n)}\}$ は可算であるから, $\#\mathscr{L}\{e^{(n)}\}$ も可算. よって ℓ_2 は可分である. 最後に $\boldsymbol{D}$ の完備性を示す. ℓ_2 の点列

$$f_k = \{a_m^{(k)}\} \in \ell_2, \quad k \in \mathbb{N}$$

がコーシー列と仮定して, $\{f_k\}$ が収束することを示す. $\{f_k\}$ がコーシー列であるから $\{\|f_k\|\}_k$ は実有界数列になる. さて,

$$|a_m^{(k)} - a_m^{(l)}|^2 \leq \sum_{n=1}^{\infty} |a_n^{(k)} - a_n^{(l)}|^2 = \|f_n - f_k\|^2$$

$$\lim_{k,l\to\infty} \|f_k - f_l\|^2 = \lim_{k,l\to\infty} \sum_{n=1}^{\infty} |a_n^{(k)} - a_n^{(l)}|^2 = 0$$

だから m ごとに $\{a_m^{(k)}\}_k$ が $\mathbb{C}$ のコーシー列である. $\mathbb{C}$ は完備なので $\{a_m^{(k)}\}_k$ は収束列になる. その極限を $a_m \in \mathbb{C}$ とし,

$$f = \{a_m\}$$

とする. $f \in \ell_2$ を示す. $\max_k\{\|f_k\|^2\} = C$ とおく. ここがポイントだが

$$\sum_{n=1}^{N} |a_n^{(k)}|^2 \leq \|f_k\|^2 < C$$

ここで, $k \to \infty$ とすれば

$$\sum_{n=1}^{N} |a_n|^2 \leq C$$

となる. さらに N は任意だったから

$$\sum_{n=1}^{\infty} |a_n|^2 \leq C$$

となる．よって $f \in \ell_2$ がわかった．次に $\|f_k - f\| \to 0$ を示そう．任意の $\varepsilon > 0$ に対して，ある M が存在して任意の $k, l \geq M$ で

$$\sum_{n=1}^{N} |a_n^{(k)} - a_n^{(l)}|^2 \leq \|f_k - f_l\|^2 \leq \varepsilon$$

だった．これは全ての N，全ての $k, l \geq M$ で成立してるから，$k \to \infty$ の極限をとると

$$\sum_{n=1}^{N} |a_n - a_n^{(l)}|^2 \leq \varepsilon$$

が任意の N で成り立つ．さらに $N \to \infty$ の極限を考えれば

$$\|f - f_l\|^2 = \sum_{n=1}^{\infty} |a_n - a_n^{(l)}|^2 \leq \varepsilon$$

が任意の $l \geq M$ で成り立つ．つまり，$f_l \to f$ $(l \to \infty)$ が示された．[終]

ℓ_2 を拡張しよう．$p > 0$ に対して

$$\ell_p = \left\{ a = \{a_n\}_{n=1}^{\infty} \mid \sum_{n=1}^{\infty} |a_n|^p < \infty, a_j \in \mathbb{C}, \forall j \right\}$$

とおく．$p \geq 1$ のとき

$$\|a\|_p = \left(\sum_{n=1}^{\infty} |a_n|^p \right)^{1/p}$$

はノルムになり，さらに，$(\ell_p, \|\cdot\|_p)$ はバナッハ空間になることが示せる．一方，$0 < p < 1$ のとき，$\|\cdot\|_p$ はノルムにすらならない．

5 $L^2(\mathbb{R}^d)$ 空間

5.1 $L^2(\mathbb{R}^d)$ の完備性と可分性

シュレディンガーの波動力学を数学的に基礎付けるために, フォン・ノイマンは 関数空間 $L^2(\mathbb{R}^d)$ を導入した. なぜならば, ボルンの確率解釈 [2] では $\int_A |\varphi(x)|^2 dx / \int_{\mathbb{R}^d} |\varphi(x)|^2 dx$ は電子が $A \subset \mathbb{R}^d$ に存在する確率を与えるからである. 以下でみるように $L^2(\mathbb{R}^d)$ は 2 乗可積分空間 $\mathscr{L}^2(\mathbb{R}^d)$ を同値類で割った商空間として定義される. ここで, $\mathscr{L}^2(\mathbb{R}^d)$ はリーマン積分ではなくルベーグ積分で定義された可積分空間である. $L^2(\mathbb{R}^d)$ はフォン・ノイマンの量子力学の数学的基礎付けで最も重要なヒルベルト空間の例になっている. しかしながら, $L^2(\mathbb{R}^d)$ はルベーグ積分や商空間といった, 初学者や非専門家には非常に近寄りがたい概念で定義されている. これが, ヒルベルト空間の理論を重くしているものではないだろうか.

歴史的に, ルベーグ積分はアンリ・レオン・ルベーグが 1902 年に学位論文 [23] で定義した. 一方, $L^2(\mathbb{R}^d)$ の完備性はハンガリーのフリジェシュ・リース [27] とオーストリアのエルンスト・ジギスムント・フィッシャー [8] が 1907 年に証明している. 詳しいことは第 3 章に譲る. 1920 年代後半にフォン・ノイマンがヒルベルト空間論を展開するにはドンピシャのタイミングであった. さらにリースが同郷であることも因縁深い.

フォン・ノイマンは [45, 付録 1] で $L^2(\mathbb{R}^d)$ がヒルベルト空間であることを述べている. さらに [47, II.4] ではその詳細を条件 $\boldsymbol{A}-\boldsymbol{E}$ をチェックする形で解説している. それらに従って以下説明する.

2 乗可積分空間 $\mathscr{L}^2(\mathbb{R}^d)$ を考える.

$$\mathscr{L}^2(\mathbb{R}^d) = \left\{ f : \mathbb{R}^d \to \mathbb{C} \mid \text{ルベーグ可測かつ} \int_{\mathbb{R}^d} |f(x)|^2 dx < \infty \right\}$$

ここで, 積分はルベーグ積分であることを注意する. 数列空間を模して内積を

$$(f,g)=\int_{\mathbb{R}^d}\bar{f}(x)g(x)dx$$

と定義してみよう. しかしながら, これは内積の公理を満たさない. 何故ならば

$$(f,f)=0 \iff f=0$$

は正しくなく, 実際は

$$(f,f)=0 \iff f=0 \ a.e.$$

が成立するためである. ここで, ゼロ点の集合 $\{x\in\mathbb{R}^d \mid f(x)=0\}$ のルベーグ測度がゼロのとき $f=0$ $a.e.$ と書く約束であった. 本書第 1 巻 10.5 章に倣って $\mathbb{R}^d$ の部分集合を

$$\langle \text{ 条件 } \rangle = \{x\in\mathbb{R}^d \mid \text{条件 }\}$$

と書く. この記号を使うと $\{x\in\mathbb{R}^d \mid f(x)=0\}$ は $\langle f=0\rangle$ と簡単に表すことができる. また, $\langle f\neq g\rangle=\{x\in\mathbb{R}^d \mid f(x)\neq g(x)\}$ となる. $\langle f\neq g\rangle$ のルベーグ測度がゼロのとき $f\neq g$ $a.e.$ と書き表すのだった.

$$\|f\|=\sqrt{(f,f)}$$

と定めて, $\lim_{n\to\infty}\|f-f_n\|=0$ と仮定しよう. $f=g$ $a.e.$ とすれば $\|f-g\|=0$ だから $\lim_{n\to\infty}\|g-f_n\|=0$ となる. 故に, 極限が一意的に定まらない. 以上, $\mathscr{L}^2(\mathbb{R}^d)$ のゼロベクトルや極限は一意的でないことがわかる.

そこで, これらの不具合を解消するために次の同値関係 $\sim$ を導入する.

$$f\sim g \iff f=g \ a.e.$$

$L^2(\mathbb{R}^d)$ を

$$L^2(\mathbb{R}^d) = \mathscr{L}^2(\mathbb{R}^d)/\sim$$

で定義する．$\mathscr{L}^2(\mathbb{R}^d) \ni f$ を代表元にする同値類を $[f]$ で表す．つまり，

$$[f] = \{g \in \mathscr{L}^2(\mathbb{R}^d) \mid f = g\ a.e.\}$$

和とスカラー積を

$$[f] + [g] = [f + g], \quad a[f] = [af], \quad a \in \mathbb{C}$$

と定める．これは代表元のとり方によらない．実際 $[f] = [f']$, $[g] = [g']$ と

$$\langle f + g \neq f' + g' \rangle \subset \langle f \neq f' \rangle \cup \langle g \neq g' \rangle$$

で, λ を $\mathbb{R}^d$ のルベーグ測度とすれば,

$$\lambda(\langle f + g \neq f' + g' \rangle) \leq \lambda(\langle f \neq f' \rangle) + \lambda(\langle g \neq g' \rangle) = 0$$

だから, 確かに $[f' + g'] = [f + g]$ となる．スカラー積も同様に示せる．$L^2(\mathbb{R}^d)$ に和とスカラー積が定義できた．これらの演算が線形空間の公理を満たすことはすぐにわかる．$L^2(\mathbb{R}^d)$ に内積を次で定める．記号の簡略化のために, 同じ $(\cdot, \cdot)$ の記号を使った．

$$([f], [g]) = (f, g)$$

これも代表元に選び方によらない．実際 $[f] = [f']$, $[g] = [g']$ のとき, $\bar{f}g = \bar{f}'g'\ a.e.$ なので

$$(f, g) = \int_{\mathbb{R}^d} \bar{f}(x)g(x)dx = \int_{\mathbb{R}^d} \bar{f}'(x)g'(x)dx = (f', g')$$

が示せる．これは内積の公理も満たす．特に次がわかる．

$$([f], [f]) = 0 \iff f = 0\ a.e \iff [f] = [0]$$

命題（2 乗可積分な関数空間 $L^2(\mathbb{R}^d)$）

$L^2(\mathbb{R}^d)$ は可分な無限次元ヒルベルト空間である.

証明. $\boldsymbol{A}$–$\boldsymbol{E}$ をチェックする. 前節で紹介した, ℓ_2 がヒルベルト空間であることの証明とは異なり, $\boldsymbol{D}$ と $\boldsymbol{E}$ の証明には, 測度論や位相空間論が使われるので少々骨が折れる. $\boldsymbol{A}$ の線型空間であることは既にみた. $\boldsymbol{B}$ の内積空間であることもわかっている. $\boldsymbol{C}^{(\infty)}$ をチェックしよう. $f_n(x) = \mathbb{1}_{[n_1,n_1+1]\times\cdots\times[n_d,n_d+1]}(x)$, $n = (n_1,\ldots,n_d) \in \mathbb{Z}^d$, とすれば, $(f_n, f_m) = \delta_{n_1m_1}\cdots\delta_{n_dm_d}$ なので, f_n, $n \in \mathbb{Z}^d$, は独立なベクトルである. よって $\dim L^2(\mathbb{R}^d) = \infty$ である. $\boldsymbol{D}$ の完備性を示す. この証明はやや込み入っている. $\{[f_n]\} \subset L^2(\mathbb{R}^d)$ がコーシー列とする. ある部分列 $\{[f_{n(k)}]\} = \{[g_k]\}$ が $[g_k] \to [g]$ とすれば

$$\|[f_n] - [g]\| \le \|[f_n] - [f_{n(k)}]\| + \|[f_{n(k)}] - [g]\|$$

だから, $[f_n] \to [g]$ が示せる. 故に収束する部分列 $\{[g_k]\}$ が存在することを示せば十分. そこで, 部分列 $\{[f_{n(k)}]\} = \{[g_k]\}$ で次のようなものを考える.

$$\|[g_{k+1}] - [g_k]\| \le \frac{1}{2^k}$$

$\{[f_n]\}$ がコーシー列なのでこういう部分列は確かに存在する. この $\{[g_k]\}$ が収束することを示そう.

$$\sum_{k=0}^{\infty} \|[g_{k+1}] - [g_k]\| \le 1$$

となることに注意する.

$$[h_N] = [|g_1|] + \sum_{k=1}^{N-1} [|g_{k+1} - g_k|]$$

$$h_N(x) = |g_1(x)| + \sum_{k=1}^{N-1} |g_{k+1}(x) - g_k(x)|$$

とする．アイデアは

$$|g_n(x) - g_m(x)| \leq |h_n(x) - h_m(x)|$$

だから，$h_n(x)$ が収束列であれば $\{g_n(x)\}$ はコーシー列になり，収束することがわかるというカラクリにある．すぐに

$$|g_N(x)| \leq h_N(x)$$

$$\|h_N\| = \|[h_N]\| \leq \|[|g_1|]\| + \sum_{k=1}^{N-1} \|[|g_{k+1} - g_k|]\| \leq \|g_1\| + 1$$

がわかる．つまり，h_N は非負値関数の非減少列で

$$\int_{\mathbb{R}^d} |h_N(x)|^2 dx \leq (\|g_1\| + 1)^2 < \infty$$

故に単調収束定理により

$$\lim_{N\to\infty} h_N(x) < \infty \quad a.e.$$

かつ

$$h(x) = \lim_{N\to\infty} h_N(x)$$

とおけば

$$\int_{\mathbb{R}^d} |h(x)|^2 dx < \infty$$

ここで注意を一つ与える．測度論に馴染みのない読者は h の定義に疑問を感じるかもしれない．単調収束定理によれば $\lim_{N\to\infty} h_N(x) <$

∞ となるのは, 殆ど至る所の x であって, 全ての $x \in \mathbb{R}^d$ ではない. 正確にいえば, ある可測集合 M が存在して, $\lambda(M) = 0$ で

$$h(x) < \infty, \quad x \in \mathbb{R}^d \setminus M$$

だから, $x \in M$ に対しては $h(x)$ について何もいっていない. 全ての x で定義されていない関数に対して $\int_{\mathbb{R}^d} |h(x)|^2 dx < \infty$ と主張されても違和感を感じる. 例えばリーマン積分では

$$\int_0^1 \frac{1}{x} dx$$

と書けば,

$$\lim_{\varepsilon \downarrow 0} \int_\varepsilon^1 \frac{1}{x} dx$$

の意味であり, 決して $\frac{1}{x}$ を $[0, 1]$ で積分しているわけではない. 実際, $x = 0$ で $\frac{1}{x}$ は定義されていない. また, $f(x) = x \sin \frac{1}{x}$ とすれば, これも $x = 0$ では定義されていない. なので

$$\int_0^1 x \sin \frac{1}{x} dx$$

と書いたときには $x = 0$ での f の定義をはっきりさせるべきである. 実際は $f(0) = 0$ と定義すれば, f は $[0, 1]$ の連続関数になる. しかし, $f(0) = a \neq 0$ と定義しても, f は $[0, 1]$ の連続関数ではないが, リーマン積分は定義できて, $\int_0^1 f(x) dx$ の値は a の選び方に依らない. リーマン積分では, 高々一点の値の違いは積分の値に影響しない. さて, リーマン積分と同様な慣習が測度論にもある. 関数 ρ が測度ゼロの集合を除いて定義されていれば

$$\int_{\mathbb{R}^d} \rho(x) dx$$

と書いてしまう．厳密には次のようにする．ρ を $\mathbb{R}^d$ 全体に次のように拡張する．

$$\tilde{\rho}(x) = \begin{cases} \rho(x) & x \in \mathbb{R}^d \setminus M \\ \xi(x) & x \in M \end{cases}$$

ここで, $\xi(x)$ は任意の可測関数．そうすると

$$\tilde{\rho}(x) = \rho(x)\mathbb{1}_{\mathbb{R}^d \setminus M}(x) + \xi(x)\mathbb{1}_M(x)$$

と表せて, ρ, ξ, $\mathbb{1}_{\mathbb{R}^d \setminus M}$, $\mathbb{1}_M$ が全て可測なので, $\tilde{\rho}$ は可測関数になる．また

$$\int_{\mathbb{R}^d} \tilde{\rho}(x)dx = \int_{\mathbb{R}^d \setminus M} \rho(x)dx$$

になり ξ の選び方によらないことがわかる．そこで,

$$\int_{\mathbb{R}^d} \rho(x)dx = \int_{\mathbb{R}^d} \tilde{\rho}(x)dx$$

と解釈する慣習である．ただし, ここでは, この慣習をあえて使わずに丁寧に証明することにする．

$$\tilde{h}(x) = \begin{cases} h(x) & x \in \mathbb{R}^d \setminus M \\ 0 & x \in M \end{cases}$$

としよう．$\tilde{h}$ は h と異なり, 全ての $x \in \mathbb{R}^d$ で定義されている．細かいことをいうと $\tilde{h}$ の可測性は自明ではない．しかし

$$h_N(x)\mathbb{1}_M(x) \to h(x)\mathbb{1}_M(x) = \tilde{h}(x) \quad \forall x \in \mathbb{R}^d$$

なので $\tilde{h}$ は可測関数列 $h_N(x)\mathbb{1}_M(x)$ の極限だから可測関数である．

$$\lim_{N\to\infty} h_N(x) = \tilde{h}(x) \quad x \in \mathbb{R}^d \setminus M$$

だから $x \in \mathbb{R}^d \setminus M$ に対して

$$\tilde{h}(x) = |g_1(x)| + \sum_{k=1}^{\infty} |g_{k+1}(x) - g_k(x)| < \infty$$

よって $\{g_k(x)\}_k$ はコーシー列になるから

$$g(x) = \lim_{k \to \infty} g_k(x), \quad x \in \mathbb{R}^d \setminus M$$

が存在する. g を $\mathbb{R}^d$ 全体に拡張する.

$$\tilde{g}(x) = \begin{cases} g(x) & x \in \mathbb{R}^d \setminus M \\ 0 & x \in M \end{cases}$$

とすれば, $|g_N(x)| \leq h_N(x), \forall x \in \mathbb{R}^d$, だったから

$$|\tilde{g}(x)| \leq \tilde{h}(x), \quad \forall x \in \mathbb{R}^d$$

かつ

$$\int_{\mathbb{R}^d} |\tilde{h}(x)|^2 dx < \infty$$

故に $\tilde{g} \in \mathscr{L}^2(\mathbb{R}^d)$. つまり $[\tilde{g}] \in L^2(\mathbb{R}^d)$. また

$$\begin{aligned} & g_n(x) \to \tilde{g}(x), \quad x \in \mathbb{R}^d \setminus M \\ & |g_n(x) - \tilde{g}(x)|^2 \leq 2|h(x)|^2 \quad x \in \mathbb{R}^d \setminus M \end{aligned}$$

だから, ルベーグの優収束定理より

$$\int_{\mathbb{R}^d} |g_n(x) - \tilde{g}(x)|^2 dx \to 0$$

が成り立つ. つまり, $[g_n] \to [\tilde{g}]$ が示せた. 以降, ルベーグ測度論の慣習に従って $[f] = f$ と表す.

最後に $\boldsymbol{E}$ の可分性をチェックする. $L^2(\mathbb{R}^d)$ が可分であることを [47, II.2] に倣って示そう. 証明は細かい. Ω_N は半径 N

の開球とすれば $\mathbb{R}^d = \cup_{n=1}^{\infty}\Omega_N$ となる．$f \in L^2(\mathbb{R}^d)$ に対して $f = \mathrm{Re}f + i\,\mathrm{Im}f$ と実部と虚部に分け，さらに夫々を正の部分と負の部分に分ける．

$$f = (f_+ - f_-) + i(g_+ - g_-)$$

ここで，勿論，

$$f_\pm(x) = \max\{\pm\,\mathrm{Re}f(x), 0\} \geq 0$$
$$g_\pm(x) = \max\{\pm\,\mathrm{Im}f(x), 0\} \geq 0$$

である．

$$\|f\|^2 = \int_{\mathbb{R}^d}(|f_+(x)|^2 + |f_-(x)|^2 + |g_+(x)|^2 + |g_-(x)|^2)dx$$

だから，f は $f(x) \geq 0$ と思って近似列を構成すれば十分．f_N を次のように定義する．

$$f_N(x) = \begin{cases} f(x) & x \in \Omega_N \\ 0 & \text{その他} \end{cases}$$

このとき，ルベーグの収束定理から $\lim_{N\to\infty}\|f_N - f\| = 0$ になる．そこで，

$$G = \{f \in L^2(\mathbb{R}^d) \mid \mathrm{supp}f \subset \Omega_N\}$$

とする．ここで，$\mathrm{supp}f = \overline{\{x \in \mathbb{R}^d \mid f(x) \neq 0\}}$ のことで，f の台という．$f_N \in G$ である．f_N を改めて $f \in G$ として近似列を構成する．ルベーグ積分の定義より階段関数の増加列

$$f_n = \sum_{j=1}^{m_n} a_j(n)\mathbb{1}_{A_j(n)}$$

が存在して, 代表元をとれば $f_n(x) \uparrow f(x)$ が $a.e.$ で成り立つ. ここで, $a_j(n) > 0$, $A_j(n) \subset \Omega_N$, $A_i(n) \cap A_j(n) = \emptyset$, $i \neq j$, である. $\mathbb{Q}$ は $\mathbb{R}$ で稠密だから $a_j(n) \in \mathbb{Q}$ としてもいい. そこで

$$H = \{ \sum_{j}^{\text{有限}} a_j \mathbb{1}_{A_j} \mid 0 < a_j \in \mathbb{Q}, A_j \subset \Omega_N, A_i \cap A_j = \emptyset, i \neq j \}$$

とする. $f_n \in H$ である. H に含まれるベクトルをさらに近似する. そのために測度の正則性の概念が必要になる. なかなか難しいがフォン・ノイマンも測度の正則性について [47, 36 ページ 11 行目] で言及している. 本来, 測度論は位相という概念とは独立なものであった. 集合 X, シグマ代数 $\mathcal{B}$, 測度 μ の定義に位相は関係しない. しかし, $X = (X, \mathcal{V})$ が位相空間であれば, $\mathcal{V}$ を含むシグマ代数が定義できて, 測度と位相の関係を論じることができる. 特にルベーグ測度は位相空間 $\mathbb{R}^d$ から構成された測度であり, 次の有用な性質を持つ.

命題 ($\mathbb{R}^d$ 上のルベーグ測度 λ の正則性)

任意の $\varepsilon > 0$ とルベーグ可測集合 A に対して, コンパクト集合 K と開集合 O で $K \subset A \subset O$ かつ $\lambda(O \setminus K) < \varepsilon$ となるものが存在する.

O は開集合だから, $O = U_{x \in O} B_{r_x}(x)$ とできる. また, K はコンパクトで $K \subset U_{x \in O} B_{r_x}(x)$ だから, 有限個の点 $x_j \in O$ が存在して,

$$K \subset U_{j=1}^{M} B_{r_{x_j}}(x_j) \subset O$$

とできる. よって, $U_{j=1}^{M} B_{r_{x_j}}(x_j) = \tilde{A}$ とすれば

$$\lambda(\tilde{A} \Delta A) < \varepsilon$$

になる. ここで, $X\Delta Y$ は X と Y の対称差を表す. つまり $X\Delta Y = (X\cap Y^c)\cup(X^c\cap Y)$ のこと. $X\cap Y=\emptyset$ ならば $X\Delta Y = X\cup Y$ で, $X\cap Y = X = Y$ ならば $X\Delta Y = \emptyset$ である.

$$\|1\!\!1_A - 1\!\!1_{\tilde{A}}\|^2 = \|1\!\!1_{A\Delta\tilde{A}}\|^2 = \lambda(A\Delta\tilde{A}) \le \varepsilon$$

になる. 半径が有理数で, 中心の座標が $\mathbb{Q}^d$ 上にある開球全体を

$$L = \{B_r(a)\subset\Omega_N \mid r\in\mathbb{Q}, a\in\mathbb{Q}^d\}$$

とする. 濃度 $\#L$ は可算 $\times$ 可算なので可算である. 任意の $B_r(a)\subset\Omega_N$ と任意の $\varepsilon>0$ に対して, ある $B\in L$ が存在して, $\lambda(B\Delta B_r(a))<\varepsilon$ とできるから, $\|1\!\!1_{B_r(a)} - 1\!\!1_B\|<\varepsilon$ となる.

$$H_{\mathbb{Q}} = \{\sum_j a_j 1\!\!1_{A_j} \mid 0<a_j\in\mathbb{Q}, A_j\in L, A_i\cap A_j=\emptyset, i\neq j\}$$

とする. $\#H_{\mathbb{Q}}$ は可算である. そうすると, 任意の $f\in H$ と任意の $\varepsilon>0$ に対して, $f_\varepsilon\in H_{\mathbb{Q}}$ が存在して $\|f-f_\varepsilon\|<\varepsilon$ とできることがわかる. 以上をまとめると, $L^2(\Omega_N)\ni f$ は $H_{\mathbb{Q}} = H_{\mathbb{Q}}(N)$ で近似できる.

$$\bigcup_N H_{\mathbb{Q}}(N) = \mathfrak{M}$$

とすれば $\#\mathfrak{M}$ は可算で, かつ $L^2(\mathbb{R}^d)$ で稠密である. よって $L^2(\mathbb{R}^d)$ は可分である. [終]

数列空間と同様に $L^2(\mathbb{R}^d)$ は拡張できる.

$$\mathscr{L}^p(\mathbb{R}^d) = \left\{ f:\mathbb{R}^d\to\mathbb{C} \mid \text{ルベーグ可測かつ} \int_{\mathbb{R}^d}|f(x)|^p dx<\infty \right\}$$

を同値類で割った商空間を

$$L^p(\mathbb{R}^d) = \mathscr{L}^p(\mathbb{R}^d)/\!\sim$$

とする．$L^p(\mathbb{R}^d)$ 上に

$$\|f\|_p = \left(\int_{\mathbb{R}^d} |f(x)|^p dx \right)^{1/p}$$

を定義する．$1 \le p < \infty$ のとき $\|\cdot\|_p$ ノルムになり，このとき，$(L^p(\mathbb{R}^d), \|\cdot\|_p)$ はバナッハ空間になる．しかし，ℓ^p と同じく，$0 < p < 1$ のとき $\|\cdot\|_p$ はノルムにならない．

5.2 $L^2(\mathbb{R}^d)$ の稠密な部分空間

非負な可測関数 $g \in L^2(\mathbb{R}^d)$ を考える．これを，十分滑らかな関数で近似したい．こういう操作は実際の問題を解くときには非常に役立つ．

$$g_n(x) = g(x)\mathbb{1}_{[-n,n]\times\cdots\times[-n,n]}(x)$$

とすれば

$$\int_{\mathbb{R}^d} |g(x) - g_n(x)|^2 dx \to 0 \ (n \to \infty)$$

だから，g は，コンパクト集合の外でゼロであるような可測関数 g_n で近似できる．そこで，以下 $\mathrm{supp} f$ は有界とする．非負な可測関数 f は階段関数列の極限として定義された．つまり，階段関数列 $\{f_m\}$ で

$$f_m(x) \uparrow f(x)$$

が各点で成り立つものが存在した．故に，ルベーグの優収束定理から

$$\int_{\mathbb{R}^d} |f(x) - f_m(x)|^2 dx \to 0 \ (m \to \infty)$$

となった．$f_m(x)$ は $a_j^m \mathbb{1}_{A_j^m}(x)$ という形をした特性関数の有限和だった．ここで，$A_j^m \in \mathcal{L}$ は互いに交わらないルベーグ可測集合で

ある．つまり

$$f_m(x) = \sum_{j=1}^{n_m} a_j^m \mathbb{1}_{A_j^m}(x)$$

f_m はコンパクト集合の外でゼロなので $\lambda(A_j^m) < \infty$ と思ってもいい．もし，$d = 1$ で $A = (a, b)$ のような開区間であれば

$$f_\varepsilon(x) = \begin{cases} 0 & x \in (-\infty, a-\varepsilon) \cup (b+\varepsilon, \infty) \\ \cos^2(\frac{\pi}{2}\frac{a-x}{\varepsilon}) & x \in [a-\varepsilon, a] \\ \cos^2(\frac{\pi}{2}\frac{x-b}{\varepsilon}) & x \in [b, b+\varepsilon] \\ 1 & x \in (a, b) \end{cases}$$

とすれば

$$\lim_{\varepsilon \downarrow 0} \int_{(a,b)} |f_\varepsilon(x) - \mathbb{1}_A(x)| dx \to 0$$

となるから，$\mathbb{1}_A$ は C_0^∞ の関数で近似できる．フォン・ノイマン [47, II.5 59)40 ページと 242 ページ] によれば，これで証明が終わっているが一般の場合を考えなければならない．

一般の可測集合 $A \in \mathcal{L}$ の場合にはルベーグ測度の正則性が必要になる．任意の $\varepsilon > 0$ と $A \in \mathcal{L}$ に対してコンパクト集合 K と開集合 O で $K \subset A \subset O$ かつ $\lambda(O \setminus K) < \varepsilon$ となるものが存在するのだった．以下の処方で

$$\varphi(x) = \begin{cases} 1 & x \in K \\ > 0 & x \in O \\ = 0 & x \in O^c \end{cases}$$

を満たす関数 $\varphi \in C_0^\infty(\mathbb{R}^d)$ を構成する．ウリゾーンの補題を使えば，上を満たす連続関数 φ が存在することはすぐにわかる．ここではもっと強いことを示す．はじめに $h \in C^\infty(\mathbb{R})$ を次のように定義する．

$$h(t) = \begin{cases} e^{-1/t} & t > 0 \\ 0 & t \leq 0 \end{cases}$$

$r < R$ として

$$\psi(x) = \frac{h(r^2 - |x|^2)}{h(r^2 - |x|^2) + h(|x|^2 - R^2)}$$

とすれば, $\psi \in C_0^\infty(\mathbb{R}^d)$ で

$$\psi(x) = \begin{cases} 1 & x \in B_r(0) \\ > 0 & x \in B_R(0) \\ = 0 & x \in B_R(0)^c \end{cases}$$

となる. K のコンパクト性から $x_1, \ldots, x_n \in K$ と $r_1, \ldots, r_n > 0$ で

$$K \subset \bigcup_{k=1}^n B_{r_k}(x_k) \subsetneqq \bigcup_{k=1}^n B_{2r_k}(x_k) \subset O$$

とできることに注意しよう. $\psi_k \in C_0^\infty(\mathbb{R}^d)$ を, ψ の定義で $r = r_k$, $R = 2r_k$ とし, さらに x_k だけ平行移動した関数とすれば

$$\psi_k(x) = \begin{cases} 1 & x \in B_{r_k}(x_k) \\ < 1 & x \in B_{2r_k}(x_k) \\ = 0 & x \in B_{2r_k}(x_k)^c \end{cases}$$

となる非負関数である. 更に

$$\Psi = \sum_{k=1}^n \psi_k, \quad \Phi = \prod_{k=1}^n (1 - \psi_k)$$

とすれば,

$$\Psi(x) = \begin{cases} > 0 & x \in \cup_k B_{r_k}(x_k) \\ > 0 & x \in \cup_k B_{2r_k}(x_k) \\ = 0 & x \in (\cup_k B_{2r_k}(x_k))^c \end{cases}$$

$$\Phi(x) = \begin{cases} = 0 & x \in \cup_k B_{r_k}(x_k) \\ \leq 1 & x \in \cup_k B_{2r_k}(x_k) \\ = 1 & x \in (\cup_k B_{2r_k}(x_k))^c \end{cases}$$

これから

$$\varphi = \frac{\Psi}{\Phi + \Psi} = \begin{cases} = 1 & x \in \cup_k B_{r_k}(x_k) \\ \le 1 & x \in \cup_k B_{2r_k}(x_k) \\ = 0 & x \in (\cup_k B_{2r_k}(x_k))^c \end{cases}$$

つまり,

$$\left(\int_{\mathbb{R}^d} |1\!\!1_A(x) - \varphi(x)|^2 dx \right)^{1/2} < \lambda(O \setminus K) < \varepsilon$$

となる. A_j^m ごとに

$$\left(\int_{\mathbb{R}^d} |1\!\!1_{A_j^m}(x) - \varphi_j^m(x)|^2 dx \right)^{1/2} < \lambda(O \setminus K) < \varepsilon$$

となる $\varphi_j^m \in C_0^\infty(\mathbb{R}^d)$ が存在する. よって, 階段関数 $f_m(x)$ に対して

$$\varphi_m(x) = \sum_{j=1}^n a_j \varphi_j^m$$

とすれば

$$\|f_m - \varphi_m\| < \varepsilon \sum_{j=1}^{n_m} a_j$$

となって, f_m が C_0^∞ 関数で近似できることがわかる. 全て合わせて $f \in L^2(\mathbb{R}^d)$ に対して $\|f - \varphi\| < \varepsilon$ となる $\varphi \in C_0^\infty(\mathbb{R}^d)$ が存在する. [終]

6 有界関数空間

6.1 有界連続関数空間

$\mathbb{R}^d$ 上の複素数値有界連続関数の集合を考える.

$$C_{\mathrm{b}}(\mathbb{R}^d) = \{ f : \mathbb{R}^d \to \mathbb{C} \mid f \text{ は連続で有界} \}$$

これは明らかに線形空間である．ここで

$$\|f\|_\infty = \sup_{x\in\mathbb{R}^d} |f(x)|$$

と定める．$\|\cdot\|_\infty$ がノルムの公理を満たすこともすぐにわかる．これをスープノルムという．

命題（有界連続関数空間）

$(C_\mathrm{b}(\mathbb{R}^d), \|\cdot\|_\infty)$ はバナッハ空間である．

証明．完備性を示せば十分．$\{f_n\} \subset C_\mathrm{b}(\mathbb{R}^d)$ をコーシー列とする．つまり，任意の $\varepsilon > 0$ に対して，ある N が存在して，$n, m \geq N$ ならば

$$|f_n(x) - f_m(x)| \leq \sup_{x\in\mathbb{R}^d} |f_n(x) - f_m(x)| < \varepsilon$$

となる．よって $x \in \mathbb{R}^d$ ごとに，複素数数列 $\{f_n(x)\}_n$ は $\mathbb{C}$ のコーシー列になっているから $f_n(x) \to f(x)$ $(n \to \infty)$ となる $f(x) \in \mathbb{C}$ が存在する．任意の $x \in \mathbb{R}^d$ で

$$|f_n(x) - f_m(x)| < \varepsilon \quad \forall n, m > N$$

だから，$m \to \infty$ とすれば任意の $x \in \mathbb{R}^d$ で

$$|f_n(x) - f(x)| \leq \varepsilon \quad \forall n > N$$

となる．つまり，

$$\|f_n - f\|_\infty \leq \varepsilon \quad \forall n > N$$

となるから f_n は f に $\|\cdot\|_\infty$ で収束することがわかる．$f \in C_\mathrm{b}(\mathbb{R}^d)$ を示そう．f は連続関数の一様連続極限だから連続である．また，コーシー列は有界列なので任意の n に対して $\|f_n\|_\infty \leq M$ となる M が存在する．$n \to \infty$ とすれば $\|f\|_\infty \leq M$．よって $f \in C_\mathrm{b}(\mathbb{R}^d)$ になる．[終]

6.2 有界可測関数空間

バナッハ空間 $C_{\mathrm{b}}(\mathbb{R}^d)$ は連続関数の集合だったが, 量子力学の数学的基礎付けのためには連続関数の集合というのは条件が強すぎる. 連続関数を可測関数に置き換えたい. しかし

$$g(x) = \cos x, \quad f(x) = \begin{cases} \cos x & x \neq 0 \\ 2 & x = 0 \end{cases}$$

という関数を考えたとき $f = g\ a.e.$ であるが, 上限を考えると

$$\|g\|_\infty = 1 \neq 2 = \|f\|_\infty$$

となり異なる. 高々一点しか違わない関数のスープノルムが劇的に異なるというのも使いづらい. $L^2(\mathbb{R}^d)$ の世界では一点どころか $f = g\ a.e.$ のときに f と g を同一視するのであった. 故に同値類 $[f]$ に対してスープノルムのようなものを定義したい. 測度論では上限 sup に代わる概念が必要となる.

可測な有界関数の集合 $\mathscr{L}^\infty(\mathbb{R}^d)$ とその商空間 $L^\infty(\mathbb{R}^d)$ を定義しよう. そのために本質的上限 esssup を定義する. 可測関数 f に対して $\{a \in \mathbb{R} \mid \lambda(\langle f > a \rangle) = 0\}$ は下から有界な集合なので, 実数の連続性から下限が存在するので

$$\mathrm{esssup} f = \inf\{a \in \mathbb{R} \mid \lambda(\langle f > a \rangle) = 0\}$$

と定める. そこで

$$\mathscr{L}^\infty(\mathbb{R}^d) = \{f : \mathbb{R}^d \to \mathbb{R} \mid \mathrm{esssup}|f| < \infty\}$$

と定義する. 同値関係 $f \sim g \iff f = g\ a.e$ による商空間を

$$L^\infty(\mathbb{R}^d) = \mathscr{L}^\infty(\mathbb{R}^d)/\sim$$

とおいて $L^\infty(\mathbb{R}^d)$ 上にノルムを

$$\|[f]\|_\infty = \mathrm{esssup}|f|$$

と定める．$C_\mathrm{b}(\mathbb{R}^d)$ のノルムと同じ記号 $\|\cdot\|_\infty$ を使う．これは代表元のとり方に依らない．実際 $f = g$ *a.e.* のとき $M = \langle f = g\rangle$ とすれば $\lambda(M^c) = 0$. $\lambda(\langle f > a\rangle) = 0$ のとき

$$\lambda(\langle g > a\rangle) = \lambda(\langle g > a\rangle \cap M \bigcup \langle g > a\rangle \cap M^c) = \lambda(\langle f > a\rangle \cap M)$$
$$= \lambda(\langle f > a\rangle \cap M \bigcup \langle f > a\rangle \cap M^c) = \lambda(\langle f > a\rangle) = 0$$

逆もいえるから $\lambda(\langle f > a\rangle) = 0 \iff \lambda(\langle g > a\rangle) = 0$ なので

$$\|[f]\|_\infty = \|[g]\|_\infty$$

命題（有界可測関数空間）

$(L^\infty(\mathbb{R}^d), \|\cdot\|_\infty)$ はバナッハ空間である．

証明．$s = \mathrm{esssup}|f|$ とする．下限の定義から任意の $\varepsilon > 0$ に対して $a_\varepsilon < s + \varepsilon$ で $\lambda(\langle f > a_\varepsilon\rangle) = 0$ となるものが存在する．$f^{-1}(a_\varepsilon, \infty) = X_\varepsilon$ とおこう．つまり，$\lambda(X_\varepsilon) = 0$ で $\mathbb{R}^d \setminus X_\varepsilon \ni x$ ならば $|f(x)| \le a_\varepsilon$ となる．特に $|f(x)| < s + \varepsilon$ である．$\varepsilon = 1/m$ として $\mathbb{R}^d \setminus X_{1/m} \ni x$ ならば $|f(x)| < s + 1/m$ であるから，$X = \cup_m X_{1/m}$ とすれば

$$|f(x)| \le s, \quad x \in \mathbb{R}^d \setminus X$$

になる．ここで $\lambda(X) = 0$ であることに注意しよう．

さて $\{[f_n]\} \subset L^\infty$ をコーシー列とする．$L^2(\mathbb{R}^d)$ の完備性の証明と同じように収束する部分列 $\{[f_{n(k)}]\} = \{[g_k]\}$ をみつければいい．

そこで, 部分列で $\sum_{k=1}^{\infty}\|[g_{k+1}]-[g_k]\|_\infty \le 1$ となるものをとってくる. $g(x)=\lim_{n\to\infty} g_n(x)\le\infty$ とおく. 上で示したことから測度ゼロの可測集合 X_k が存在して

$$|g_{k+1}(x)-g_k(x)|\le\||[g_{k+1}]-[g_k]\|_\infty \quad \forall x\in\mathbb{R}^d\setminus X_k$$

が成り立つ. $X=\cup_k X_k$ とすれば $\lambda(X)=0$ で

$$|[g_{k+1}](x)-g_k(x)|\le\|[g_{k+1}]-[g_k]\|_\infty \quad \forall x\in\mathbb{R}^d\setminus X,\ \forall k$$

が成り立つ. $\sum_{k=1}^{\infty}\|[g_{k+1}]-[g_k]\|_\infty<\infty$ だったから,

$$|g(x)|\le\|g_1\|_\infty+\sum_{k=1}^{\infty}\|[g_{k+1}]-[g_k]\|_\infty<\infty \quad \forall x\in\mathbb{R}^d\setminus X$$

が成り立つ. これはまさに $\mathrm{esssup}|g|\le\|[g_1]\|_\infty+1<\infty$ をいっているから $g\in L^\infty$ である. $[g_n]\to[g](n\to\infty)$ を示そう. これは一瞬で終わる. 任意の $x\in\mathbb{R}^d\setminus X$ で

$$|g_n(x)-g_m(x)|\le\sum_{k=m}^{n}\|[g_{k+1}]-[g_k]\|_\infty \quad n,m>N$$

ここで $n\to\infty$ とすれば

$$|g(x)-g_m(x)|\le\sum_{k=m}^{\infty}\|[g_{k+1}]-[g_k]\|_\infty \quad m>N$$

であるから, 任意の $\varepsilon>0$ に対して N を十分大きくとれば

$$|g(x)-g_m(x)|\le\varepsilon \quad \forall x\in\mathbb{R}^d\setminus X \quad m>N$$

つまり, $\lim_{n\to\infty}\|[g_n]-[g]\|_\infty=0$ となる. [終]

第3章
‘ヒルベルト空間’の由来

1 登場人物紹介

‘ヒルベルト空間’という用語をはじめに使ったのは誰か？ 20世紀初頭に，この命名に関わった人物は，主にシェーンフリース，ヒルベルト，ハウスドルフ，ルベーグ，フィッシャー，シュミット，フレッシェ，リース，ウリゾーン，そしてフォン・ノイマン等である．

アーサー・シェーンフリースはワイエルシュトラスの弟子で，この中では一番の年長である．シェーンフリースは，群論の化学への応用やトポロジーの研究で知られるドイツ人である．主人公のヒルベルトは2乗総和可能な数列空間 ℓ_2 を考察した本人である．エルハルト・シュミットはヒルベルトの愛弟子で勿論，ドイツ人で，ヒルベルトと積分方程式の理論を作った．ハウスドルフは1914年に位相の概念を確立し，現代数学の門を切り開いた名著 [11] を出版したことは既に述べた．エルンスト・フィッシャーはオーストリア人で，フランツ・メルテンとレオポルド・ゲーゲンバウアーのもとで学位をとっている．ゲーゲンバウアーはワイエルシュトラスの弟子であるからシェーンフリースは学問上の「おじ」にあたる．

もう一人の主人公はルベーグであろう．フランスの当時の測度論

	生没年	出身国
シェーンフリース	1853-1928	ドイツ
ヒルベルト	1862-1943	ドイツ
ハウスドルフ	1868-1942	ドイツ
ルベーグ	1875-1941	フランス
フィッシャー	1875-1954	オーストリア
シュミット	1876-1959	ドイツ
フレッシェ	1878-1973	フランス
リース	1880-1956	ハンガリー
ウリゾーン	1898-1924	ロシア
フォン・ノイマン	1903-1957	ハンガリー

ヒルベルト空間命名物語の登場人物

グループは師弟関係順に並べると，ダルブー → ボレル → ルベーグ + ベールの順で伝統を築いてきた．ルベーグは 1902 年に測度論を完成させた．モーリス=ルネ・フレッシェは，ルベーグより 3 歳年少のフランス人で，ヒルベルト空間命名物語の黒子のような存在である．パベル・ウリゾーンはロシア人で，すでに本書で紹介したウリゾーンの補題で知られる．ウリゾーンは論文タイトルに初めて‘ヒルベルト空間’を使ったという名誉を勝ちとった．しかし，弱冠 26 歳でフランスのブルターニュの海岸で溺死している．最後に，フリジェシュ・リースとフォン・ノイマンは共にハンガリー人で，フォン・ノイマンが最終的にヒルベルト空間を定義した．

以上，ヒルベルト空間命名物語の登場人物を眺めると現代の関数解析の礎を気づいた人達ばかりであることがわかるだろう．

2　ヒルベルトとシュミット

エルハルト・シュミットは1876年1月13日にリヴォニア州（現在のエストニア）のタルトゥで生まれた．ヒルベルトのもとで1905年にゲッチンゲン大学から博士号を授与され，後にベルリン大学教授になる．シュミットはヒルベルトと共に関数解析に重要な貢献をし，グラム・シュミットの直交化法やヒルベルト・シュミット作用素などに名が残っている．

ヒルベルトとシュミットは今日の積分方程式論の基礎を作った．次の積分方程式を考える．

$$X(x) + \varepsilon \int_a^b K(x,y)X(y)dy = f(x)$$

この方程式の有限版が $\mathbb{R}^n$ 上の方程式

$$x_i + \varepsilon \sum_{j=1}^{n} K_{ij}x_j = f_i$$

である．K と f を

$$K = \begin{pmatrix} K_{11} & \cdots & K_{1n} \\ \vdots & & \vdots \\ K_{n1} & \cdots & K_{nn} \end{pmatrix}, \quad f = \begin{pmatrix} f_1 \\ \vdots \\ f_n \end{pmatrix}$$

とおけば，簡単に

$$(E + \varepsilon K)x = f$$

という一次方程式を解くことになる．$|\varepsilon|$ が十分小さければ，$E+\varepsilon K$ は正則になり，

$$x = (E + \varepsilon K)^{-1} f$$

が解になる．行列 A に対して $A^* = A$ となるときエルミート行列といった．行列 K がエルミート行列の場合，互いに直交する n 個の固

有ベクトル $e_1, \ldots, e_n$ が存在する．$Ke_i = E_i e_i$ とする．$e_1, \ldots, e_n$ は $\mathbb{C}^n$ の基底になるから，$x \in \mathbb{C}^n$ は $x = \sum_i (e_i, x) e_i$ と展開できる．故に

$$Kx = \sum_i E_i (e_i, x) e_i$$

となる．よって

$$(y, Kx) = \sum_i E_i (e_i, x)(y, e_i)$$

が成立する．

同じことを積分方程式で考える．$K(x, y) = K(y, x)$ は実対称とする．

$$\kappa : f \mapsto \int_a^b K(x, y) f(y) dy$$

を積分作用素という．もちろん f がどういう関数のクラスなのかを明示する必要があるが，詳しくは第 5 章に譲り，ここでは深入りしないことにする．

$$\int_a^b \int_a^b |K(x, y)|^2 dx dy < \infty$$

であれば積分作用素 κ は‘大きな’行列のような作用素になる．つまり，κ の固有値 E_i と固有関数 e_i が存在して

$$\begin{aligned}
&\int_a^b dx \int_a^b dy K(x, y) X(x) \overline{Y(y)} \\
&= \sum_i^\infty E_i \int_a^b X(x) \bar{e}_i(x) dx \int_a^b \bar{Y}(x) e_i(x) dx
\end{aligned}$$

となる．L^2 の内積を使って書けば

$$(Y, \kappa X) = \sum_i E_i (e_i, X)(Y, e_i)$$

となる．これがヒルベルトの積分作用素の骨子である．作用素の逆 $(\mathbb{1}+\varepsilon K)^{-1}$ が存在すれば，積分方程式を解くことができる．これはフレッドホルム作用素といわれる．シュミットは1905年（出版は1907年）の学位論文 [31] でこれを拡張した．積分作用素 κ は今日ヒルベルト・シュミット作用素と呼ばれている．

3　リースとフィッシャー

F・リース

フリジェシュ・リースは1880年1月22日にオーストリア・ハンガリー帝国時代のユダヤ人の家族に生まれた．1911年から1919年まで，オーストリア・ハンガリー帝国のコロジュヴァールにあるフランツ・ヨゼフ大学の教授を務めた．第一次世界大戦後，コロジュヴァールを含む旧オーストリア・ハンガリー帝国領がルーマニア王国に移され，コロジュヴァールの名前がクルジュ・ナポカに変わり，フランツ・ヨゼフ大学がハンガリーのセゲドに移動し，セゲド大学となった．その後，リースはセゲド大学の学長兼教授になり，ハンガリー科学アカデミーのメンバーにもなった．彼の名を冠する定理は多い．リースの表現定理，リース・マルコフ・角谷の定理，リース・フィッシャーの定理など．

一方，エルンスト・フィッシャー は1875年7月12日にオーストリア・ハンガリー帝国時代のウィーンで生まれた．彼はウィーンとチューリッヒの大学でそれぞれメルセンヌとミンコフスキーの両方と一緒に仕事をしている．彼は後にエルランゲン大学の教授になり，エミー・ネーターとも共同で仕事をしている．

E・フィッシャー

リースとフィッシャーは, 今日リース・フィッシャーの定理と呼ばれる $\ell_2 \cong L^2$ 及び L^p の完備性を示した. フィッシャーはルベーグと同い年である.

フィッシャーはオーストリア人で, リースはハンガリー人. 1900 年初頭は勿論, オーストリア・ハンガリー 帝国時代でハンガリー 人がハプスブルク家の本家であるオーストリアに負けじと頑張ったといわれているが, フィッシャーとリースもその延長線上にあったのだろうか.

リースは 1906 年 11 月 12 日に [26] を発表している. そこで, フレッシェに感謝を述べて, f, g の距離 $\mathrm{d}(f, g)$ を以下で定義した.

$$\mathrm{d}(f, g) = \sqrt{\int_{\mathbb{R}} |f(x) - g(x)|^2 dx}$$

さらに, リースは 1907 年 3 月 11 日に発表した論文 [27] で次のことを示した. $\{e_n\}$ を $L^2(\mathbb{R})$ の CONS とする. このとき, 任意の $\{a_n\} \in \ell_2$ に対して $f \in L^2(\mathbb{R})$ が存在して, 次のようになる.

$$a_n = \int f(x) e_n(x) dx$$

実際, $f = \sum_n a_n e_n$ と定義すればいいのだが, $\sum_n a_n e_n$ が収束することを示すために $L^2(\mathbb{R})$ の完備性が必要になる. 完備であれば, $\{\sum_{n=1}^m a_n\}_m$ がコーシー列であることさえいえばいい. それで, リースによって $L^2(\mathbb{R})$ の完備性が示された. また, $f \in L^2(\mathbb{R})$ に対して,

$$\sum_n |(e_n, f)|^2 < \infty$$

の証明は易しい．結局次を示したことになる．

命題（リース・フィッシャーの定理）

$\{e_n\}$ を $L^2(\mathbb{R})$ の CONS とする．写像 $\iota : \ell_2 \ni a = \{a_n\} \to f \in L^2(\mathbb{R})$ を $f = \sum_n a_n e_n$ と定義する．このとき，ι は全単射かつ等長 $\|a\|_{\ell_2} = \|f\|_{L^2(\mathbb{R})}$．つまり，次のユニタリー同型が成り立つ．

$$\ell_2 \cong L^2(\mathbb{R})$$

この定理から，例えば，

$$L^2 \ni f \leftrightarrow \{a_1, a_2, \ldots\} \in \ell_2$$
$$L^2 \ni g \leftrightarrow \{b_1, b_2, \ldots\} \in \ell_2$$

の対応があるとき，内積は次のようになる．

$$\sum_i \bar{a}_i b_i = \int \bar{f}(x) g(x) dx$$

これで，ゲルマン人の空間 ℓ_2 とフランス人の空間 L^2 が同型であることが示された．これらの証明のアイデアはシュミット，ルベーグ，フレッシェからきている．一方，フィッシャーも同様の証明を[8]で与えた．これは1907年4月29日に出版されている．しかし，フィッシャーは1906年に出版されたリースの論文[26]を読む機会があり，フィッシャーがリースと独立に証明したとはいい難い．

リース・フィッシャーの定理は量子力学における，行列力学と波動力学の同値性を与えるものである．フォン・ノイマンはそれを見抜いていた．詳しいことは第10章に譲る．

4 シェーンフリースとフレッシェ

A・シェーンフリース

1900年代初頭は, 集合の概念が点の集まりから, 関数などの集まりへと拡大した時期である. 点集合には, 閉集合, 開集合, コンパクト集合, 収束, 集積点, 閉包など, さまざまな概念が存在する. それらは平面上に描くことができて視覚的にも理解しやすい. これらの概念を関数の集合へ拡大したい. これはアダマールらによって語られたことである. 例えば $A \subset \mathbb{R}^d$ のような部分集合の元 a は $a = (a_1, \ldots, a_d)$ のように d 個の要素で表せる. 無限個の要素からなる元 $a = (a_1, a_2, \ldots)$ を考えるのは数学として自然だろう. ヒルベルトはここに2乗総和可能という条件を課して ℓ_2 を定義した. $\mathbb{R}^d$ における長さの概念を拡張して ℓ_2 には距離が定義できる. ここまではいけそうな気がするが, 数列を関数に変えて, 関数空間を考え, そこに距離を定義することは当時相当厄介だったに違いない. それに果敢に挑んだ数学者の一人がフレッシェである. この節は主に [39, Chapter 7] を参照にした.

シェーンフリースはポーランドのゴルジュフで生まれた. クンマーとワイエルシュトラスに師事し, フェリックス・クラインの影響を受けた. まさに, 関数の集合の幾何学化に触れる機会が多かったのだろう. 1870年から1875年までベルリン大学で学び, 1877年に博士号を取得している.

一方, フレッシェはシェーンフリースより25歳も若いフランスの数学者である. パリにある Lycée Buffon で中等教育を受け, そこでアダマールに師事して数学を学んだ. 若きフレッシェの才能を見出したアダマールは個人的にフレッシェの家庭教師をかって出ている. 1900 年, École Normale Supérieure へ進学し, 位相空間論に多大な貢献をし, 距離空間の概念をきちんとした形で導入した. フレッシェの博士論文は距離空間上の汎函数論を拓くものであり, そこで関数空間にコンパクト性の概念を導入している.

M・フレッシェ

フレッシェは 1907 年から 1908 年までブザンソンの高校に数学教員として勤めた. 一方, 1907 年当時, シェーンフリースはケーニヒスベルク大学の教授であった. この頃, フレッシェと手紙のやり取りをしていたことがわかっている. シェーンフリースからフレッシェへの 16 通の手紙やカードが現存しているが, フレッシェからシェーンフリースへのものは 2021 年現在確認されていない.

1907 年の 2 月 12 日より以前にシェーンフリースはフレッシェの学位論文のコピーを得ている. これは 2 月 12 日にこの学位論文に関してフレッシェに手紙を書いていることからわかる. フレッシェは学位論文で関数の集合を考察している. フレッシェの学位論文に対してシェーンフリースが質問するという形で手紙のやり取りが続いた. シェーンフリースは, その年の 12 月までに, ドイツ数学会 100 周年のための投稿論文 [33] を完成させている. そこで, 一般の集合論の拡張を行った. この論文の III と VII にフレッシェの結果が含まれている. 特に VII は関数と曲線の集合に関するものである. シェーンフリースがこのように喧伝したおかげで, フレッシェの業績は多くの人の注目を集めるようになったといわれている. シェーンフリースが興味を惹かれたのは, ユークリッド以来の直線上や平面上の素朴な集合と, フレッシェの考察した関数の集合の同一性にあった.

1897 年の第 1 回国際数学者会議でアダマールが点集合の概念を関数の集合に拡張することに言及し, シェーンフリースはフレッシェの結果を知りその可能性を感じていた. シェーンフリースは [33, 73 ページ] で「点集合の研究の主な進展はフレッシェの導入した集合 R_∞ へ拡張できることである」と述べている. シェーンフリースは集合論で大切なこととして次の 3 つを挙げた.

(1) 集合の極限要素の定義
(2) ボルツァーノ・ワイエルストラスの定理
(3) 集合の閉性

「これらを R_∞ に拡張できる」とシェーンフリースはいっている. シェーンフリースは素朴な点集合の理論を多くの異なるものを含むように拡張することよりも, 素朴な集合論と類似な性質に興味があった. 例えば, コンパクト集合の概念を関数の集合にも定義するようなことである. フレッシュの論文ではまさに関数空間のコンパクト性が扱われていた.

はじめに述べたように, 1907 年 2 月 12 日にフレッシェに手紙を書いている. シェーンフリースはボルツァーノ・ワイエルストラスの定理やハイネ・ボレルの定理に興味があった. 前者は収束する部分列の存在を保証し, 後者はコンパクト性と同値な条件を与える. 10 月 27 日の手紙には, なぜコンパクト集合のようなものを考えないのか? と書いている. 2 人の手紙のやり取りは少なくとも 1912 年 12 月まで続いた.

フレッシェは 1908 年にナントの高校へ移って一年を過ごす. その後, 1910 年から 1919 年までポワチエ大学に勤務した. 1914 年に勃発した第一次世界大戦に従軍し, 1928 年にパリに戻る. 大きな業

シェーンフリース
ヒルベルト
ハウスドルフ
シュミット
（独 ℓ_2派）

リース
（ハンガリー）
$\updownarrow$ $\ell_2 \cong L^2$ $\longleftrightarrow$ フォン・ノイマン（抽象化）$\longleftrightarrow$ ルベーグ フレッシェ（仏 L^2派）
フィッシャー
（オーストリア）

ルベーグ
フレッシェ
（仏 L^2派）
$\updownarrow$
ウリゾーン
（露）

ヒルベルト空間の命名をめぐって

績を残したにもかかわらず, フランスにおけるフレッシェの評価はあまり芳しいものではなかった. そのことを象徴するように, 幾度となく推薦があったにもかかわらずフランス科学アカデミーのメンバーになかなか選出されず, 78 歳になって漸く選ばれている.

5　ヒルベルト空間の命名

歴史の糸を辿ると実に興味深い. 二人のドイツ人, ヒルベルトとシュミットは子弟関係にあり, ℓ_2 理論の匂いがする. 一方で, 二人のフランス人, ルベーグとフレッシェは年齢も近く, L^2 理論の匂いがする.

[39, Chapter 10] によれば, ヒルベルト空間という用語が最初に現れたのは, シェーンフリースが 1908 年に出版した [33] の 266 ページである. シェーンフリースは, 現在 ℓ_2 空間として知られ

Somit entsteht für uns die Aufgabe, den abstrakten Hilbertschen Raum auf Grund seiner „inneren" — d. h. ohne Bezugnahme

Mathematische Begründung der Quantenmechanik. 15

auf die Interpretation seiner Elemente als Folgen oder Funktionen formulierbaren — Eigenschaften zu beschreiben. Wir werden sie

フォン・ノイマンによる抽象的なヒルベルト空間の定義 [42, 14-15 ページ]

(和訳: よって, 抽象的なヒルベルト空間を, それらが内在的に持っている性質, つまり関数や数列といった解釈によらない性質によって説明しよう.)

ている数列空間をヒルベルト空間と呼んだ. シェーンフリースはヒルベルトより 9 年も年長だった. つまり, 先輩が名前をつけたことになる. 弟子が気をつかって師匠の名前を拝借することが多い気がするのだが. 1907 年, リース [27] とフィッシャー [8] は, 2 乗可積分関数の全体 $L^2(\mathbb{R})$ と数列空間 ℓ_2 が同型であることを証明した. しかし, リースもフィッシャーも 1907 年にヒルベルト空間という用語は使っていない. フレッシェが 1908 年に数列空間に関する論文 [10] を発表したときにもヒルベルト空間という用語は使われていない. ヒルベルトの学生であるシュミットが 1908 年に発表した論文 [31] では, ℓ_2 空間の幾何学について書いているが, ヒルベルト空間という用語は使っていない.

ボーアの原子模型が現れる 1910 年代に入り, ヒルベルト空間の名前が少しづつ現れ始める. もちろん, 量子論とヒルベルト空間の関係に言及したものはない. リースは 1913 年に刊行した著書 [30] の 78 ページで数列空間 ℓ_2 をヒルベルト空間と呼んでいる. 続いて,ハウスドルフは彼の名著の 1914 年版 [11] の 287 ページで, 数列空間 ℓ_2 をヒルベルト空間と呼んでいる. しかしながら, $L^2(\mathbb{R})$ がヒルベルト空間と呼ばれた証拠はない.

それから 13 年が経過し, ついに, フォン・ノイマンが 1927 年の三部作の一つ [42] の 14 ページで抽象的なヒルベルト空間を定義した. $L^2(\mathbb{R})$ の命名に関しては次節で紹介するように, 1923 年に一悶着あったことをフォン・ノイマンが知っていたかどうかわからないが, ℓ_2 や L^2 を飛び越えて, 抽象的なヒルベルト空間を定義したのはお見事である. その結果, ヒルベルト空間は ℓ_2 を示す固有名詞から, もっと大きな抽象的な空間を指す普通名詞になった. フォン・ノイマン以降, $L^2(\mathbb{R})$ や ℓ_2 はヒルベルト空間の一つと呼ばれるようになった.

Die Zuordnung ist linear, d. h.

aus $f \leftrightarrow (x_1, x_2, \ldots)$ folgt $af \leftrightarrow (ax_1, ax_2, \ldots)$,

aus $\begin{Bmatrix} f \leftrightarrow (x_1, x_2, \ldots) \\ g \leftrightarrow (y_1, y_2, \ldots) \end{Bmatrix}$ folgt $f + g \leftrightarrow (x_1 + y_1, x_2 + y_2, \ldots)$,

und es ist

$$\int_\Omega f \cdot \bar{g} \cdot dv = \sum_{n=1}^{\infty} x_n \overline{y_n} \,{}^{9)}.$$

D. h. alle bei der Beschreibung der Eigenwerte und Eigenfunktionen verwendeten Begriffsbildungen sind bei dieser Zuordnung invariant; also müssen dieselben in den in I. betrachteten kontinuierlichen Räumen und im diskreten Raume aus II. dasselbe Verhalten zeigen.

フォン・ノイマンによる ℓ_2 と $L^2(\mathbb{R})$ の同型性の紹介 [45, 53 ページ]

フォン・ノイマンは, [45] の 53 ページで $L^2(\mathbb{R})$ を連続空間 (Kontinuierlichen Räumen) と呼び, ℓ_2 を離散空間 (Diskreten Raume) と呼んで, その同型性 (リース・フィッシャーの定理) にも言及している.

6 幻のヒルベルト=ルベーグ=リース空間

P・ウリゾーン

2 乗総和可能な数列空間 ℓ_2 がヒルベルト空間と命名されて 10 年以上が過ぎ, さらに $\ell_2 \cong L^2$ もリースとフィッシャーにより証明されていた 1923 年当時, ドイツの ℓ_2 派に対してフランスの L^2 派はやや物足りない思いをしていた. そんな中で, フレッシェとルベーグの間で興味深いやり取りがあった. それは [39, Chapter 10] で紹介されている.

フレッシェはルベーグに L^2 空間を

ヒルベルト=ルベーグ=リース空間

と命名すべきだと提案した. この名称はドイツ人, フランス人, ハンガリー人で構成されていて人種も調和が保たれ, さらに同じフランス人であるルベーグに気をつかったのだろうか. ヒルベルトの ℓ_2 は既にヒルベルト空間と呼ばれ, $L^2 \cong \ell_2$ はリースにより証明され, なんといっても, この同型関係はルベーグの創始した測度論なくしては到達できない. フレッシェの提案も悪くはない. しかし, ルベーグはこの提案を拒否した! 詳しい様子は以下のとおりである.

1923 年 10 月 23 日, 当時 20 代だったロシアの数学者ポール・アレキサンダーとパベル・ウリゾーンはフレッシェに 3 編の論文のコピーを送った. アカデミーの Comptes Rendus への投稿だった. オリジナルの論文はアカデミーの会員であるルベーグに送られていた. ウリゾーンの補題という抽象的な位相空間上の連続関数の存在定理という, 無味乾燥な重い定理を導く数学者のイメージは, まさにヒルベルトのような髭を蓄えた貫禄のある人間なのだが, ウリ

リース	1907	[27] でヒルベルト空間と呼んでない
フィッシャー	1907	[8] でヒルベルト空間と呼んでない
シュミット	1908	[31] でヒルベルト空間と呼んでない
フレッシェ	1908	[10] でヒルベルト空間と呼んでない
シェーンフリース	1908	[33] で ℓ_2 をヒルベルト空間と呼ぶ
リース	1913	[30] で ℓ_2 をヒルベルト空間と呼ぶ
ハウスドルフ	1914	[11] で ℓ_2 をヒルベルト空間と呼ぶ
ウリゾーン	1923	論文タイトルにヒルベルト空間
フレッシェ	1923	ヒルベルト=ルベーグ=リース空間提案
フォン・ノイマン	1927	[42] で抽象的なヒルベルト空間を定義

‘ヒルベルト空間’の由来

ゾーンは26歳で死去しているのでその写真は少年のように若い.

3編の論文の一つはウリゾーンの単著で論文のタイトルは

Les classes (D) séparables et l’espace Hilbertien

であった. タイトル中に l’espace Hilbertien=ヒルベルト空間の記述がある. この論文 [41] は, Comptes Rendus 1924年1月2日号に掲載され, 可分な距離空間とヒルベルト空間の関係を論じた僅か3ページの論文である. 実は, ウリゾーンの同様な論文 [40] が1923年7月22日ドイツの雑誌 Mathematical Annalen に受理されている. タイトルは

Der Hilbertsche Raum als Urbild der metrischen Räume

ここでも, Der Hirbertschen Raum=ヒルベルト空間の記述がある. こちらはドイツ語の雑誌なのでドイツ語になっている.

ウリゾーンの論文タイトルに関する, フレッシェによる手書きのメモが残っている. このメモはルベーグに送られ, その裏面には, 鉛筆で書かれたルベーグの返信がある. この文書には日付はないが, ウリゾーンの論文に関連していることは明らかであり, 論文が投稿されてから出版されるまでの間である 1923 年 10 月から 12 月の間に送られているに違いない. フレッシェは Comptes Rendus へ, ウリゾーンのヒルベルト空間という用語の使い方についてノートを投稿するつもりだった. フレッシェによる次の文はバツ印が書かれ, 余白には「後ろをみよ」と書かれている. ルベーグがバツ印を書いて, フレッシェに返信したのだろう. フレッシェの文面は要約すると以下である.

フレッシェからルベーグへ
ウリゾーンがヒルベルトの名を付けた空間は無限次元で, 距離は $\sqrt{\sum(x_n - y_n)^2}$ である. リースがこの空間と 2 乗可積分空間が同型であることを証明した. しかし, ルベーグ積分を離れてリーマン積分に戻れば, この同型関係は成り立たない. 従って, 2 乗可積分空間を'ヒルベルト=ルベーグ=リース空間'と呼ぶのがもっと適切だと感じる.

以下は手書きで書かれたルベーグの返信の一部である.

ルベーグからフレッシェへ
今まで一言も言及したことがない'空間'に関する優先権を主張できません. 私の仕事が間接的にこの空間の重要さを示したことは確かです. しかし, それは自分が注意も払わなければ予想もしなかったことです. 基本的にあなたの提案には同意しません. 非常に一般的な議論しかなく, あやふやだったが, ヒルベルトは $\sum x_n^2$ が収束する距離空間を構成した. 彼は積分方程式論のたくさんの事実を集め, それらに光をあて, 準備し, この分野の研究を可能にした. その中には, 特に彼が個人的に研究した実関数の開発とその成果があった！ 研究を続けることによって（それ自身より空間の偉大な面白さが証明された）彼の学生は直交系が何かを知りたかった. それは, 関数の族であり, それによってヒルベルト空間が表現される. ファトゥー・パーセバルの定理は関数が求められている族に属するための必要条件を与える. ファトゥーの定理の逆はリースとフィッシャーが同時に証明した. そしてここを注意してください. ファトゥは彼の定理の逆を疑っていた. なぜ彼はそれをみつけるために, 頑張らなかったか？（証明はそれはそれほど長くはかからないだろうに）それは彼がポイントを理解していなかったからです.

以上の手紙はフランス語で書かれている. ファトゥーの定理, ファトゥー・パーセバルの定理というのは今日のパーセバルの等式と思われる. ルベーグは, 自分の全く認識していなかった無限次元線型位相空間の重要性に気がついたのはヒルベルトであると称賛し, さらに, ファトゥが $\ell_2 \cong L^2$ の証明に至らなかったことを嘆いているようでもある. ちなみに, ピエール・ファトゥーは 1878 年生まれで, ルベーグより 3 歳年少で, ルベーグと同じく École Normale Supérieure に学んだ. 測度論のファトゥーの補題で知られるが, 天文学者であり, 1901 年にルベーグに誘われて積分の研究をはじめている. ウイッキペディアによれば, 正規族の研究で有名なポール・モンテルや, フレッシェと仲良しだったらしい. モンテルもフレッシェも共にボレルの弟子である.

第4章
線形作用素

1　線形作用素

線形作用素の定義から始める.

線形作用素の定義

$\mathfrak{H}$ と $\mathfrak{K}$ を線形空間とし, $\mathrm{D}(T) \subset \mathfrak{H}$ を部分空間とする. 写像 $T : \mathrm{D}(T) \to \mathfrak{K}$ が

(1) $T(f+g) = Tf + Tg$
(2) $T(\alpha f) = \alpha(Tf), \quad \forall\alpha \in \mathbb{C}$

を満たすとき T を定義域 $\mathrm{D}(T)$ の線形作用素と呼ぶ.

$\mathrm{D}(T) = \mathfrak{H}$ となることもある. 線形作用素が $A = B$ とは

$$\mathrm{D}(A) = \mathrm{D}(B), \quad Af = Bf \quad \forall f \in \mathrm{D}(A)$$

のことと定める.

$$\mathrm{D}(A) \subset \mathrm{D}(B), \quad Af = Bf \quad \forall f \in \mathrm{D}(A)$$

が成り立つとき B は A の拡大, A は B の制限という．これを

$$A \subset B$$

で表す． また, $D \subset \mathrm{D}(A)$ に対して A_D を $\mathrm{D}(A_D) = D$ かつ $A_D f = Af$ で定義したものを A の D への制限といい,

$$A_D = A\lceil_D$$

と表す． 作用素の和, スカラー積, 積を定義しよう．2つの線形作用素 $A, B : \mathfrak{H} \to \mathfrak{K}$ に対して $A + B : \mathfrak{H} \to \mathfrak{K}$ を

$$\mathrm{D}(A+B) = \mathrm{D}(A) \cap \mathrm{D}(B), \quad (A+B)f = Af + Bf$$

と定義する．また $\alpha \in \mathbb{C}$ に対して αA を

$$\mathrm{D}(\alpha A) = \mathrm{D}(A), \quad \alpha A f = \alpha(Af)$$

と定める．次に線形作用素の積について説明しよう．これは少しややこしい．問題は定義域である．$A : \mathfrak{H} \to \mathfrak{K}$, $B : \mathfrak{K} \to \mathfrak{L}$ とする．このとき $BA : \mathfrak{H} \to \mathfrak{L}$ を

$$\mathrm{D}(BA) = \{f \in \mathrm{D}(A) \mid Af \in \mathrm{D}(B)\}, \quad (BA)f = B(Af)$$

と定める．

$$\mathfrak{N}A = \{f \in \mathrm{D}(A) \mid Af = 0\}$$

を A の核という．A は線形作用素なので $\mathfrak{N}A = \{0\} \iff A$ は単射 である．また, A の値域を $\mathfrak{R}A$ と表す．

$$\mathfrak{R}A = \{g \in \mathfrak{K} \mid Af = g \text{ となる } f \in \mathrm{D}(A) \text{ が存在 }\}$$

$\mathfrak{R}A = \mathfrak{K}$ のとき A は全射, 単射かつ全射な作用素を全単射といった.

$A:\mathfrak{H}\to\mathfrak{K}$ が単射のとき $\mathfrak{R}A\ni g$ に対して一意的に $f\in\mathrm{D}(A)$ で $Af=g$ となるものが存在する．g に f を対応させる写像を A^{-1} で表して A の逆作用素という．$\mathrm{D}(A^{-1})=\mathfrak{R}A$ で，$AA^{-1}f=f$，$A^{-1}Ag=g$ が $f\in\mathfrak{R}A$ と $g\in\mathrm{D}(A)$ に対して成立する．

2　有限次元線形空間上の線形作用素

有限次元の場合を考えよう．$\mathfrak{H},\mathfrak{K}$ を $\dim\mathfrak{H}=n$, $\dim\mathfrak{K}=m$ の線形空間とする．線形作用素 $T:\mathfrak{H}\to\mathfrak{K}$ を考える．$\mathrm{D}(T)=\mathfrak{H}$ とする．さて，$\mathfrak{H}$ の基底を $f_1,\ldots,f_n$, $\mathfrak{K}$ の基底を $g_1,\ldots,g_m$ としよう．$\mathfrak{H}$ のベクトルは $f_1,\ldots,f_n$ の一次結合で，$\mathfrak{K}$ のベクトルは $g_1,\ldots,g_m$ の一次結合で，各々一意的に表せるのであった．そこで $x=\displaystyle\sum_{k=1}^{n}a_kf_k$ となるとき

$$x=\begin{pmatrix}a_1\\ \vdots\\ a_n\end{pmatrix}\in\mathbb{C}^n$$

と表すことにする．同様に $y=\displaystyle\sum_{k=1}^{m}b_kg_k$ となるとき

$$y=\begin{pmatrix}b_1\\ \vdots\\ b_m\end{pmatrix}\in\mathbb{C}^m$$

と表すことにする．これらの表記が基底の選び方に依っていることはいつも気をつけなければならない．このとき

$$Tx=\sum_{k=1}^{n}a_kTf_k$$

となる．

$$Tf_k=\sum_{l=1}^{m}a_{lk}g_l$$

で表せば結局

$$Tx = \begin{pmatrix} \sum_{k=1}^{n} a_{1k}a_k \\ \vdots \\ \sum_{k=1}^{n} a_{mk}a_k \end{pmatrix}$$

と表せる. これを行列の積で表せば

$$Tx = \begin{pmatrix} a_{11} & \cdots & a_{1n} \\ \vdots & & \vdots \\ a_{m1} & \cdots & a_{mn} \end{pmatrix} \begin{pmatrix} a_1 \\ \vdots \\ a_n \end{pmatrix}$$

となる. $m \times n$ 行列

$$\begin{pmatrix} a_{11} & \cdots & a_{1n} \\ \vdots & & \vdots \\ a_{m1} & \cdots & a_{mn} \end{pmatrix}$$

を T の表現行列という. つまり, 有限次元線形空間上の線形作用素は基底を定めれば行列で表現できる. 特に, $n = m$ のとき恒等変換に対応する行列は単位行列である. 表現行列は基底の選び方に依るので本質的なものではないが, 表現行列の行列式の符号は基底の選び方に依らない. 表現行列の行列式が非零のとき, またそのときに限り, 逆写像 $T^{-1} : \mathfrak{K} \to \mathfrak{H}$ が存在し, T^{-1} に対応する行列は T の表現行列の逆行列になることは簡単に確かめることができる. 線形作用素の合成を考える.

$$\mathfrak{H} \xrightarrow{T} \mathfrak{K} \xrightarrow{S} \mathfrak{L}$$

とする. T, S の表現行列を夫々 A, B とすれば. ST の表現行列は BA になることもすぐにわかる.

3　有界作用素と非有界作用素

フォン・ノイマンは有界作用素の理論を非有界作用素に拡張した. ここで, 有界作用素と非有界作用素の定義を与えよう.

有界作用素と非有界作用素の定義

$\mathfrak{H}$ と $\mathfrak{K}$ をノルム空間とする．線形作用素 $A:\mathfrak{H}\to\mathfrak{K}$ を考える．ある定数 $C>0$ が存在して

$$\|Af\|_{\mathfrak{K}}\le C\|f\|_{\mathfrak{H}}\quad \forall f\in \mathrm{D}(A)$$

が成り立つとき A を有界作用素と呼ぶ．有界でない線形作用素を非有界作用素と呼ぶ．

有界作用素の族にノルムを定義したい．$\|Af\|_{\mathfrak{K}}\le C\|f\|_{\mathfrak{H}}$ となる C のなかで最も小さいものを A の作用素ノルムという．つまり，有界作用素 A に対して

$$\|A\|=\sup_{f\neq 0, f\in \mathrm{D}(A)}\frac{\|Af\|_{\mathfrak{K}}}{\|f\|_{\mathfrak{H}}}$$

を A の作用素ノルムという．これは

$$\|A\|=\sup_{f,g\neq 0, g\in \mathrm{D}(A), f\in\mathfrak{K}}\frac{|(f,Ag)|}{\|g\|_{\mathfrak{H}}\|f\|_{\mathfrak{K}}}$$

も満たす．これがノルムの公理を満たすことは簡単にわかる．そうすると

$$\|Af\|_{\mathfrak{K}}\le\|A\|\|f\|_{\mathfrak{H}}$$

が成立する．有界作用素及び非有界作用素の例を挙げる．

(例 1) f を $\mathbb{R}^d$ 上の複素数値可測関数とする．f は無限大をとることも許す．$L^2(\mathbb{R}^d)$ 上の掛け算作用素 M_f を次で定義する．

$$\mathrm{D}(M_f)=\{g\in L^2(\mathbb{R}^d)\mid fg\in L^2(\mathbb{R}^d)\}$$
$$(M_f g)(x)=f(x)g(x)$$

(1) $\|f\|_\infty=\mathrm{esssup}|f|<\infty$ のとき，M_f は有界作用素になり，$\|M_f g\|\le\|f\|_\infty\|g\|$ が従う．

（2）$\|f\|_\infty = \infty$ のとき, M_f は非有界作用素になる. 例えば M_{x_j} は定義域が稠密な非有界作用素である.

（例 2） $L^2(\mathbb{R}^d)$ で微分作用素 D_j, $j = 1, \ldots, d$, を次で定義する.

$$\mathrm{D}(D_j) = C_0^\infty(\mathbb{R}^d), \quad D_j g = \frac{\partial g}{\partial x_j}$$

これは非有界作用素である.

（例 3） $L^2(\mathbb{R}^d)$ で積分作用素 κ を次で定義する.

$$(\kappa f)(x) = \int_{\mathbb{R}^d} K(x, y) f(y) dy$$

このとき,

$$\|\kappa f\|^2 \leq \left(\int_{\mathbb{R}^d \times \mathbb{R}^d} |K(x, y)|^2 dx dy \right) \|f\|^2$$

なので, $K \in L^2(\mathbb{R}^d \times \mathbb{R}^d)$ ならば κ は有界作用素である.

（例 1） と **（例 2）** は第6章で詳しく論じる.

第5章

有界作用素

1　有界作用素

本書で使う記号の説明をする．第5章以降は，何も言及しないとき，記号 $\mathfrak{H}, \mathfrak{K}$ はヒルベルト空間を表すものとする．以下で説明する命題，定理，補題では，$\mathfrak{H}$ や $\mathfrak{K}$ が必ずしもヒルベルト空間でなくとも，成り立つものがある．例えば，バナッハ空間やノルム空間など．しかし，あまり拘ると細かくなりすぎるので，敢えて，$\mathfrak{H}$ や $\mathfrak{K}$ はヒルベルト空間と仮定して話を進める．

$\mathbb{Q}$ 上の連続関数 $f:\mathbb{Q}\to\mathbb{R}$ を考える．つまり，$x\in\mathbb{Q}$ と $\varepsilon>0$ に対して，ある $\delta>0$ が存在して $|h|<\delta$ かつ $h\in\mathbb{Q}$ ならば $|f(x)-f(x+h)|<\varepsilon$. $x\in\mathbb{R}$ とすれば，$x_n\in\mathbb{Q}$ で $x_n\to x$ となる有理数の列が存在する．このとき $\{f(x_n)\}_n$ はコーシー列になるから

$$\bar{f}(x)=\lim_{n\to\infty}f(x_n)$$

が存在する．実は，$\bar{f}$ は有理数列 x_n の選び方に依らないことも示せる．なぜなら，$y_n\to x$ とするとき，$\lim_{n\to\infty}f(y_n)=g(x)$ とすれば，

$|x_n - y_n| \to 0$ だから

$$|f(x) - g(x)| = \lim_{n\to\infty} |f(x_n) - g(y_n)| = 0$$

となる．さらに，$\bar{f}$ は連続関数になる．つまり $\mathbb{Q}$ 上の連続関数が $\mathbb{R}$ 上の連続関数 $\bar{f}$ に拡張できた．

$A : \mathfrak{H} \to \mathfrak{K}$ で $\mathrm{D}(A)$ が $\mathfrak{H}$ で稠密なとき A は稠密に定義されているという．本書では何も断らない限り作用素は常に稠密に定義されているとする．上で説明した $\mathbb{Q}$ 上の連続関数 $f : \mathbb{Q} \to \mathbb{R}$ と同じことが，稠密に定義された有界作用素でも示せる．次の拡大定理が知られている．

命題（有界作用素の拡大定理）

$A : \mathfrak{H} \to \mathfrak{K}$ は稠密に定義された有界作用素とする．このとき $\bar{A} : \mathfrak{H} \to \mathfrak{K}$ で（1）$\mathrm{D}(\bar{A}) = \mathfrak{H}$，（2）$A \subset \bar{A}$，（3）$\|A\| = \|\bar{A}\|$ を満たすものがただ一つ存在する．

証明．$f \in \mathfrak{H}$ に対して $f_n \in \mathrm{D}(A)$ で $f_n \to f (n \to \infty)$ という列が存在する．$\|Af_n - Af_m\| \leq \|A\|\|f_n - f_m\| \to 0 \ (n, m \to \infty)$ となるから $\{Af_n\}$ は $\mathfrak{K}$ のコーシー列である．そこで

$$\bar{A}f = \lim_{n\to\infty} Af_n$$

と定める．これは $\{f_n\}$ のとり方によらない．何故ならば，$g_n \to f(n \to \infty)$ として $\xi = \lim_{n\to\infty} Ag_n$ とする．このとき

$$\|\xi - \bar{A}f\| = \lim_{n\to\infty} \|Ag_n - Af_n\| \leq \lim_{n\to\infty} \|A\|\|f_n - g_n\| = 0$$

となるからである．$f \in \mathrm{D}(A)$ のときは $f_n = f \ (\forall n)$ とすれば $A \subset \bar{A}$ がわかる．$\|\bar{A}f\| = \lim_{n\to\infty} \|Af_n\| \leq \lim_{n\to\infty} \|A\|\|f_n\| = \|A\|\|f\|$ だ

から $\|\bar{A}\| \leq \|A\|$. 一方, $f \in D(A)$ とすれば $\|Af\| = \|\bar{A}f\| \leq \|\bar{A}\|\|f\|$ だから $\|\bar{A}\| \geq \|A\|$. 故に $\|\bar{A}\| = \|A\|$. [終]

この事実から稠密に定義された有界作用素は $\mathfrak{H}$ 全体で定義されているといっても一般性を失わない. 以降断らない限り有界作用素の定義域はヒルベルト空間全体とする.

有界作用素 T の重要な性質に連続性がある.

連続作用素の定義

線形作用素 $A : \mathfrak{H} \to \mathfrak{K}$ は, $\mathrm{D}(A) = \mathfrak{H}$ で, $\lim_{n\to\infty} f_n = f$ のとき $\lim_{n\to\infty} Af_n = Af$ となるとき連続作用素という.

T は有界としよう. このとき $f_n \to f$ ならば

$$\|Tf_n - Tf\| \leq \|T\|\|f_n - f\|$$

なので $Tf_n \to Tf$ になる. つまり, 有界作用素は連続作用素になる.

逆に連続な線形作用素は有界作用素になることが示せる.

命題（有界作用素と連続作用素の同値性）

A は連続 $\iff$ A は有界

証明. 右 $\Longrightarrow$ 左はみた. 逆向きを示そう. 背理法で示す. つまり, T が有界でないと仮定して連続にならないことを示す. もし有界でないとすれば, 任意の N に対して $\|Tf_N\| \geq N\|f_N\|$ となる f_N が存在する. $\tilde{f}_N = f_N/\|f_N\|$ とすれば $\|T\tilde{f}_N\| \geq N$ になる. つまり, $g_N = \tilde{f}_N/\|T\tilde{f}_N\|$ とすれば $\|g_N\| \leq 1/N$ となるから $\lim_{N\to\infty} g_N = 0$ がわかる. 一方, $\|Tg_N\| = 1$ だから $\lim_{N\to\infty} Tg_N \neq 0$. 故に T は連続でない. これは矛盾する. [終]

ヒルベルト空間論が完成した背景には抽象的な位相空間論の完成

があった．関数空間にも位相が導入され，最終的には位相空間として抽象化されたことは既に述べた．作用素の空間にも位相が定義できる．有界作用素の位相には，主に次のものがある．

有界作用素の位相の定義

(1) 一様位相で $A_n \to A\ (n \to \infty)$ とは $\lim_{n\to\infty} \|A - A_n\| = 0$ が成り立つこと．

(2) 強位相で $A_n \to A\ (n \to \infty)$ とは $\lim_{n\to\infty} A_n f = Af$ が全ての $f \in \mathfrak{H}$ で成り立つこと．

(3) 弱位相で $A_n \to A\ (n \to \infty)$ とは $\lim_{n\to\infty} (g, Af_n) = (g, Af)$ が全ての $f, g \in \mathfrak{H}$ で成り立つこと．

定義から明らかなように，位相の強さは以下のようになる．

$$
\text{弱位相} < \text{強位相} < \text{一様位相}
$$

$\mathfrak{H}$ から $\mathfrak{K}$ への有界作用素全体を $B(\mathfrak{H}, \mathfrak{K})$ で表す．また，$B(\mathfrak{H}) = B(\mathfrak{H}, \mathfrak{H})$ と表す．

命題（$B(\mathfrak{H}, \mathfrak{K})$ のバナッハ性）

$(B(\mathfrak{H}, \mathfrak{K}), \|\cdot\|)$ はバナッハ空間である．

証明．完備性を証明する．$\{T_n\} \subset B(\mathfrak{H}, \mathfrak{K})$ が $B(\mathfrak{H}, \mathfrak{K})$ のコーシー列とする．このとき

$$
\|T_n\| \leq M \quad \forall n
$$

となる M が存在する．いま $f \in \mathfrak{H}$ に対して $\{T_n f\}$ は $\mathfrak{K}$ のコーシー列になるから $\lim_{n\to\infty} T_n f$ が存在するので

$$
Tf = \lim_{n\to\infty} T_n f
$$

と定める．このとき $D(T) = \mathfrak{H}$ であり，線形作用素であることもすぐにわかる．$\|Tf\| = \lim_{n\to\infty} \|T_n f\| \le M\|f\|$ なので $T \in B(\mathfrak{H}, \mathfrak{K})$．最後に $\|T_n - T\| \to 0$ $(n \to \infty)$ を示す．$\|T_n f - T_m f\| \le \varepsilon\|f\|$ が十分大きな n, m で成り立っているから，ここで $m \to \infty$ とすれば

$$\|T_n f - Tf\| \le \varepsilon\|f\|$$

だから $\|T_n - T\| \le \varepsilon$．[終]

2　有界作用素の基本原理

完備距離空間の基本的な事実にベールのカテゴリー定理があった．つまり，内点を含まない疎な集合を可算個集めても完備距離空間を埋め尽くすことができないというものであった．この事実から次のことが証明できる．

ベールのカテゴリー定理から導かれる事実

（1）一様有界性原理　（2）開写像原理　（3）閉グラフ定理

一様有界性原理は有界作用素の族 $\{T_\lambda\}_\lambda$ が各点で有界であれば，$\{\|T_\lambda\|\}_\lambda$ が一様に有界であるという原理．開写像原理は有界作用素が全射ならば開集合を開集合に移すという原理．これから全単射な作用素の逆作用素の有界性が導かれる．最後の閉グラフ定理は，作用素 T の定義域 $\mathrm{D}(T)$ にノルム $\|f\|_T = \|f\| + \|Tf\|$ を導入し，このノルムに関して完備で，かつ $\mathrm{D}(T) = \mathfrak{H}$ であれば T は有界作用素になるという定理である．つまり，適当な条件下では非有界作用素の定義域は $\mathfrak{H}$ より真に小さいということを導く．これらは，全て，有界作用素を語る上でなくてはならない基本的な原理，定理である．

一つづつ説明しよう．

命題（一様有界性の原理）

$T_\lambda \in B(\mathfrak{H}, \mathfrak{K})$ を有界作用素の族とし，任意の $f \in \mathfrak{H}$ に対して $\sup_\lambda \|T_\lambda f\| < \infty$ とする．このとき，$\sup_\lambda \|T_\lambda\| < \infty$ となる．

証明．$\mathfrak{H}_n = \{f \mid \sup_\lambda \|T_\lambda f\| \le n\}$ とする．これは閉集合で，しかも $\mathfrak{H} = \cup_n \mathfrak{H}_n$ であるから，ベールのカテゴリー定理から，少なくとも一つの $\mathfrak{H}_n$ は開球を含む．つまり，$B_r(g) \subset \mathfrak{H}_n$ となる．$n \in \mathbb{N}, r > 0, g \in \mathfrak{H}_n$ が存在する．$\|T_\lambda\|$ を評価しよう．任意の $\|f\| < r$ に対して，$f = f - g + g$ だから，$f - g, g \in B_r(g)$ なので，$\sup_\lambda \|T_\lambda f\| \le 2n$ となる．$\|f\| < 1$ ならば $\sup_\lambda \|T_\lambda f\| \le 2n/r$ となるから，$\|T_\lambda\| = \sup_{\|f\|\le 1} \|T_\lambda f\| = \sup_{\|f\|<1} \|T_\lambda f\| \le 2n/r$ である．故に $\sup_\lambda \|T_\lambda\| \le 2n/r$．[終]

一般に，位相空間の間の写像 $f : (V, \mathcal{V}) \to (W, \mathcal{W})$ が連続とは任意の $A \in \mathcal{W}$ に対して $f^{-1}(A) \in \mathcal{V}$ となることだった．つまり，'f が連続 $\Longleftrightarrow$ f^{-1} は開集合を開集合に移す' ということだった．一方，f そのものが開集合を開集合に移すとき開写像という．典型的な例として，同値関係 $\sim$ で定義された商位相空間 $(V/\sim, \mathcal{V}/\sim)$ への自然な写像 $\pi : (V, \mathcal{V}) \ni x \mapsto [x] \in\to (V/\sim, \mathcal{V}/\sim)$ がある．さて，有界作用素には次の基本的な原理が存在する．証明なしで紹介する．

命題（開写像原理）

$T \in B(\mathfrak{H}, \mathfrak{K})$ が $\mathfrak{R}T = \mathfrak{K}$ を満たすならば，開写像である．

開写像原理から即座に次が導かれる．

命題（逆写像の有界性）

$T \in B(\mathfrak{H}, \mathfrak{K})$ が全単射ならば $T^{-1} \in B(\mathfrak{K}, \mathfrak{H})$．

証明. T は全単射なので T^{-1} が定義できる. $T=(T^{-1})^{-1}$ は開写像なので, T^{-1} は連続である. 故に $T^{-1}\in B(\mathfrak{K},\mathfrak{H})$. [終]

次の事実は閉グラフ定理または Toeplitz の定理とよばれている.

命題（閉グラフ定理または Toeplitz の定理）

$T:\mathfrak{H}\to\mathfrak{K}$ の定義域 $\mathrm{D}(T)$ がノルム $\|f\|_T=\sqrt{\|f\|^2+\|Tf\|^2}$ で完備, かつ $\mathrm{D}(T)=\mathfrak{H}$ ならば T は有界作用素である.

証明. $(\mathrm{D}(T),\|\cdot\|_T)$ はバナッハ空間になる. $S:\mathrm{D}(T)\to\mathfrak{H}$ を $Sf=f$ と定義すると, $\|Sf\|\le\|f\|_T$ になる. つまり, S は全単射な有界作用素になるから, 開写像原理から有界な S^{-1} が存在する. 故に, $\|Tf\|\le\|f\|_T=\|S^{-1}Sf\|_T\le\|S^{-1}\|\|Sf\|=\|S^{-1}\|\|f\|$ なので, T は有界作用素である. [終]

ここまで説明した, 有界作用素 $A\in B(\mathfrak{H},\mathfrak{K})$ の性質は, 第 5 章の冒頭で述べたように, $\mathfrak{H},\mathfrak{K}$ がヒルベルト空間である必要はない. 実際, 内積はどこにも現れない. 命題の証明を見ればわかるのだが, 下表の仮定で成立する.

	$\mathfrak{H}$	$\mathfrak{K}$
有界作用素の拡大定理	ノルム空間	バナッハ空間
$B(\mathfrak{H},\mathfrak{K})$ のバナッハ性	ノルム空間	バナッハ空間
一様有界性原理	バナッハ空間	ノルム空間
開写像原理	バナッハ空間	バナッハ空間
閉グラフ定理	バナッハ空間	バナッハ空間

命題の成立する空間

3　閉部分空間と射影作用素

3次元ユークリッド空間 $\mathbb{R}^3$ を考えよう. $\mathbb{R}^3$ 内の原点を含む2次元平面 π と点 $a \in \mathbb{R}^3$ の距離を

$$\mathrm{d}(a,\pi) = \inf_{b\in\pi} \mathrm{d}(a,b)$$

とすればただ一つの点 $h \in \pi$ が存在して

$$\mathrm{d}(a,\pi) = \|a-h\|$$

とできる.

$$a = a-h+h$$

とすれば $a-h \perp \pi$, $h \in \pi$ となり a が π と $\pi^\perp$ に含まれるベクトルに一意的に分解できた. これと類似の性質がヒルベルト空間にも存在する. しかし, $\mathbb{R}^3$ のように単純ではない.

$M \subset \mathfrak{H}$ が部分空間かつ閉集合であるとき閉部分空間という. 2つの閉部分空間 M_1 と M_2 が存在して $x \in \mathfrak{H}$ が一意的に $x = x_1 + x_2$, $x_1 \in M_1$, $x_2 \in M_2$ と表されるとき

$$\mathfrak{H} = M_1 \oplus M_2$$

と書き表して $\mathfrak{H}$ は M_1 と M_2 の直和に分解されるという. 上述したことを記号で書けば

$$\mathbb{R}^3 = \pi \oplus \pi^\perp$$

になる. $D \subset \mathfrak{H}$ に対して

$$D^\perp = \{f \mid (f,g) = 0 \ \forall g \in D\}$$

を D の直交補空間という. 興味深いのは D が閉集合であろうとなかろうと $D^\perp$ は常に強位相で閉部分空間になることである. 何故な

らば $f_n \in D^\perp$, $f_n \to f$ $(n \to \infty)$ とするとき, 任意の $g \in D$ に対して $(f,g) = \lim_{n\to\infty}(f_n, g) = 0$ だから, $f \in D^\perp$ となるからである. 特に次のようになる.

$$(D^\perp)^\perp = \bar{D}$$

$\bar{D}$ は D の閉包を表す. 閉部分空間 D と $f \in \mathfrak{H}$ の距離を次で定める.

$$\mathrm{d}(f,D) = \inf\{\|f-g\| \mid g \in D\}$$

次はヒルベルト空間の幾何学における最も重要な定理である.

命題（正射影定理）

$D \subset \mathfrak{H}$ を閉部分空間とする.

（1）$f \in \mathfrak{H}$ とする. このとき $\mathrm{d}(f,D) = \|f-h\|$ となる $h \in D$ がただ一つ存在し $f-h \in D^\perp$ となる.

（2）$\mathfrak{H} = D \oplus D^\perp$ と表せる.

証明. $d = \mathrm{d}(f,D)$ とする. 下限 inf の定義から点列 $v_m \in D$ で

$$\|f-v_m\| \to d \quad (m \to \infty)$$

となるものが存在する. これはコーシー列になる. 何故ならば中線定理から

$$2\|v_m - f\|^2 + 2\|v_n - f\|^2 = \|v_m - v_n\|^2 + \|v_m + v_n - 2f\|^2$$

が従い,

$$\|v_m - v_n\|^2 = -4\|\frac{v_m+v_n}{2} - f\|^2 + 2\|v_m - f\|^2 + 2\|v_n - f\|^2$$

となる. $\frac{v_m+v_n}{2} \in D$ だから $\|\frac{v_m+v_n}{2} - f\|^2 \geq d^2$ がいえるので

$$\|v_m - v_n\|^2 \leq 2\|v_m - f\|^2 + 2\|v_n - f\|^2 - 4d^2$$

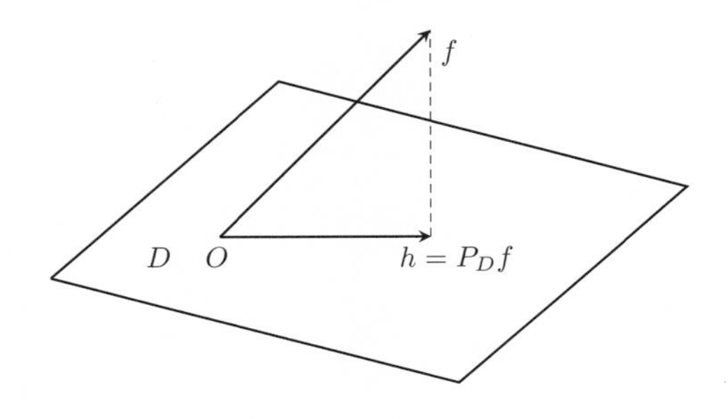

f の D への正射影

となる．右辺が $n, m \to \infty$ のとき 0 に収束するので $\{v_m\}$ はコーシー列になる．さて，ヒルベルト空間の完備性より $v_m \to h$ となる $h \in \mathfrak{H}$ が存在して，$\|f - h\| = d$．また D が閉部分空間だったから $h \in D$ である．$f - h \perp D$ を示そう．$d^2 \le \|f - (h + \lambda w)\|^2$ が任意の $w \in D$ と $\lambda \in \mathbb{R}$ で成り立つ．$z = f - h$ とおいて右辺を展開すれば $d^2 \le \|z\|^2 - \lambda 2\,\mathrm{Re}(z, w) + \lambda^2 \|w\|^2$ となるから

$$0 \le -\lambda(2\,\mathrm{Re}(z, w) - \lambda\|w\|^2) \quad \forall \lambda \in \mathbb{R}$$

これから $4|\mathrm{Re}(z, w)|^2 \le 0$ より $\mathrm{Re}(z, w) = 0$ がわかる．同様なことを λ を $i\lambda$ に置き換えてすると $\mathrm{Im}(z, w) = 0$ となるから $(z, w) = 0$ となる．つまり，$f = z + h$ で $h \in D$, $z \in D^\perp$ となる．
[終]

h を f の D への正射影といい，記号で $h = P_D f$ と表す．

フォン・ノイマンは [45, III] 又は [47, II.4] で射影作用素について解説している．射影作用素はスペクトル分解定理で重要な役割を果たす．フォン・ノイマンの様々な理論の中核をなすものである．[47, II.4] に従って解説する．

D をヒルベルト空間 $\mathfrak{H}$ の閉部分空間として正射影 P_D の性質を調べよう．まず P_D は線形作用素である．つまり，

$$P_{\rm D}(af+bg)=aP_Df+bP_Dg$$

が全ての $a,b\in\mathbb{C}$ と $f,g\in\mathfrak{H}$ で成り立つ．これは $af+bg=af_1+bg_1+af_2+bg_2$, $f_1,g_1\in D$, $f_2,g_2\in D^\perp$ と直和分解すれば $P_{\rm D}(af+bg)=af_1+bg_1=aP_Df+bP_Dg$ となることからわかる．次に

$$(P_Df,g)=(f,P_Dg)$$

が成り立つ．これは $f=f_1+f_2$, $g=g_1+g_2$ と直和に分解すれば $(P_Df,g)=(f_1,g_1+g_2)=(f_1,g_1)=(f_1+f_2,g_1)=(f,P_Dg)$ からわかる．これは自己共役性といわれる性質である．最後に

$$P_DP_Df=P_Df$$

が成り立つ．これは $P_DP_Df=f_1$ なのですぐにわかる．さて $P_Df=f$ が全ての $f\in\mathfrak{H}$ で成立するとすれば，これは $D=\mathfrak{H}$ を意味する．また $P_Df=0$ が全ての $f\in\mathfrak{H}$ で成立するとすれば，これは $D=\{0\}$ を意味する．

上に述べた P_D を一般化して射影作用素の定義を与えよう．

射影作用素の定義

線形作用素 $E:\mathfrak{H}\to\mathfrak{H}$ が次を満たすとき射影作用素という．

$$(Ef,g)=(f,Eg)\quad E^2=E$$

本書では射影作用素を上のように定義したが，本来は $E^2=E$ を満たすものを射影作用素と呼び，$(Ef,g)=(f,Eg)$ を満たす射影作用素を正射影作用素と呼ぶ．本書では，正射影作用素を射影作用素と呼ぶことにする．

射影作用素 E に対して $E\mathfrak{H} = D$ とおこう．これは閉部分空間になる．実は

$$P_D = E$$

となる．何故ならば, $f = Ef + f - Ef$ とすれば $(Eg, f - Ef) = (Eg, f) - (Eg, f) = 0$ となるから, $\{f - Ef \mid f \in \mathfrak{H}\} = D^{\perp}$ である．よって正射影定理より $P_D f = Ef$ になる．また $\mathbb{1} - E$ も射影作用素になることはすぐにわかり

$$P_{D^{\perp}} = \mathbb{1} - E$$

となる． $\|Ef\|^2 + \|(\mathbb{1} - E)f\|^2 = \|f\|^2$ だから, $\|Ef\| = \|f\|$ であれば $f \in D$ であり, $\|Ef\| = 0$ であれば $f \in D^{\perp}$ である．また $\|Ef\| \leq \|f\|$ もわかる．

以上から射影作用素を与えることは閉部分空間を与えることと同値であることがわかったと思う．そうすると, 複数の射影作用素から代数的に新しい射影作用素を定義した場合, 閉部分空間の幾何学的な様子に興味が湧く．それをフォン・ノイマンに従って説明しよう．

いま 2 つの射影作用素 ED と F を考える．一般には非可換

$$EF \neq FE$$

である．2 つの閉部分空間 $M = E\mathfrak{H}$ と $N = F\mathfrak{H}$ によって, $E = P_M$, $F = P_N$ と表す．

命題（射影作用素の積）

$$EF = FE \iff EF \text{ が射影作用素}$$

さらに, このとき $EF = P_{M \cap N}$ となる．

証明. EF が射影作用素であると仮定する. このとき $(EF)^2 = EF$ かつ $(EFf, g) = (f, EFg)$. 任意の f, g で $(EFf, g) = (f, FEg)$ だから $(f, FEg) = (f, EFg)$ となる. 故に $FE = EF$. 逆に $FE = EF$ を仮定する. $(EF)^2 = EFEF = EEFF = EF$ となる. $(EFf, g) = (f, FEg) = (f, EFg)$ だから, EF は射影作用素になる.

次に $EF = FE$ より $EFf = FEf$ だから, $EFf \in M \cap N$ になる. 逆に $f \in M \cap N$ に対して $Ef = Ff$ なので $f = EFf$ が従う. 故に $EF = P_{M \cap N}$ になる. [終]

命題（射影作用素の和）

$$EF = 0 \iff E + F \text{ が射影作用素}$$

さらに, このとき $M \perp N$ で $E + F = P_{M+N}$ となる.

証明. $EF = 0$ を仮定する. $((E+F)f, g) = (f, (E+F)g)$ はすぐにわかる. $(E+F)^2 = E^2 + EF + FE + F^2 = E + EF + FE + F$. 仮定より $EF + FE = 0$ となるから $E + F$ は射影作用素になる. 逆に $E + F$ を射影作用素と仮定する. このとき $(E+F)^2 = E + F$ だから $EF + FE = 0$. 故に $0 = E(EF + FE)E = 2EFE$ なので $EF = 0$ になる.

$(E+F)f = Ef + Ff$ なので $(E+F)f$ は $M + N$ に属す. また $f \in M + N$ は $f = g + h$, $g \in M$, $h \in N$ と書ける. $(E+F)(g+h) = Eg + Fg + Eh + Fh = g + FEg + EFh + h = g + h$ だから $M + N$ は $E + F$ の値域である. [終]

命題（射影作用素の差）

$$EF = F \iff E - F \text{ が射影作用素}$$

さらに, このとき $N \subset M$ で $E - F = P_{M \cap N^\perp}$ となる.

証明. $EF = F$ と仮定する. このとき $(\mathbb{1} - E)F = 0$ だから, 射影作用素の和のところで示したように, $\mathbb{1} - (E - F) = (\mathbb{1} - E) + F$ が射影作用素になる. 故に $E - F$ も射影作用素になる. 逆に $E - F$ が射影作用素と仮定する. 上の議論を逆に辿れば $\mathbb{1} - (E - F) = (\mathbb{1} - E) + F$ も射影作用素になるから $(\mathbb{1} - E)F = 0$ となる. 故に $EF = F$. 最後に $E - F = E(\mathbb{1} - F)$ だから $E - F = P_{M \cap N^\perp}$. [終]

$N \subset M$ のとき $P_N \leq P_M$ と表す. そうすると以下が従う.

（1）$0 \leq E \leq \mathbb{1}$

（2）$E \leq F, F \leq E$ ならば $E = F$

（3）$E \leq F, F \leq G$ ならば $E \leq G$

つまり, $\mathfrak{H}$ 上の射影作用素の集合を $P(\mathfrak{H})$ とすれば, $\leq$ は $P(\mathfrak{H})$ 上の順序になる. さらに $E \leq F$ は $\|E\| \leq \|F\|$ と同値である.

4　リースの表現定理

$B(\mathfrak{H}, \mathbb{C})$ を $\mathfrak{H}'$ と表して $\mathfrak{H}$ の双対空間と呼ぶ. 例えば,

$$F_f : \mathfrak{H} \to \mathbb{C}, \quad g \mapsto (f, g)$$

は $\mathfrak{H}'$ の元である. 実際 $|F_f(g)| \leq \|f\|\|g\|$ となり, ヒルベル空間 $\mathbb{C}$ に値をとる有界線形作用素になる. また, $\|F_f\| = \|f\|$ となる. 実はこの逆もいえる. これはリースの表現定理と呼ばれている. 1907 年にリースによって [28] で発表された. 実はフレッシェも同じことを

論文 [9] に書いている．ともに Comptes Rendus に掲載され，リースの論文は 1409-1411 ページに，フレッシェの論文は 1414-1416 ページに掲載されている．しかし，これらで扱われているのは抽象的なヒルベルト空間ではなく，$L^2(\mathbb{R}^d)$ 空間である．

命題（リースの表現定理）

$F \in \mathfrak{H}'$ に対して一意的に $f \in \mathfrak{H}$ が存在して $F(h) = (f, h)$ と表せ，かつ $\|F\| = \|f\|$ となる．

証明．場合分けをする．

$\mathfrak{N}F = \mathfrak{H}$ の場合．このとき $F(g) = 0$ が全ての $g \in \mathfrak{H}$ で成立しているから $f = 0$ とすれば $F(g) = (0, g) = 0$ となる．

$\mathfrak{N}F \neq \mathfrak{H}$ の場合．$\mathfrak{N}F^\perp$ の次元は 1 だから，ラフにいえば $\mathfrak{H} \approx \mathfrak{N}F$ と思えて，この場合も殆どつまらない場合にみえる．$g \in \mathfrak{N}F^\perp$ とすると $F(\cdot) = (\alpha g, \cdot)$ と当たりがつく．$\alpha \in \mathbb{C}$ は後で決めることにする．$\mathfrak{N}F$ は閉部分空間なので $\mathfrak{H} = \mathfrak{N}F \oplus \mathfrak{N}F^\perp$ と分解できる．具体的には $h \in \mathfrak{H}$ は

$$h = h - \frac{F(h)}{F(g)}g + \frac{F(h)}{F(g)}g$$

とすれば $h - \frac{F(h)}{F(g)}g \in \mathfrak{N}F$, $\frac{F(h)}{F(g)}g \in \mathfrak{N}F^\perp$．$a \in \mathfrak{N}F$ の場合は $F(a) = (\alpha g, a) = 0$ で十分．$b = cg \in \mathfrak{N}F^\perp$ のときは $F(b) = cF(g) = (\alpha g, cg)$ となるから

$$\alpha = \overline{F(g)/\|g\|^2}$$

とすれば十分．結局 $f = \overline{F(g)/\|g\|^2}g$ とすれば，$F(h) = (f, h)$ を満たす．また，$\|f\| = |F(g)|/\|g\| = \|F\|$ も従う．[終]

リースの表現定理により，$J : \mathfrak{H}' \to \mathfrak{H}$ を $JF = f$ と定めれば，それは全単射で内積不変であることがわかる．ただし，リースの表現

定理からわかるように J は反線形である．つまり，$J(\alpha F+\beta G)=\bar{\alpha}JF+\bar{\beta}JG$.

A を $n\times n$ 行列としたとき $(Ax,y)=(x,A^*y)$, $x,y\in\mathbb{C}^n$ であった．これを一般のヒルベルト空間に拡張する．

$A\in B(\mathfrak{H},\mathfrak{K})$, $f\in\mathfrak{K}$, $g\in\mathfrak{H}$ とする．

$$F(g)=(f,Ag)_{\mathfrak{K}}$$

とすれば $F\in\mathfrak{H}'$ で $\|F\|=\|A\|$ になる．リースの表現定理から

$$F(g)=(\Phi,g)_{\mathfrak{H}}$$

となる $\Phi\in\mathfrak{H}$ が存在する．対応 $f\mapsto\Phi$ を A^* と表す．つまり，

$$(f,Ag)_{\mathfrak{K}}=(A^*f,g)_{\mathfrak{H}}$$

リースの表現定理より $A^*:\mathfrak{K}\to\mathfrak{H}$ も有界作用素になり $\|A^*\|=\|F\|=\|A\|$ となる．A^* を A の共役作用素という．

$B(\mathfrak{H})$ には積と $*$ が定義できる．

命題（∗-代数）

$A,B,C\in\mathfrak{B}(\mathfrak{H})$, $\alpha\in\mathbb{C}$ とする．このとき次が成り立つ．

(1) $\|AB\|\le\|A\|\|B\|$, $\|A^*\|=\|A\|$
(2) $\mathbb{1}\in B(\mathfrak{H})$
(3) $(AB)C=A(BC)$
(4) $A(B+C)=AB+AC$
(5) $\alpha(AB)=(\alpha A)B=A(\alpha B)$
(6) $A^{**}=A$
(7) $(A+B)^*=A^*+B^*$
(8) $(AB)^*=B^*A^*$

5 ユニタリー作用素

有限次元線形空間 $\mathbb{C}^n$ 上のユニタリー行列の拡張であるヒルベルト空間上のユニタリー作用素を定義する．$\mathbb{C}^n$ 上のユニタリー行列 U は $(Ux, Uy) = (x, y)$ のように内積を不変にしていた．また，$A : \mathbb{C}^n \to \mathbb{C}^n$ の線形変換に対して $B = U^{-1}AU$ とした場合，A と B の固有値は重複度もこめて全く同じであった．つまり，行列を線型写像とみなせば，ユニタリー行列で挟んだ線型写像 $U^{-1}AU$ は本質的に A と同じであるといえる．これと同じことがヒルベルト空間上のユニタリー作用素でもいえる．

ユニタリー作用素の定義

$U \in B(\mathfrak{H}, \mathfrak{K})$ が $\mathfrak{R}(U) = \mathfrak{K}$ かつ $(Uf, Ug)_{\mathfrak{K}} = (f, g)_{\mathfrak{H}}$ を満たすときユニタリー作用素という．

$(Uf, Ug)_{\mathfrak{K}} = (f, g)_{\mathfrak{H}}$ からユニタリー作用素が長さを不変にする作用素であることがわかる．故に $\|Uf\|_{\mathfrak{K}} = \|f\|_{\mathfrak{H}}$ なので自動的に単射である．

さて，二つのヒルベルト空間 $\mathfrak{H}$ と $\mathfrak{K}$ の間にユニタリー作用素 $U : \mathfrak{H} \to \mathfrak{K}$ が存在するとき，$\mathfrak{H}$ と $\mathfrak{K}$ はユニタリー同型または同型であるといい

$$\mathfrak{H} \cong \mathfrak{K}$$

と表す．このとき，$\mathfrak{H}$ のベクトルと $\mathfrak{K}$ のベクトルは $U : \mathfrak{H} \to \mathfrak{K}$ により全単射に対応していて，さらに $Uf = g$, $Uf' = g'$ のとき $(f, f')_{\mathfrak{H}} = (g, g')_{\mathfrak{K}}$ であるから，直感的には，$\mathfrak{H}$ と $\mathfrak{K}$ は大きさもベクトル間のなす角も同じものの集まりと思えるので同じヒルベルト空間とみなすのである．

無限次元の可分ヒルベルト空間について次のことがいえる．

命題（ℓ_2 と無限次元の可分ヒルベルト空間の同型性）

$\mathfrak{H}$ は可分な無限次元ヒルベルト空間とする．このとき

$$\mathfrak{H} \cong \ell_2$$

証明．$\mathfrak{H}$ の CONS を $\{f_n\}$ とする．$e^{(n)} \in \ell_2$ を $e^{(n)} = \{\delta_{nm}\}_m$ と定める．$U : \mathfrak{H} \to \ell_2$ を $\mathfrak{H} \ni f = \sum_{n=0}^{\infty} a_n f_n$ に対して $Uf = \sum_{n=0}^{\infty} a_n e^{(n)}$ と定めれば，これはユニタリー作用素になる．[終]

この定理から全ての可分な無限次元ヒルベルト空間は同型になることがわかる．特に，$L^2(\mathbb{R}) \cong \ell_2$ で，これはリース・フィッシャーの定理として知られている．

6　フーリエ変換

$L^2(\mathbb{R}^d)$ 上のユニタリー変換で最も重要なものがフーリエ変換である．作用素論的にフーリエ変換を扱うことは極めて有用であることが後にわかるであろう．まず $\mathscr{S}(\mathbb{R}^d)$ という関数空間を定義しよう．$\mathbb{Z}_+^d = \{(z_1, \ldots, z_d) \mid z_j \text{は非負整数}, j = 1, \ldots, d\}$ とし，$\alpha, \beta \in \mathbb{Z}_+^d$ に対して $x^\alpha = x_1^{\alpha_1} \cdots x_d^{\alpha_d}$, $\partial^\beta = \partial_{x_1}^{\beta_1} \cdots \partial_{x_d}^{\beta_d}$ とおく．

$$\mathscr{S}(\mathbb{R}^d) = \{f \in C^\infty(\mathbb{R}^d) \mid \sup_{x \in \mathbb{R}^d} |x^\alpha \partial^\beta f(x)| < \infty, \forall \alpha, \beta \in \mathbb{Z}_+^d\}$$

$\mathscr{S}(\mathbb{R}^d)$ は無限回微分可能な急減少関数またはシュワルツのテスト関数の空間と呼ばれる．理由は $\mathscr{S}(\mathbb{R}^d) \ni f$ の任意階の導関数が任意次数の多項式よりも $|x| \to \infty$ で速くゼロに減衰するからである．例えば $e^{-|x|^2} \in \mathscr{S}(\mathbb{R}^d)$. $C_0^\infty(\mathbb{R}^d) \subset \mathscr{S}(\mathbb{R}^d)$ なので $\mathscr{S}(\mathbb{R}^d)$ は $L^2(\mathbb{R}^d)$ で稠密である．また $\mathscr{S}(\mathbb{R}^d) \subset L^p(\mathbb{R}^d)$, $1 \le p \le \infty$, であることは次のように確かめることができる．十分大きな $n \in \mathbb{N}$ に対して

$$\int_{\mathbb{R}^d} |f(x)|^p dx = \int_{\mathbb{R}^d} \left| \frac{1}{(1+|x|)^n}(1+|x|)^n f(x) \right|^p dx$$
$$\leq \sup_x |(1+|x|)^n f(x)|^p \int_{\mathbb{R}^d} \frac{1}{(1+|x|)^{pn}} dx < \infty$$

$\mathscr{S}(\mathbb{R}^d)$ 上のフーリエ変換の定義

$f \in \mathscr{S}(\mathbb{R}^d)$ に対して, 次を f のフーリエ変換という.

$$Ff(k) = (2\pi)^{-d/2} \int_{\mathbb{R}^d} e^{-ikx} f(x) dx$$

右辺の積分は絶対収束していて, $Ff \in \mathscr{S}(\mathbb{R}^d)$ であることもすぐにわかる.

$$F'f(k) = (2\pi)^{-d/2} \int_{\mathbb{R}^d} e^{+ikx} f(x) dx$$

とすれば

$$F'Ff = FF'f$$

がわかる. また

$$\|Ff\|^2 = (Ff, Ff) = \|f\|^2$$

も示せる. つまり,

$$F : \mathscr{S}(\mathbb{R}^d) \to \mathscr{S}(\mathbb{R}^d)$$

は全単射で内積を不変にしている. 特に $F' = F^{-1}$ になっている. F^{-1} をフーリエ逆変換という. 以降 $Ff = \hat{f}$ と表す.

$d = 1$ で定数関数のフーリエ変換を考えよう. 定数関数 $f(x) = 1$ のフーリエ変換を計算してみよう. それは形式的に

$$\hat{1}(k) = (2\pi)^{-1/2} \int_{\mathbb{R}} e^{-ikx} dx = \sqrt{2\pi}\delta(k)$$

と書かれる．ここで $\delta(k)$ はデルタ関数といわれるもので，任意の $\varphi \in \mathscr{S}(\mathbb{R})$ に対して $\int_{\mathbb{R}} \varphi(k)\delta(k)dk = \varphi(0)$ を満たすものである．これは形式的に

$$\delta(k) = \begin{cases} \infty & k = 0 \\ 0 & k \neq 0 \end{cases}$$

と書かれる．勿論，こういう関数は存在しないので形式的な表現である．フォン・ノイマンはこれを嫌った．実際に $\varphi \in \mathscr{S}(\mathbb{R})$ とすれば形式的に k-積分と x-積分を交換して

$$\begin{aligned} \int_{\mathbb{R}} \varphi(k)\hat{1}(k)dk &= (2\pi)^{-1/2} \int_{\mathbb{R}} dx \int_{\mathbb{R}} \varphi(k)e^{-ikx}dk \\ &= \int_{\mathbb{R}} \hat{\varphi}(x)dx = \sqrt{2\pi}\varphi(0) \end{aligned}$$

最後の等式は $\hat{\varphi}$ のフーリエ逆変換からから導かれる．一方で，デルタ関数のフーリエ変換は，こちらも形式的に

$$\hat{\delta}(k) = (2\pi)^{-1/2} \int_{\mathbb{R}} e^{-ikx}\delta(x)dx = (2\pi)^{-1/2}$$

のように定数関数になる．つまり，フーリエ変換はなだらかな関数を尖った関数に変え，尖った関数をなだらかな関数に移す性質がある．それではフーリエ変換で不変な関数はなんであろうか？　実は

$$\rho(x) = e^{-|x|^2/2}$$

がフーリエ変換で不変な関数の一つである．つまり，

$$\hat{\rho} = \rho$$

フーリエ変換を $F : L^2(\mathbb{R}^d) \to L^2(\mathbb{R}^d)$ とみなした場合，F は有界作用素で $\mathrm{D}(F) = \mathscr{S}(\mathbb{R}^d)$ かつ $\|F\| = 1$ である．$\mathscr{S}(\mathbb{R}^d)$ は

$L^2(\mathbb{R}^d)$ で稠密だったからこの有界作用素は一意的に $L^2(\mathbb{R}^d)$ 上の有界作用素に拡張できる．それも同じ記号 F で表す．

命題（$L^2(\mathbb{R}^d)$ 上のフーリエ変換）

$F : L^2(\mathbb{R}^d) \to L^2(\mathbb{R}^d)$ はユニタリー作用素である．

フーリエ変換の大事な性質を説明しよう．$f \in \mathscr{S}(\mathbb{R}^d)$ のとき

$$F(\frac{1}{i}\frac{\partial_j}{\partial x_j}f)(k) = k_j Ff(k)$$

実際, 部分積分すれば

$$\int_{\mathbb{R}^d} e^{-ikx}\frac{1}{i}\frac{\partial_j}{\partial x_j}f(x)dx = k_j\int_{\mathbb{R}^d} e^{-ikx}f(x)dx$$

となることからわかる．つまり,

$$F(\frac{1}{i}\frac{\partial_j}{\partial x_j})F^{-1} = M_{k_j}$$

という作用素の等式が $\mathscr{S}(\mathbb{R}^d)$ 上で成立する．F はユニタリー作用素だから $\frac{1}{i}\frac{\partial_j}{\partial x_j}$ と M_{k_j} が同型なものであることを示唆している．厳密にこの事実を示すには非有界作用素の理論が必要である．

第6章
非有界作用素

1　非有界作用素

非有界作用素の代数的性質や解析的性質は有界作用素のそれらに比べて格段に複雑である．分配法則や作用素の共役などもかなり細かい．主な理由は定義域が $\mathfrak{H}$ 全体に拡がらないことや，作用素が連続でないことにある．

定義域が，作用素に依っているということは作用素の和や積が有界作用素のようにすぐには定義できないし，共役作用素も複雑になる．また，連続でないということは極限操作が容易でないことをいっている．

フォン・ノイマンは非有界作用素の理論を 1927 年の [42] と 1929 年の [45] で展開した．これは，Mathematische Grundlagen der Quantenmechanik ([47]) の第 2 章にまとめられている．[45] は総ページ数 83 ページの大作で，フォン・ノイマンの教授資格審査のための論文で，1928 年 12 月 15 日に提出されている．[47] の邦訳版の [49] の序で，彌永が [45] をベタ褒めしている．それは，本文 I.-XII. と付録 I.-IV. から構成されている．

I.	Die abstrakte Hilbertsche Raum (抽象的なヒルベルト空間)
II.	Operatoren in $\mathfrak{H}$ ($\mathfrak{H}$ 上の作用素)
III.	Lineare Mannigfaltigkeiten und Projectionsoperatoren (線形多様体と射影作用素)
IV.	Reduzibilität von Operatoren (作用素の簡約)
V.	Die Cayleysche Transformation (ケーリー変換)
VI.	Erweiterungselemente (拡大作用素)
VII.	Die Defektindize (不足指数)
VIII.	Der Fortsetzungsprozeß (続き)
IX.	Die hypermaximalen Operatoren und die Eigenwertdarstellung (超極大作用素と固有値表示)
X.	Maximale, aber nicht hypermaximale Operatoren (極大だが超極大ではない作用素)
XI.	Halbbeschränktheit (半有界性)
XII.	Pathologie der unbeschränkten Operatoren (非有界作用素の病性)

フォン・ノイマンの論文 [45] の内容

本文中の定理数は 49 である. 付録では, I. Functionräume (関数空間), II. Das Eigenwertproblem unitärer Operatoren (ユニタリー作用素の固有値問題), III. Operatoren und Matrizen (作用素と行列), そして, IV. Der Operator $\bar{R}$ (作用素 $\bar{R}$) に関して述べている. 付録といえども内容は豊富であり, III. ではハイゼンベルクとシュレディンガーによる, 行列力学と波動力学の論争に決着をつけている. このとき, フォン・ノイマンは, まだ 25 歳目前であった.

フォン・ノイマンは非有界作用素に閉作用素というクラスを定義した. それに付随して様々な作用素のクラスが定義された.

非有界作用素のクラス

可閉作用素, 閉作用素, 共役作用素, 対称作用素, 対称閉作用素, 極大対称作用素=極大作用素, 本質的自己共役作用素, 自己共役作用素=超極大作用素

物理的な観測量は自己共役作用素として実現されるという原理がある. その自己共役作用素のスペクトルを決めることが量子力学の数学的解釈における大きな目的になっている. 抽象的なレベルでフォン・ノイマンの大きな貢献は対称閉作用素の自己共役拡大が存在するための必要十分条件を見つけたことや, 非有界な自己共役作用素のスペクトル分解定理を構築したことであろう.

まず S, T を $\mathfrak{H}$ 上の非有界作用素とする. 定義域はいつでも $\mathfrak{H}$ で稠密と仮定する約束だった. 非有界作用素と有界作用素の違いを実感するために分配法則を確かめてみよう. 簡単に復習する. $S+T$ の定義域は

$$\mathrm{D}(S+T)=\mathrm{D}(S)\cap\mathrm{D}(T)$$

で $(S+T)f=Sf+Tf$ だった. 積は

$$\mathrm{D}(ST)=\{f\in\mathrm{D}(T)\mid Tf\in\mathrm{D}(S)\}$$

で $STf=S(Tf)$ だった. 注意することは $\mathrm{D}(S)$ や $\mathrm{D}(T)$ が稠密でも $\mathrm{D}(S)\cap\mathrm{D}(T)$ や $\mathrm{D}(ST)$ が空集合になることも起こり得ることである. 分配法則を考えよう. 一般には次が成り立つ.

命題（非有界作用素の分配法則）

$$T(S_1 + S_2) \supset TS_1 + TS_2$$
$$(S_1 + S_2)T = S_1T + S_2T$$

証明. これは両辺の定義域を忠実にチェックすればわかる.

$$\begin{aligned}
&\mathrm{D}(T(S_1 + S_2)) \\
&= \{f \in \mathrm{D}(S_1) \cap \mathrm{D}(S_2) \mid S_1f + S_2f \in \mathrm{D}(T)\} \\
&\supset \{f \in \mathrm{D}(S_1) \cap \mathrm{D}(S_2) \mid S_1f \in \mathrm{D}(T), S_2f \in \mathrm{D}(T)\} \\
&= \mathrm{D}(TS_1 + TS_2)
\end{aligned}$$

よって第一の包含関係が成立する. ここで気をつけることは

$$S_1f \in \mathrm{D}(T), S_2f \in \mathrm{D}(T) \Longrightarrow S_1f + S_2f \in \mathrm{D}(T)$$

は成り立つが, $\Longleftarrow$ が成り立たないことである. $S_1f \notin \mathrm{D}(T), S_2f \notin \mathrm{D}(T)$ でも $S_1f + S_2f \in \mathrm{D}(T)$ はあり得る. 一方,

$$\begin{aligned}
&\mathrm{D}(S_1T + S_2T) \\
&= \{f \in \mathrm{D}(T) \mid Tf \in \mathrm{D}(S_1) \cap \mathrm{D}(S_2)\} \\
&= \{f \in \mathrm{D}(T) \mid Tf \in \mathrm{D}(S_1 + S_2)\} \\
&= \mathrm{D}((S_1 + S_2)T)
\end{aligned}$$

であるから, 第 2 の等式は成立する. [終]

このように, 定義域を込めると分配法則は一般に成立しない. また, 極限操作も不連続な作用素なので注意が必要である. 例えば, $\{f_n\} \subset \mathrm{D}(T)$ で $f_n \to f$ とし, Tf_n が収束しても, 一般には $Tf_n \to Tf$ はいえない. 非有界作用素を扱うときはこれらを常に意識する必要がある.

2　正準交換関係

量子力学では $L^2(\mathbb{R})$ の上の運動量作用素

$$p = \frac{h}{2\pi i}\frac{d}{dx}$$

と, 位置作用素

$$q = M_x$$

が本質的な役割を果たした. その本質は正準交換関係

$$[p, q] = \frac{h}{2\pi i}\mathbb{1}$$

にある. 以降 $\frac{h}{2\pi i}\mathbb{1}$ を $\frac{h}{2\pi i}$ と書くことにする. この交換関係は次のようにして導かれる. 関数 $f \in C_0^\infty(\mathbb{R})$ に対して $pqf - qpf$ を計算してみると $pqf - qpf = \frac{h}{2\pi i}f$ が導かれて $[p, q] = \frac{h}{2\pi i}$ となる. ここで, 数学的な注意を一つ与える. 既にみたように p, q は $L^2(\mathbb{R})$ 上の作用素としては有界作用素ではなかった. また作用素の積と差なので定義域に気をつけなければならない. $[p, q] = \frac{h}{2\pi i}$ の右辺は恒等作用素 $\times\frac{h}{2\pi i}$ なので定義域は $L^2(\mathbb{R})$ であるが, 左辺はそうとはなっていない. 厳密には $[p, q] = \frac{h}{2\pi i}$ はどこで成立しているかを明示する必要がある.

ヒルベルト空間が有限次元であれば線形作用素は, 行列として実現できるのだが正準交換関係を満たす $n \times n$ 行列の組 A と B は存在しないことは既に説明した. 実はヒルベルト空間 $\mathfrak{H}$ で 2 つの作用素 A と B が正準交換関係を満たすとき, 少なくとも一つは非有界作用素であることが示せる.

命題(ウインクルの定理)

A と B が正準交換関係 $[A, B] = \frac{h}{2\pi i}$ を満たすとき, A と B の少なくともどちらか一方は非有界作用素である.

証明. A と B がともに有界とする. $[A, B] = \frac{h}{2\pi i}$ から

$$AB^n - B^n A = \frac{h}{2\pi i} n B^{n-1}$$

が導かれる. よって $\|AB^n - B^n A\| = \frac{nh}{2\pi}\|B^{n-1}\|$ だから

$$\frac{nh}{2\pi}\|B^{n-1}\| \leq 2\|A\|\|B^n\| \leq 2\|A\|\|B\|\|B^{n-1}\|$$

となる. $\frac{nh}{2\pi} \leq 2\|A\|\|B\|$ が任意の n で成り立つ. つまり, $\|A\|$ と $\|B\|$ のどちらかは非有界である. [終]

フォン・ノイマンは正準交換関係を満たす A と B を適当なヒルベルト空間上の線形作用素として実現することを試みた. しかし, それは, 本質的に $A = \frac{h}{2\pi i}\frac{d}{dx}$, $B = M_x$ しか存在しないことを最終的に証明する. これはフォン・ノイマンの一意性定理として知られ, 1931 年にフォン・ノイマンが [46] で証明している.

3 閉作用素

量子力学の数学的基礎付けにおいては非有界作用素 T が本質的な役割を果たすことは, 前節のウインクルの定理でみた. フォン・ノイマンは非有界作用素に閉作用素というクラスを定義した. T が有界作用素のとき. $f_n \to f$ ならば T の連続性から $Tf_n \to Tf$ となった. この事実を非有界作用素へ拡張したものが閉作用素である. フォン・ノイマンは [45, 70 ページの定義 5] または [47, 75 ページ]

で閉作用素を導入している．これが非有界作用素を解析するためのキーとなる作用素のクラスである．

閉作用素の定義

線形作用素 $T : \mathfrak{H} \to \mathfrak{K}$ が次を満たすとき閉作用素という．$f_n \in \mathrm{D}(T)$ が，$f_n \to f \ (n \to \infty)$ かつ $Tf_n \to g \ (n \to \infty)$ のとき $f \in \mathrm{D}(T)$ かつ $Tf = g$ となる．

勿論，有界作用素は閉作用素である．フォン・ノイマンはなぜこのように閉作用素を定義したのだろうか．その理由の一つは $\mathrm{D}(T)$ をヒルベルト空間化したかったのではないだろうか．いま

$$\|f\|_T = \sqrt{\|f\|_{\mathfrak{H}}^2 + \|Tf\|_{\mathfrak{H}}^2}$$

なるノルムを $\mathrm{D}(T)$ 上に定義する．$\{f_n\} \subset \mathrm{D}(T)$ がこのノルムでコーシー列とは

$$\|f_n - f_m\|_{\mathfrak{H}}^2 + \|Tf_n - Tf_m\|_{\mathfrak{H}} \to 0 \quad (n, m \to \infty)$$

のことであった．$\mathfrak{H}$ は完備なので $f_n \to f$ と $Tf_n \to g$ のように収束する．ここで T が閉作用素であれば，$f \in \mathrm{D}(T)$ で，$g = Tf$ となるから，$\|f_n - f\|_T \to 0$ となり，

$$(\mathrm{D}(T), \|\cdot\|_T)$$

はバナッハ空間になる．同様に，

$$(f, g)_T = (f, g)_{\mathfrak{H}} + (Tf, Tg)_{\mathfrak{H}}$$

とすると，T が閉作用素であれば

$$(\mathrm{D}(T), (\cdot, \cdot)_T)$$

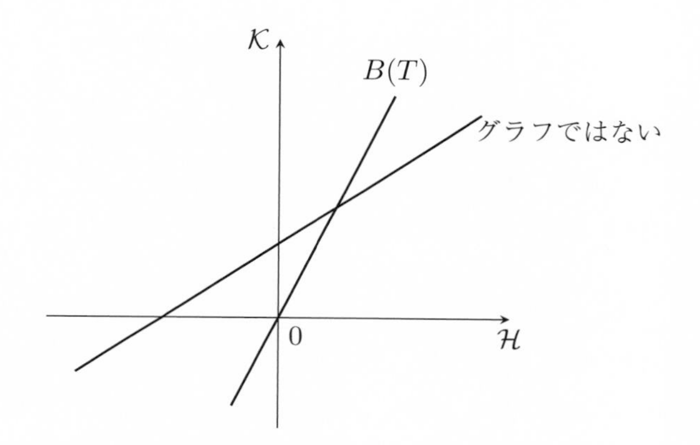

線形作用素 T のグラフ

はヒルベルト空間になる.

フォン・ノイマンは閉作用素のグラフによる定義も [48, 299 ページ] で与えている. 線形とは限らない作用素 $T:\mathfrak{H}\to\mathfrak{K}$ を考える.

$$B(T)=\{(f,Tf)\in\mathfrak{H}\oplus\mathfrak{K}\mid f\in \mathrm{D}(T)\}$$

を T のグラフという. いま T が線形作用素のとき $B(T)$ は $\mathfrak{H}\oplus\mathfrak{K}$ の部分空間になる. 勿論, $(0,y)\in B(T)$ ならば $y=0$ になる. 実は次が成り立つ.

命題 (グラフになるための必要十分条件)

G は $\mathfrak{H}\oplus\mathfrak{K}$ の部分空間とする. このとき,

$(0,g)\in G$ ならば $g=0 \iff G=B(T)$ となる $\exists$ 線形作用素 T

証明. ($\Longleftarrow$) は自明. ($\Longrightarrow$) を示す. $(f,g)\in G$ の点に対して $g=Tf$ と定義したいのだが $(f,g')\in G$ が存在したときに $g'\neq g$

となっていてはまずい．実際は $(f,g),(f,g') \in G$ のとき $(f,g)-(f,g')=(0,g-g') \in G$ なので $g=g'$．故に $(f,g) \in G$ に対して $T: f \mapsto g$ という写像が定義できる．T の線形性の確認は容易である．さらに，T のグラフを考えると $G=B(T)$ は自明．[終]

命題（閉作用素の幾何学的特徴付け）

T が閉作用素 $\Longleftrightarrow$ $B(T)$ が閉集合

証明．$B(T) \ni (f_n, Tf_n) \to (g,h)(n \to \infty)$ のとき，T が閉作用素であれば $g \in \mathrm{D}(T)$ で $h=Tg$ となるから $(g,h) \in B(T)$．故に $B(T)$ は閉集合．また，$B(T)$ が閉集合であれば，$B(T) \ni (f_n, Tf_n)$ が $f_n \to f$, $Tf_n \to h$ ならば $(g,h)=(g,Tg)$ と表されるから T は閉作用素である．[終]

次の事実は第5章で説明した．

命題（閉グラフ定理または Toeplitz の定理）

$T: \mathfrak{H} \to \mathfrak{K}$ が閉作用素かつ $\mathrm{D}(T)=\mathfrak{H}$ ならば T は有界作用素である．

閉グラフ定理は，‘非有界な閉作用素の定義域はヒルベルト空間全体にはなり得ない’ という重要な帰結を導く．例えば，閉作用素 P,Q が正準交換関係を満たせば少なくとも P と Q のどちらか一方は非有界作用素であった．閉グラフ定理から P と Q のどちらか一方の定義域はヒルベルト空間全体に広がらないことになる．これは正準交換関係を考察するときの非常に重要な事実である．フォン・ノイマンは，[47, 76 ページ] で次の2つの例を挙げている．

(例 1) 掛け算作用素

$$M_x f(x) = x f(x)$$
$$\mathrm{D}(M_x) = \{f \in L^2(\mathbb{R}) \mid xf \in L^2(\mathbb{R})\}$$

は閉作用素である．なぜなら，$f_n \in \mathrm{D}(M_x)$ で $f_n \to f$, $M_x f_n \to g$ とする．積分でかけば

$$\int_{\mathbb{R}} |f_n(x) - f(x)|^2 dx \to 0 \quad \int_{\mathbb{R}} |x f_n(x) - g(x)|^2 dx \to 0$$

ルベーグ積分の一般論から適当な部分列 $\{n'\}$ をとれば $f_{n'}(x) \to f(x)$, $x f_{n'}(x) \to g(x)$ *a.e.* が示せるから，$xf(x) = g(x)$ *a.e.* がわかる．$g \in L^2(\mathbb{R})$ だから，$f \in \mathrm{D}(M_x)$ で $M_x f = g$ が示せた．つまり，M_x は閉作用素である．

(例 2) 微分作用素

$$\frac{d}{dx} f = f'$$
$$\mathrm{D}(\frac{d}{dx}) = \{f \in L^2(\mathbb{R}) \mid f \in C^1(\mathbb{R}), \frac{d}{dx} f \in L^2(\mathbb{R})\}$$

は閉作用素ではない．何故ならば

$$f_n(x) = e^{-\sqrt{x^2 + \frac{1}{n}}}$$

とする．$f_n \in \mathrm{D}(\frac{d}{dx})$, $f_n(x) \to e^{-|x|}$ かつ

$$\frac{d}{dx} f_n(x) \to \mathrm{sgn}(x) e^{-|x|}$$

ここで

$$\mathrm{sgn}(x) = \begin{cases} 1 & x > 0 \\ 0 & x = 0 \\ -1 & x < 0 \end{cases}$$

しかし，f は $x = 0$ で微分できないので，$f \notin \mathrm{D}(\frac{d}{dx})$.

4　可閉作用素

非閉作用素の定義域を拡大して閉作用素にする方法をフォン・ノイマンは構築した. それを説明しよう.

可閉作用素の定義

$T : \mathfrak{H} \to \mathfrak{K}$ が閉作用素の拡大をもつとき可閉作用素という. つまり, $T \subset S$ となる閉作用素 S が存在するとき, T を可閉作用素という.

可閉作用素の閉拡大は一般には無限個存在する. ただし, 以下のように最小の閉拡大を定めることができる. これはフォン・ノイマンにより [47, 77 ページ] で解説されている.

命題（作用素の最小閉拡大）

T が可閉作用素のとき $\bar{T}$ を次で定める.

$$\mathrm{D}(\bar{T}) = \left\{ f \in \mathfrak{H} \;\middle|\; \begin{array}{l} f_n \to f \text{ かつ } \{Tf_n\} \text{ が収束列となる} \\ \{f_n\} \subset \mathrm{D}(T) \text{ が存在する} \end{array} \right\}$$

$$\bar{T}f = \lim_{n\to\infty} Tf_n$$

このとき $\bar{T}$ が T の最小閉拡大である.

証明. $\bar{T}$ の定義が点列のとり方によらないことを示そう. $g_n \to f$, Tg_n が収束すると仮定する. T は可閉作用素だから $T \subset S$ となる閉作用素 S が存在する. つまり, Sg_n と Tg_n は収束する. S の閉性から, 共に Sf に収束するので極限は点列の選び方によらない. 次に $\bar{T}$ が閉作用素であることを示す. $f_n \to f$ で $\bar{T}f_n$ は収束するとしよう. 任意の $\varepsilon > 0$ に対して, 十分大きな n ごとに $m(n)$ が存在

して

$$\|f_n - f_{m(n)}\| + \|\bar{T}f_n - Tf_{m(n)}\| < \varepsilon$$

とできるから, $n \to \infty$ のとき $f_{m(n)} \to f$, $Tf_{m(n)} \to \bar{T}f$ に収束する．よって $f \in D(\bar{T})$ で $\lim_{n\to\infty} \bar{T}f_n = \bar{T}f$ で $\bar{T}$ は閉作用素になることがわかる．最後に $\bar{T}$ が T の最小の閉拡大であることをみよう．S を T の閉拡大とする．$\bar{T} \subset S$ をいえばいい．$f \in D(\bar{T})$ とする, そうすると $f_n \in D(T)$ で $f_n \to f$ かつ $Tf_n \to \bar{T}f$ となるものが存在する．S は T の閉拡大だから, $f_n \in \mathrm{D}(S)$ で $Sf_n \to \bar{T}f$ は, $f \in \mathrm{D}(S)$ を意味する．よって $D(\bar{T}) \subset \mathrm{D}(S)$ かつ $\bar{T}f = Sf$. [終]

このの $\bar{T}$ を T の閉包と呼ぶ．閉包はグラフを使えば分かりやすい．

命題（グラフと閉拡大）

T は可閉作用素とする．このとき次が成り立つ．

(1) $\overline{B(T)} = B(\bar{T})$

(2) $\overline{B(T)} = B(S)$ ならば $S = \bar{T}$

(1) の証明．$\overline{B(T)} \subset B(\bar{T})$ は自明なので, $\overline{B(T)} \supset B(\bar{T})$ を示せばいい．$(f, \bar{T}f) \in B(\bar{T})$ とすれば $B(T) \ni (f_n, Tf_n)$ で $(f_n, Tf_n) \to (f, \bar{T}f)$ となる点列が存在するから $(f, Tf) \in \overline{B(T)}$.

(2) の証明．$B(S) \ni (f, Sf)$ とすれば, これは $B(T)$ の集積点だから $B(T) \ni (f_n, Tf_n) \to (f, Sf)$ となる点列が存在する．故に $f \in \bar{T}$ で $Sf = \bar{T}f$ になる．[終]

5 共役作用素

有界作用素 A に対して $(f, Ag) = (A^*f, g)$ となる有界作用素 A^* が存在して, A の共役と呼んだ．A^* の存在はリースの表現定理から保証されていた. さらに, 代数的な関係式 $A^{**} = A$, $(A+B)^* = A^* + B^*$, $(AB)^* = B^*A^*$ が成り立った.

しかし, 非有界作用素 T の共役 T^* は $g \mapsto (f, Tg)$ が $\mathfrak{H}$ ではなく $\mathrm{D}(T)$ 上の線形汎関数であるために即座にリースの表現定理を通して定義できない. また, 分配法則と同じように, 共役作用素の代数的関係式も有界作用素のように美しくない.

共役作用素の定義

$T : \mathfrak{H} \to \mathfrak{K}$ の共役作用素 $T^* : \mathfrak{K} \to \mathfrak{H}$ を次で定義する.

$$\mathrm{D}(T^*) = \left\{ f \in \mathfrak{K} \;\middle|\; \begin{array}{l} (f, Tg)_{\mathfrak{K}} = (h, g)_{\mathfrak{H}} \forall g \in \mathrm{D}(T) \\ \text{を満たす } h \text{ が存在する} \end{array} \right\}$$
$$T^* f = h$$

共役作用素の定義で, $\mathrm{D}(T)$ が稠密だから, h は存在すれば一意的である. しかし, $\mathrm{D}(T^*)$ は稠密とは限らない. つまり, $(T^*)^* = T^{**}$ は即座には定義できない. 共役作用素の包含関係は

$$T \subset S \Longrightarrow T^* \supset S^*$$

また $T + S$ が稠密に定義されているとき

$$(T + S)^* \supset T^* + S^*$$

最後に ST が稠密に定義されているとき

$$(ST)^* \supset T^* S^*$$

になる. これらは共役作用素の定義から従う. 一般に等号は成立しない.

6 可閉作用素と共役作用素の関係

非有界作用素の閉性はとても重要である. 厳密にいうと作用素が可閉であることがわかれば, その閉包を考えることができるので可閉性が重要になる. いつ可閉作用素になるのか? そして共役と閉包の関係はどうなっているのだろうか.

A が有界作用素のとき, A は閉作用素で $A^{**}=A$ が成り立った. 非有界作用素のときはどうだろうか. ここから話はだんだん細かくなっていくが頑張ろう. 非有界作用素 T に対して T^*, T^{**}, $\bar{T}$, $(\bar{T})^*$, $\overline{(T^*)}$ の関係を明らかにしよう. そのためにはグラフを使って幾何学的に考察するのが分かりやすい. 可閉作用素 T とその閉包 $\bar{T}$ はグラフでみると

$$\overline{B(T)}=B(\bar{T})$$

という関係があった. $B(T^*)$ と $B(T)$ の関係を調べよう. $B(T)\subset\mathfrak{H}\oplus\mathfrak{K}$ だった. $B(T)^\perp\ni(g,h)$ とすれば

$$((f,Tf),(g,h))_{\mathfrak{H}\oplus\mathfrak{K}}=0\quad\forall f\in \mathrm{D}(T)$$

だから $(Tf,h)=(f,-g)\forall f\in\mathrm{D}(T)$ が従う. これは $h\in\mathrm{D}(T^*)$ かつ $T^*h=-g$ といっている. また, 逆もいえる. つまり,

$$B(T)^\perp\ni(g,h)\iff(g,h)=(-T^*h,h)$$

右辺に T^* が現れたので $B(T)$ と T^* の関係を導けそうだ. $U:\mathfrak{H}\oplus\mathfrak{K}\to\mathfrak{H}\oplus\mathfrak{K}$ を[1)]

$$U(f,g)=(g,-f)$$

---

1) フォン・ノイマンは [48, 300 ページ] で $U(f,g)=(ig,-if)$ と定義している.

とする．これは形式的に $\mathfrak{H}-\mathfrak{K}$ 平面での $-\pi/2$ 回転に相当する．よって $U^* = -U$．これを使えば $U^*(h, T^*h) = (-T^*h, h)$ だから

$$B(T)^{\perp} = U^* B(T^*)$$

また両辺の直交補空間を考えれば

$$\overline{B(T)} = [U^* B(T^*)]^{\perp}$$

となることがわかる．また, $U^*U = UU^* = \mathbb{1}$ だから U は $\mathfrak{H} \oplus \mathfrak{K}$ 上のユニタリー作用素でもある．故に

$$B(T^*) = U[B(T)^{\perp}]$$

のように T^* のグラフを $B(T)$ で表すことができた．これは便利! 例えば, 右辺は閉集合 $B(T)^{\perp}$ のユニタリー変換なので閉集合である．つまり, 左辺 $B(T^*)$ が閉集合となり T^* は閉作用素ということがわかる．

$$\overline{(T^*)} = T^*$$

ただし, $\mathrm{D}(T^*)$ が稠密とは限らない．また T が可閉作用素ならば

$$B((\bar{T})^*) = U[B(\bar{T})^{\perp}] = U[(\overline{B(T)})^{\perp}] = U[B(T)^{\perp}] = B(T^*)$$

よって

$$(\bar{T})^* = T^*$$

最後に T^{**} をみてみよう．$\mathrm{D}(T^*)$ が稠密とすれば T^{**} が定義できて

$$B(T^{**}) = U[B(T^*)^{\perp}] = [UB(T^*)]^{\perp} = [B(T)^{\perp}]^{\perp} = \overline{B(T)}$$

となるから

$$B(T^{**}) = \overline{B(T)}$$

つまり, この等号から $\mathrm{D}(T^*)$ が稠密であれば, T は可閉作用素で

$$T^{**} = \bar{T}$$

がわかった. 逆はどうだろうか? つまり, T が可閉作用素ならば $\mathrm{D}(T^*)$ は稠密だろうか? S が閉作用素のとき $\mathrm{D}(S^*)$ は稠密になる. これは等号 $\overline{B(S)} = [UB(S^*)]^\perp$ を眺めるとすぐにわかる. $(v, g) = 0(\forall g \in \mathrm{D}(S^*))$ とする. $(0, v) \perp U(g, S^*g)(\forall g \in \mathrm{D}(S^*))$ になるから

$$(0, v) \in [UB(S^*)]^\perp$$

結局 $(0, v) \in B(S)$ なので $v = 0$. 故に $\mathrm{D}(S^*)$ は稠密. そうすると T が可閉作用素なら $T \subset \bar{T}$. $(\bar{T})^* \subset T^*$ だから, $\mathrm{D}(T^*)$ は稠密になる. 以上をまとめると次のようになる.

命題（共役と閉包の関係）

（1）T^* は閉作用素

（2）T が可閉作用素 $\Longleftrightarrow$ $\mathrm{D}(T^*)$ が稠密

（3）T が可閉作用素のとき, $T^{**} = \bar{T}$ かつ $(\bar{T})^* = T^*$

これの系として次がわかる. T が可閉作用素のとき

$$(\bar{T})^* = T^* = \overline{(T^*)}$$

有限次元線形空間上の線形作用素 $A : \mathbb{C}^n \to \mathbb{C}^n$ を考えよう. $\mathbb{C}^n = \mathfrak{R}A \oplus (\mathfrak{R}A)^\perp$ と直和に分解する. $(\mathfrak{R}A)^\perp = \mathfrak{N}A^*$ を示すのは容易い. よって

$$\mathbb{C}^n = \mathfrak{N}A^* \oplus \mathfrak{R}A$$

$\dim \mathfrak{R}A$ を A のランクといった. ランク $A = n$ であれば, $\mathfrak{N}A^* = \{0\}$ で, $\mathfrak{N}A = \{0\}$ もわかって, A は正則になるのであった. 同様なことを非有界作用素で考えたい.

T^* が閉作用素なので $\mathfrak{N}T^*$ は閉部分集合になる．正射影定理より

$$\mathfrak{H} = \mathfrak{N}T^* \oplus (\mathfrak{N}T^*)^\perp$$

と分解できる．$f \in \mathfrak{N}T^*$ とする．$g \in \mathfrak{R}T$ ならば $g = Th$ で，このとき $(Th, f) = (h, T^* f) = 0$ になるから $\mathfrak{R}T \subset (\mathfrak{N}T^*)^\perp$．つまり，

$$\overline{\mathfrak{R}T} \subset (\mathfrak{N}T^*)^\perp$$

また $g \in (\mathfrak{R}T)^\perp$ ならば $(g, Tf) = 0$ が全ての $f \in \mathrm{D}(T)$ で成立するから $g \in \mathrm{D}(T^*)$ でかつ $T^* g = 0$ であるから $g \in \mathfrak{N}T^*$ である．故に $(\mathfrak{R}T)^\perp \subset \mathfrak{N}T^*$．よって

$$(\mathfrak{R}T)^{\perp\perp} = \overline{\mathfrak{R}T} \supset (\mathfrak{N}T^*)^\perp$$

結局 $\overline{\mathfrak{R}T} = (\mathfrak{N}T^*)^\perp$ となり

$$\mathfrak{H} = \mathfrak{N}T^* \oplus \overline{\mathfrak{R}T}$$

と分解できる．

7　対称作用素

行列 A がエルミート行列のとき $(u, Av) = (Au, v), \forall u, v \in \mathbb{C}^n$ となる．これは，$A^* = A$ から従う．非有界作用素（勿論，有界作用素も）にも同様の概念が存在するが事情はかなり複雑である．例えば，$T : \mathfrak{H} \to \mathfrak{H}$ が

$$(f, Tg) = (Tf, g) \quad \forall f, g \in \mathrm{D}(T)$$

を満たすものとして，対称作用素を定義すると，共役作用素の定義から $T = T^*$ が $\mathrm{D}(T)$ 上で満たされていることしかいっていない．

これは $T = T^*$ という主張とは大きく異なる．そこで対称作用素を以下で定義する．

対称作用素の定義

$T : \mathfrak{H} \to \mathfrak{H}$ が $T \subset T^*$ となるとき T を対称作用素という．

フォン・ノイマンは今日の対称作用素をエルミート作用素（Hermitescher Operatoren）と呼んでいる．T を対称作用素とすれば $T \subset T^*$ で T^* は閉作用素なので，T は可閉作用素でもある．さらに $(\bar{T})^* = T^*$ だから $T \subset T^*$ から

$$\bar{T} = T^{**} \subset T^* = (\bar{T})^*$$

となり $\bar{T}$ は対称閉作用素になる．つまり，対称作用素は，いつも可閉作用素で，閉包がさらに対称作用素になっている．

命題（対称作用素の閉包）

対称作用素 T は可閉で，$\bar{T}$ は対称閉作用素である．

対称作用素 T には，ノルムの評価に関する特筆すべき性質がある．$a, b \in \mathbb{R}$ とすれば

$$|a + ib|^2 = |a|^2 + |b|^2$$

となるが対称作用素を形式的に実と思えば，似たようなことがいえる．$\lambda \in \mathbb{R}$ とすると T の対称性から

$$\|(T \pm i\lambda)f\|^2 = \|Tf\|^2 + |\lambda|^2 \|f\|^2$$

になる．この等式の応用を紹介しよう．$\{(T \pm i\lambda)f_n\}$ が収束列であれば，コーシー列であり

$$\|(T \pm i\lambda)(f_n - f_m)\| \geq |\lambda|^2 \|f_n - f_m\| \to 0$$

であるから, f_n もコーシー列になる．よって, 極限 $f_n \to f$ が存在する．対称作用素 T に対して, $(T \pm i\lambda)f_n$ が収束列であれば, 自動的に f_n も収束列になるのである．この性質をうまく利用すると次が示せる．

命題（$\mathfrak{R}(T \pm i\lambda)$ と $\mathfrak{N}(T^* \mp i\lambda)^\perp$ の関係）

T が対称閉作用素ならば, $\mathfrak{R}(T \pm i\lambda)$ は閉集合である．つまり,

$$\overline{\mathfrak{R}(T \pm i\lambda)} = \mathfrak{R}(T \pm i\lambda) = \mathfrak{N}(T^* \mp i\lambda)^\perp$$

証明．$\mathfrak{R}(T \pm i\lambda) \ni f_n$ が $f_n \to f$ ならば, $f_n = (T \pm i\lambda)h_n$ と表せて, これが収束するので, $h_n \to h$ と収束する．よって, $f = (T \pm i\lambda)h$ となるから, $\mathfrak{R}(T \pm i\lambda)$ は閉集合になる．一方, $\overline{\mathfrak{R}(T \pm i\lambda)} = \mathfrak{N}(T^* \mp i\lambda)^\perp$ だったから, 等式が成り立つ．[終]

8　自己共役作用素

いよいよ非有界作用素の理論で最も重要なクラスである自己役作用素について説明する．

自己共役作用素の定義

$T : \mathfrak{H} \to \mathfrak{H}$ が $T^* = T$ となるとき T を自己共役作用素という．

自己共役作用素は $T = T^*$ であるから対称閉作用素である．有界作用素 T が対称な場合は $\mathrm{D}(T) = \mathfrak{H} = \mathrm{D}(T^*)$ なので自己共役作用素になる．いろいろな非有界作用素が登場しきたのでここでまとめよう．

非有界作用素の階層

自己共役 $\subset$ 対称閉 $\subset$ 対称 $\subset$ 可閉

非有界作用素の解析で困難な部分について説明する．多くの具体的な問題では，形式的に定義された作用素 T を自己共役作用素として定義したいとき，その定義域を決定することは至難の技である．例をみてみよう．ヒルベルト空間 $L^2(\mathbb{R}^d)$ 上の作用素

$$p_j = \frac{1}{i}\frac{\partial}{\partial x_j}\lceil_{C_0^\infty(\mathbb{R}^d)}$$

を考える．つまり，$\mathrm{D}(p_j) = C_0^\infty(\mathbb{R}^d)$ で $p_j f = \frac{1}{i}\frac{\partial}{\partial x_j} f$．部分積分をすれば $f, g \in C_0^\infty(\mathbb{R}^d)$ に対して

$$(f, p_j g) = \int_{\mathbb{R}^d} \bar{f}(x) p_j g(x) dx = \int_{\mathbb{R}^d} \overline{p_j f(x)} g(x) dx = (p_j f, g)$$

を示せる．これは $\mathrm{D}(p_j^*) \supset C_0^\infty(\mathbb{R}^d)$ かつ $p_j = p_j^*$ を $C_0^\infty(\mathbb{R}^d)$ 上でいっていることになる．つまり，p_j は対称作用素であることが一瞬でわかり，一般論から $\bar{p}_j$ は対称閉作用素にもなる．問題はここからである．$\bar{p}_j$ が自己共役作用素なる拡大を持つかどうか？ 非有界作用素の解析では，対称作用素の自己共役拡大の理論がフォン・ノイマンにより構築されている．次節でそれをみよう．

9 フォン・ノイマンの拡大定理

9.1 対称閉拡大

フォン・ノイマンによる対称閉作用素 T の対称閉拡大 S の特徴付けを紹介しよう．対称閉拡大の特別な場合が自己共役拡大である．これは $\mathrm{D}(T^*)$ をヒルベルト空間化することによって達成でき

る. $T \subset S$ で両辺の共役をとれば

$$T \subset S \subset S^* \subset T^*$$

なので S は T^* の制限になっていることがわかる. つまり,

$$S = T^* \lceil_D$$

のように表せる. ここで

$$\mathrm{D}(T) \subset D \subset \mathrm{D}(T^*)$$

である. よって対称閉拡大を考えることは上の包含関係を満たす部分空間 D を考察することに帰着される. フォン・ノイマンは [45, VI-VIII] で $\mathrm{D}(T^*)$ 上に内積

$$(f, g)_{T^*} = (f, g) + (T^* f, T^* g)$$

を導入して, $\mathrm{D}(T^*)$ をヒルベルト空間とし, $\mathrm{D}(T)$ をその閉部分空間とみなした. $\mathrm{D}(T) \subset \mathrm{D}(T^*)$ で $\mathrm{D}(T)$ は $\|\cdot\|_{T^*}$ ノルムで $\mathrm{D}(T^*)$ の閉部分空間なので

$$\mathrm{D}(T^*) = \mathrm{D}(T) \dot{\oplus} \mathrm{D}(T)^\perp$$

と直和分解できる. ここで, 少しややこしいが, $\dot{\oplus}$ はヒルベルト空間 $(\mathrm{D}(T^*), (\cdot, \cdot)_{T^*})$ における直和を表す. $(\mathfrak{H}, (\cdot, \cdot)_{\mathfrak{H}})$ における直和 $\oplus$ と記号を区別する.

さて $\mathrm{D}(T)^\perp$ とは一体なんだろうか? 発見法的に $\mathrm{D}(T)^\perp \ni v$ の正体を探ってみよう. $\mathrm{D}(T)$ と直交しているのだから,

$$0 = (v, f)_{T^*} = (v, f) + (T^* v, T^* f) \quad \forall f \in \mathrm{D}(T)$$

が成り立つ. 形式的に計算すると

$$0 = (v, f) + (T^* v, T f) = (v, f) + (T^* T^* v, f)$$

だから, $T^*T^*v=-v$. これから

$$T^*v=\pm iv$$

と予想できる. そこでフォン・ノイマンは

$$\mathfrak{K}_+=\mathfrak{N}(i-T^*),\quad \mathfrak{K}_-=\mathfrak{N}(i+T^*)$$

を定義し,

$$\mathrm{D}(T^*)=\mathrm{D}(T)\dot{\oplus}\mathfrak{K}_+\dot{\oplus}\mathfrak{K}_-$$

を示した. $\mathbb{C}_\pm=\{z\in\mathbb{C}\mid \mathrm{Im}z\gtrless 0\}$ を上（下）半複素平面とすると

$$\lambda\mapsto \dim\mathfrak{N}(\lambda-T^*)$$

は $\mathbb{C}_+$ および $\mathbb{C}_-$ 上で不変であることが示せる.

命題（次元の不変性）

$\mathbb{C}\ni\lambda\mapsto\dim\mathfrak{N}(\lambda-T^*)\in\mathbb{N}\cup\{0\}$ は $\mathbb{C}_\pm$ で一定である.

証明. これは $|\eta|<|\mathrm{Im}\lambda|$ であれば

$$\dim\mathfrak{N}(\lambda-T^*)=\dim\mathfrak{N}(\lambda+\eta-T^*)$$

という事実から従う. これを示そう. そのためには

$$\dim\mathfrak{N}(\lambda-T^*)\le\dim\mathfrak{N}(\lambda+\eta-T^*)$$
$$\dim\mathfrak{N}(\lambda-T^*)\ge\dim\mathfrak{N}(\lambda+\eta-T^*)$$

を示せばいい. どちらも証明は同じなので後者を背理法で示す. $\dim\mathfrak{N}(\lambda+\eta-T^*)>\dim\mathfrak{N}(\lambda-T^*)$ と仮定する. 一般に $\dim M>\dim N$ のとき, $M=(M\cap N)\oplus(M\cap N^\perp)$ と直和に分解すれば $M\cap N\neq M$ なのだから $M\cap N^\perp\neq\emptyset$ になる. 故に

$$\mathfrak{N}(\lambda+\eta-T^*)\cap\mathfrak{N}(\lambda-T^*)^\perp=\emptyset$$

となることを示せば, 矛盾を導いたことになる. $f \in \mathfrak{N}(\lambda+\eta-T^*) \cap \mathfrak{N}(\lambda-T^*)^{\perp}$ とすれば, $\mathfrak{N}(\lambda-T^*)^{\perp} = \mathfrak{R}(\bar{\lambda}-T)$ だから $f = (\bar{\lambda}-T)u$ と表せる. $(\lambda+\eta-T^*)f = 0$ だから

$$0 = ((\lambda+\eta-T^*)f, u) = \|(\bar{\lambda}-T)u\|^2 + \bar{\eta}((\bar{\lambda}-T)u, u)$$

そうすると, $0 \geq \|u\|(|\,\mathrm{Im}\lambda| - |\eta|)$ となるから $|\,\mathrm{Im}\lambda| > |\eta|$ のとき矛盾する. [終]

これらの事実に疑問を感じる読者がいるかもしれない. 対称作用素の名前からくるイメージは '固有値は全て実数' ではないだろうか. 実際, 有限次元の対応物であるエルミート行列 A の固有値は実数である. それは簡単な考察から導かれる. $Av = \lambda v$, $(v, v) = 1$, とする.

$$\lambda = (v, \lambda v) = (v, Av) = (A^* v, v) = (Av, v) = (\lambda v, v) = \bar{\lambda}$$

なので $\lambda \in \mathbb{R}$ である. さらに, $Av = \lambda v$, $Aw = \mu w$ で, $\lambda \neq \mu$ ならば $(v, w) = 0$ となることもすぐにわかる. しかし, 無限次元線型空間では $T^{**} = \bar{T}$ であり, 一般に $T^{**} \neq T^*$ なので, T^* の固有値は実数とは限らない. さらに, 不思議に思うことは, $\lambda \mapsto \dim\mathfrak{N}(\lambda - T^*)$ が $\mathbb{C}_{\pm}$ 上で等しいということは, $\forall\lambda \in \mathbb{C}_+$ に対する固有空間

$$E_\lambda = \{f \in \mathrm{D}(T^*) \mid T^* f = \lambda f\}$$

の次元が等しいということである. そうすると非可算無限個の固有ベクトルが存在することになってヒルベルト空間が可分であれば矛盾を感じるだろう. しかし, 非有界作用素の固有値に関してはこういうことは普通に起こりうる. 勿論,

$$E_\mu \perp E_\nu \quad \mu \neq \nu$$

は一般に成り立たない.

さて, フォン・ノイマンは $T^*\lceil_D$ が対称閉作用素になるための必要十分条件は部分等長作用素 $U:\mathfrak{K}_+\to\mathfrak{K}_-$ が存在して

$$D=\mathrm{D}(T)\dot{\oplus}\mathrm{D}(U)\dot{\oplus}U\mathrm{D}(U)$$

という形の部分空間であることを示した. ここで $\mathrm{D}(U)$ は U の定義域で, $\mathrm{D}(U)=\mathfrak{K}_+$ とは限らない. それで U を部分等長作用素という.

このように対称閉拡大は部分等長作用素 $U:\mathfrak{K}_+\to\mathfrak{K}_-$ で特徴づけることができる. 定義域 $\mathrm{D}(U)$ と値域 $U\mathrm{D}(U)$ は線形空間として同型なので特に次元が等しい. もし, $\dim\mathfrak{K}_+=0=\dim\mathfrak{K}_-$ であれば自己共役作用素. もし, $\dim\mathfrak{K}_+=0$, $\dim\mathfrak{K}_-\neq 0$ であればこのような等長作用素が存在しないことになり対称閉拡大は存在しない. 長くなるけど証明しよう.

不足指数の定義

$n_\pm=\dim\mathfrak{K}_\pm$ とおいて (n_+,n_-) を不足指数という.

D が T^*-閉とは, ノルム $\|\cdot\|_{T^*}$ で閉部分空間であることとし, D が T^*-対称とは $f,g\in D$ が

$$(T^*f,g)_{\mathfrak{H}}=(f,T^*g)_{\mathfrak{H}}$$

を満たすこととする. D が T^*-閉かつ T^*-対称なとき T^*-対称閉ということにする.

T が対称のとき, $f,g\in\mathrm{D}(T)$ に対して $(T^*f,g)_{\mathfrak{H}}=(f,T^*g)_{\mathfrak{H}}$ なので $\mathrm{D}(T)$ は T^*-対称である. また $\mathrm{D}(T)$ が T^*-閉であることもすぐわかる. 故に $\mathrm{D}(T)$ は T^*-対称閉である. 殆ど自明であるが $\mathfrak{K}_\pm$ は T^*-閉である. また, $\mathfrak{K}_\pm$ は T^*-対称ではない. 実際 $f,g\in\mathfrak{K}_+$ と

すると次のようになる．

$$(T^*f,g)-(f,T^*g)=-2i(f,g)$$

以上をまとめると次のようになる．

補題 1

(1) $\mathrm{D}(T)$ は T^*-対称閉．

(2) $\mathfrak{K}_\pm$ は T^*-閉，しかし T^*-対称ではない．

$T^*\lceil_D$ が対称閉作用素になるための必要十分条件を D の幾何学的な条件で与えることができる．

補題 2

$S=T^*\lceil_D$ が対称閉作用素 $\Longleftrightarrow$ D は T^*-対称閉

($\Longrightarrow$) の証明． $f_n\in D$, $f\in\mathrm{D}(T^*)$, $\|f_n-f\|_{T^*}\to 0$ と仮定する． このとき，$f_n\to f$ かつ $Sf_n\to T^*f$ で，S は閉なので $f\in D$ かつ $T^*f=Sf$． 故に，D は T^*-閉である． T^*-対称性は $(T^*f,g)-(f,T^*g)=(Sf,g)-(f,Sg)=0$ からわかる．
($\Longleftarrow$) の証明． $T\subset S$ は自明． $f_n\to f$, $Sf_n\to g$ とする． このとき f_n も Sf_n もコーシー列だから $\|f_n-f_m\|_{T^*}\to 0$ $(n,m\to\infty)$． よって $\|f_n-h\|_{T^*}\to 0$ となる $h\in D$ が存在する． 極限の一意性から $h=f$, $g=T^*h$． これはまさに S が閉作用素といっている． $\forall f,g\in D$ に対して $(f,T^*g)=(T^*f,g)$ から $(f,Sg)=(Sf,g)$ なので S の対称性も示せた． [終]

補題 3

次の等式が成り立つ.

$$\mathrm{D}(T^*) = \mathrm{D}(T) \dot{\oplus} \mathfrak{K}_+ \dot{\oplus} \mathfrak{K}_-$$

$\mathrm{D}(T), \mathfrak{K}_+, \mathfrak{K}_-$ は $(\cdot,\cdot)_{T^*}$ で互いに直交していることは直接の計算で示せる. $f \in \mathrm{D}(T)$, $g \in \mathfrak{K}_\pm$ とすれば

$$(f,g)_{T^*} = (f,g) + (T^*f, T^*g) = i(f, (\mp i + T^*)g) = 0$$

また, $f \in \mathfrak{K}_+$, $g \in \mathfrak{K}_-$ とすれば

$$(f,g)_{T^*} = (f,g) + (if, -ig) = (f,g) - (f,g) = 0$$

$f \in (\mathrm{D}(T) \dot{\oplus} \mathfrak{K}_+ \dot{\oplus} \mathfrak{K}_-)^\perp$ として $f = 0$ を示す. $g \in \mathrm{D}(T)$ とすれば $0 = (f,g)_{T^*} = (f,g) + (T^*f, T^*g)$ だから $-(f,g) = (T^*f, Tg)$. これは $T^*f \in \mathrm{D}(T^*)$ で $T^*T^*f = -f$ をいっているから

$$(T^* + i)(T^* - i)f = 0$$

つまり,

$$(T^* - i)f \in \mathfrak{K}_-$$

そこで $h \in \mathfrak{K}_- = \mathfrak{R}(T - i)^\perp$ とすると $0 = (h,f)_{T^*} = (h,f) + (T^*h, T^*f) = (h,f) + (-ih, T^*f) = i(h, (T^* - i)f)$. よって

$$(T^* - i)f \in \mathfrak{K}_-^\perp$$

つまり, $(T^* - i)f = 0$ だから $f \in \mathfrak{K}_+$. よって $f = 0$ になる. [終]

$S = T^*\lceil_D$ が T の対称閉拡大であるための必要十分条件は D が T^*-対称閉であった. $D \subset \mathrm{D}(T) \dot{\oplus} \mathfrak{K}_+ \dot{\oplus} \mathfrak{K}_-$ だったので D の形をある程度制限することができる. $\mathrm{D}(T)$ が T^*-対称閉であることを

考えると, $D \subset \mathrm{D}(T) \dot{\oplus} \mathfrak{K}_+ \dot{\oplus} \mathfrak{K}_-$ で $D \neq \mathrm{D}(T)$ なる T^*-対称閉なるものは

$$\mathfrak{K}_+ \cap D \neq \emptyset, \quad \mathfrak{K}_- \cap D \neq \emptyset$$

である必要がある.

いま $\mathfrak{D} \subset \mathfrak{K}_+ \dot{\oplus} \mathfrak{K}_-$ が T^*-対称閉であったとしよう. このとき $\mathrm{D}(T) \dot{\oplus} \mathfrak{D}$ も T^*-対称閉になる. これは $f = f_0 + f_1, g = g_0 + g_1 \in \mathrm{D}(T) \dot{\oplus} \mathfrak{D}$ としたとき $(T^* f, g) - (f, T^* g) = 0$ となるから T^*-対称がわかり, T^*-閉であることは, T^*-閉空間の直和であるから自明. この逆も成り立つ. $\mathfrak{D}$ を次のように定義する. $\mathfrak{D} = D \cap (\mathfrak{K}_+ \dot{\oplus} \mathfrak{K}_-)$. そうすると, $D = \mathrm{D}(T) \dot{\oplus} \mathfrak{D}$ で $\mathfrak{D}$ は T^*-対称. また, $\mathfrak{K}_+$ と $\mathfrak{K}_-$ は T^*-閉なので $\mathfrak{D}$ は T^*-閉. 以上をまとめると次のようになる.

補題 4

D が T^*-対称閉 $\Longleftrightarrow$ T^*-対称閉かつ $D = \mathrm{D}(T) \dot{\oplus} \mathfrak{D}$ となる $\mathfrak{D} \subset \mathfrak{K}_+ \dot{\oplus} \mathfrak{K}_-$ が存在する

これらの事実から T の対称閉拡大と T^*-対称閉な $\mathfrak{K}_+ \dot{\oplus} \mathfrak{K}_-$ の部分空間 $\mathfrak{D}$ には全単射が存在することがわかる. 作用素の拡大の話が幾何学的な議論に置き換わった. もう一つ大事な補題を示そう.

補題 5

$\mathfrak{D} \subset \mathfrak{K}_+ \dot{\oplus} \mathfrak{K}_-$ は T^*-対称とする. このとき, 直和分解 $f = f_+ + f_- \in \mathfrak{D}$ に対して $\|f_+\| = \|f_-\|$.

証明. $0 = (T^* f, f) - (f, T^* f)$ とすれば $\|f_+\| = \|f_-\|$ が導かれる. [終]

フォン・ノイマンの拡大定理を述べよう. $\mathfrak{S}$ は T の対称閉拡大

全体の集合とする.

$$\mathfrak{S} = \{S \mid T \text{ の対称閉拡大 }\}$$

一方, $\mathfrak{U}$ は $\mathfrak{K}_+$ から $\mathfrak{K}-$ への等長作用素全体の集合とする.

$$\mathfrak{U} = \{U : \mathfrak{K}_+ \to \mathfrak{K}_- \mid \text{部分等長作用素 }\}$$

フォン・ノイマンの拡大定理は次のように述べることができる.

命題（フォン・ノイマンの拡大定理）

T を対称閉作用素とする. このとき（1）と（2）が成り立つ.

（1）$S \in \mathfrak{S}$ に対して $U \in \mathfrak{U}$ が存在して次を満たす.

$$S = T^*\lceil_D, \quad D = \mathrm{D}(T) \dot{\oplus} \mathrm{D}(U) \dot{\oplus} U\mathrm{D}(U)$$

（2）$U \in \mathfrak{U}$ に対して, 上のように S と D を定めれば $S \in \mathfrak{S}$.

（1）の証明. $S \in \mathfrak{S}$ とし $T \subset S = T^*\lceil_D$ とする. このとき $D = \mathrm{D}(T) \dot{\oplus} \mathfrak{D}$ ($\mathfrak{D}$ は T^*-対称閉) と表せるのだった. $\mathfrak{D} \subset \mathfrak{K}_+ \dot{\oplus} \mathfrak{K}_-$ のベクトル $f \in \mathfrak{D}$ は $f = f_1 + f_2$, $f_1 \in \mathfrak{K}_+$, $f_2 \in \mathfrak{K}_-$ と一意的に表せるから $U : \mathfrak{K}_+ \to \mathfrak{K}_-$ を $Uf_1 = f_2$ と定める. これはうまく定義されている. 何故ならば $h = f_1 + g \in \mathfrak{D}$ と表せた場合 $\mathfrak{D} \ni h - f = 0 + (f_2 - g) \in \mathfrak{K}_+ \dot{\oplus} \mathfrak{K}_-$ なので補題 5 から $0 = \|0\| = \|f_2 - g\|$. 故に $f_2 = g$ となる. つまり, $f = f_1 + Uf_1 \in \mathfrak{D}$. よって S に対して U が決まり, 次のようになる.

$$D = \{f + g + Ug \mid f \in \mathrm{D}(T), g \in \mathrm{D}(U)\}$$

（2）の証明. $U \in \mathfrak{U}$ とする. S と D を上のように定義すれば $T \subset S$ はわかる. S が対称閉作用素であることを示す. そのためには $\mathfrak{D} =$

$D(U) \dot{\oplus} UD(U)$ が T^*-対称閉を示せばいい. $f_n = f_{1n} + Uf_{1n} \in \mathfrak{D}$ として $f_n \to g = g_1 + g_2 \in \mathfrak{K}_+ \dot{\oplus} \mathfrak{K}_-$ とすれば

$$\|f_{1n} - g_1\|_{\mathfrak{H}}^2 + \|T^* f_{1n} - T^* g_1\|_{\mathfrak{H}}^2 \to 0$$
$$\|Uf_{1n} - g_2\|_{\mathfrak{H}}^2 + \|T^* U f_{1n} - T^* g_2\|_{\mathfrak{H}}^2 \to 0$$

だから, $g_2 = Ug_1$ がわかる. 故に $g = g_1 + Ug_1 \in \mathfrak{D}$ なので $\mathfrak{D}$ は T^*-閉. 次に $\mathfrak{D}$ の T^*-対称性を示す. 少々長いが計算はほぼ自明. $f = f_1 + Uf_1, g = g_1 + Ug_1 \in \mathfrak{D}$ とすると

$$\begin{aligned}
&(T^* f, g) - (f, T^* g) \\
&= (T^* f_1, g_1) - (f_1, T^* g_1) + (T^* U f_1, U g_1) - (U f_1, T^* U g_1) \\
&+ (T^* f_1, U g_1) - (f_1, T^* U g_1) + (T^* U f_1, g_1) - (U f_1, T^* g_1) \\
&= -i(f_1, U g_1) + i(f_1, U g_1) + i(U f_1, g_1) - i(U f_1, g_1) = 0
\end{aligned}$$

よって S は対称閉作用素になる. [終]

9.2 自己共役拡大

フォン・ノイマンの拡大定理から $\Phi : \mathfrak{U} \to \mathfrak{S}$ なる全単射が存在して, 部分等長作用素 $U \in \mathfrak{U}$ ごとに対称閉拡大 $\Phi(U) = T_U \in \mathfrak{S}$ が定まることになる. それは

$$D(T_U) = \{f + g + Ug \mid f \in D(T), g \in D(U)\}$$
$$T_U(f + g + Ug) = T^*(f + g + Ug) = Tf + ig - iUg$$

になる. T が自己共役であるための必要十分条件は $D(T) = D(T^*)$ なのだから, 直和分解 $D(T^*) = D(T) \dot{\oplus} \mathfrak{K}_+ \dot{\oplus} \mathfrak{K}_-$ から $\mathfrak{K}_+ = \mathfrak{K}_- = \{0\}$ のとき T は自己共役作用素になる.

命題（自己共役性の必要十分条件）

T が自己共役作用素 $\iff$ $(n_+, n_-) = (0,0)$

次に考えることは T_U がいつ自己共役になるかということである．つまり，自己共役拡大の問題である．T_U の不足指数が $(0,0)$ になればいい．そこで $\mathfrak{K}_\pm^U = \mathfrak{N}(\mp i + T_U)$ を求める．任意の $\mathrm{D}(T_U) \ni f + g + Ug$, $g \in \mathrm{D}(U)$ に対して

$$(T_U - i)(f + g + Ug) = (T - i)f - 2iUg$$

$(T - i)f \in \mathfrak{R}(T - i)$, $-2iUg \in \mathfrak{K}_-$ だから $(T - i)f \perp -2iUg$ である．よって

$$\mathfrak{R}(T_U - i) \subset \mathfrak{R}(T - i) \oplus U\mathrm{D}(U)$$

逆向きの包含関係 $\supset$ もすぐに示せるから，

$$\mathfrak{H} = \mathfrak{R}(T_U - i)^\perp \oplus \mathfrak{R}(T_U - i) = \mathfrak{R}(T_U - i)^\perp \oplus U\mathrm{D}(U) \oplus \mathfrak{R}(T - i)$$

故に $\mathfrak{N}(T^* + i) = \mathfrak{R}(T - i)^\perp = \mathfrak{R}(T_U - i)^\perp \oplus U\mathrm{D}(U)$. 書き直せば

$$\mathfrak{K}_- = U\mathrm{D}(U) \oplus \mathfrak{K}_-^U$$

同様にして

$$\mathfrak{K}_- = \mathrm{D}(U) \oplus \mathfrak{K}_+^U$$

$\dim \mathrm{D}(U) = \dim U\mathrm{D}(U)$ だから $n_+ = \dim \mathrm{D}(U) = \dim U\mathrm{D}(U) = n_-$ のとき，またそのときに限り $\mathfrak{K}_+^U = \mathfrak{K}_-^U = \{0\}$ となる．勿論，$\dim \mathrm{D}(U) = n_\pm$ となる U は一般に非可算無限個存在するので T の自己共役拡大は非可算無限個存在する．また $(n_+, n_-) = (n, m)$ で $n, m > 0$, であるときは必ず部分等長作用素 $U : \mathfrak{K}_+ \to \mathfrak{K}_-$ が存在するから対称閉拡大が存在する．

命題（対称閉拡大と自己共役拡大の存在）

(1) $(n_+, n_-) = (n, m)$ で $n, m > 0$ のとき対称閉拡大が存在する．

(2) T の自己共役拡大が存在する $\iff n_+ = n_-$

次に対称閉拡大が存在しない場合を考えよう．それは部分等長作用素が存在しないことである．よって $(n_+, n_-) = (0, n)$ とすれば $\mathfrak{K}_+ = \{0\}$ なので $U : \mathfrak{K}_+ \to \mathfrak{K}_-$ で非自明な部分等長作用素は存在しない．同様に $(n_+, n_-) = (n, 0)$ のときも存在しない．

命題（非自明な対称閉拡大の非存在）

対称閉拡大が非存在 $\iff (n_+, n_-) = (0, n)$ または $(n, 0)$

T の不足指数が

$$(n_+, n_-) = (0, n) \text{ または } (n, 0)$$

のとき，対称閉拡大が存在しないから，フォン・ノイマンは T を極大作用素（Maximalen Operatoren）と呼んだ．現在は，極大対称作用素（maximal symmetric operator）と呼ぶのが標準である．特に

$$(n_+, n_-) = (0, 0)$$

のとき，T は自己共役作用素で，これより真に大きな対称閉拡大は存在しない．フォン・ノイマンは，自己共役作用素を超極大作用素（Hypermaximalen Operatoren）と呼んだ．

$n_\pm$ は $\mathfrak{K}_\pm = \mathfrak{N}(i \mp T^*)$ の次元だったことを思い出すと，$\mathfrak{K}_+$ と $\mathfrak{K}_-$ の間に全単射が存在すれば，$n_+ = n_-$ が従う．次のフォン・ノイマンの定理が知られている．説明しよう．反線形作用素 $C : \mathfrak{H} \to \mathfrak{H}$ が，等長性 $\|Cf\| = \|f\|$ と $C^2 = \mathbb{1}$ を満たすとき，共役（conjugate）

フォン・ノイマンによる呼称	現在の呼称
エルミート作用素	対称作用素
極大作用素	対称極大作用素
超極大作用素	自己共役作用素

作用素の名前の比較

という. 例えば, 複素共役 $C: f \mapsto \bar{f}$ は共役である. 偏極恒等式と C の等長性から

$$\begin{aligned}(Cf, Cg) &= \frac{1}{4}\sum_{n=0}^{3}\|Cf - i^n Cg\|^2 i^n = \frac{1}{4}\sum_{n=0}^{3}\|Cf - C(-i)^n g\|^2 i^n \\ &= \frac{1}{4}\sum_{n=0}^{3}\|f - (-i)^n g\|^2 i^n = \frac{1}{4}\sum_{n=0}^{3}\|g - i^n f\|^2 i^n = (g, f)\end{aligned}$$

になることを注意しよう.

命題（フォン・ノイマンの定理）

T は対称作用素とする. $C: \mathrm{D}(T) \to \mathrm{D}(T)$ かつ $CT = TC$ となる共役 C が存在すると仮定する. このとき, A の自己共役拡大が存在する.

証明. $f \in \mathfrak{K}_-$, $g \in \mathrm{D}(T)$ とすると,

$$0 = \overline{(f, (i+T)g)} = (Cf, C(i+T)g) = (Cf, (-i+T)Cg)$$

$C\mathrm{D}(T) = \mathrm{D}(T)$ だから, $0 = (Cf, (-i+T)h)$ が任意の $h \in \mathrm{D}(T)$ でいえた. つまり, $(i+T^*)Cf = 0$ といっているのだから, $Cf \in \mathfrak{K}_+$ である. $C: \mathfrak{K}_- \to \mathfrak{K}_+$ がわかった. 同様に $C: \mathfrak{K}_+ \to \mathfrak{K}_-$ もわかるから, $C: \mathfrak{K}_+ \to \mathfrak{K}_-$ とみなせば全射. C は等長なので単射. 故に, $\mathfrak{K}_+ \cong \mathfrak{K}_-$. 特に $n_+ = n_-$. [終]

10　本質的自己共役作用素

前節では対称閉作用素の拡大の一般論を構築した．一般に，対称閉作用素の対称閉拡大は無限個存在した．特に，自己共役拡大も一般には無限個存在する．

本質的自己共役作用素の定義

T を対称作用素とする．$\bar{T}$ が自己共役作用素のとき T を本質的自己共役作用素という．

対称作用素の自己共役拡大は一般には無限個存在するが，驚くべきことに本質的自己共役作用素 T の自己共役拡大 S は一意的である．何故ならば $T \subset S$ から

$$\bar{T} = T^{**} \subset S^{**} = \bar{S} = S$$

また

$$S = S^* \subset T^{***} = (\bar{T})^* = \bar{T}$$

故に $S = \bar{T}$ となる．

実はこの逆もいえる．対称作用素 T の自己共役拡大 S が存在して一意的ならば，T は本質的自己共役作用素である．何故ならば，$\bar{T} \subset S$ のように対称閉作用素 $\bar{T}$ が自己共役拡大をもつので，フォン・ノイマンの拡大定理から $\bar{T}$ の不足指数は (n, n) である．もし $n > 0$ ならば，自己共役拡大は非可算無限個存在することになり，一意性に反する．故に $(n, n) = (0, 0)$ となり，$\bar{T}$ は自己共役作用素．つまり，$\bar{T} = S$ だから本質的自己共役作用素である．

命題（自己共役拡大の一意性）

T を対称作用素とする．このとき次の同値関係が成り立つ．

T が本質的自己共役作用素 $\Longleftrightarrow$ T の自己共役拡大は一意的

本質的自己共役性の一番重要なことは自己共役作用素の定義域を厳密に知ることなしに一意的に自己共役作用素を定義できることである．実際，形式的に与えられた作用素が定義域を特定し自己共役であることを示すのはそんなに容易いことではない．しかし，適当なよくわかっている定義域でその作用素が本質的自己共役であることが示せれば，それが一意的な自己共役拡大を持つことになるので，量子系を厳密に定義したことになる．

11 量子力学に現れる自己共役作用素

フォン・ノイマン は量子力学で重要な作用素の自己共役性を証明している．それは d 次元の運動量作用素

$$p_j = \frac{h}{2\pi i}\frac{\partial}{\partial x_j}, \quad j = 1, \ldots, d$$

と位置作用素

$$q_j = M_{x_j}, \quad j = 1, \ldots, d$$

である．実際に d は $d = 3n$ で，n は電子の個数を表す．d 次元で質量が m，古典的な運動量が $p \in \mathbb{R}^d$ の自由な電子のエネルギーは $E = \frac{1}{2m}|p|^2$ だから，それに対応する，量子力学の作用素は

$$\frac{1}{2m}\sum_{j=1}^{d} p_j^2$$

である．この自己共役性も示すことができる．それぞれヒルベルト空間 $L^2(\mathbb{R}^d)$ 上の作用素として考える．

11.1 位置作用素

量子力学における位置作用素を一般化しよう．

掛け算作用素の定義

$\mathbb{R}^d$ 上の可測な関数 f に対して $M_f : L^2(\mathbb{R}^d) \to L^2(\mathbb{R}^d)$ を次で定める．

$$M_f g = fg$$
$$\mathrm{D}(M_f) = \{g \in L^2(\mathbb{R}^d) \mid \int_{\mathbb{R}^d} |f(x)g(x)|^2 dx < \infty\}$$

$|f(x)|$ が ∞ になる $x \in \mathbb{R}^d$ の集合 N のルベーグ測度が正であれば，N 上で正の値をとる関数はこの掛け算作用素の定義域に含まれず M_f が稠密に定義されないことになる．そこで，λ を d 次元のルベーグ測度として $N = \{x \in \mathbb{R}^d \mid |f(x)| = \infty\}$ に対して

$$\lambda(N) = 0$$

を仮定する．つまり，$|f(x)|$ は殆ど至る所で有界とする．このとき $\mathrm{D}(M_f)$ が稠密になる．それを示そう．

$$X_n = \{x \in \mathbb{R}^d \mid |f(x)| \leq n\}$$

とすれば

$$\mathbb{R}^d \setminus \bigcup_{n=1}^{\infty} X_n = N$$

になる．$g \in L^2(\mathbb{R}^d)$ に対して $g_n = 1\!\!1_{X_n} f$ とする．このとき，$g_n \in \mathrm{D}(M_f)$ で，さらに

$$\int_{\mathbb{R}^d} |g(x) - g_n(x)|^2 dx = \int_{\mathbb{R}^d \setminus X_n} |g(x)|^2 dx \to 0 \ (n \to \infty)$$

となるから, 任意の $g \in L^2(\mathbb{R}^d)$ が $g_n \in \mathrm{D}(M_f)$ で近似できたことになる. つまり, $\mathrm{D}(M_f)$ は稠密である.

掛け算作用素の定義から, $h \in \mathrm{D}(M_f), g \in \mathrm{D}(M_{\bar{f}})$ に対して

$$(g, M_f h) = \int_{\mathbb{R}^d} \overline{g(x)} f(x) h(x) dx = \int_{\mathbb{R}^d} \overline{\bar{f}(x) g(x)} h(x) dx = (M_{\bar{f}} g, h)$$

だから,

$$M_f^* = M_{\bar{f}}$$

と思えるが, 実は

$$M_{\bar{f}} \subset M_f^*$$

をいっているに過ぎない. 共役作用素の解析の難しさを感じてもらうために少し説明しよう. $g \in \mathrm{D}(M_{\bar{f}})$ ならば $(g, M_f h) = (M_{\bar{f}} g, h)$ を示したので,

$$\mathrm{D}(M_{\bar{f}}) \subset \mathrm{D}(M_f^*)$$

共役作用素の定義域 $\mathrm{D}(M_f^*)$ を完全に特定したわけではない. もっと厳しいことをいえば, M_f^* が掛け算作用素であることすら自明ではない. ただ, $\mathrm{D}(M_f)$ 上では, $M_f^* g = \bar{f} g$ のような掛け算作用素であることがわかっているに過ぎない. $M_f^* = M_{\bar{f}}$ 示すのはデリケートな問題である. 純粋数学としてどのように証明するのかやってみよう. $\mathrm{D}(M_{\bar{f}}) = \mathrm{D}(M_f^*)$ を示すには次のようにする.

$$\mathrm{D}(M_{\bar{f}}) \supset \mathrm{D}(M_f^*)$$

を示せばいい. $h \in \mathrm{D}(M_f^*)$ とし,

$$\mathbb{1}_N(x) = \begin{cases} 1 & |f(x)| \leq N \\ 0 & \text{その他} \end{cases}$$

とする. $|M_f^*h|^2$ は可積分関数だから

$$\|M_f^*h\|^2 = \int_{\mathbb{R}^d} |(M_f^*h)(x)|^2 dx = \lim_{N\to\infty}\int_{\mathbb{R}^d} |\mathbb{1}_N(x)(M_f^*h)(x)|^2 dx$$

がわかる. これから, 作用素の定義域や共役作用素の定義などを気にしながら式変形していこう. ノルムの性質 $\|g\| = \sup_{\|\xi\|=1} |(g,\xi)|$ を使えば,

$$\|M_f^*h\|^2 = \lim_{N\to\infty} \sup_{\|\xi\|=1} |(\mathbb{1}_N M_f^*h, \xi)|$$

となる. さらに $(\mathbb{1}_N M_f^*h, \xi) = (M_f^*h, \mathbb{1}_N\xi)$ はすぐにわかる. $\mathbb{1}_N\xi \in \mathrm{D}(M_f)$ だから, $(M_f^*h, \mathbb{1}_N\xi) = (h, M_f\mathbb{1}_N\xi)$. 以上より

$$\|M_f^*h\|^2 = \lim_{N\to\infty} \sup_{\|\xi\|=1} |(h, M_f\mathbb{1}_N\xi)|$$

と式変形できる. $(h, M_f\mathbb{1}_N\xi)$ で $M_f\mathbb{1}_N$ を $f\mathbb{1}_N$ を掛ける作用素と思えば, これは有界作用素なので, 定義域など気にせずに

$$(h, M_f\mathbb{1}_N\xi) = (h, \mathbb{1}_N f\xi) = (\mathbb{1}_N\bar{f}h, \xi)$$

となるから, 結局

$$\|M_f^*h\|^2 = \lim_{N\to\infty} \sup_{\|\xi\|=1} |(\mathbb{1}_N\bar{f}h, \xi)| = \lim_{N\to\infty} \|\mathbb{1}_N\bar{f}h\|^2.$$

これは何をいっているのだろうか? 積分の形で書けば

$$\infty > \|M_f^*h\|^2 = \lim_{N\to\infty}\int_{\mathbb{R}^d} |\mathbb{1}_N(x)\bar{f}(x)h(x)|^2 dx$$

となるから, 単調収束定理より $\lim_{N\to\infty}$ と $\int_{\mathbb{R}^d}$ の交換ができて,

$$\infty > \|M_f^*h\|^2 = \int_{\mathbb{R}^d} |\bar{f}(x)h(x)|^2 dx$$

となるのである．つまり，$|\bar{f}h|^2$ が可積分と結論できる．よって $h \in \mathrm{D}(M_{\bar{f}})$ となるから $\mathrm{D}(M_f^*) \subset \mathrm{D}(M_{\bar{f}})$．つまり，$M_f^* = M_{\bar{f}}$．以上をまとめると次のようになる．

命題（掛け算作用素の性質）

f を可測関数とする．$N = \{x \in \mathbb{R}^d \mid |f(x)| = \infty\}$ とする．このとき，次が成り立つ．

(1) $\mathrm{D}(M_f^*) = \mathrm{D}(M_{\bar{f}})$

(2) $\lambda(N) = 0$ のとき $\mathrm{D}(M_f^*)$ は稠密．

(3) $\lambda(N) = 0$ のとき f が実関数であれば M_f は自己共役作用素．

例えば，位置作用素 q_j は

$$\mathrm{D}(q_j) = \{g \in L^2(\mathbb{R}^d) \mid \int_{\mathbb{R}^d} |x_j g(x)|^2 dx < \infty\}$$
$$(q_j f)(x) = x_j f(x)$$

と定義すれば，自己共役作用素である．

11.2 運動量作用素

量子力学の運動量作用素 p_j の自己共役性を示そう．簡単のために $d = 1$ 次元の $\frac{h}{2\pi i}\frac{d}{dx}$ について考える．フォン・ノイマンは [47, 70 ページ] でフーリエ変換を使って微分作用素を定義している[2]．$\mathscr{S} = \mathscr{S}(\mathbb{R})$ を無限回微分可能な急減少関数の空間とする．これは $L^2(\mathbb{R})$ で稠密だった．フーリエ変換 F は $F : L^2(\mathbb{R}) \to L^2(\mathbb{R})$ のユ

[2] フォン・ノイマンはフーリエ変換を記号 M で書き表している．

ニタリーで, しかも $F:\mathscr{S}\to\mathscr{S}$ は全単射である. $f\in\mathscr{S}$ に対して

$$(F\frac{h}{2\pi i}\frac{d}{dx}f)(k)=\frac{h}{2\pi}k(Ff)(k)$$

となる. さらに

$$F^{-1}(\frac{h}{2\pi}k)Ff(x)=\frac{h}{2\pi i}\frac{d}{dx}f(x)$$

となる. 掛け算作用素の記号を使えば

$$F^{-1}M_{\frac{h}{2\pi}k}Ff(x)=\frac{h}{2\pi i}\frac{d}{dx}f(x)$$

となる. 次のように運動量作用素を定義する.

運動量作用素の定義

運動量作用素 $p:L^2(\mathbb{R})\to L^2(\mathbb{R})$ を次で定める.

$$p=F^{-1}M_{\frac{h}{2\pi}k}F$$
$$\mathrm{D}(p)=\{f\in L^2(\mathbb{R})\mid Ff\in\mathrm{D}(M_{\frac{h}{2\pi}k})\}$$

勿論, $M_{\frac{h}{2\pi}k}$ は自己共役作用素なので $F^{-1}M_{\frac{h}{2\pi}k}F$ は自己共役作用素である. 結果的に, 運動量作用素 p は位置作用素 q と $L^2(\mathbb{R})$ 上でユニタリー同型である.

さて, ここから運動量作用素の本質的自己共役性について考えよう. つまり, $\frac{h}{2\pi i}\frac{d}{dx}\lceil_D$ の閉包が自己共役作用素となる定義域 D で, 出来るだけ小さいものをみつけたい. いろいろな定義域を考えることができるが, とりあえず, 微分可能な関数の集合で, かつ導関数 f' が $L^2(\mathbb{R})$ に含まれなければならない. そこで

$$\mathrm{D}(\frac{h}{2\pi i}\frac{d}{dx})=C_0^\infty(\mathbb{R})$$

と仮定する． いま $f,g \in C_0^\infty(\mathbb{R})$ とすれば，$(\frac{h}{2\pi i}\frac{d}{dx}f,g) = (f,\frac{h}{2\pi i}\frac{d}{dx}g)$ となる．しかし，掛け算作用素 M_f でも説明したようにこれは

$$\frac{h}{2\pi i}\frac{d}{dx} = (\frac{h}{2\pi i}\frac{d}{dx})^*$$

を示しているわけではない．読者はもうお分かりだろうが，

$$(\frac{h}{2\pi i}\frac{d}{dx})^*\lceil_{C_0^\infty(\mathbb{R})} = \frac{h}{2\pi i}\frac{d}{dx}$$

といっているに過ぎない．ここにも共役作用素の解析の難しさが感じられることだろう．$C_0^\infty(\mathbb{R})$ は $\frac{h}{2\pi i}\frac{d}{dx}$ の定義域だったから

$$\frac{h}{2\pi i}\frac{d}{dx} \subset (\frac{h}{2\pi i}\frac{d}{dx})^*$$

つまり，$\frac{h}{2\pi i}\frac{d}{dx}$ が対称作用素であることがわかる．特に，$\frac{h}{2\pi i}\frac{d}{dx}$ は可閉作用素である．細かいことだが $\overline{\frac{h}{2\pi i}\frac{d}{dx}}$ が存在する．$\frac{h}{2\pi i}\frac{d}{dx}$ が本質的自己共役であることを示す．まず

$$T = \frac{h}{2\pi i}\frac{d}{dx}\lceil_{\mathscr{S}}$$

の本質的自己共役性を示す．ちなみに

$$\frac{h}{2\pi i}\frac{d}{dx}\lceil_{C_0^\infty(\mathbb{R})} \subset \frac{h}{2\pi i}\frac{d}{dx}\lceil_{\mathscr{S}}$$

$f \in \mathscr{S}$ に対して

$$\left(F(\frac{h}{2\pi i}\frac{d}{dx}+i)f\right)(k) = \left(\frac{h}{2\pi}k+i\right)(Ff)(k)$$

となる．

$$\left(\frac{h}{2\pi}k+i\right)f \in \mathscr{S}$$

写像

$$\Phi : \mathscr{S} \ni f \mapsto \left(\frac{h}{2\pi}k + i\right) f \in \mathscr{S}$$

を考えよう．任意の $g \in \mathscr{S}$ は

$$g(k) = \left(\frac{h}{2\pi}k + i\right) \frac{g(k)}{\frac{h}{2\pi}k + i}$$

と書けて $\frac{g}{\frac{h}{2\pi}k+i} \in \mathscr{S}$ であるから, Φ は全射になる．また,

$$\|\Phi(f)\|^2 = \int_{\mathbb{R}} |\left(\frac{h}{2\pi}k + i\right) f(k)|^2 dk = 0$$

としたら, $f = 0$ になるから, Φ は単射である．つまり, 写像 Φ は全単射になる．$\left(\frac{h}{2\pi}k + i\right)\mathscr{S} = \mathscr{S}$ だから $\left(\frac{h}{2\pi}k + i\right)\mathscr{S}$ が $L^2(\mathbb{R})$ で稠密であることがわかった．故に

$$\overline{\mathfrak{R}(T \pm i)} = L^2(\mathbb{R})$$

また

$$\overline{\mathfrak{R}(T \pm i)} = \mathfrak{R}(\bar{T} \pm i)$$

だから

$$\mathfrak{N}(\bar{T}^* \pm i) = \mathfrak{R}(\bar{T} \mp i)^{\perp} = \{0\}$$

となる．フォン・ノイマンの拡大定理から $\bar{T}$ は自己共役作用素になる．これは T が本質的自己共役作用素といっている．もう少し頑張って

$$S = \frac{h}{2\pi i}\frac{d}{dx}\lceil_{C_0^\infty(\mathbb{R})}$$

が本質的自己共役作用素であることを示そう．いま $\varphi \in C_0^\infty(\mathbb{R})$ を

$$\varphi(x) = \begin{cases} 1 & |x| < 1 \\ \leq 1 & 1 \leq |x| \leq 2 \\ 0 & |x| > 2 \end{cases}$$

とし, $\varphi_n(x)=\varphi(x/n)$ としよう. $f\in\mathscr{S}$ に対して

$$f_n=\varphi_n f\in C_0^\infty(\mathbb{R})$$

とする. このとき

$$f_n\to f\quad (n\to\infty)$$

が $L^2(\mathbb{R})$ で成立し, さらに

$$\frac{d}{dx}f_n(x)=\frac{1}{n}\varphi'(\frac{x}{n})f(x)+\varphi_n(x)f'(x)$$

だから, 直接

$$\|\frac{d}{dx}f_n-\frac{d}{dx}f\|\le\frac{1}{n}\|\varphi' f\|+\|\varphi_n f'-f'\|\to 0\quad (n\to\infty)$$

がわかる. つまり,

$$\frac{h}{2\pi i}\frac{d}{dx}f_n\to\frac{h}{2\pi i}\frac{d}{dx}f\quad (n\to\infty)$$

となる. これは S のグラフ $B(S)$ の閉包が $\overline{B(T)}$ に等しいということをいっているから, $B(\bar{T})=B(\bar{S})$ で S は本質的自己共役作用素である.

1 次元の運動量作用素と同様に $p_j=\frac{h}{2\pi i}\frac{\partial}{\partial x_j}$, $j=1,\ldots,d$ の定義域は $\mathrm{D}(p_j)=\{f\in L^2(\mathbb{R}^d)\mid Ff\in\mathrm{D}(M_{\frac{h}{2\pi}k_j})\}$ と定める. そすると p_j は $q_j=M_{x_j}$ とユニタリー同型になる. また, p_j は $C_0^\infty(\mathbb{R}^d)$ 上で本質的自己共役作用素である. 以上をまとめると次のようになる.

命題（運動量作用素の性質）

次が成り立つ.

(1) $\mathrm{D}(p_j) = \{f \in L^2(\mathbb{R}^d) \mid Ff \in \mathrm{D}(M_{\frac{h}{2\pi}k_j})$

(2) $p_j = F^{-1} M_{\frac{h}{2\pi}k_j} F$

(3) p_j は自己共役作用素, かつ $C_0^\infty(\mathbb{R}^d)$ 上で本質的自己共役作用素.

11.3 ラプラシアン

ニュートン力学では, 運動量が $p \in \mathbb{R}^d$ で質量 m の質点の運動エネルギーは

$$\frac{1}{2m}|p|^2$$

で与えられた. 量子力学では $p_j \to \frac{h}{2\pi i}\frac{\partial}{\partial x_j}$ の置き換えによって, エネルギー作用素が定義される. つまり, 形式的には, 次のようになる.

$$-\frac{h^2}{8\pi^2 m}\sum_{j=1}^{d}\frac{\partial^2}{\partial x_j^2}$$

二階の微分作用素

$$\Delta = \sum_{j=1}^{d}\frac{\partial^2}{\partial x_j^2}$$

をラプラシアンという. 部分積分をすれば

$$(f, \Delta f) = \sum_{j=1}^{d}\int_{\mathbb{R}^d}\bar{f}(x)\frac{\partial^2}{\partial x_j^2}f(x)dx = -\sum_{j=1}^{d}\int_{\mathbb{R}^d}\left|\frac{\partial}{\partial x_j}f(x)\right|^2 dx \le 0$$

になるので, Δ の代わりに $-\Delta$ を考えることにする.

$$(f, -\Delta f) \ge 0$$

ラプラシアン $-\Delta$ の作用素論的な定義もフーリエ変換を通して与えられる．$f \in \mathscr{S}(\mathbb{R}^d)$ のとき

$$F(-\Delta f)(k) = |k|^2(Ff)(k)$$

となることは直接確かめることができる．実は一般に n 変数の多項式 $P(x_1, \ldots, x_n)$ に対して

$$P(\partial) = P(\frac{1}{i}\frac{\partial}{\partial x_1} \cdots \frac{1}{i}\frac{\partial}{\partial x_d})$$

と作用素を定義すれば

$$FP(\partial)f = P(\frac{h}{2\pi}k_1, \ldots, \frac{h}{2\pi}k_n)(Ff)(k)$$

となることが確かめられる．特に，$P(x) = |x|^2$ のとき $-\Delta = P(\partial)$ となる．そこで $-\Delta$ を次のように定義する．

ラプラシアンの定義

ラプラシアン $-\Delta : L^2(\mathbb{R}^d) \to L^2(\mathbb{R}^d)$ を次で定める．

$$-\Delta = F^{-1}M_{|k|^2}F$$
$$\mathrm{D}(-\Delta) = \{f \in L^2(\mathbb{R}^d) \mid Ff \in \mathrm{D}(M_{|k|^2})\}$$

$-\Delta$ の自己共役性の証明は p の自己共役性の証明とほぼ同じである．また，$-\Delta\lceil_{C_0^\infty(\mathbb{R}^d)}$ が本質的自己共役作用素になることも $p\lceil_{C_0^\infty(\mathbb{R}^d)}$ の本質的自己共役性の証明と同様である．以上をまとめると次のようになる．

命題（ラプラシアンの自己共役性）

$-\Delta$ は自己共役作用素，かつ $C_0^\infty(\mathbb{R}^d)$ 上で本質的自己共役作用素．

11.4 有界領域上の運動量作用素

フォン・ノイマンは有界領域上の運動量作用素を [47, 71 ページ] や [45] で考察した．これはフォン・ノイマンの拡大定理の具体的な例になっていて, 非常に興味深い．

まず始めに誤解を恐れずに直感的なイメージを与える．$\frac{1}{i}\frac{d}{dx}$ を $L^2([0,1])$ で考える．$\frac{1}{i}\frac{d}{dx}$ の定義域として, 微分可能で境界条件 $\varphi(0)=\varphi(1)=0$ を満たす関数全体を考える．そうすると $T=\frac{1}{i}\frac{d}{dx}$ が自己共役作用素でないことが一瞬で予想できる．$v \in \mathrm{D}(T)$ とすると, 部分積分すれば

$$(u, \frac{1}{i}v') = \frac{1}{i}[\bar{u}(x)v(x)]_0^1 + (\frac{1}{i}u', v)$$

となるから,

$$[\bar{u}(x)v(x)]_0^1 = \bar{u}(1)v(1) - \bar{u}(0)v(0) = 0$$

となる．このとき $u(0)=u(1)=0$ である必要はない．つまり, $u \notin \mathrm{D}(T)$. 故に $\mathrm{D}(T) \neq \mathrm{D}(T^*)$ と直感的に結論できて, T が $\mathrm{D}(T)$ 上で自己共役作用素でないことが予想される．そこで, 別の定義域を考えよう．例えば

$$\frac{\bar{u}(1)}{\bar{u}(0)}\frac{v(0)}{v(1)} = 1$$

となれば $\bar{u}(1)v(1)-\bar{u}(0)v(0)=0$ が満たされる．

$$U(1) = \{z \in \mathbb{C} \mid |z| = 1\}$$

とおく．$\frac{1}{i}\frac{d}{dx}$ の定義域として, 微分可能で境界条件 $\varphi(0)=\alpha\varphi(1)$, $\alpha \in U(1)$, を満たす関数全体を考える．この作用素を $T_\alpha = \frac{1}{i}\frac{d}{dx}$ とおく．そうすると $v \in \mathrm{D}(T_\alpha)$ としたとき

$$(u, \frac{1}{i}v') = \frac{1}{i}(\bar{u}(1)v(1) - \alpha\bar{u}(0)v(1)) + (\frac{1}{i}u', v)$$

だから, $u(0)=\alpha u(1)$ という境界条件を u に課せば形式的には

$$(u, \frac{1}{i}v') = (\frac{1}{i}u', v)$$

を満たす. つまり $u \in \mathrm{D}(T_\alpha)$ となるから $\mathrm{D}(T_\alpha) = \mathrm{D}(T_\alpha^*)$ に思える. つまり, $\alpha \in U(1)$ ごとに自己共役作用素 T_α が定義できそうだ. フォン・ノイマンの拡大定理でこれを厳密に証明してみよう.

ルベーグ積分の世界では微分可能な関数は絶対連続関数に置き換えることができる. f が絶対連続とは可積分な関数 g が存在して

$$f(a) - f(b) = \int_a^b g(x)dx$$

と表されることである. 重要なことは, このとき f は殆ど至る所の x で微分可能で $f'(x) = g(x)$ $a.e.$ となることである. 故に

$$f(a) - f(b) = \int_a^b f'(x)dx$$

と表される. $\mathbb{R}$ 上の絶対連続な関数 f 全体を $\mathfrak{A}_c$ と表す.

$$\mathfrak{A} = \{f \in \mathfrak{A}_c \mid f(0) = f(1) = 0\}$$

とする. ヒルベルト空間 $L^2([0,1])$ 上の作用素

$$T = \frac{1}{i}\frac{d}{dx}$$

を考える. 定義域は

$$\mathrm{D}(T) = \{[f] \in L^2([0,1]) \mid f \in \mathfrak{A}\}$$

とする. $[f]$ は f を代表元とする同値類だった. つまり, $[f] = [g] \iff f = g$ $a.e.$ $\mathrm{D}(T)$ は形式的に

$$\{f \in L^2([0,1]) \mid f \text{ は絶対連続で } f(0) = f(1) = 0\}$$

と表記されることが多いが，敢えて形式的な表示は使わないことにする．なぜならば，$f \in L^2([0,1])$ は，各点 x ごとに意味を持たないのに，$f(0) = f(1) = 0$ と書かれると気色悪いからである．T の定義もはっきりさせよう．絶対連続な関数は殆ど至る所で微分できるので

$$T[f] = \frac{1}{i}[f']$$

と T を定める．ここでも注意が必要である．$f'(x)$ は $x \in [0,1] \setminus N$ で定義されているに過ぎない．ここで N はルベーグ測度がゼロの集合である．そこで $[f']$ の代表元は

$$f'(x) = \begin{cases} f'(x) & x \in [0,1] \setminus N \\ \xi(x) & x \in N \end{cases}$$

と定義する．既に説明したように ξ は適当な可測関数で，最終的な結果は ξ の選び方によらない．さて，前置きが長くなったが T が対称閉作用素になることを示そう．

命題（対称性）

T は対称作用素である．

証明．$\varphi = [f] \in \mathrm{D}(T), \psi = [g] \in \mathrm{D}(T)$ に対して f, g の絶対連続性から

$$0 = \bar{f}(1)g(1) - \bar{f}(0)g(0) = \int_0^1 (f(x)g(x))' dx$$

だから

$$\int_0^1 \bar{f}'(x)g(x)dx + \int_0^1 \bar{f}(x)g'(x)dx = 0$$

が従う．よって

$$(T\varphi,\psi)-(\varphi,T\psi)=-\frac{1}{i}\left\{\int_0^1\bar{f}'(x)g(x)dx+\int_0^1\bar{f}(x)g'(x)dx\right\}$$
$$=0$$

となる．よって T は対称作用素である．[終]

命題（閉性）

T は閉作用素である．

証明．$\varphi_n\in \mathrm{D}(T)$ が $\varphi_n\to\varphi$ かつ $T\varphi_n\to\psi$ $(n\to\infty)$ を仮定する．そうすると $\varphi_n=[f_n]$, $f_n\in\mathfrak{A}$, $\psi=[g]$, $\varphi=[f]$, f,g は可測関数, と表せて

$$f_n(x)=\int_0^x f_n'(t)dt$$

を満たしている．細かいが $f_n'(t)$ も殆ど至る所の t で定義されているに過ぎない．さて, 条件より $\frac{1}{i}f_n'\to g, f_n\to f$ $(n\to\infty)$ が $L^2([0,1])$ で成り立っている．特に, 各点 $x\in[0,1]$ で

$$\int_0^x f_n'(t)dt\to i\int_0^x g(t)dt$$

がわかる．一方, 適当な部分列 $\{n'\}$ をとれば $f_{n'}(x)$ は殆ど至る所の x で $f(x)$ に収束するから, 結局

$$f(x)=i\int_0^x g(t)dt\quad a.e.$$

が成立する． 右辺を $\rho(x)$ とすればこれは絶対連続であるから $[f]=[\rho]$ が成り立つ．また $\rho(0)=0$ であり, $\rho(1)=i\int_0^1 g(t)dt=i\lim_{n\to\infty}\int_0^1 f_{n'}'(t)dt=0$ も従う．結局, $\rho\in\mathfrak{A}$ であるから $\psi=[f]\in \mathrm{D}(T)$ であり, また $f'(x)=ig(x)$ $a.e.$ だから $T\varphi=T[f]=\frac{1}{i}[f']=[g]=\psi$ であるから T が閉作用素であることがわかる．[終]

次に T^* を調べよう．

命題（T^* の定義域）

$\mathrm{D}(T^*) = \mathfrak{A}_c$ かつ $T^* = \frac{1}{i}\frac{d}{dx}$ となる．

冒頭で発見法的に議論した通り境界条件のつかない $\mathfrak{A}_c$ が T^* の定義域になる．

証明．$p \in C_0^\infty([0,1])$ で，$p(t) \geq 0$，$\int_0^1 p(t)dt = 1$ となるものを用意する．$p_\varepsilon(t) = p(t/\varepsilon)/\varepsilon$ としよう．$\varepsilon \downarrow 0$ のとき次が成り立つ．ただし，(1) と (2) の収束は $L^2([0,1])$ における強収束の意味である．

(1) $\int_0^x p_\varepsilon(\alpha - t) - p_\varepsilon(\beta - t)dt \to \mathbb{1}_{(\alpha,\beta)}(x)$
(2) $\int_0^1 p_\varepsilon(x - t)f(t)dx \to f(x)$

そこで

$$g_\varepsilon(x) = \int_0^x p_\varepsilon(\beta - t) - p_\varepsilon(\alpha - t)dt$$

としよう．$\psi = [f] \in \mathrm{D}(T^*)$ とする．

$$(Tg_\varepsilon, \psi) = (g_\varepsilon, T^*\psi)$$

$T^*\psi = [h]$ とする．右辺は $\varepsilon \downarrow 0$ のとき $-(\mathbb{1}_{(\alpha,\beta)}, [h])$ に収束する．

$$\lim_{\varepsilon\downarrow 0}(g_\varepsilon, T^*\psi) = -(\mathbb{1}_{(\alpha,\beta)}, [h]) = -\int_\alpha^\beta h(t)dt$$

一方，左辺は

$$\int_0^1 -\frac{1}{i}(p_\varepsilon(\beta - x) - p_\varepsilon(\alpha - x))f(x)dx$$

だから，$\varepsilon \downarrow 0$ のとき

$$\lim_{\varepsilon\downarrow 0}(Tg_\varepsilon, \psi) = -\frac{1}{i}(f(\beta) - f(\alpha))$$

両辺を比べると

$$f(\beta) - f(\alpha) = i\int_\alpha^\beta h(x)dx$$

が成り立つ. 故に f は絶対連続であるから, $[f] = \psi \in \mathfrak{A}_c$. よって $\mathrm{D}(T^*) \subset \mathfrak{A}_c$. また, $f' = ih$ なので $h = \frac{1}{i}f'$. 故に

$$T^*\psi = \frac{1}{i}[f'] = \frac{1}{i}\frac{d}{dx}[f] = \frac{1}{i}\frac{d}{dx}\psi$$

がわかる. よって $T^* = \frac{1}{i}\frac{d}{dx}$ もわかった.

逆に $\psi = [f]$ が絶対連続であるとしよう. $\varphi = [h] \in \mathrm{D}(T)$ とする. このとき, $(\bar{h}f)' = \bar{h}'f + \bar{h}f'$ だから

$$\bar{h}(1)f(1) - \bar{h}(0)f(0) = \int_0^1 \bar{h}'(x)f(x) + \bar{h}(x)f'(x)dx$$

となるが, $\bar{h}(1)f(1) = \bar{h}(0)f(0) = 0$ なので

$$0 = \int_0^1 \bar{h}'(x)f(x) + \bar{h}(x)f'(x)dx$$

となる. これはまさに $(T\varphi, \psi) = (\varphi, T\psi)$ をいっているから $\mathfrak{A}_c \subset \mathrm{D}(T^*)$. 以上から $\mathfrak{A}_c = \mathrm{D}(T^*)$. [終]

それではフォン・ノイマンの拡大定理に従って $\mathrm{D}(T^*)$ を分解しよう. $\mathrm{D}(T^*) = \mathrm{D}(T) \dot{\oplus} \mathfrak{K}_+ \dot{\oplus} \mathfrak{K}_-$ だった. $\mathfrak{K}_+ = \mathfrak{N}(-i + T^*)$ を求めよう. $\varphi \in \mathfrak{K}_+$ ならば $T^*\varphi = i\varphi$ だから $\varphi' = -\varphi$. つまり, $\varphi(x) = e^{-x}$ になる. 同様に, $\varphi \in \mathfrak{K}_-$ とすれば $\varphi(x) = e^{+x}$ になる. まとめると T の不足指数は $(n_+, n_-) = (1, 1)$ となり自己共役拡大が存在する. $\mathfrak{K}_+$ の単位ベクトルを $u = ze^x$, $\mathfrak{K}_-$ の単位ベクトルを $v = we^{-x}$ とする. T の自己共役拡大は, フォン・ノイマンの拡大定理によれば 1 次元線形空間 $\mathfrak{K}_+$ から 1 次元線形空間 $\mathfrak{K}_-$ への等長

作用素でラベル付けできるのだった．それは，$u \mapsto e^{i\theta}v$, $\theta \in [0, 2\pi)$ のような掛け算作用素しかない．よって

$$U_\theta u = e^{i\theta}v$$

としよう．フォン・ノイマンの拡大定理により

$$\mathrm{D}(T_\theta) = \{\varphi + au + e^{i\theta}av \mid a \in \mathbb{C}, \varphi \in \mathrm{D}(T)\}$$

となり

$$T_\theta(\varphi + au + e^{i\theta}av) = T\varphi + iau - ie^{i\theta}av$$

となる．このとき T_θ の不足指数は $(0,0)$ なので T_θ は自己共役作用素であり，これ以外の自己共役拡大は存在しない．

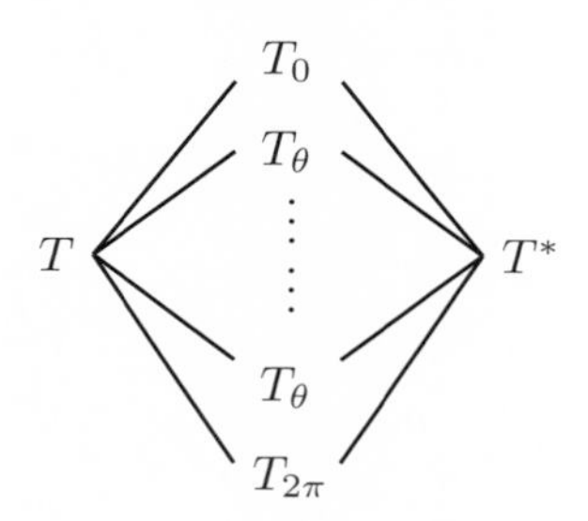

T の自己共役拡大 T_θ

$\mathrm{D}(T_\theta)$ の境界条件をみよう．

$$\int_0^1 e^{2x}dx = \frac{e^2-1}{2}, \quad \int_0^1 e^{-2x}dx = \frac{e^2-1}{2e^2}$$

だから

$$u(x) = \frac{\sqrt{2}}{\sqrt{e^2-1}}e^x, \quad v(x) = \frac{\sqrt{2}e}{\sqrt{e^2-1}}e^{-x}$$

になる．$\psi(x) = \varphi(x) + au(x) + e^{i\theta}av(x) \in \mathrm{D}(T_\theta)$ に対して

$$\psi(0) = a\frac{\sqrt{2}}{\sqrt{e^2-1}} + e^{i\theta}a\frac{\sqrt{2}e}{\sqrt{e^2-1}},$$
$$\psi(1) = a\frac{\sqrt{2}e}{\sqrt{e^2-1}} + e^{i\theta}a\frac{\sqrt{2}}{\sqrt{e^2-1}}$$

となる．よって

$$\frac{\psi(0)}{\psi(1)} = \frac{1+ee^{i\theta}}{e+e^{i\theta}} = \alpha \in U(1)$$

になる．逆に $\alpha \in U(1)$ に対して $e^{i\theta} \in U(1)$ が存在して

$$\frac{\psi(0)}{\psi(1)} = \alpha \in U(1)$$

とできる．よって境界条件の $\alpha \in U(1)$ と等長作用素を特徴付ける $e^{i\theta} \in U(1)$ は 1 対 1 に対応している．

命題（T の自己共役拡大 [47, 71 ページ]）

$\theta \in [0, 2\pi)$ に対して T_θ を

$$\mathrm{D}(T_\theta) = \{\varphi + au + e^{i\theta}av \mid a \in \mathbb{C}, \varphi \in \mathrm{D}(T)\}$$
$$T_\theta(\varphi + au + e^{i\theta}av) = T\varphi + iau - ie^{i\theta}av$$

と定義する．このとき

（1）T の自己共役拡大は T_θ に限る．
（2）$\psi \in \mathrm{D}(T_\theta)$ は境界条件 $\psi(0) = \alpha\psi(1)$ を満たす．
（3）α と θ は全単射 $\rho : [0, 2\pi) \to U(1)$, $\rho(\theta) = \frac{1+ee^{i\theta}}{e+e^{i\theta}}$, によって, $\alpha = \rho(\theta)$ で関係付けられる．

これで冒頭の直感的なイメージを正当化することができた．何れにしても T の自己共役拡大は非可算無限個存在する．また微分作用素の境界条件も形式的にはわかるが，それに尽きるということを示すにはやはりフォン・ノイマンの強力な定理が有効であることがわかるであろう．

12　閉作用素と自己共役作用素

フォン・ノイマンは閉作用素と自己共役作用素の抽象論を [48] で展開している．T が有界作用素の場合，T^*T や TT^* は明らかに自己共役作用素である．しかし，一般の非有界作用素 T に関しては，T^*T や TT^* について，即座には何も言えない．それは，定義域の問題が微妙に絡んでいるからである．T^*T を次で定義するのだった．

$$\begin{aligned} &\mathrm{D}(T^*T) = \{f \in \mathrm{D}(T) \mid Tf \in \mathrm{D}(T^*)\} \\ &T^*Tf = T^*(Tf) \end{aligned}$$

TT^* も同様に定義する．フォン・ノイマンは次を示した．

命題（フォン・ノイマン [48, 定理 3]）

T を閉作用素とする．このとき，T^*T と TT^* は自己共役作用素である．

証明．6.6 章で紹介したグラフを使う．T は閉作用素だから，グラフ $G(T)$ は閉部分空間になる．$G(T)$ の直交補空間を求めよう．$G(T^*) = U[G(T)^\perp]$ だったから $G(T)^\perp = U^*G(T^*)$．故に $\mathfrak{H} \oplus \mathfrak{H} = G(T) \oplus U^*G(T^*)$ と直和に分解できる．この直和分解から，任意の $h \in \mathfrak{H}$ に対して，

$$(h, 0) = (f, Tf) + (-T^*g, g)$$

となる $f \in \mathrm{D}(T)$ と $g \in \mathrm{D}(T^*)$ が存在することがわかる. これから, $f - T^*g = h$, $Tf + g = 0$ だから, $Tf \in \mathrm{D}(T^*)$ で $(\mathbb{1} + T^*T)f = h$ となる. $h \in \mathfrak{H}$ は任意だったから, $\mathfrak{R}(\mathbb{1} + T^*T) = \mathfrak{H}$.

$$\mathfrak{H} = \mathfrak{N}((T^*T)^* + \mathbb{1}) \oplus \mathfrak{R}(\mathbb{1} + T^*T)$$

だから, $\mathfrak{N}((T^*T)^* + \mathbb{1}) = \{0\}$. このことから, 次元の不変性の証明と全く同様にして $\dim \mathfrak{N}((T^*T)^* \pm i) = 0$ が示せるので, T^*T の不足指数は $(0,0)$. よって T^*T は自己共役作用素である. TT^* の自己共役性も同様に示せる. [終]

例をあげよう. 微分作用素 $Tf = \frac{1}{i}f'$ を考える.

$$\mathrm{D}(T) = \{f \in L^2([0,1]) \mid f \text{ は絶対連続で } f(0) = f(1) = 0\}$$

とする. このとき, $\mathrm{D}(T^*) = \{f \in L^2([0,1]) \mid f \text{ は絶対連続}\}$ だった. つまり, T は自己共役作用素ではない. T^*T と TT^* を考えよう. フォン・ノイマンの定理によれば,

$$\mathrm{D}(T^*T) = \{f \in L^2([0,1]) \mid f \text{ は絶対連続で } f(0) = f(1) = 0\}$$
$$\mathrm{D}(TT^*) = \{f \in L^2([0,1]) \mid f \text{ は絶対連続で } f'(0) = f'(1) = 0\}$$

両者ともに作用は $T^*Tf = TT^*f = -\Delta f$ である. 境界条件の異なる 2 つの自己共役作用素を定義したことになる.

フォン・ノイマンは閉作用素 T のいわゆる極分解も証明している. $z \in \mathbb{C}$ は, よく知られているように $z = |z|e^{i\theta}$ と極分解できる. $|z|$ は z の大きさで, θ は z の偏角 $\arg z$ である. 実は, 閉作用素に関しても同じようなことが示せる. T が有界作用素のときは難しくないので考えてみよう. $z \in \mathbb{C}$ のとき, $|z| = \sqrt{\bar{z}z}$ だったことを思い出そう. $|z| \le 1$ のとき

$$\sqrt{1 - z} = \sum_{n=0}^{\infty} c_n z^n$$

とテーラー展開できるから, $A = T^*T/\|T\|^2$ に対して

$$B = \sum_n c_n(\mathbb{1} - A)^n$$

とすれば, $B^2 = A$ になり, B が有界自己共役作用素であることもわかる. $\|T\|B = \sqrt{T^*T} = |T|$ と表す.

命題（フォン・ノイマン [48, 定理 7], 有界作用素の極分解）

T は有界作用素とする. このとき, $T = U|T|$ となる部分ユニタリー作用素 U で $\mathfrak{N}U = \mathfrak{N}T$ を満たすものがただ一つ存在する.

証明. $U : \mathfrak{R}|T| \to \mathfrak{R}T$ を $U(|T|f) = Tf$ と定義する. このとき, U はうまく定義されている. つまり, $|T|f = |T|g$ のとき, $Tf = Tg$ となっている. U を $\overline{\mathfrak{R}|T|}$ から $\overline{\mathfrak{R}T}$ に一意的に拡張する. さらに, $\mathfrak{H} = \overline{\mathfrak{R}|T|} \oplus \mathfrak{N}|T|$ だから, $U\lceil_{\mathfrak{N}|T|} = 0$ と定めると $U : \mathfrak{H} \to \mathfrak{H}$ は部分ユニタリー作用素になる. $|T|f = 0 \iff Tf = 0$ だから $\mathfrak{N}U = \mathfrak{N}|T| = \mathfrak{N}T$. 一意性を示す. S を $T = S|T|$ で $\mathfrak{N}S = \mathfrak{N}T$ となる部分ユニタリー作用素とする. $\mathfrak{H} = \mathfrak{N}T \oplus \overline{\mathfrak{R}T^*}$, $\mathfrak{N}U = \mathfrak{N}S = \mathfrak{N}T$ だから, $U = S$ を $\overline{\mathfrak{R}T^*}$ 上で示せばいい. $\mathfrak{N}T = \mathfrak{N}|T|$ かつ $\mathfrak{H} = \mathfrak{N}|T| \oplus \overline{\mathfrak{R}|T|} = \mathfrak{N}T \oplus \overline{\mathfrak{R}T^*}$ だから, $\overline{\mathfrak{R}T^*} = \overline{\mathfrak{R}|T|}$. $f \in \mathfrak{R}|T|$ に対して $Uf = Tf = Sf$. $f \in \overline{\mathfrak{R}|T|}$ に対しては, $\mathfrak{R}|T| \ni f_n \to f$ かつ $Uf_n = Sf_n$ だから, $Uf = Sf$. [終]

フォン・ノイマンは閉作用素に対しても極分解を証明した. T を閉作用素とするとき, T^*T は自己共役作用素であるから, 第9章で紹介する, フォン・ノイマンによるスペクトル分解定理によって, T^*T の関数 $|T| = \sqrt{T^*T}$ が定義できる. これは, 一般に非有界な自己共役作用素であるが, $\mathrm{D}(|T|) = \mathrm{D}(T)$ となる.

命題（フォン・ノイマン [48, 定理 7], 閉作用素の極分解）

T は閉作用素とする．このとき，$T = U|T|$ となる部分ユニタリー作用素 U で $\mathfrak{N}U = \mathfrak{N}T$ を満たすものがただ一つ存在する．

証明．$|T|$ の存在を認めれば，有界な場合とほぼ同じである．[終]

13 ケンブルと加藤

フォン・ノイマンはシュレディンガー作用素 H の自己共役性についてハーバード大学のエドゥイン・ケンブルと手紙でやりとりしている．ケンブルは 1889 年生まれで 1913 年からハーバード大学大学院で研究を始め 1917 年に博士号を取得している．第一次世界大戦後の 1919 年以降，生涯ハーバード大学に在籍した．1929 年の『Reviews of Modern Physics』の創刊号に量子力学の長大なレビュー [21] を書き，1937 年には量子力学の教科書 [22] を著したことで知られている．

フォン・ノイマンからケンブルへの 1935 年（?）12 月 6 日付けの返信 [25, 158 ページ] で

$$H = -\Delta + V(x_1, \ldots, x_m), \quad x_i \in \mathbb{R}^3$$

の自己共役性について長々と書いている．V が特異ではなく，変数 $x_1, \ldots, x_m$ が有界領域を動くときには自己共役性が示せると書いている．$R_{ij} = |x_i - x_j|$ とおいて

E・ケンブル

$$V = \sum_{i<j} \frac{\varepsilon_i \varepsilon_j}{R_{ij}}$$

とする．V は $R_{ij}=0$ となる点で特異性があるので，非特異な形に変形する必要があると書いている．さらに

$$V=\sum_{i<j}\frac{\varepsilon_i\varepsilon_j}{R_{ij}^2}$$

のときは自己共役作用素にならないとも書いている．1935 年当時，具体的な模型に対して自己共役性を示すことは難しい問題と認識されていたようである．フォン・ノイマン自身も，「H の自己共役性を示すことは非常に難解な問題である」と周囲に漏らしていたようである．周りも，フォン・ノイマンが難しいというのだから，難しいに違いないという雰囲気になったのであろうかと指摘されている [51, 89 ページ], [6].

加藤敏夫

大戦を挟んで 15 年後，東京大学の加藤敏夫は 1950 年 5 月 28 日にフォン・ノイマンに手紙を書いている．弱冠 27 歳の加藤は，1945 年 6 月に，疎開先で，量子力学の数学理論を大学ノート 5 冊にまとめた．その大学ノートの『諸言』は加藤の学問に対する真摯さと力強さに満ち溢れている．『諸言』で量子力学の数学理論に関する 2 つの書物を挙げている．一つはフォン・ノイマンの [47] で，もう一つはケンブルの [22] である．フォン・ノイマンの [47] に関しては「かくして Neumann は基礎を築いたけれどもその基礎の上に具体的な問題に対する理論を建設することは自分では之を行はなかったし，また何人も之を行はなかった如くである」と手厳しい．[47] の元ネタはフォン・ノイマンがゲッチンゲン大学時代の 23 歳の結果であるから，フォン・ノイマンにもっと時間があれば，さらに応用まで研究できたのかもしれ

ない．とにかくフォン・ノイマンは忙しかった．ケンブルの [22] に至っては「結局は力及ばずして何等の解決にも到達せず，落ち着く所は之らの考察結果としての想像と『尤もらしさ』による結論を出してゐるに過ぎない．従来の多くの著書の取扱いに一歩を進め得たとは思われる所は認められない」として，数学的な価値を全く認めていない．

本書第 1 巻第 3 章で紹介したように，当時のフォン・ノイマンは ENIAC を使った数値計算や水爆の開発に熱中していた．1950 年，フォン・ノイマンはアメリカ数学会の会長でもあり，ICM でも講演している．さらに，戦後の米軍の要職にも就き，米ソの水爆開発競争などでかなり多忙だった．フォン・ノイマンは原爆・水爆推進派で，核抑止力主義者でもあった．そのフォン・ノイマンが被爆国である日本の研究者から手紙をもらったことになる．フォン・ノイマンの気持ちは如何程だったか．

以下は [50, 付記 409 ページ] を参照にした．加藤は，閉作用素 T に対して，$T\lceil_D$ が可閉作用素で，

$$\overline{T\lceil_D} = T$$

となるとき，部分空間 D を quasi-domain と呼んだ．また，

$$\|Vf\| \leq a\|H_0 f\| + b\|f\|, \quad \forall f \in \mathrm{D}(H_0)$$

となる条件下で，$H_0 + V$ を考察した．これらに関して，適当な名前はないだろうか?と手紙でフォン・ノイマンに尋ねている．

フォン・ノイマンは加藤の手紙に親切に返信している．1950 年 6 月 9 日付けの返信で，D に関して，フォン・ノイマンは「core と呼んではいかがでしょうか」と書いている．加藤は 1950 年 6 月 24 日付けのフォン・ノイマンへの返信で「core というのは大変よい名前

であると思いますので，今後はそれを使ってゆきたいと思います」と書いている．現在，それは core と呼ばれている．

上の不等式で $a < 1$ となるとき，加藤は $H_0 + V$ が $\mathrm{D}(H_0)$ 上で自己共役作用素になることを証明した．これは 1951 年に『Transaction of AMS』から出版され [18, 19]，今日，加藤-レリッヒの定理として広く認知されている．アイデアはこうである．フォン・ノイマンの拡大定理から

$$n_\pm = 0 \iff \mathfrak{R}(H_0 + V \pm i) = \mathfrak{H} \iff H_0 + V \text{ が自己共役}$$

だから

$$H_0 + V \pm i = (H_0 \pm i)(\mathbb{1} + (H_0 \pm i)^{-1} V)$$

と変形して，右辺の有界逆作用素の存在を示せば $H_0 + V$ は自己共役作用素になる．$H_0 \pm i$ の逆作用素は存在して有界．一方 $\|(H_0 \pm i)^{-1} V\| < 1$ であればノイマン展開（第 7 章参照）から，$\mathbb{1} + (H_0 \pm i)^{-1} V$ の有界逆作用素が存在する．つまり $a < 1$ のとき有界逆作用素が存在する．故に

$$(H_0 + V \pm i)^{-1} = (\mathbb{1} + (H_0 \pm i)^{-1} V)^{-1} (H_0 \pm i)^{-1}$$

が存在するので，$\mathfrak{R}(H_0 + V \pm i) = \mathfrak{H}$ となり $H_0 + V$ は自己共役作用素になる．[終]

加藤-レリッヒの定理は自己共役性における最も基本的な定理で，それまでの不足指数の導出による自己共役性の証明に比べて格段に応用範囲が拡がった．例えば，$d = 3$ で，フォン・ノイマンが難渋していた $-\Delta - 1/|x|$ の自己共役性の証明も加藤-レリッヒの定理から瞬く間に証明できる．さらに，加藤は 20 年後，[20] で，$-\Delta + V$ で，V が下から有界な掛け算作用素の場合の本質的

自己共役性の十分条件を与えている．この定理により，調和振動子 $-\Delta+|x|^2$ の $C_0^\infty(\mathbb{R}^d)$ 上の本質的自己共役性も一瞬でわかる．ちなみに，$-\Delta+|x|^2$ は $\mathrm{D}(-\Delta)\cap\mathrm{D}(|x|^2)$ 上で自己共役作用素であることが示せる．

[18, 19] の出版に至る顛末が [50, 付録 1] に記されている．それを紹介しよう．1948 年 3 月 10 日に，ケンブルに上記の論文の 4 ページの要約を送った．ケンブルはこの結果をフォン・ノイマンに伝えた．そして，ケンブルは加藤へ「この結果は大変おもしろく，彼が最新の結果に精通しているわけではないものの，新し結果であると思う，ということでした」とフォン・ノイマンの伝言を伝えている．加藤は，このフォン・ノイマンの反応に大喜びだったようだ．そして，ケンブルは『Physical Review』への投稿を勧めた．しかし，ここから時間がかかった．『Physical Review』誌は『Transaction of AMS』へ，その論文を送り，2 度のレフェリーの怠慢があった．そして，1950 年 10 月 23 日付の手紙がドゥーブ教授から加藤へ送れてきて，審査の遅れのお詫びと，この期に及んで 3 人目のレフェリーへ論文を渡し，10 月末までにレフェリーをしてもらう約束をしたと記されていた．そのレフェリーはフォン・ノイマンだと思われる．

そして，遂に 1950 年 11 月 4 日に掲載許可の連絡を受けたのだった．最初の投稿から実に 2 年 9 ヶ月が経過していた．現在のように e-mail で気楽に論文のレフェリー状況を尋ねるわけにもいかない時代で，それはそれは苦労があったことだと思われる．1920 年代，ヨーロッパでは，物理学者が量子力学完成に向けて日単位で競って論文を出版していたことを思うと，随分と呑気な感じである．

第7章

スペクトル

1　エルミート行列のスペクトル分解

$\mathbb{C}$ 上の $n \times n$ 行列 A の固有値問題を考えよう．つまり，

$$Ax = \lambda x$$

となる固有ベクトル $x \in \mathbb{C}^n$ と固有値 $\lambda \in \mathbb{C}$ を求めたい．行列 A の固有値を求めることは

$$(A - \lambda E)x = 0$$

を解くことなので，行列 $A - \lambda E$ が固有値ゼロを持つような λ を求めることに他ならない．行列が固有値ゼロを持つことと行列式の値がゼロになることは同値だから，特性方程式

$$\det(\lambda E - A) = 0$$

を満たす λ を探せばいい．これは $\mathbb{C}$ 上の n 次代数方程式で

$$\lambda^n + \cdots + a_1\lambda + a_0 = 0$$

という形をしているから，代数学の基本定理より必ず n 個の解

$$\lambda_1, \ldots, \lambda_n \in \mathbb{C}$$

が存在する．異なる複素数解を $\mu_1, \ldots, \mu_k$ と表し，その重複度を $m_1, \ldots, m_k$ とする．そうすると $m_1 + \cdots + m_k = n$ で

$$(\lambda_1, \ldots, \lambda_n) = (\underbrace{\mu_1, \ldots, \mu_1}_{m_1\text{個}}, \ldots, \underbrace{\mu_k, \ldots, \mu_k}_{m_k\text{個}})$$

そして，$\lambda \in \{\mu_1, \mu_2, \ldots, \mu_{k-1}, \mu_k\}$ に対して一次方程式を解いて

$$Ax_\lambda = \lambda x_\lambda$$

なる固有ベクトル $x_\lambda \in \mathbb{C}^n$ をみつける．各 μ_j には少なくとも一つの解 $x_j \in \mathbb{C}^n$ が存在する．しかし，一般には m_j 個の独立な解が存在するとは限らない．もし，存在すれば，n 個の独立なベクトルが存在することになり，それらを全て並べて，$n \times n$ の正則行列

$$P = (\ \underbrace{x_1^1 \ldots x_1^{m_1}}_{\mu_1\text{の固有ベクトル}}\ \ \cdots\ \ \underbrace{x_k^1 \ldots x_k^{m_k}}_{\mu_k\text{の固有ベクトル}}\ )$$

が作れる．そうすると

$$AP = (\mu_1 x_1^1 \ldots \mu_1 x_1^{m_1} \ldots \mu_k x_k^1 \ldots \mu_k x_k^{m_k}) = P\begin{pmatrix} \mu_1 & \cdots & 0 \\ & \ddots & \\ 0 & \cdots & \mu_k \end{pmatrix}$$

となるから，

$$A = P\begin{pmatrix} \lambda_1 & \cdots & 0 \\ & \ddots & \\ 0 & \cdots & \lambda_n \end{pmatrix}P^{-1}$$

のように対角化できる．対角行列を

$$\Lambda = \begin{pmatrix} \lambda_1 & \cdots & 0 \\ & \ddots & \\ 0 & \cdots & \lambda_n \end{pmatrix}$$

とおく．$e_j \in \mathbb{C}^n$ は第 j 番目だけが 1 で，他は全て 0 のベクトルとする．$(e_1, \ldots, e_n)$ は $\mathbb{C}^n$ の標準基底といわれる．A の (i, j) 成分は

$$A_{ij} = (e_i, Ae_j)$$

なので, 新しい基底

$$(f_1, \ldots, f_n) = (Pe_1, \ldots, Pe_n)$$

で考えると

$$(f_i, Af_j) = (e_i, \Lambda e_j) = \lambda_i \delta_{ij}$$

であるから, 基底を $\{e_1, \ldots, e_n\} \to \{f_1, \ldots, f_n\}$ のようにとり替えると A が Λ と表現される. 特に, A がエルミート行列の場合には一次独立でお互いに直交する正規化された固有ベクトルが必ず n 個存在するから, それらを並べた行列

$$U = (x_1 \ldots x_n)$$

はユニタリー行列になった. つまり, $U^*U = UU^* = E$. さらに

$$A = U \begin{pmatrix} \lambda_1 & \cdots & 0 \\ & \ddots & \\ 0 & \cdots & \lambda_n \end{pmatrix} U^*$$

が導かれる.

ここから A はエルミート行列と仮定する. そうすると $\lambda_j = (x_j, Ax_j) = (Ax_j, x_j) = \bar{\lambda}_j$ だから $\lambda_j \in \mathbb{R}$ である. A は次のように分解できる.

$$A = \sum_{j=1}^{n} \lambda_j E_j$$

ここで

$$E_j = U \; \begin{matrix} \\ j \\ \\ \end{matrix} \begin{pmatrix} 0 & \overset{j}{\ldots} & 0 \\ \vdots & 1 & \vdots \\ 0 & \ldots & 0 \end{pmatrix} U^*$$

これは

$$E_j^* = E_j, \quad E_j E_i = \delta_{ij} E_j$$

を満たすから射影作用素である．値域 $\mathfrak{H}_j = E_j\mathbb{C}^n$ は固有値 λ_j の固有ベクトルの張る 1 次元部分空間になる．実際 $x = E_j y$ とすれば

$$Ax = AE_j y = \lambda_j x$$

また,

$$A^m = \sum_{j=1}^{n} \lambda_j^m E_j$$

$$\alpha A = \sum_{j=1}^{n} \alpha\lambda_j E_j$$

となるから, 一般に $P(x) = a_n x^n + \cdots + a_1 x + a_0$ とすれば

$$P(A) = \sum_{j=1}^{n} P(\lambda_j) E_j$$

がわかる．そこで関数 $f : \mathbb{C} \to \mathbb{C}$ に対して $f(A)$ を

$$f(A) = \sum_{j=1}^{n} f(\lambda_j) E_j$$

と定める．例えば $t \in \mathbb{R}$ として

$$e^{-itA} = \sum_{j=1}^{n} e^{-it\lambda_j} E_j$$

と定義する．勿論, 幾何級数で

$$\sum_{n=0}^{\infty} \frac{(-it)^n}{n!} A^n$$

と定義したものと一致する．これから行列係数の微分方程式

$$i\frac{du_t}{dt} = Au_t, \quad u_0 = v$$

の解が $e^{-itA}v$ で与えらる．

$A = \sum_{j=1}^{n} \lambda_j E_j$ を積分の形で表してみよう．$\lambda_1 \leq \lambda_2 \leq \ldots \leq \lambda_n$ として

$$E(\lambda_j) = \sum_{i=1}^{j} E_i$$

と定める．これは次を満たす．

$$E(\lambda_j)^2 = E(\lambda_j)$$

よって, $E(\lambda_j)$ は, 射影作用素になる．さらに, 次のように連続パラメター λ へ拡張する．

$$E_\lambda = \begin{cases} 0 & \lambda < \lambda_1 \\ E(\lambda_j) & \lambda_j \leq \lambda < \lambda_{j+1}, 1 \leq j \leq n \\ \mathbb{1} & \lambda > \lambda_n \end{cases}$$

同様に $E_\lambda^2 = E_\lambda$ も示せるので E_λ も再び射影作用素である．$\lambda \uparrow$ のとき $E_\lambda \uparrow$ だから, 射影作用素の増大列ができたことになる．また, 右連続性も自明である．

$$E_{\lambda+0} = E_\lambda$$

さらに

$$\lambda \leq \mu \Longrightarrow E_\lambda E_\mu = E_\lambda$$

が確かめられる．λ_1 より λ が小さければ $E_\lambda = 0$ であり, λ_n より大きければ $E_\lambda = \mathbb{1}$ になる．さらに E_λ が不連続的に飛躍する点は

A の固有値であり, E_λ が不変な区間は固有値が含まれない区間である. $x, y \in \mathbb{C}^n$ として

$$\Delta_j = (x, E(\lambda_j)y) - (x, E(\lambda_{j-1})y)$$

とすれば

$$(x, Ay) = \sum_{j=1}^{n} \lambda_j (x, E_j y) = \sum_{j=1}^{n} \lambda_j \Delta_j$$

と表せるから, 形式的に $\mathbb{R}$ 上の複素測度 $d(x, E_\lambda y)$ を用いて

$$(x, Ay) = \int_{-\infty}^{\infty} \lambda d(x, E_\lambda y)$$

と表せるだろう. これを思い切って

$$A = \int_{-\infty}^{\infty} \lambda dE_\lambda$$

と書き表して, A のスペクトル分解という.

$$(x, f(A)y) = \sum_{j=1}^{n} f(\lambda_j)\Delta_j$$

だったから, 形式的な積分の記号で

$$(x, f(A)y) = \int_{-\infty}^{\infty} f(\lambda) d(x, E_\lambda y)$$

となる. 特に

$$\|Ax\|^2 = \int_{-\infty}^{\infty} \lambda^2 d(x, E_\lambda x) = \int_{-\infty}^{\infty} \lambda^2 d\|E_\lambda x\|^2$$

となる. さらに思い切って

$$f(A) = \int_{-\infty}^{\infty} f(\lambda) dE_\lambda$$

と表してもよかろう.

無限次元に移る. $n \to \infty$ の場合を考えよう. このとき, いろいろなことが起きることをフォン・ノイマンが [47, 60 ページ], [49, 92 ページ] で指摘している. まず, 固有値の最大値と最小値はそれぞれ $+\infty, -\infty$ に向かうことがあろう. また固有値が密集し, E_λ 不変の区間がだんだん短くなって一点に縮まることも起こりうる. E_λ の変化が離散的であるという性質も破綻するかもしれない. このようなことを考えれば, $n < \infty$ から $n = \infty$ に移行する際に E_λ の性質が大きく変わることが予想される.

一つ例をあげる. ヒルベルト空間 $L^2(\mathbb{R})$ でラプラシアン $-\Delta$ の固有値を考える. $(f, -\Delta f) \geq 0$ だったから $\lambda \geq 0$ として

$$-\Delta f = \lambda f$$

となる固有ベクトルはすぐに

$$f(x) = e^{i\sqrt{\lambda}x}$$

であることがわかる. 実際 $-\Delta f = \lambda f$ となり, 固有値は λ で, しかも $\lambda \geq 0$ は任意であったから非可算個の固有値と固有ベクトルが存在することになる. しかし,

$$\int_{\mathbb{R}} |e^{i\sqrt{\lambda}x}|^2 dx = \infty$$

だから f は $L^2(\mathbb{R})$ に属さない. つまり, 固有ベクトルがヒルベルト空間に属さない. 次節でみるように, この λ は固有値ではなく連続スペクトルといわれるものである. $-\Delta$ は固有値を持たず, $[0, \infty)$ が連続スペクトルになる.

これから説明するように, 実は, 無限次元ヒルベルト空間上の自己共役作用素 T に対しても, エルミート行列と同じことがいえる.

形式的には

$$T = \int_{-\infty}^{\infty} \lambda dE_\lambda$$

となるような射影作用素値測度 E_λ が T ごとに存在し,

$$f(T) = \int_{-\infty}^{\infty} f(\lambda) dE_\lambda$$

と定義できるのである.

2 可閉作用素のスペクトル

行列 A の固有値 λ に対して, $A-\lambda$ は $\mathfrak{N}(A-\lambda) \neq \{0\}$ なので, $A-\lambda$ は単射ではなく, 逆行列 $(A-\lambda)^{-1}$ は存在しない. この事実を以下で一般化する.

レゾルベント集合の定義

$T : \mathfrak{H} \to \mathfrak{H}$ は可閉作用素とする. $\lambda \in \mathbb{C}$ が $\lambda \in \rho(T)$ とは以下を満たすことである.

(1) $\mathfrak{R}(T-\lambda)$ が $\mathfrak{H}$ で稠密

(2) $\mathfrak{N}(T-\lambda) = \{0\}$

(3) $(T-\lambda)^{-1}$ が $\mathfrak{R}(T-\lambda)$ 上で有界作用素

$\rho(T)$ を T のレゾルベント集合という.

(1) と (2) は $(T-\lambda)^{-1}$ が存在して, その定義域が稠密といっている. (3) から $(T-\lambda)^{-1}$ は $\mathfrak{H}$ 全体に有界作用素として一意的に拡張できる. それはまさに閉包をとればいい.

$$\overline{(T-\lambda)^{-1}} = (\bar{T}-\lambda)^{-1}$$

有界作用素の逆を解析するにはノイマン展開が便利である．紹介しよう．ただし，こっちのノイマンはドイツ人のカール・ノイマンでフォン・ノイマンとは別人である．

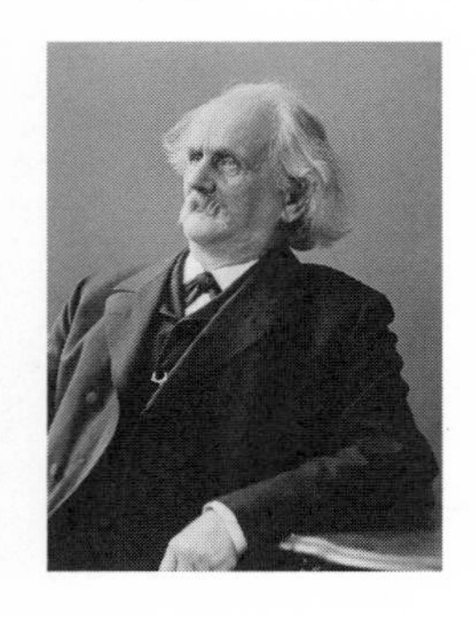

C・ノイマン

K を有界作用素で $\|K\| < 1$ とする．このとき $\mathbb{1} - K$ は全単射で，$(\mathbb{1} - K)^{-1}$ は有界で

$$(\mathbb{1} - K)^{-1} = \sum_{n=0}^{\infty} K^n$$

のように作用素ノルムで展開できる．これをノイマン展開という．証明はいたって簡単で

$$\frac{1}{1-x} = \sum_{n=0}^{\infty} x^n, \quad |x| < 1$$

の証明とさほど違わない．実際 $S_N = \displaystyle\sum_{n=0}^{N} K^n$ として，これがコーシー列だということを示す．その極限を S とする．

$$S_N(\mathbb{1} - K) = \mathbb{1} - K^{N+1} \to \mathbb{1}\ (N \to \infty)$$
$$(\mathbb{1} - K)S_N = \mathbb{1} - K^{N+1} \to \mathbb{1}\ (N \to \infty)$$

だから，結局 $S(\mathbb{1} - K) = (\mathbb{1} - K)S = \mathbb{1}$ がわかる．つまり，$\mathbb{1} - K$ が全単射であり，その有界な逆が S であることがわかる．[終]

ノイマン展開を使えば $\rho(T)$ が開集合であることが示せる．実際 $\mu \in \rho(T)$ とすれば，$(T - \mu)^{-1}$ は有界だから

$$T - \lambda = T - \mu + \mu - \lambda = (\mathbb{1} - (\lambda - \mu)(T - \mu)^{-1})(T - \mu)$$

と変形できる．$\mathbb{1} - (\lambda - \mu)(T - \mu)^{-1}$ の部分は

$$\|(\lambda - \mu)(T - \mu)^{-1}\| < 1$$

であれば全単射で $(\mathbb{1}-(\lambda-\mu)(T-\mu)^{-1})^{-1}$ が存在して有界になるから $|\lambda-\mu|<\|(T-\mu)^{-1}\|^{-1}$ のとき $\lambda\in\rho(T)$ で,

$$(T-\mu)^{-1}(\mathbb{1}-(\lambda-\mu)(T-\mu)^{-1})^{-1}=(T-\lambda)^{-1}$$

故に $\rho(T)$ は開集合になる. [終]

行列の固有値の拡張であるスペクトルについて説明する. ‘スペクトル’ という単語はヒルベルトの 1906 年 3 月 3 日の日付のある Grundzüge einer allgemeinen Theorie der linearen Integralgleichungen（線形積分方程式の一般論の基礎）の 54 ページに登場する. そこでは, 帯状の構造に注目して, 太陽光などのスペクトルを連想してこう呼んだようだ. 英語で spectrum と書く. 余談になるが, 複数形は spectra. ちなみにラテン語の第 2 格変化 O 型中性名詞は主格単数が-um で主格複数が-a である. momentum-momenta, vacuum-vacua の類. 第 2 格変化 O 型男性名詞は主格単数が-us で主格複数が-i である. 例えば focus-foci, radius-radii の類.

David Hilbert,

bezeichnet werden und die *Eigenwerte* der Form K_n heißen; die Gesamtheit dieser n Eigenwerte heiße das *Spektrum* der Form K_n. Wenn ein reeller Wert λ so beschaffen ist, daß in ihm oder in beliebiger Nähe desselben noch für unendlichviele n Eigenwerte von K_n liegen, so heiße dieser Wert λ ein Verdichtungswert von K. Wenn die absolut größten Beträge der Eigenwerte von K_n mit wachsendem n absolut über alle Grenzen wachsen, so soll der Wert $\lambda=\infty$ ebenfalls als Verdichtungswert der Form K gerechnet werden.

Grundzüge einer allgemeinen Theorie der linearen Integralgleichungen の 54 ページ の 2 行目に現れる Spektrum

スペクトルの定義

$\sigma(T)=\mathbb{C}\setminus\rho(T)$ を T のスペクトルという.

$\rho(T)$ は $\mathbb{C}$ の開集合だったので, $\sigma(T)$ は閉集合である. $\sigma(T)$ の正体を考えてみよう. 例えば固有値はスペクトルに含まれる. 何故ならば $(T-\lambda)f=0$ であれば, $T-\lambda$ は単射にならない. まして $(T-\lambda)^{-1}$ は有界ではない. レゾルベント集合の定義から T が行列とすれば, T のスペクトルは固有値の集合と同じであることがわかる. しかし, 一般の可閉作用素の場合, $\sigma(T)$ は T の固有値以外の要素も含む. そこで $\sigma(T)$ を分類しよう.

スペクトルの分類

$T-\lambda=T_\lambda$ とおく.

$\sigma_p(T)=\{\lambda\in\mathbb{C}\mid T_\lambda\text{が単射でない}\}$

$\sigma_r(T)=\{\lambda\in\mathbb{C}\mid T_\lambda\text{が単射で}\ \mathfrak{R}T_\lambda\text{は稠密でない}\}$

$\sigma_c(T)=\{\lambda\in\mathbb{C}\mid T_\lambda\text{が単射}, \mathfrak{R}T_\lambda\text{が稠密で}, T_\lambda^{-1}\text{は非有界}\}$

$\sigma_p(T)$ は点スペクトル, $\sigma_r(T)$ は剰余スペクトル, $\sigma_c(T)$ は連続スペクトルと呼ばれている.

'T_λ が単射でない' とは, 'λ が T の固有値である' ことと同値である. これらの分類により $\mathbb{C}$ は

$$\mathbb{C}=\rho(T)\cup\sigma_p(T)\cup\sigma_c(T)\cup\sigma_r(T)$$

のように直和に分解できる.

例をあげよう. $L^2(\mathbb{R})$ 上の掛け算作用素 M_x に対して $M_x-\lambda$ は $\lambda\in\mathbb{C}\setminus\mathbb{R}$ のとき, 全単射で, $(M_x-\lambda)^{-1}$ が有界作用素なので $\lambda\in\rho(M_x)$ である. 一方, $\lambda\in\mathbb{R}$ のとき, $M_x-\lambda$ は単射で, $\mathfrak{R}(M_x-\lambda)$ は稠密, そして $(M_x-\lambda)^{-1}$ は非有界. よって $\lambda\in\sigma_c(M_x)$ になる.

$$\rho(M_x)=\mathbb{C}\setminus\mathbb{R},\quad \sigma(M_x)=\mathbb{R}$$

第8章
有界作用素のスペクトル分解

1　有界作用素の関数のスペクトル

1.1 逆作用素

有界作用素の逆作用素を考えよう．既に，レゾルベントの定義で逆作用素 $(T-\lambda)^{-1}$ が現れたが，もう少し詳しく眺めてみる．可逆な有界作用素全体を $I(\mathfrak{H})$ で表す．つまり，

$I(\mathfrak{H}) = \{A \in B(\mathfrak{H}) \mid BA = AB = \mathbb{1}$ を満たす $B \in B(\mathfrak{H})$ が存在 $\}$

$BA = AB = \mathbb{1}$ なるとき

$$B = A^{-1}$$

と書く．行列は $AB = E$ ならば $BA = E$ であるが，一般に，無限次元ヒルベルト空間上の有界作用素の世界では $AB = \mathbb{1}$ から $BA = \mathbb{1}$ は従わない．$I(\mathfrak{H})$ は $*$ と積で閉じている．つまり $*$-代数である．$A \in B(\mathfrak{H})$ がいつ $A \in I(\mathfrak{H})$ か考えよう．例えば $x \in \mathbb{R}$ に対して $|1-x| < 1$ ならば

$$\frac{1}{x} = \frac{1}{x-1+1} = \frac{1}{1-(1-x)} = \sum_{m=0}^{\infty}(1-x)^m$$

が成り立つ．有界作用素に対しても同じことがいえる．つまり，

$$\|\mathbb{1} - A\| < 1$$

としよう．そうすると $A \in I(\mathfrak{H})$ である．A^{-1} は

$$A^{-1} = \sum_{n=0}^{\infty} (\mathbb{1} - A)^n$$

で与えられる．実際，右辺を B とおけば

$$\|B\| \leq \frac{1}{1 - \|\mathbb{1} - A\|}$$

かつ $AB = BA = \mathbb{1}$ が示せる．

命題（$I(\mathfrak{H})$ の性質）

（1）$I(\mathfrak{H})$ は $B(\mathfrak{H})$ の開集合

（2）写像 $I(\mathfrak{H}) \ni A \mapsto A^{-1} \in B(\mathfrak{H})$ は連続

（1）の証明．$A \in I(\mathfrak{H})$ のとき $\|A - B\|$ が十分小さければ $B \in I(\mathfrak{H})$ を示す．$\|\mathbb{1} - B\|$ を考えたいところだが，これでは芸がない．$A \approx B$ なのだから $BA^{-1} \approx \mathbb{1}$ だと思って $\|BA^{-1} - \mathbb{1}\|$ を評価する．簡単に

$$\|BA^{-1} - \mathbb{1}\| \leq \|B - A\|\|A^{-1}\|$$

になるから $\|A - B\| < 1/\|A^{-1}\|$ であれば BA^{-1} の右逆が存在して $BA^{-1}C = \mathbb{1}$．同様に，$\|A - B\|$ が小さいときに $A^{-1}B$ の左逆が存在して $C'A^{-1}B = \mathbb{1}$ も示せて，$B \in I(\mathfrak{H})$ がわかる．これは $I(\mathfrak{H})$ が開集合であることをいっている．

（2）の証明．A が $\mathbb{1}$ に近いとき $A^{-1} - \mathbb{1}$ の評価も容易い．なぜなら

$$A^{-1} - \mathbb{1} = \sum_{n=1}^{\infty} (\mathbb{1} - A)^n$$

だから

$$\|A^{-1} - \mathbb{1}\| \le \sum_{n=1}^{\infty} \|\mathbb{1} - A\|^n < \infty$$

いま $A_n, A \in I(\mathfrak{H})$ で $A_n \to A$ としよう．このとき $A_n^{-1} \to A^{-1}$ を示す．

$$\|A_n^{-1} - A^{-1}\| = \|A^{-1}(AA_n^{-1} - \mathbb{1})\| \le \|A^{-1}\|\|AA_n^{-1} - \mathbb{1}\|$$

ここで $AA_n^{-1} \approx \mathbb{1}$ を思い出して，$AA_n^{-1} = (A_nA^{-1})^{-1}$ に気がつけば

$$\begin{aligned}\|AA_n^{-1} - \mathbb{1}\| &\le \sum_{m=1}^{\infty} \|\mathbb{1} - A_nA^{-1}\|^m \\ &\le \sum_{m=1}^{\infty} \|A - A_n\|^m \|A^{-1}\|^m = \frac{\|A - A_n\|\|A^{-1}\|}{1 - \|A - A_n\|\|A^{-1}\|}\end{aligned}$$

右辺は $n \to \infty$ のときゼロに収束するから，$A_n^{-1} \to A^{-1}$ $(n \to \infty)$．[終]

1.2 有界作用素の関数のスペクトル

行列の固有値に関するフロベニウスの定理を復習する．全ての $n \times n$ 行列 A は正則行列 Q で三角化できた．

$$A = Q \begin{pmatrix} \lambda_1 & \cdots & * \\ \vdots & \ddots & \vdots \\ 0 & \cdots & \lambda_n \end{pmatrix} Q^{-1}$$

そうすると，多項式 P に対して

$$P(A) = Q \begin{pmatrix} P(\lambda_1) & \cdots & * \\ \vdots & \ddots & \vdots \\ 0 & \cdots & P(\lambda_n) \end{pmatrix} Q^{-1}$$

になることがわかる．対角成分は固有値だったから, $P(A)$ の固有値は $\{P(\lambda_1),\ldots,P(\lambda_n)\}$ になる．A の固有値の集合を $\sigma(A)$ と書けば, フロベニウスの定理は

$$\sigma(P(A)) = P(\sigma(A))$$

と表せる．

実は $A \in B(\mathfrak{H})$ でも適当な関数 f で

$$\sigma(f(A)) = f(\sigma(A))$$

が成り立つ．これを示したい．まずは, ウォーミングアップで以下を示そう．$A \in B(\mathfrak{H})$ とする．このとき

$$\sigma(A^2) = \sigma(A)^2$$

以下の証明は, A が行列でもよくて, 三角化を使わないフロベニウスの定理の別証明になっている．

$\sigma(A^2) \subset \sigma(A)^2$ の証明. $\mu \in \sigma(A^2)$ とする．$x^2-\mu = (x-\alpha)(x-\beta)$ と因数分解できるから $A^2-\mu = (A-\alpha)(A-\beta)$. もし $\alpha, \beta \notin \sigma(A)$ ならば

$$(A^2-\mu)(A-\beta)^{-1}(A-\alpha)^{-1} = (A-\beta)^{-1}(A-\alpha)^{-1}(A^2-\mu) = \mathbb{1}$$

となり, 有界な $(A^2-\mu)^{-1}$ が存在するから $\mu \notin \sigma(A^2)$. これは矛盾．よって, $\alpha \in \sigma(A^2)$ または $\beta \in \sigma(A^2)$. $\alpha \in \sigma(A^2)$ と仮定すると, $\alpha^2 - \mu = 0$ だから $\mu \in \sigma(A)^2$.

$\sigma(A^2) \supset \sigma(A)^2$ の証明. $\lambda \in \sigma(A)$, とする．$x^2-\lambda^2 = (x-\lambda)(x+\lambda)$ だから $A^2-\lambda^2 = (A-\lambda)(A+\lambda)$. もし $\lambda^2 \notin \sigma(A^2)$ ならば

$$\mathbb{1} = (A-\lambda)\underbrace{(A+\lambda)(A^2-\lambda^2)^{-1}}_{X} = \underbrace{(A^2-\lambda^2)^{-1}(A+\lambda)}_{Y}(A-\lambda)$$
$$= \underbrace{(A^2-\lambda^2)^{-1}(A-\lambda)}_{Z}(A+\lambda) = (A+\lambda)\underbrace{(A-\lambda)(A^2-\lambda^2)^{-1}}_{W}$$

だから, $(A \pm \lambda)^{-1}$ が存在することがわかる. X, Y, Z, W の作用素は全て有界である. 以上より, $\pm\lambda \notin \sigma(A)$. これは矛盾. よって $\lambda^2 \in \sigma(A^2)$. [終]

$A \in B(\mathfrak{H})$ と多項式 $P(t) = a_n t^n + \cdots + a_1 t + a_0$ に対して

$$P(A) = a_n A^n + \cdots + a_1 A + a_0 \mathbb{1}$$

と定めれば, $P(A) \in B(\mathfrak{H})$ になる.

命題（$P(A)$ のスペクトル）

$A \in B(\mathfrak{H})$, P を多項式とすれば, $\sigma(P(A)) = P(\sigma(A))$ となる.

$\sigma(P(A)) \supset P(\sigma(A))$ の証明. $\sigma(A) \ni \lambda$ とする.

$$P(x) - P(\lambda) = (x-\lambda)Q(x)$$

と因数分解できるから,

$$P(A) - P(\lambda) = (A-\lambda)Q(A) = Q(A)(A-\lambda)$$

もし $P(A) - P(\lambda) \in I(\mathfrak{H})$ ならば

$$\mathbb{1} = (A-\lambda)Q(A)(P(A)-P(\lambda))^{-1} = (P(A)-P(\lambda))^{-1}Q(A)(A-\lambda)$$

となり $(A-\lambda) \in I(\mathfrak{H})$. よって $\lambda \notin \sigma(A)$. これは矛盾するから $P(\lambda) \in \sigma(P(A))$.

$\sigma(P(A)) \subset P(\sigma(A))$ の証明. $\mu \in \sigma(P(A))$ とする.

$$P(x) - \mu = a(x-\lambda_1)\cdots(x-\lambda_n)$$

と因数分解すると,

$$P(A) - \mu = a(A - \lambda_1) \cdots (A - \lambda_n)$$

$\lambda_j \notin \sigma(A)\ \forall j$ ならば, $(A - \lambda_j) \in I(\mathfrak{H})$ だから

$$\begin{aligned} & a^{-1}(P(A) - \mu)(A - \lambda_n)^{-1} \cdots (A - \lambda_1)^{-1} \\ & = a^{-1}(A - \lambda_n)^{-1} \cdots (A - \lambda_1)^{-1}(P(A) - \mu) = \mathbb{1} \end{aligned}$$

となり $P(A) - \mu \in I(\mathfrak{H})$. これは $\mu \in \sigma(P(A))$ に矛盾する. よって, 少なくとも $\lambda_j \in \sigma(A)$ となる λ_j が存在する. つまり $P(\lambda_j) = \mu$ だから $\mu \in P(\sigma(A))$. [終]

作用素のノルム $\|A\|$ とスペクトルの関係をみよう. 行列 A が対角化できるための必要十分条件は $A^*A = AA^*$ だった. このとき

$$U^{-1}AU = B, \quad B = \begin{pmatrix} \lambda_1 & \cdots & 0 \\ \vdots & \ddots & \vdots \\ 0 & \cdots & \lambda_n \end{pmatrix}$$

と対角化できる. よって

$$\|Ax\| = \|UBU^{-1}x\| \leq \max_j |\lambda_j| \|x\|$$

だから $\|A\| = \max\{|\lambda_1|, \ldots, |\lambda_n|\}$ になる. 証明はしないが, 有界作用素に対して実は次が成り立つ.

命題（$\|A\|$ とスペクトルの関係）

$$A^*A = AA^* \Longrightarrow \|A\| = \sup\{|\lambda| \mid \lambda \in \sigma(A)\}$$

この定理と $P(\sigma(A)) = \sigma(P(A))$ から, $A = A^*$ のとき $\|P(A)\|$ と $\|P\|_\infty$ が一致することがわかる. ただし, $\|P\|_\infty = \sup_{t \in \sigma(A)} |P(t)|$ である.

$$\begin{aligned}\|P(A)\| &= \sup\{|\lambda| \mid \lambda \in \sigma(P(A))\} \\ &= \sup\{|\lambda| \mid \lambda \in P(\sigma(A))\} \\ &= \sup\{|P(t)| \mid t \in \sigma(A)\} = \|P\|_\infty\end{aligned}$$

一般の有界作用素に対しては $\|A\|/\lambda < 1$ のとき, $\mathbb{1} - A/\lambda \in I(\mathfrak{H})$. 特に, $\lambda - A \in I(\mathfrak{H})$ だから $\lambda \notin \sigma(A)$. つまり,

$$\sigma(A) \subset \{\lambda \in \mathbb{C} \mid |\lambda| \leq \|A\|\}$$

以上をまとめると次のようになる.

命題（有界作用素の代数：多項式の場合）

$A \in B(\mathfrak{H})$ とする. このとき, 多項式 P, Q と $\alpha \in \mathbb{C}$ に対して次が成り立つ.

(1) $(P+Q)(A) = P(A) + Q(A)$　(2) $(\alpha P)(A) = \alpha P(A)$
(3) $(PQ)(A) = P(A)Q(A)$　(4) $\bar{P}(A^*) = P(A)^*$
(5) $A = A^*$ のとき $\|P(A)\| = \|P\|_\infty$

1.3 有界な自己共役作用素の関数のスペクトル

有界作用素の代数で性質(5)は非常に意味が深い. つまり $A = A^*$ のとき $\|P(A)\| = \|P\|_\infty$ になるといっている.

$S(\mathfrak{H})$ を $\mathfrak{H}$ 上の有界な自己共役作用素全体とする. ここでは, $A \in S(\mathfrak{H})$ の場合を考察しよう. $\sigma(A)$ は閉集合であった. $\sigma(A)$ 上の連続関数全体のバナッハ空間を

$$(C(\sigma(A)), \|\cdot\|_\infty)$$

と表そう. $\sigma(A)$ 上の多項式全体を $P(\sigma(A))$ と表す. つまり

$$P(\sigma(A)) = \{P \mid P \text{ は } \sigma(A) \text{ 上の多項式 }\}$$

ワイエルシュトラスの多項式近似定理によれば $f \in C(\sigma(A))$ は $\|\cdot\|_\infty$ で $P(\sigma(A))$ の元で近似できる．つまり，任意の $f \in C(\sigma(A))$ に対して，$\|f - P_n\|_\infty \to 0$ $(n \to \infty)$ となる $\{P_n\} \subset P(\sigma(A))$ が存在する．そうすると

$$\Phi : P(\sigma(A)) \to B(\mathfrak{H})$$

を $\Phi(P) = P(A)$ とすれば $\|\Phi(P)\| = \|P\|_\infty$ であるから，Φ はバナッハ空間 $(C(\sigma(A)), \|\cdot\|_\infty)$ からバナッハ空間 $(B(\mathfrak{H}), \|\cdot\|)$ への等長作用素に一意的に拡張できる．その拡張を同じ記号 Φ で表す．

$$\Phi : (C(\sigma(A)), \|\cdot\|_\infty) \to (B(\mathfrak{H}), \|\cdot\|)$$

さらに，次を満たすことが極限を考えることによりわかる．

命題（有界作用素の代数：連続関数の場合）

$A \in S(\mathfrak{H})$ とする．このとき，$f, g \in C(\sigma(A))$ と $\alpha \in \mathbb{C}$ に対して次が成り立つ．

(1) $\Phi(f+g) = \Phi(f) + \Phi(g)$　(2) $\alpha\Phi(f) = \Phi(\alpha f)$
(3) $\Phi(fg) = \Phi(f)\Phi(g)$　(4) $\Phi(\bar{f}) = \Phi(f)^*$
(5) $\|\Phi(f)\| = \|f\|_\infty$

$\Phi(f)$ を $f(A)$ と表す．つまり，$f(A) = \Phi(f)$．(5) から

$$\|f(A)\| = \|f\|_\infty$$

が従う．ただし，$\|f\|_\infty = \sup_{t \in \sigma(A)} |f(t)|$．

命題（$f(A)$ のスペクトル）

$A \in S(\mathfrak{H})$，$f \in C(\sigma(A))$ とすれば，$\sigma(f(A)) = f(\sigma(A))$ となる．

$\sigma(f(A)) \subset f(\sigma(A))$ の証明. スペクトルの定義がレゾルベントの補集合なので対偶を示すほうがわかりやすい. つまり, $\mu \notin f(\sigma(A))$ ならば $\mu \notin \sigma(f(A))$ を示す.

$$g(\lambda) = \frac{1}{\mu - f(\lambda)}, \quad \lambda \in \sigma(A)$$

の分母はゼロ点を持たないので $g \in C(\sigma(A))$. また, $g(\mu - f) = 1$ だから, $\mathbb{1} = \Phi(g)\Phi(\mu - f) = g(A)(\mu - f(A))$. 故に $\mu - f(A)$ の逆が存在するので $\mu \notin \sigma(A)$.

$\sigma(f(A)) \supset f(\sigma(A))$ の証明. 対偶を示す. つまり, $\mu \notin \sigma(f(A))$ ならば $\mu \notin f(\sigma(A))$ を示す. まず $\mu - f(A)$ の逆が存在する. しかしそのことから即座に $\forall\lambda \in \sigma(A)$ に対して $\mu - f(\lambda) \neq 0$ とはいえない. そこで次のように考える. $I(\mathfrak{H})$ は開集合だったことを思い出そう. $\mu - f(A) \in I(\mathfrak{H})$ なので $\mu - f(A)$ の近くの作用素には逆が存在する. ところで多項式 P_n で, $P_n \to f$ となるものが存在するから, 十分大きな n に対して $\mu - P_n(A) \in I(\mathfrak{H})$ である. よって $\mu \notin \sigma(P_n(A))$. $\sigma(P_n(A)) = P_n(\sigma(A))$ だったから $\mu \notin P_n(\sigma(A))$. つまり,

$$g_n(\lambda) = \frac{1}{\mu - P_n(\lambda)} \in C(\sigma(A))$$

写像 $T \to T^{-1}$ の連続性から $(\mu - P_n(A))^{-1} \to (\mu - f(A))^{-1}$ がわかる. このことから g_n はコーシー列になることがわかる.

$$\begin{aligned}
&\|g_n - g_m\|_\infty \\
&= \|(\mu - P_m(A))^{-1}(P_n(A) - P_m(A))(\mu - P_m(A))^{-1}\| \\
&\leq \|(\mu - P_m(A))^{-1}\|\|P_n(A) - P_m(A)\|\|(\mu - P_m(A))^{-1}\|
\end{aligned}$$

で, $\|(\mu - P_m(A))^{-1}\|$ は収束列だから有界, また, $P_n(A)$ は収束列だから, 結局 $\|g_n - g_m\| \to 0\ (n, m \to \infty)$ となる. よって

$g = \lim_{n\to\infty} g_n$ が存在する．勿論, $g \in C(\sigma(A))$ である．つまり $g_n(\lambda)(\mu - P_n(\lambda)) = 1$ なので, $n \to \infty$ の極限で $g(\lambda)(\mu - f(\lambda)) = 1$ だから $\mu - f(\lambda) \neq 0$. 故に $\mu \notin f(\sigma(A))$. [終]

2　リース・マルコフ・角谷の定理

有界な自己共役作用素のスペクトル分解定理を導くためにリース・マルコフ・角谷の定理を説明しよう．この定理は 1909 年のリースの論文 [29] に始まり, 1938 年にアンドレイ・マルコフ [24] が非コンパクトな空間へ拡張し, 1942 年に角谷静夫 [16] がコンパクトなハウスドルフ空間へ拡張した．ここで, マルコフはマルコフ過程で有名なマルコフである．

角谷静夫

角谷静夫はフォン・ノイマンに最も近かった日本人ではなかろうか．角谷は 1911 年に大阪で生まれ, 旧制高校時代は弁護士になるべく文系であった．しかし, 夭折した兄の影響で, 東北帝国大学では数学を志した．ヘルマン・ワイルの招聘を受けて, 1940 年にプリンストン高等研究所に渡りフォン・ノイマンやワイルとセミナーを行った．1942 年に帰国したが, 戦後 1948 年に再度プリンストン高等研究所に渡った．このとき, フォン・ノイマンは電子計算機に没頭していて,「話し合う機会も殆どなかった」と述懐している．角谷はフォン・ノイマンの研究に大きく貢献した．‘ブラウアーの不動点定理’ を拡張した‘角谷の不動点定理’ は, ゲーム理論でキーとなる定理であった．また, 大戦で長く中断されていたが, 1950 年に, アメリカのケンブリッジで再開された国際数学者会議 [17] で招待講演を行っている．そこでは，当時フォン・ノイマンとウラムが熱中していたエルゴード理論について講演した．

さて，話を戻そう．線形位相空間 V に対して，連続な線形写像 $V \to \mathbb{C}$ を V の双対空間といい，V' と慣習的に表すのだった．測度と双対空間には深い関係がある．例えば，$K \subset \mathbb{R}$ をコンパクト集合として $C(K)$ を考える．$(K, \mathcal{B}, \mu)$ を K 上の有限測度空間とする．そうすると積分作用素

$$\varphi : C(K) \ni f \mapsto \int_K f(x) d\mu(x)$$

が定義できる．このとき $\varphi \in C(K)'$ になる．何故ならば

$$|\varphi(f)| \leq \|f\|_\infty \mu(K)$$

これから，積分作用素は双対空間の元を与えることがわかるだろう．実は，以下にみるように，適当な条件下で，この逆が成立する．実際 [29] では $C([0,1])'$ の元が積分作用素になることが示されている．

複素数値測度を定義しよう．$(X, \mathcal{B})$ を可測空間とする．測度は $\mathcal{B} \to [0, \infty)$ の集合関数であったが，これを複素数値に拡張する．

複素数値測度の定義

$(X, \mathcal{B})$ を可測空間とする．集合関数 $\mu : \mathcal{B} \to \mathbb{C}$ が次を満たすとき複素数値測度という．$\mu(\emptyset) = 0$ で $A_n \cap A_m = \emptyset$ $(n \neq m)$ ならば $\mu(\bigcup_{n=1}^{\infty} A_n) = \sum_{n=1}^{\infty} \mu(A_n)$．

複素数値測度は 4 つの正測度に分解できることが知られている．

$$\mu = \mu_1 - \mu_2 + i(\mu_3 - \mu_4)$$

正則な有限正測度の一次結合で表される複素数値測度をラドン測度という．

J・ラドン

ヨハン・ラドンは1887年にオーストリア・ハンガリー帝国時代のボヘミアで生まれた. ウィーン大学で博士号取得後の1910-1911年にゲッチンゲンにも滞在している. ラドン・ニコディム導関数, ラドン変換などに名前が残っている.

複素数値測度 μ に対して $|\mu| : \mathcal{B} \to \mathbb{R}$ を次のように定義する.

$$|\mu|(A) = \sup\{\sum_{k=1}^{n} |\mu(A_k)| \mid \bigcup_{k=1}^{n} A_k = A, A_k \text{は互いに素}\}$$

これは $(X, \mathcal{B})$ 上の測度になる. 勿論,

$$|\mu(A)| = \sqrt{(\mu_1(A) + \mu_2(A))^2 + (\mu_3(A) + \mu_4(A))^2}$$

$|\mu|$ を測度の全変動といい, $\|\mu\| = |\mu|(X)$ とおく.

X が位相空間のとき $\mathcal{B}(X)$ は X 上のボレルシグマ代数を表す. 可測空間 $(X, \mathcal{B}(X))$ 上のラドン測度全体を $\mathfrak{R}(X)$ と表そう. X が距離づけ可能な位相空間ならば, $(X, \mathcal{B}(X))$ 上の有限正測度は正則になることが知られている.

さて, ここから X を局所コンパクト・ハウスドルフ空間としよう. ちなみに, 局所コンパクト・ハウスドルフ空間は第2可算公理を満たせば距離づけ可能であった.

$$C_\infty(X) = \{f \in C(X) \mid \text{無限遠点で消えている}\}$$

とする. ここで, 任意の $\varepsilon > 0$ に対して $\{x \in X \mid |f(x)| \geq \varepsilon\}$ がコンパクト集合となるとき‘無限遠点で消えている’という. X がコンパクト空間であれば

$$C(X) = C_\infty(X)$$

になる. $\varphi \in C_\infty(X)'$ は $f \in C_\infty(X)$ が $f \geq 0$ に対して $\varphi(f) \geq 0$ なるとき正値という.

命題（リース・マルコフ・角谷の定理）

X を局所コンパクト・ハウスドルフ空間とする. このとき

$$C_\infty(X)' \cong \mathfrak{R}(X)$$

特に, 正値な $\varphi \in C_\infty(X)'$ には $\mathfrak{R}(X)$ の正測度が対応する.

リース・マルコフ・角谷の定理を上のように書き表すとあまりに素っ気無いので, もう少し詳しく説明すると以下である. $\varphi \in C_\infty(X)'$ に対して,

$$\varphi(f) = \int_X f(x) d\mu(x)$$

となる $\mu \in \mathfrak{R}(X)$ が一意的に存在し, 逆に $\mu \in \mathfrak{R}(X)$ に対して, 上のように φ を定義すれば $\varphi \in C_\infty(X)'$ になる. また, $\varphi \in C_\infty(X)'$ が正値ならば, $\mu \in \mathfrak{R}(X)$ は正測度で, 逆に $\mu \in \mathfrak{R}(X)$ が正測度ならば $\varphi \in C_\infty(X)'$ は正値. さらに, φ に μ が対応しているとき

$$\|\varphi\| = \|\mu\|$$

となる. つまり, リース・マルコフ・角谷の定理はノルム空間として

$$(C_\infty(X)', \|\cdot\|) \cong (\mathfrak{R}(X), \|\cdot\|)$$

といっている. $(C_\infty(X)', \|\cdot\|)$ はバナッハ空間だから $(\mathfrak{R}(X), \|\cdot\|)$ もバナッハ空間になる.

3　有界自己共役作用素のスペクトル分解

自己共役な有界作用素 $T \in S(\mathfrak{H})$ が与えられたとき, 適当な射影作用素値測度 E で

$$F(T) = \int F(\lambda) dE_\lambda$$

と表せることを示す. $P(\mathfrak{H})$ を $\mathfrak{H}$ 上の射影作用素全体としよう.

単位の分解

$(X, \mathcal{B})$ を可測空間とする. $E : \mathcal{B} \to P(\mathfrak{H})$ が次を満たすとき, $(X, \mathcal{B})$ 上の単位の分解（Die Zerlegung der Einheit）という.

（1）$E(X) = \mathbb{1}$

（2）$A_n \cap A_m = \emptyset \ (n \neq m)$ ならば $E(\bigcup_{n=1}^{\infty} A_n) = \sum_{n=1}^{\infty} E(A_n)$. ただし, 収束は強収束である.

単位の分解はスペクトル測度とも呼ばれる. 本書ではフォン・ノイマン [47] に倣って単位の分解と呼ぶ. （2）から $A \cap B = \emptyset$ ならば, $E(A)\mathfrak{H} \perp E(B)\mathfrak{H}$ がわかる. これが, 単位の分解と呼ばれる所以である. また, $A \subset B$ ならば $E(A) \leq E(B)$ がわかる. これは, $E(A)E(B) = E(A) = E(B)E(A)$ と同値である. $E(A) = E(A \cap B) + E(A \setminus B)$ だから, $E(A)E(B) = E(A \cap B)E(B) + E(A \setminus B)E(B) = E(A \cap B)$ が従う. つまり, $E(A)E(B) = E(A \cap B) = E(B)E(A)$.

リース・マルコフ・角谷の定理では, 有界作用素 $\varphi : C_\infty(X) \to \mathbb{C}$ に対して一意的に $(X, \mathcal{B}(X))$ 上のラドン測度 $\mu \in \mathfrak{R}(X)$ が存在し

て $\varphi(f)=\int_X fd\mu$ と表せた. これを有界作用素

$$\Psi: C(X)\to B(\mathfrak{H})$$

に拡張する. Ψ に対して, φ に付随したラドン測度に対応するものが存在し, それがまさに単位の分解である. 以下で X をコンパクト・ハウスドルフ空間とするが, 抽象的なことが煩わしければ, $X=\sigma(T)\subset\mathbb{R}$ または $X=S^1=\{z\in\mathbb{C}\mid |z|=1\}$ の有界閉集合と思って構わない. 有界作用素のスペクトル分解で考えるのはこの 2 つだけである. $\Psi: C(X)\to B(\mathfrak{H})$ が $*$-準同型とは, $\Psi(F)^*=\Psi(\bar{F})$ かつ $\Psi(F)\Psi(G)=\Psi(FG)$ が成り立つことである.

命題（単位の分解の存在）

X をコンパクト・ハウスドルフ空間とする.

$$\Psi: C(X)\to B(\mathfrak{H})$$

は線形で $*$-準同型かつ $\Psi(\mathbb{1})=\mathbb{1}$ とする. このとき, $(X,\mathcal{B}(X))$ 上の正則な単位の分解 E が一意的に存在して, 任意の $f,g\in\mathfrak{H}$, $F\in C(X)$ に対して

$$(f,\Psi(F)g)=\int_X F(\lambda)d(f,E(\lambda)g)$$

ここで, E が正則とは $(f,E(\cdot)g)\in\mathfrak{R}(X)$ のこと.

証明. リースの表現定理とリース・マルコフ・角谷の定理を応用する. $F\in C(X)$ とする. $F\geq 0$ ならば, $F=\sqrt{F}\sqrt{F}$ だから, $\Psi(F)=\Psi(\sqrt{F})^2$ となり, $\Psi(F)\geq 0$ である. 特に, $F\geq G$ ならば, $\Psi(G)\leq\Psi(F)$ になる.

$$\Psi(F)^*\Psi(F)=\Psi(\bar{F}F)\leq\|F\|_\infty^2\Psi(\mathbb{1})=\|F\|_\infty^2\mathbb{1}$$

だから $\|\Psi(F)\| \leq \|F\|_\infty$ になる．$f, g \in \mathfrak{H}$ に対して

$$\Psi_{fg}(F) = (f, \Psi(F)g) \quad F \in C(X)$$

とすれば, $|\Psi_{fg}(F)| \leq \|f\|\|g\|\|F\|_\infty$ であるから

$$\Psi_{fg} \in C(X)'$$

ここでは, 8.2 章で紹介したリース・マルコフ・角谷の定理の条件とは異なり, X はコンパクト・ハウスドルフ空間で, $C_\infty(X)'$ は $C(X)'$ に置き換わっているが, X はコンパクトなので $C_\infty(X) = C(X)$ である．よって, リース・マルコフ・角谷の定理からラドン測度 $\mu_{fg} \in \mathfrak{R}(X)$ が一意的に存在して

$$(f, \Psi(F)g) = \int_X F(\lambda) d\mu_{fg}(\lambda)$$

となる．次に μ_{fg} を単位の分解で表せることを示す．内積の左成分の反線形性から

$$\int_X F d\mu_{af+bf'g} = \bar{a} \int_X F d\mu_{fg} + \bar{b} \int_X F d\mu_{f'g}$$

となるから測度としては $\mu_{af+bf'\,g} = \bar{a}\mu_{fg} + \bar{b}\mu_{f'g}$ となる．同様に $\mu_{f\,ag+bg'} = a\mu_{fg} + b\mu_{fg'}$ となる．一方, ラドン測度 μ_{fg} を, $A \in \mathcal{B}$ を固定して,

$$\mathfrak{H} \times \mathfrak{H} \ni (f, g) \mapsto \mu_{fg}(A) \in \mathbb{C}$$

と思えば, f について反線形で g について線形である．一方, 再びリース・マルコフ・角谷の定理から

$$|\mu_{fg}(A)| \leq \|\mu_{fg}\| = \|\Psi_{fg}\| \leq \|f\|\|g\|$$

だから, リースの表現定理より

$$\mu_{fg}(A) = (f, E(A)g)$$

となる

$$E(A) \in B(\mathfrak{H})$$

が存在する. 以下で, $E(A)$ が（1）自己共役作用素,（2）単位の分解,（3）射影作用素であることを順次証明する.

（1）自己共役性の証明. $F \geq 0$ のときは $\Psi_{ff}(F) = \|\Psi(\sqrt{F})f\|^2 \geq 0$ になるから, $\Psi_{ff} \in C(X)'$ は正値である. よって, リース・マルコフ・角谷の定理からラドン測度 $\mu_{ff} \in \mathfrak{R}(X)$ は正測度である. $0 \leq \mu_{ff}(A) = (f, E(A)f)$ だから, $(E(A)f, f) = (f, E(A)f)$. 故に, 偏極恒等式から

$$(f, E(A)g) = (E(A)f, g) \quad \forall f, g \in \mathfrak{H}$$

が成り立つ. 特に $E(A)$ は自己共役作用素である.

（2）単位の分解であることの証明. $E(\cdot) : \mathcal{B} \to B(\mathfrak{H})$ が単位の分解であることを示そう. $(f, E(X)f) = \mu_{ff}(X) = (f, \Psi(\mathbb{1})f) = (f, f)$ であるから

$$E(X) = \mathbb{1}$$

また, $\mu_{ff}(X) - \mu_{ff}(A) = (f, f) - (f, E(A)f) \geq 0$ だから

$$0 \leq E(A) \leq \mathbb{1}$$

$A \cap B = \emptyset$ のときは $E(A \cup B) = E(A) + E(B)$ もすぐにわかる. さらに $A_n \in \mathcal{B}$ は互いに素として,

$$E(\bigcup_{n=1}^{\infty} A_n) = \sum_{n=1}^{\infty} E(A_n)$$

を示そう.

$$\|E(\bigcup_{n=1}^{\infty} A_n)f - \sum_{n=1}^{N} E(A_n)f\| = \|E(\bigcup_{n=N+1}^{\infty} A_n)f\|$$

を考えよう．一般的に自己共役な有界作用素 T が $0 \leq T \leq \mathbb{1}$ のとき

$$S = \sum_{k=0}^{\infty} \binom{1/2}{k} (\mathbb{1} - T)^k$$

とすれば, $S^2 = T$ になる．つまり $S = \sqrt{T}$.

$$T(\mathbb{1} - T) = \sqrt{T}(\mathbb{1} - T)\sqrt{T}$$

だから $(f, T(\mathbb{1}-T)f) = (\sqrt{T}f, (\mathbb{1}-T)\sqrt{T}f) \geq 0$ となり, $\|Tf\|^2 \leq \|\sqrt{T}f\|^2$ になる．よって, $(Tf, Tf) \leq (f, Tf)$ がわかる．故に

$$\|E(\bigcup_{n=N+1}^{\infty} A_n)f\|^2 \leq (f, E(\bigcup_{n=N+1}^{\infty} A_n)f) = \mu_{ff}(\bigcup_{n=N+1}^{\infty} A_n)$$

μ_{ff} は測度だから $\lim_{n\to\infty} \mu_{ff}(\bigcup_{n=N+1}^{\infty} A_n) = 0$ で主張が示せた.

(3) 射影作用素であることの証明. $E(A)^2 = E(A)$ を示す．$f \in \mathfrak{H}$ を一つ固定する．証明は E の正則性によるが, かなり細かい．頑張って証明しよう．はじめに, K をコンパクト集合として $E(K)^2 = E(K)$ を示す.

$$K \subset \ldots \subset O_3 \subset O_2 \subset O_1$$

で O_n は開集合．この開集合族 $\{O_n\}_n$ はあとで決める．ウリゾーンの補題から $0 \leq F_n \leq 1$ かつ, $F_n(\lambda) = 1$ $(\lambda \in K)$, かつ $F_n(\lambda) = 0$ $(\lambda \in O_n^c)$ が存在する．$\xi_n = \Psi(F_n) - E(K)$ とおけば

$$\begin{aligned} &\|E(K)f - E(K)^2 f\| \\ &\leq \|(E(K) - \Psi(F_n^2))f\| + \|\Psi(F_n)\xi_n f\| + \|\xi_n E(K)f\| \end{aligned}$$

と分解して各項を評価する．まず, 右辺 2 項目と 3 項目は

$$\|\Psi(F_n)\xi_n f\| + \|\xi_n E(K)f\| \leq \|\xi_n f\| + \|\xi_n E(K)f\|$$

だから, これらの収束を示すために, 正測度 μ を 2 つの正測度の和

$$\mu = \mu_{ff} + \mu_{E(K)f\ E(K)f}$$

で定義する. μ の正則性から

$$\mu(D_n \setminus K) \to 0\ (n \to \infty)$$

となる開集合族 D_n が存在する. そこで, 以下 $O_n = D_n$ とする. $\xi_n \geq 0$ と

$$F_n(k) - \mathbb{1}_K(k) = 0, \quad k \in (O_n \setminus K)^c$$

に注意して, 丁寧に計算すると

$$\begin{aligned}(f, \xi_n f) &= \int_X (F_n - \mathbb{1}_K) d\mu_{ff} = \int_{O_n \setminus K} (F_n - \mathbb{1}_K) d\mu_{ff} \\ &\leq \mu_{ff}(O_n \setminus K) \leq \mu(O_n \setminus K) \to 0\end{aligned}$$

から $\|\xi_n^{1/2} f\| \to 0$ で,

$$\|\xi_n f\| \leq \|\xi_n^{1/2}\|\|\xi_n^{1/2} f\| \leq c\|\xi_n^{1/2} f\| \to 0$$

が一様有界性原理から従う. 同様に

$$(E(K)f, \xi_n E(K)f) \leq \mu_{E(K)fE(K)f}(O_n \setminus K) \leq \mu(O_n \setminus K) \to 0$$

から

$$\|\xi_n E(K)f\| \to 0$$

また $\mathbb{1}_K \leq F_n^2 \leq F_n$ だから $F_n^2 \to \mathbb{1}_K$ となる. 故に

$$\|(\Psi(F_n^2) - E(K))f\| \to 0$$

となる．以上から $E(K)^2 = E(K)$ となった．故に, K がコンパクト集合のとき $E(K)$ は射影作用素である．$A \in \mathcal{B}$ としよう．

$$K_1 \subset K_2 \subset \cdots \subset A$$

で $\mu_{ff}(A \setminus K_n) \to 0$ となるコンパクト集合列がとれるから

$$((E(A) - E(K_n))f, f) = \mu_{ff}(A \setminus K_n) \to 0$$

になる．これから $\|(E(A) - E(K_n))f\| \to 0$. よって

$$E(A)^2 = \lim_{n\to\infty} E(K_n)^2 = \lim_{n\to\infty} E(K_n) = E(A)$$

で $E(A)$ は射影作用素になる．[終]

定理の特別な場合として $X = \sigma(T)$, かつ $\Phi : C(\sigma(T)) \to S(\mathfrak{H})$ を

$$\Phi(F) = F(T)$$

とする．一般に確率測度 μ の台とは $\mu(K) = 1$ となる閉集合 K で最小のものである．これを, $\mathrm{supp}\mu$ と表す．次のスペクトル分解定理が成り立つ．

命題（有界自己共役作用素のスペクトル分解定理）

$T \in S(\mathfrak{H})$ とする．このとき, 一意的に $(\mathbb{R}, \mathcal{B}(\mathbb{R}))$ 上の単位の分解 E が存在して, 任意の $F \in C(\sigma(T))$ に対して

$$(f, F(T)g) = \int_{\mathbb{R}} F(\lambda) d(f, E(\lambda)g)$$

ただし, $\mathrm{supp}E = \sigma(A)$.

存在の証明. $X = \sigma(T)$ と思えば, ボレル可測空間 $(\sigma(T), \mathcal{B}(\sigma(T)))$ 上に単位の分解 $\tilde{E}$ が存在して,

$$(f, F(T)g) = \int_{\sigma(T)} F(\lambda) d(f, \tilde{E}(\lambda)g)$$

だった. ここで, $A \in \mathcal{B}(\mathbb{R})$ に対して, $E(A) = \tilde{E}(A \cap \sigma(T))$ とおけば, E は $(\mathbb{R}, \mathcal{B}(\mathbb{R}))$ 上の単位の分解となり, $(f, F(T)g) = \int_{\mathbb{R}} F(\lambda) d(f, E(\lambda)g)$ となる.

一意性の証明. 任意の $f, g \in \mathfrak{H}$ と任意の $F \in C(\sigma(T))$ に対して $(f, F(T)g) = \int_{\mathbb{R}} F(\lambda) d(f, G(\lambda)g)$ とする. このとき, $(f, G(A)g) = (f, E(A)g)$ が任意の $A \in \mathcal{B}$ で成立する. f, g は任意だったから, $E(A) = G(A)$ となる. 故に $E = G$. [終]

形式的に以下のように表す.

$$F(T) = \int F(\lambda) dE_\lambda = \int F dE$$

また, $E(\lambda)$ を E_λ と書いて,

$$(f, F(T)g) = \int F(\lambda) d(f, E_\lambda g)$$

と表記する. 以下は簡単に示すことができる.

命題（有界作用素の代数）

$T \in S(\mathfrak{H})$ とする. $F, G \in C(\sigma(T))$ に対して次が成り立つ.

(1) $\displaystyle \int F dE + \int G dE = \int (F+G) dE$

(2) $\displaystyle \left(\int F dE\right)\left(\int G dE\right) = \int FG dE$

(3) $\displaystyle \left(\int F dE\right)^* = \int \bar{F} dE$

簡単な例を示そう．

(例 1) $T \in S(\mathfrak{H})$ に対して，

$$(f, Tg) = \int_{\sigma(T)} \lambda d(f, E_\lambda g)$$

(例 2) $T \in S(\mathfrak{H})$ に対して，

$$\|Tf\|^2 = \int_{\sigma(T)} \lambda^2 d\|E_\lambda f\|^2$$

4　ユニタリー作用素のスペクトル分解

$S(\mathfrak{H})$ のスペクトル分解定理をユニタリー作用素に拡張しよう．ユニタリー作用素のスペクトル分解は [45] の付録 II. に掲載されているが，[47] では省略されている．三角多項式全体を P_T で表すことにしよう．つまり，$P_T \ni f$ は $f(t) = P(e^{it})$ と表される．ここで，P は多項式である．

$$\overline{P(e^{it})} = \bar{P}(e^{-it})$$

はすぐにわかる．三角多項式の正値性に関する事実を述べよう．

命題（三角多項式の正値性）

任意の $t \in \mathbb{R}$ で $P(e^{it}) \geq 0$ とする．このとき $P(e^{it}) = \overline{Q(e^{it})}Q(e^{it})$ となる多項式 Q が存在する．

三角多項式 $P(e^{it}) = a_n e^{int} + \cdots + a_1 e^{it} + a_0$ とユニタリー作用素 U に対して

$$P(U) = \sum_{j=0}^{n} a_j U^j$$

とする．このとき $P(U)^* = \bar{P}(U^*)$ になる．次がわかる．

命題（ユニタリー作用素の代数：三角多項式の場合）

U はユニタリー作用素, $\|P\|_\infty = \sup\{|P(e^{it})| \mid t \in \mathbb{R}\}$ とする．このとき, $P, Q \in P_T$ と $\alpha \in \mathbb{C}$ に対して次が成り立つ．

(1) $(P+Q)(U) = P(U) + Q(U)$ (2) $(\alpha P)(U) = \alpha P(U)$
(3) $(PQ)(U) = P(U)Q(U)$ (4) $\bar{P}(U^*) = P(U)^*$
(5) $\|P(U)\| \leq \|P\|_\infty$

証明. (5) のみ証明する．$\|P\|_\infty^2 - \bar{P}P \geq 0$ だから $\|P\|_\infty^2 - \bar{P}P = \bar{Q}Q$ となる $Q \in P_T$ が存在する．故に

$$\|P\|_\infty^2(f,f) - (P(U)f, P(U)f) = \|Q(U)f\|^2 \geq 0$$

がわかるから $\|P(U)\| \leq \|P\|_\infty$ となる．[終]

$$\Phi : (P_T, \|\cdot\|_\infty) \to (B(\mathfrak{H}), \|\cdot\|)$$

を, $\Phi(P) = P(U)$ と定める．単位円周上の連続関数空間を $C(S^1)$ と表す．$P \in P_T$ に対し, $\|P(U)\| \leq \|P\|_\infty$ の不等式より, $P_T \subset C(S^1)$ は稠密なので Φ は $C(S^1)$ 上に一意的に拡張できる．この拡張も同じ記号で書き表すことにする．

$$\Phi : (C(S^1), \|\cdot\|_\infty) \to (B(\mathfrak{H}), \|\cdot\|)$$

次のことが極限操作で示すことができる．

命題（ユニタリー作用素の代数：連続関数の場合）

$F, G \in C(S^1)$, $\alpha \in \mathbb{C}$ に対して次が成り立つ．

(1) $\Phi(F+G) = \Phi(F) + \Phi(G)$ (2) $\alpha\Phi(F) = \Phi(\alpha F)$
(3) $\Phi(FG) = \Phi(F)\Phi(G)$ (4) $\Phi^*(\bar{F}) = \Phi(F)^*$
(5) $\|\Phi(F)\| \leq \|F\|_\infty$

ここで, $\Phi^*(F)$ は $\Phi^*(P) = P(U^*)$ の一意的な拡張のことである. $\Phi(F)$ を $F(U)$ と表す. $\Phi : C(S^1) \to B(\mathfrak{H})$ は線形で $*$-準同型かつ $\Phi(1\!\!1) = 1\!\!1$ となるから, $(S^1, \mathcal{B}(S^1))$ 上の単位の分解 E が存在して

$$(f, \Phi(F)g) = \int_{S^1} F(\lambda) d(f, E_\lambda g)$$

これを可測写像 $\varphi : S^1 \ni e^{i\lambda} \mapsto \lambda \in (0, 2\pi]$ で変数変換しよう. $E(\varphi^{-1}(t)) = \tilde{E}(t)$ とおけば

$$(f, \Phi(F)g) = \int_{(0,2\pi]} F(\varphi^{-1}(t)) d(f, \tilde{E}(t)g)$$

が成立する. $\tilde{E}$ は $(0, 2\pi]$ 上の単位の分解になっている. また $F(\varphi^{-1}(t)) = F(e^{it})$ である.

命題（ユニタリー作用素のスペクトル分解定理）

ユニタリー作用素 U に対して単位の分解 $\tilde{E}$ が存在して, 任意の $F \in C(S^1)$ に対して

$$(f, F(U)g) = \int_{(0,2\pi]} F(e^{it}) d(f, \tilde{E}(t)g)$$

以下, $\tilde{E}(t)$ を $\tilde{E}_t$ と表して

$$(f, F(U)g) = \int_{(0,2\pi]} F(e^{it}) d(f, \tilde{E}_t g)$$

のように表記する.

命題（$\tilde{E}$ の台）

ユニタリー U のスペクトルと単位の分解の台は次を満たす.

$$\sigma(U) = \{e^{it} \mid t \in \mathrm{supp}\tilde{E}\}$$

$\sigma(U) \supset \{e^{it} \mid t \in \mathrm{supp}\tilde{E}\}$ の証明. $t \in \mathrm{supp}\tilde{E}$ とする.

$$\tilde{E}(-\varepsilon + t, t + \varepsilon) \neq 0$$

だから $f \in \tilde{E}(-\varepsilon + t, t + \varepsilon)\mathfrak{H}$ ならば $\tilde{E}(-\varepsilon + t, t + \varepsilon)f = f$. スペクトル分解定理を使えば

$$\begin{aligned}\|(U - e^{it})f\|^2 &= \int_{(0,2\pi]} |e^{is} - e^{it}|^2 d(f, \tilde{E}_s f) \\ &= \int_{(t-\varepsilon,t+\varepsilon)} |e^{is} - e^{it}|^2 d(f, \tilde{E}_s f) \\ &= \int_{(t-\varepsilon,t+\varepsilon)} |1 - e^{i(t-s)}|^2 d(f, \tilde{E}_s f) \leq \varepsilon^2 \|f\|^2\end{aligned}$$

となるから $\|(U - e^{it})f\|^2 = 0$ となり $e^{it} \in \sigma(U)$ である.
$\sigma(U) \subset \{e^{it} \mid t \in \mathrm{supp}\tilde{E}\}$ の証明. 対偶を示す. $s \in \mathbb{C}$ で $e^{is} \notin \{e^{it} \mid t \in \mathrm{supp}\tilde{E}\}$ としよう. このとき

$$\tilde{E}(t) = \frac{1}{e^{it} - e^{is}}, \quad t \in \mathrm{supp}\tilde{E}$$

は連続関数である. そこで

$$B = \int_{(0,2\pi]} \frac{1}{e^{it} - e^{is}} d\tilde{E}_t$$

とすれば, $B \in B(\mathfrak{H})$. さらに, 作用素の演算により

$$(U - e^{is})B = \int_{(0,2\pi]} \frac{e^{it} - e^{is}}{e^{it} - e^{is}} d\tilde{E}_t = \mathbb{1}$$

になるから $e^{is} \notin \sigma(U)$ である. 以上で示された. [終]

第9章

非有界作用素のスペクトル分解

1　単位の分解から作られる自己共役作用素

有界な自己共役作用素 T に対して, $(\mathbb{R}, \mathcal{B}(\mathbb{R}))$ 上に, ただ一つの単位の分解 E が存在し, 任意の $F \in C(\sigma(T))$ に対して $F(T) = \int F(\lambda)dE_\lambda$ と表せた. 被積分関数 F をボレル可測関数まで拡張したい. $\mathbb{R}$ 上の複素数値ボレル可測関数全体を $B(\mathbb{R})$ と表す.

E を $(\mathbb{R}, \mathcal{B}(\mathbb{R}))$ 上の単位の分解とする. 自己共役な有界作用素に付随した単位の分解とは限らず, 抽象的な単位の分解とする. 目標は, $F \in B(\mathbb{R})$ に対して

$$\int FdE$$

を定義することである. 結論をいうと, これは一般に非有界作用素になる. つまり, 定義域が $\mathfrak{H}$ 全体ではないので $\int FdE$ の定義域を決定する必要がある. さらに, ややこしいことに, 有界作用素の和と積の公式も一般には成立せず, 次を満たす.

$$\int FdE + \int GdE \subset \int (F+G)dE$$

$$\left(\int FdE\right)\left(\int GdE\right) \subset \int FGdE$$

見方を変えれば右辺は左辺の拡大になっているので非有界作用素の積が有界作用素への拡大になることもあり得る．これが自然であることが次の例でわかる．関数 ρ の掛け算作用素は M_ρ と表す約束だった．M_x と $M_{1/x}$ の積はなんだろうか？ 定義を額面通りに当てはめると $M_x M_{1/x}$ は非有界作用素で, 定義域は

$$\mathrm{D}(M_x M_{1/x}) = \{f \in \mathrm{D}(M_{1/x}) \mid xf \in L^2(\mathbb{R})\} \subsetneqq L^2(\mathbb{R})$$

実際は

$$x\frac{1}{x}f(x) = f(x)$$

だから $M_x M_{1/x} = \mathbb{1}$ としたい．故に $L^2(\mathbb{R}) = \mathrm{D}(M_x M_{1/x})$ となるべきで, $\mathrm{D}(M_x M_{1_x}) \subsetneqq L^2(\mathbb{R})$ は変な感じがする．こんな細かいことまで気をつけなければならないのか？ やる気を失いそうになる．気を取り直して前に進もう．実は, 正確にいい表せば

$$M_x M_{1/x} \subset M_{x \cdot 1/x} (= \mathbb{1})$$

となるのである．安易に $M_x M_{1/x} = M_{x \cdot 1/x}$ ではなく, 右辺は左辺の拡大になっている．$(\int FdE)(\int GdE) \subset \int FGdE$ は, 一般のもっと複雑な世界でも, それに類することが成り立つと主張しているのである．

被積分関数のクラスを拡大するアイデアは $F_n \to F$ となる有界ボレル可測関数列 F_n を考えて

$$\int FdE = \lim_{n\to\infty} \int F_n dE \quad \text{（強収束）}$$

と定め, 定義域 $\mathfrak{D}$ は

$$\lim_{n\to\infty}\int F_n dEf \text{ が存在するような } f \in \mathfrak{H} \text{ 全体}$$

とするのである. そして, $\int FdE$ と $\int GdE$ の代数的な関係式は $\int F_n dE$ と $\int G_n dE$ の代数的な関係式

$$\left(\int F_n dE\right)\left(\int G_n dE\right) = \int F_n G_n dE$$
$$\int F_n dE + \int G_n dE = \int (F_n + G_n) dE$$
$$\left(\int F_n dE\right)^* = \int \bar{F}_n dE$$

と $n \to \infty$ の極限操作から導く. 以下では, 定義域 $\mathfrak{D}$ とその稠密性, そして $\int FdE$ の閉性について説明する. 特に $\mathfrak{D}$ を可積分性の言葉でいい表せることは, 作用素解析の世界を広げることになる.

被積分関数の設定から始める. 第8章では F を連続関数と仮定していたが, ここでは, $F : \mathbb{R} \to \mathbb{C}$ は有界なボレル可測関数とする. このとき $\int Fd\|E_\lambda f\|^2$ は可積分である. $Q(f,g) = \int F(\lambda)d(f, E_\lambda g)$ とすれば, f について反線形で, g については線形になる. また

$$\left|\int F(\lambda)d(f,E_\lambda g)\right|^2 \leq \int |F(\lambda)|d\|E_\lambda f\|^2 \int |F(\lambda)|d\|E_\lambda g\|^2$$
$$\leq \|F\|_\infty^2 \|f\|^2 \|g\|^2$$

を満たす. 9.3章のシュワルツの不等式をみよ. リースの表現定理から, $Q(f,g) = (f, Xg)$ となる, $X \in B(\mathcal{H})$ が存在する. $X = \int FdE$ と表す.

さて, $F \in B(\mathbb{R})$ を有界とは限らない一般的なボレル可測関数とする. $\int FdE$ を定義するために F を有界な関数で近似する. そ

こで

$$F_n(\lambda) = \begin{cases} F(\lambda) & |F(\lambda)| \le n \\ n & |F(\lambda)| > n \end{cases}$$

とすれば F_n は有界ボレル可測関数なので有界作用素

$$T_n = \int F_n dE$$

が定義できる. $n \to \infty$ の極限を考える. $\mathfrak{D}$ を次で定める.

$$\mathfrak{D} = \{f \in \mathfrak{H} \mid \int |F(\lambda)|^2 d\|E_\lambda f\|^2 < \infty\}$$

さらに作用素 T を次で定義する.

$$\mathrm{D}(T) = \mathfrak{D}, \quad Tf = \lim_{n\to\infty} T_n f$$

補題

次が成り立つ.

$$\{T_n f\} \text{ が収束する} \iff \int |F(\lambda)|^2 d\|E_\lambda f\|^2 < \infty$$

($\Longrightarrow$) の証明. $\|T_n f - T_m f\|^2 = \int |F_m(\lambda) - F_n(\lambda)|^2 d\|E_\lambda f\|^2$ だから $\{F_n\}$ は $L^2(\mathbb{R}, d\|E_\lambda f\|^2)$ でコーシー列になり, 極限 $G \in L^2(\mathbb{R}, d\|E_\lambda f\|^2)$ が存在する. 特に部分列 n' をとれば $F_{n'}(\lambda) \to G(\lambda)$ が殆ど至る所の λ で成り立つ. 一方, $F_{n'}(\lambda) \to F(\lambda)$ は全ての λ で成り立つから

$$F(\lambda) = G(\lambda) \ a.e.$$

である. 故に,

$$\infty > \int |F(\lambda)|^2 d\|E_\lambda f\|^2 = \int |G(\lambda)|^2 d\|E_\lambda f\|^2$$

($\Longleftarrow$) の証明. $\int |F(\lambda)|^2 d\|E_\lambda f\|^2 < \infty$ だから

$$\|T_n f - T_m f\|^2 = \int |F_m(\lambda) - F_n(\lambda)|^2 d\|E_\lambda f\|^2$$
$$\leq 4 \int \|F(\lambda)\|^2 d\|E_\lambda f\|^2 < \infty$$

なので, ルベーグの優収束定理より

$$\lim_{m,n\to\infty} \|T_n f - T_m f\|^2 = \lim_{m,n\to\infty} \int |F_m(\lambda) - F_n(\lambda)|^2 d\|E_\lambda f\|^2$$
$$= \int \lim_{m,n\to\infty} |F_m(\lambda) - F_n(\lambda)|^2 d\|E_\lambda f\|^2 = 0$$

になる. ここで, $F_n(\lambda) \to F(\lambda)$ に注意. よって $\{T_n f\}$ はコーシー列なので収束する. [終]

命題（稠密性）

$\mathfrak{D}$ は $\mathfrak{H}$ で稠密である.

証明. $S_n = \{\lambda \in \mathbb{R} \mid |F(\lambda)| \leq n\}$ とすれば $E(S_n) \to \mathbb{1}$ である. $f \in E(S_n)\mathfrak{H}$ に対して

$$\int |F(\lambda)|^2 d\|E_\lambda f\|^2 = \int_{S_n} |F_n(\lambda)|^2 d\|E_\lambda f\|^2 \leq \|T_n f\|^2 < \infty$$

になるから $f \in \mathfrak{D}$. つまり, $E(S_n)\mathfrak{H} \subset \mathfrak{D}$. $f \in \mathfrak{H}$ に対して $\mathfrak{D} \ni E(S_n)f$ で $E(S_n)f \to f$ だから $\mathfrak{D}$ は稠密である. [終]

命題（閉性）

T は閉作用素である.

証明. $Sf = \lim_{n\to\infty} T_n^* f$, $\mathrm{D}(S) = \{f \in \mathfrak{H} \mid \exists \lim_{n\to\infty} T_n^* f\}$ と定義する. $\mathrm{D}(S) = \{f \in \mathfrak{H} \mid \int |\bar{F}(\lambda)|^2 d\|E_\lambda f\|^2 < \infty\} = \mathfrak{D}$ はすぐにわかる. さらに, $S = T^*$ になる. 何故ならば $f \in \mathfrak{D}$, $g \in \mathrm{D}(S)$ のとき

26) Im wesentlichen in dieser Form ist das Eigenwertproblem der beschränkten Bilinearformen von Hilbert gelöst worden. Allerdings vernachlässigen wir konsequent die in der Literatur übliche Abtrennung des Punktspektrums vom kontinuierlichen Spektrum.

Übrigens ist natürlich der Op.

$$T = \int_{-\infty}^{\infty} l dE(l)$$

nicht stets sinnvoll; man kann zeigen, daß Tf dann und nur dann (in $\overline{\mathfrak{H}}$) existiert, wenn die Zahl

$$\int_{-\infty}^{\infty} l^2 dQ(E(l)f)$$

endlich ist.

Ges. d. Wiss. Nachrichten. Math.-Phys. Kl. 1927. Heft 1. 3

フォン・ノイマンの 1927 年の論文 [42, 33 ページ] に現れるスペクトル分解

$$(Tf, g) = \lim_{n\to\infty}(T_n f, g) = \lim_{n\to\infty}(f, T_n^* g) = (f, Sg)$$

だから $S \subset T^*$. 逆に $g \in \mathrm{D}(T^*)$ とすれば, $h \in \mathfrak{H}$ で $(Tf, g) = (f, h)\ \forall f \in \mathfrak{D}$ となるものが存在する.

$$(T_n f, g) = (TE(S_n)f, g) = (E(S_n)g, h) = (g, E(S_n)h)$$

だから $T_n^* g = E(S_n)h$. よって $\lim_{n\to\infty} T_n^* g = \lim_{n\to\infty} E(S_n)h = h$. $\{T_n^* g\}$ は収束列だから $g \in \mathrm{D}(S)$. 故に $S = T^*$. 同様に $S^* = T$ が示せるから, $T = T^{**} = \bar{T}$ だから T は閉作用素である. [終]

$\int FdE$ の定義

$F \in B(\mathbb{R})$ とする. $(\mathbb{R}, \mathcal{B}(\mathbb{R}))$ 上の単位の分解 E に対して閉作用素 $\int FdE$ を次で定義する.

$$\mathrm{D}\left(\int FdE\right) = \{f \in \mathfrak{H} \mid \int |F(\lambda)|^2 d\|E_\lambda f\|^2 < \infty\}$$

$$\int FdE = \lim_{n\to\infty} \int F_n dE$$

被積分関数 $F, G \in B(\mathbb{R})$ が有界とは限らないので $\int FdE$ と $\int GdE$ の積と和は次のようになる.

命題（非有界作用素の代数）

$F, G \in B(\mathbb{R})$, E は $(\mathbb{R}, \mathcal{B}(\mathbb{R}))$ 上の単位の分解とする．$T_F = \int FdE, T_G = \int GdE$ とおく．次が成り立つ．

(1) $T_F^* = T_{\bar{F}}$
(2) F が実関数であれば T_F は自己共役作用素
(3) $T_F + T_G \subset T_{F+G}$
(4) $T_F T_G \subset T_{FG}$

(1) と (2) の証明. $\int FdE$ が閉作用素であることの証明をみよ．ここで, $T^* = S = \int \bar{F}dE$ を示した．これから (1) が従う．(2) は (1) から従う．

(3) の証明．$F + G = H$ とおく．次を示せばいい．$\mathrm{D}(T_F) \cap \mathrm{D}(T_G) \subset \mathrm{D}(T_H)$ かつ $T_F f + T_G f = T_H f$. 前半の主張は $|H|^2 \leq 2(|F|^2 + |G|^2)$ なのだから $f \in \mathrm{D}(T_F) \cap \mathrm{D}(T_G)$ のとき

$$\int |H(\lambda)|^2 d\|E_\lambda f\|^2$$
$$\leq 2 \int |F(\lambda)|^2 d\|E_\lambda f\|^2 + 2 \int |G(\lambda)|^2 d\|E_\lambda f\|^2 < \infty$$

からわかる．後半の主張を示す．線形性は F と G が有界関数のときは成立する．$f \in \mathrm{D}(T_F) \cap \mathrm{D}(T_G)$ のとき

$$\|(T_{F_n} + T_{G_n} - T_{H_n})f\|^2 = \int |F_n(\lambda) + G_n(\lambda) - H_n(\lambda)|^2 d\|E_\lambda f\|^2 \to 0$$

と, $T_{F_n} f \to T_F f$, $T_{G_n} f \to T_G f$ と $T_{H_n} f \to T_H f$ から $T_F f + T_G f = T_H f$ が従う．

(4) の証明．$T_F T_G f = T_{FG} f$ を $f \in \mathrm{D}(T_F T_G)$ で示せばいい．$f \in \mathrm{D}(T_F T_G)$ に対して $\int |F(\lambda)G(\lambda)|^2 d\|E_\lambda f\|^2 < \infty$ をいえば

いい．これは少し考える必要がある．2 つの測度 $\|E(\cdot)T_G f\|^2$ と $\|E(\cdot)f\|^2$ について考えよう．

$$\|T_{\mathbb{1}_S} T_{G_n} f\|^2 = \|T_{\mathbb{1}_S G_n} f\|^2 = \int \mathbb{1}_S |G_n|^2 d\|Ef\|^2$$

なので，$n \to \infty$ の極限をとれば

$$\|E(S)T_G f\|^2 = \int \mathbb{1}_S(\lambda)|G(\lambda)|^2 d\|E_\lambda f\|^2$$

となる．ここで，測度論の復習をする．一般に，2 つの測度 μ と ν が，$\mu(A) = 0$ ならば $\nu(A) = 0 (\forall A)$ となるとき，ν は μ に関して絶対連続といい，$\nu \ll \mu$ と表す．$\nu \ll \mu$ のとき，$\frac{d\nu}{d\mu} \geq 0$ な可積分関数が存在して

$$\nu(A) = \int_A \frac{d\nu}{d\mu} d\mu$$

と表せた．$\frac{d\nu}{d\mu}$ をラドン・ニコディム導関数と呼んだ．

故に $\|E(\cdot)T_G f\|^2 \ll \|E(\cdot)f\|^2$ でラドン・ニコディム導関数が

$$\frac{d\|E_\lambda T_G f\|^2}{d\|E_\lambda f\|^2} = |G(\lambda)|^2$$

といっている．つまり，

$$\int |F(\lambda)G(\lambda)|^2 d\|E_\lambda f\|^2 = \int |F(\lambda)|^2 d\|E_\lambda T_G f\|^2$$

となる．$T_G f \in \mathrm{D}(T_F)$ なので $\int |F(\lambda)|^2 d\|E_\lambda T_G f\|^2 < \infty$ となる．

包含関係を示そう．これは

$$\begin{aligned}
&\|T_{FG} f - T_F T_G f\| \\
&\leq \|T_{FG} f - T_{F_n G} f\| + \|T_{F_n G} f - T_{F_n G_m} f\| \\
&+ \|T_{F_n G_m} f - T_{F_n} T_{G_m} f\| + \|T_{F_n} T_{G_m} f - T_{F_n} T_G f\| \\
&+ \|T_{F_n} T_G f - T_F T_G f\|
\end{aligned}$$

と分ける.

$$\|T_{F_nG_m}f - T_{F_n}T_{G_m}f\| = 0$$

は準同型性からわかる.

$$\|T_{F_nG}f - T_{F_nG_m}f\|^2 = \int |F_n(\lambda)|^2 |G(\lambda) - G_m(\lambda)|^2 d\|E_\lambda f\|^2$$

$$\|T_{FG}f - T_{F_nG}f\|^2 = \int |F_n(\lambda) - F(\lambda)|^2 |G(\lambda)|^2 d\|E_\lambda f\|^2$$

は $n, m \to \infty$ で夫々ゼロに収束する.

$$\|T_{F_n}T_{G_m}f - T_{F_n}T_Gf\| + \|T_{F_n}T_Gf - T_FT_Gf\| \to 0$$

はすぐにわかる. [終]

$T = \int \lambda dE_\lambda$ とおいて, $\|Tf\|^2$ の表示に興味がある. 一般に次が成り立つ.

命題（$\|\int FdEf\|^2$ の表示）

E を $(\mathbb{R}, \mathcal{B}(\mathbb{R}))$ 上の単位の分解, $F \in B(\mathbb{R})$, $f \in \mathrm{D}(T)$ とする. このとき, 次が成り立つ.

$$\left\|\int FdEf\right\|^2 = \int |F(\lambda)|^2 d\|E_\lambda f\|^2$$

証明. 地道に計算するだけ. $F \geq 0$ と仮定する. 一般の F の場合は, 実部と虚部に分け, さらに実部と虚部を正の部分と負の部分に分ければいい. 簡単のため $T = \int FdE$ とおく.

$$\|Tf\|^2 = (Tf, Tf) = (g, Tf) = \int F(\lambda) d(g, E_\lambda f)$$

となる. ここで, $g = Tf$ とおいた. 測度 $\nu(A) = (g, E(A)f)$ を調べよう.

$$\|Tf\|^2 = \int F(\lambda) d\nu(\lambda)$$

さて, $\nu(A) = (Tf, E(A)f) = \overline{(E(A)f, Tf)}$ だから, $\nu(A) = \int \bar{F}(\mu) d(E(A)f, E_\mu f)$. そこで測度 $B \mapsto (E(A)f, E(B)f)$ について考える.

$$(E(A)f, E(B)f) = (f, E(A \cap B)f) = \|E(A \cap B)f\|^2$$

だから

$$\nu(A) = \int \mathbb{1}_A(\mu)\bar{F}(\mu) d\|E_\mu f\|^2$$

故に

$$\int \mathbb{1}_A(\xi) d\nu(\xi) = \int \mathbb{1}_A(\mu)\bar{F}(\mu) d\|E_\mu f\|^2$$

ここで, $\mathbb{1}_A$ を階段関数 $G = \sum_j a_j \mathbb{1}_{A_j}$ で置き換えると

$$\int G(\xi) d\nu(\xi) = \int G(\mu)\bar{F}(\mu) d\|E_\mu f\|^2$$

となる. F を下から階段関数で各点近似できるので, $F_n \uparrow F$ となる階段関数の族 $\{F_n\}$ が存在する. 故に

$$\int F_n(\xi) d\nu(\xi) = \int F_n(\mu)\bar{F}(\mu) d\|E_\mu f\|^2$$

の両辺の極限をとれば

$$\int F(\xi) d\nu(\xi) = \int |F(\mu)|^2 d\|E_\mu f\|^2$$

となる. [終]

2 フォン・ノイマンの方法

2.1 ケーリー変換

有限次元で考える. $\phi : \mathbb{R} \to S^1$ とし, A をエルミート行列とする. このとき A の固有値 $\{\lambda_1, \ldots, \lambda_n\}$ は $\mathbb{R}$ に含まれ, $\phi(A)$ の固有

値 $\{\phi(\lambda_1),\ldots,\phi(\lambda_n)\}$ は S^1 に含まれるので $\phi(A)$ はユニタリー行列になる．実際 A をユニタリー行列 S で対角化する．

$$S^{-1}AS = \begin{pmatrix} \lambda_1 & \cdots & 0 \\ \vdots & \ddots & \vdots \\ 0 & \cdots & \lambda_n \end{pmatrix}$$

対角成分に現れる全ての固有値は実である．そうすると

$$\phi(A) = S\begin{pmatrix} \phi(\lambda_1) & \cdots & 0 \\ \vdots & \ddots & \vdots \\ 0 & \cdots & \phi(\lambda_n) \end{pmatrix}S^{-1}$$

になるから，

$$\phi(A)^*\phi(A) = \phi(A)\phi(A)^* = S\begin{pmatrix} |\phi(\lambda_1)|^2 & \cdots & 0 \\ \vdots & \ddots & \vdots \\ 0 & \cdots & |\phi(\lambda_n)|^2 \end{pmatrix}S^{-1} = \mathbb{1}$$

がわかる．フォン・ノイマンは ϕ の例として

$$\varphi(\lambda) = \frac{\lambda - i}{\lambda + i}$$

をあげている．その結果

$$U = (A - iE)(A + iE)^{-1}$$

はユニタリー行列になる．これを A のケーリー変換という．それは

$$U = S\begin{pmatrix} \frac{\lambda_1 - i}{\lambda_1 + i} & \cdots & 0 \\ \vdots & \ddots & \vdots \\ 0 & \cdots & \frac{\lambda_n - i}{\lambda_n + i} \end{pmatrix}S^{-1}$$

と表される．U の固有値は

$$\{\frac{\lambda_1 - i}{\lambda_1 + i},\ldots,\frac{\lambda_n - i}{\lambda_n + i}\}$$

なので, 1 は固有値に含まれない. 故に $(E-U)^{-1}$ が存在して A は

$$A = i(E+U)(E-U)^{-1}$$

のようにユニタリー行列 U で表される.

2.2 フォン・ノイマンの方法

有界な自己共役作用素 T に対して以下のような単位の分解 E が存在することは既に示した.

$$T = \int \lambda dE_\lambda$$

逆に, 与えられた単位の分解 E と $F \in B(\mathbb{R})$ に対して

$$T_F = \int_{\mathbb{R}} F(\lambda) dE_\lambda$$

が定義でき, T_F は一般に稠密に定義された閉作用素であることも説明した. 特に, $\bar{F} = F$ のとき T_F は自己共役作用素であった.

ここで, フォン・ノイマンが提起した問題は, 自己共役作用素はこれで尽くされているのか？ ということだ. いい換えると, 自己共役作用素 T には, いつも適当な単位の分解 E が存在して $T = \int \lambda dE_\lambda$ と表せるのか？ という問題提起である. フォン・ノイマンは, ケーリー変換をヒルベルト空間上の自己共役作用素 T に拡張し, 自己共役作用素に付随した単位の分解 E の存在と一意性を示した. ここでは, そのアイデアを発見法的に外観しよう.

心の中で自己共役作用素 T は $\mathbb{R}$, ユニタリー作用素 U は S^1 だと思っている. それは $\sigma(T) \subset \mathbb{R}$ と $\sigma(U) \subset S^1$ という事実からきている. $\mathbb{R}$ と S^1 の間に位相同型な対応があれば, 自己共役作用素 T とユニタリー作用素 U を関係付けられそうだ. もっと詳しくい

えば, T を U で表せそうだ. $\mathbb{R} \ni \lambda$ に

$$z = \frac{\lambda - i}{\lambda + i} \in S^1 \backslash \{(1,0)\}$$

を対応させる写像は $\mathbb{R}$ から $S^1 \backslash \{(1,0)\}$ への全単射になる. この対応もケーリー変換と呼ばれている. 心の中で z がユニタリー作用素 U で λ が自己共役作用素 T と思っている. 実際

$$U = (T - i)(T + i)^{-1}$$

がユニタリー作用素であることがわかり, さらに,

$$\lambda = i\frac{1+z}{1-z}$$

と表せるから

$$T = i(\mathbb{1} + U)(\mathbb{1} - U)^{-1}$$

となることが予想できる. ここで右辺の $(\mathbb{1} - U)^{-1}$ が気になる. 冒頭のエルミート行列の場合には, 即座に $(\mathbb{1} - U)^{-1}$ の存在がわかった. いまの場合 $\mathbb{1} - U$ が固有値ゼロをもてば, $\mathfrak{N}(\mathbb{1} - U)$ は $\mathrm{D}(T)$ に含まれないから, $\mathrm{D}(T)$ は稠密でなくなる. しかし, 定義から任意の $\lambda \in \mathbb{R}$ で $z - 1 \neq 0$ なので冒頭のエルミート行列の場合と同様に $\mathfrak{N}(\mathbb{1} - U) = \{0\}$ になりそうだ. 細かいことは, 後で考えることにして先に進もう. さて, T がユニタリー作用素で表せることは素晴らしい! 何故ならばユニタリー作用素はスペクトル分解定理で

$$U = \int_{(0,2\pi]} e^{it} d\tilde{E}_t$$

と表せたから

$$T = i(\mathbb{1} + U)(\mathbb{1} - U)^{-1} = \int_{(0,2\pi]} i\frac{1+e^{it}}{1-e^{it}} d\tilde{E}_t$$

となる. さらに $\mathfrak{N}(\mathbb{1}-U)=\{0\}$ であれば $(0,2\pi]$ を $(0,2\pi)$ に狭めてもいいことがわかるので

$$T=\int_{(0,2\pi)} i\frac{1+e^{it}}{1-e^{it}}d\tilde{E}_t$$

と表せる. これで T のスペクトル分解にかなり近づいた. 残った仕事は被積分関数

$$i\frac{1+e^{it}}{1-e^{it}}$$

が λ となるような変数変換をみつければいい. それは容易い. $\theta:\mathbb{R}\to(0,2\pi)$ を次のように定めれば

$$\frac{\lambda-i}{\lambda+i}=e^{i\theta(\lambda)}$$

逆に解いて

$$i\frac{1+e^{i\theta(\lambda)}}{1-e^{i\theta(\lambda)}}=\lambda$$

となる. $\theta(\lambda)\neq 2\pi$ に注意しよう. $\theta^{-1}:(0,2\pi)\to\mathbb{R}$ の像測度から

$$T=\int_{\mathbb{R}} i\frac{1+e^{i\theta(\lambda)}}{1-e^{i\theta(\lambda)}}d\tilde{E}_{\theta(\lambda)}=\int_{\mathbb{R}}\lambda d\tilde{E}_{\theta(\lambda)}$$

となり, T のスペクトル分解が完成する.

まとめると, T に付随する単位の分解 E_λ は, ケーリー変換 U に付随する単位の分解 $\tilde{E}_t$ の θ^{-1} による像測度 $\tilde{E}_{\theta(\lambda)}$ であると予想できる. つまり

$$E_\lambda=\tilde{E}_{\theta(\lambda)}$$

勿論, 上の議論は厳密性から程遠い. この議論の不十分な点は以下である.

(1) $U=(T-i)(T+i)^{-1}$ のユニタリー性の証明

(2) $\mathfrak{N}(\mathbb{1}-U)=\{0\}$ の証明

(3) 作用素等式

$$i(\mathbb{1}+U)(\mathbb{1}-U)^{-1}=\int_{(0,2\pi)} i\frac{1+e^{it}}{1-e^{it}}d\tilde{E}_t$$

の証明. 一般には以下のようになる.

$$i(\mathbb{1}+U)(\mathbb{1}-U)^{-1}\subset\int_{(0,2\pi)} i\frac{1+e^{it}}{1-e^{it}}d\tilde{E}_t$$

これらをフォン・ノイマンは一つひとつ攻略していった. 次節で厳密に証明しよう.

3　自己共役作用素のスペクトル分解

3.1 フォン・ノイマンのスペクトル分解定理

T を有界とは限らない自己共役作用素とする. このとき, $(\mathbb{R},\mathcal{B}(\mathbb{R}))$ 上に一意的な単位の分解 E が存在して $T=\int\lambda dE_\lambda$ と表せる. これを示そう. 自己共役作用素とユニタリー作用素の関係をみるために $\mathbb{R}$ と S^1 の関係を調べよう. まず, $\mathbb{R}$ はコンパクトではないが S^1 はコンパクトであるから $\mathbb{R}$ と S^1 は位相同型にはなり得ない. そこで, S^1 から1点を抜く. 例えば $\{(1,0)\}$. そうすると

$$\mathbb{R}\cong S^1\setminus\{(1,0)\}\ （位相同型）$$

が示せる. フォン・ノイマンにならえば, 位相同型を与える同相写像の一つがケーリー変換である. $\lambda\in\mathbb{R}$ とすれば

$$z=\frac{\lambda-i}{\lambda+i}\in\mathbb{C}$$

の大きさは

$$|z| = \left|\frac{\lambda - i}{\lambda + i}\right| = 1$$

になるから z は S^1 上にある．ちなみに λ について解くと

$$\lambda = i\frac{1+z}{1-z}$$

写像 $\varphi : \mathbb{R} \to S^1$

$$\varphi : \lambda \mapsto \frac{\lambda - i}{\lambda + i}$$

について考える．$\varphi(\lambda) = \varphi(\lambda')$ を解くと $\lambda = \lambda'$ になるから，φ は単射である．

$$\varphi(\lambda) = -\frac{1-\lambda^2}{1+\lambda^2} - i\frac{2\lambda}{1+\lambda^2}$$

であるから $\lambda = \tan\theta/2$ とおけば $\varphi(\lambda) = -(\cos\theta + i\sin\theta)$ になる．ただし $\varphi(\lambda) = 1$ となる $\lambda \in \mathbb{R}$ は存在しない．実は

$$\lim_{\lambda \to \pm\infty} \varphi(\lambda) = 1$$

である．故に

$$\varphi : \mathbb{R} \to S^1 \backslash \{(1,0)\}$$

は全単射である．これをケーリー変換という．

図をみて納得していただきたい．

$\psi : S^1 \backslash \{(1,0)\} \to (0, 2\pi)$ を $\psi(z) = \arg z$ とすれば ψ も φ も全単射だから

$$\mathbb{R} \xrightarrow{\varphi} S^1 \backslash \{(1,0)\} \xrightarrow{\psi} (0, 2\pi)$$

で

$$\mathbb{R} \cong S^1 \backslash \{(1,0)\} \cong (0, 2\pi) \text{（位相同型）}$$

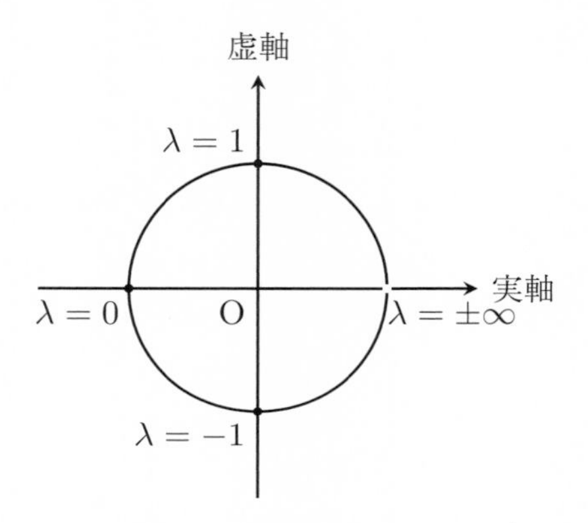

ケーリー変換: $\mathbb{R} \ni \lambda \mapsto \frac{\lambda+i}{\lambda-i} \in S^1 \setminus \{(1,0)\}$

がわかる．その同相写像は，$\theta : \mathbb{R} \to (0, 2\pi)$

$$\theta = \psi \circ \varphi$$

である．実際 θ は以下で与えられる．

$$e^{i\theta(\lambda)} = \frac{\lambda - i}{\lambda + i} \quad \forall \lambda \in \mathbb{R}$$

大事なことは θ の逆写像である．

$$\lambda = i\frac{1 + e^{i\theta(\lambda)}}{1 - e^{i\theta(\lambda)}} \quad \forall \lambda \in \mathbb{R}$$

だから $\theta^{-1} : (0, 2\pi) \to \mathbb{R}$ は

$$\theta^{-1}(t) = i\frac{1 + e^{it}}{1 - e^{it}} \quad \forall t \in (0, 2\pi)$$

となる．以上より，ケーリー変換と偏角を合成して同相写像

$$\theta^{-1} : (0, 2\pi) \to \mathbb{R}$$

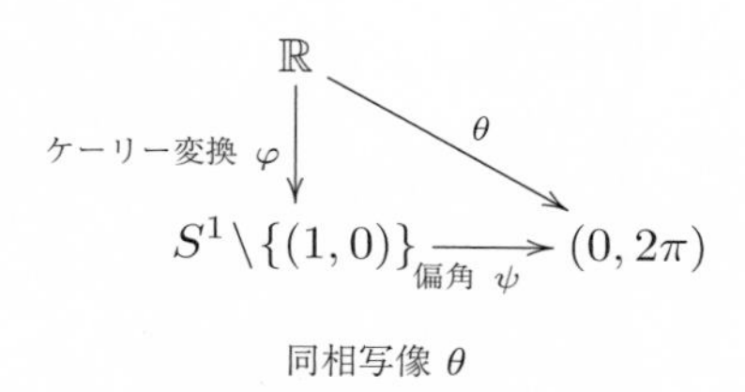

同相写像 θ

を構築した.

命題（自己共役作用素のケーリー変換）

自己共役作用素 T に対して $(T-i)(T+i)^{-1}$ はユニタリー.

証明. フォン・ノイマンの拡大定理から, 対称閉作用素 T が自己共役作用素であるための必要十分条件は $\mathfrak{N}(T^*\pm i)=\{0\}$ だった. つまり

$$\mathfrak{R}(T\pm i)=\mathfrak{H}$$

そこで $U:\mathfrak{R}(T+i)\to\mathfrak{R}(T-i)$ を次のように定める.

$$U(T+i)f=(T-i)f \quad f\in \mathrm{D}(T)$$

$\mathrm{D}(U)=\mathfrak{H}$ と $\mathfrak{R}(U)=\mathfrak{H}$ はすぐにわかる. また

$$\|U(T+i)f\|^2=\|(T-i)f\|^2=\|Tf\|^2+\|f\|^2=\|(T+i)f\|^2$$

なので U は等長. 故に U はユニタリーである. [終]

上で定義した U は次のように表記できる.

$$U=(T-i)(T+i)^{-1}$$

これを自己共役作用素 T のケーリー変換という.

命題（単位の分解によるケーリー変換）

E を単位の分解として $A = \int \lambda dE_\lambda$ とする．A のケーリー変換は次のように表せる．

$$(A-i)(A+i)^{-1} = \int \frac{\lambda - i}{\lambda + i} dE_\lambda$$

証明．$A = \int \lambda dE_\lambda$ は自己共役作用素だった．

$$A - i = \int (\lambda - i) dE_\lambda$$
$$(A+i)^{-1} = \int \frac{1}{\lambda + i} dE_\lambda$$

なので

$$(A-i)(A+i)^{-1} \subset \int \frac{\lambda - i}{\lambda + i} dE_\lambda$$

右辺は

$$\left\| \left(\int \frac{\lambda - i}{\lambda + i} dE_\lambda \right) f \right\|^2 = \int \left| \frac{\lambda - i}{\lambda + i} \right|^2 d\|E_\lambda f\|^2$$
$$= \int d\|E_\lambda f\|^2 = \|E(\mathbb{R})\|^2 = \|f\|^2$$

だから有界作用素．左辺も有界作用素とわかっているので等式が成り立つ．[終]

さて，$U(T+i)f = (T-i)f$ を T について解こう．$\mathfrak{R}(T+i) = \mathfrak{H}$ だから，任意の $g \in \mathfrak{H}$ は $g = (T+i)f$, $f \in \mathrm{D}(T)$, と表せる．そうすれば $Ug = (T-i)f$ だから $\mathbb{1} + U$ と $\mathbb{1} - U$ が計算できる．答は $(\mathbb{1}+U)g = 2Tf$, $(\mathbb{1}-U)g = 2if$．右辺を比較すると

$$T(\mathbb{1} - U)g = i(\mathbb{1} + U)g$$

がわかる．つまり T は $(\mathbb{1}-U)g \to i(\mathbb{1}+U)g$ という作用だとわかる．2 つ注意を与える．

(1) $\mathfrak{N}(\mathbb{1}-U) = \{0\}$．何故ならば，$g = (T+i)f$ と表して，$(\mathbb{1}-U)g = 0$ と仮定すれば，$f = 0$ であるから，$g = 0$ になる．

(2) $\mathrm{D}(T) = \mathfrak{R}(\mathbb{1}-U)$．これは $f \in \mathrm{D}(T)$ が $f = \frac{1}{2i}(\mathbb{1}-U)g$ と表せて，また，$(\mathbb{1}-U)g \in \mathfrak{R}(\mathbb{1}-U)$ が $g = (T+i)f$ で $(\mathbb{1}-U)g = 2if$ と表せることからわかる．

$\mathbb{1}-U$ は単射なので，逆写像 $(\mathbb{1}-U)^{-1} : \mathfrak{R}(\mathbb{1}-U) \to \mathfrak{H}$ が定義できる．そうすると T が U で表せる．

$$\mathrm{D}(T) = \mathfrak{R}(\mathbb{1}-U)$$
$$T = i(\mathbb{1}+U)(\mathbb{1}-U)^{-1}$$

それではいよいよフォン・ノイマンの証明したスペクトル分解定理を証明しよう．

命題（非有界自己共役作用素のスペクトル分解定理）

T を自己共役作用素とする．このとき単位の分解 E が一意的に存在して，次が成り立つ．

$$\mathrm{D}(T) = \{f \in \mathfrak{H} \mid \int_{\mathbb{R}} |\lambda|^2 d\|E_\lambda f\|^2 < \infty\}$$
$$(f, Tg) = \int_{\mathbb{R}} \lambda d(f, E_\lambda g)$$

特に

$$\|Tf\|^2 = \int_{\mathbb{R}} \lambda^2 d\|E_\lambda f\|^2$$

証明．T のケーリー変換 U はユニタリー作用素だから，それに付随

した単位の分解 $\tilde{E}$ が存在して

$$U = \int_{(0,2\pi]} e^{it} d\tilde{E}_t$$

と表せた. $\mathbb{R} \cong (0, 2\pi)$ の位相同型が必要なので, 積分範囲の $(0, 2\pi]$ の右のカギかっこ] が気になる. フォン・ノイマンもここらへんのことは [47, 82 ページ] で説明している[1].

$$\int_{(0,2\pi]} e^{it} d(f, \tilde{E}_t g) = \int_{(0,2\pi)} e^{it} d(f, \tilde{E}_t g) + (f, \tilde{E}(\{2\pi\})g)$$

となるが, $\tilde{E}(\{2\pi\}) = 0$ である. 何故ならば, もし $\tilde{E}(\{2\pi\}) \neq 0$ ならば $f \in \tilde{E}(\{2\pi\})\mathfrak{H}$ のとき任意の $g \in \mathfrak{H}$ に対して

$$(g, Uf) = \int_{\{2\pi\}} e^{it} d(g, \tilde{E}_t f) = (g, \tilde{E}(\{2\pi\})f) = (g, f)$$

となるから $Uf = f$ となり, $\mathfrak{N}(\mathbb{1} - U) = \{0\}$ に矛盾する. よって

$$U = \int_{(0,2\pi)} e^{it} d\tilde{E}_t$$

のように, 積分範囲を $(0, 2\pi]$ から $(0, 2\pi)$ に狭めていい. 自己共役作用素 T は $T = i(\mathbb{1} + U)(\mathbb{1} - U)^{-1}$ と表せるのだから

$$T = i(\mathbb{1} + U)(\mathbb{1} - U)^{-1} \subset i \int_{(0,2\pi)} \frac{1 + e^{it}}{1 - e^{it}} d\tilde{E}_t$$

となる. 等号でないのが残念だが仕方がない. $\theta^{-1} : (0, 2\pi) \to \mathbb{R}$ の像測度で表せば

---

[1] フォン・ノイマンはユニタリー作用素のスペクトル分解を $U = \int_{(0,1]} e^{2\pi it} d\tilde{E}_t$ の形で与えている.

$$T \subset i \int_{\mathbb{R}} \frac{1+e^{i\theta(\lambda)}}{1-e^{i\theta(\lambda)}} d\tilde{E}_{\theta(\lambda)} = \int_{\mathbb{R}} \lambda d\tilde{E}_{\theta(\lambda)}$$

となる. さて, 等号ではなく, 右辺が拡大になっているので少し考えなければならない. そこで, 右辺を

$$\tilde{T} = \int_{\mathbb{R}} \lambda d\tilde{E}_{\theta(\lambda)}$$

としよう. 実は $\tilde{T} = T$ が示せる. つまり等号が成立する. 思い出してほしい. $\mathrm{D}(T)$ はケーリー変換 U で表せた. 同様に $\mathrm{D}(\tilde{T})$ もそのケーリー変換 $\tilde{U}$ で $\mathrm{D}(\tilde{T}) = \mathfrak{R}(\mathbb{1} - \tilde{U})$ と表せる. $\tilde{T}$ のケーリー変換は

$$\tilde{U} = \int_{\mathbb{R}} \frac{\lambda - i}{\lambda + i} d\tilde{E}_{\theta(\lambda)}$$

だった. ところが, よくみると $\theta(\lambda)$ の定義から

$$\tilde{U} = \int_{\mathbb{R}} e^{i\theta(\lambda)} d\tilde{E}_{\theta(\lambda)}$$

さらに θ^{-1} の像測度で書き換えれば

$$\tilde{U} = \int_{\mathbb{R}} e^{i\theta\circ\theta^{-1}(t)} d\tilde{E}_{\theta\circ\theta^{-1}(t)} = \int_{\mathbb{R}} e^{it} d\tilde{E}_t = U$$

だから $\mathrm{D}(\tilde{T}) = \mathfrak{R}(\mathbb{1} - U) = \mathrm{D}(T)$. 故に $T = \tilde{T}$. よって

$$T = \int_{\mathbb{R}} \lambda d\tilde{E}_{\theta(\lambda)}$$

が示せた

$$E_\lambda = \tilde{E}_{\theta(\lambda)}$$

最後に単位の分解の一意性を示す. $T = \int_{\mathbb{R}} \lambda dG_\lambda$ とする. ケーリー変換 U はユニタリー作用素で, U に付随する単位の分解 $\tilde{E}$ が一意だったことに気をつけると

$$\int_{(0,2\pi)} e^{it} d\tilde{E}_t = U = \int_{\mathbb{R}} \frac{\lambda - i}{\lambda + i} dG_\lambda$$
$$= \int_{\mathbb{R}} e^{i\theta(\lambda)} dG_\lambda = \int_{(0,2\pi)} e^{it} dG_{\theta^{-1}(t)}$$

だから $dG_{\theta^{-1}(t)} = d\tilde{E}_t$. 故に $dG_\lambda = d\tilde{E}_{\theta(\lambda)}$ となる. [終]

有界な自己共役作用素の場合と同様に

$$T = \int \lambda dE_\lambda$$

と形式的に表す.

3.2 自己共役作用素の代数

自己共役作用素 T の関数 $F(T)$ は有界な自己共役作用素の場合と同様にスペクトル分解定理を経由して定義する.

自己共役作用素の関数の定義

T を自己共役作用素とし, $F \in B(\mathbb{R})$ とする. T をスペクトル分解定理で $T = \int \lambda dE$ と表す. このとき, $F(T)$ を次で定める.

$$\mathrm{D}(F(T)) = \{f \in \mathfrak{H} \mid \int |F(\lambda)|^2 d\|E_\lambda f\|^2 < \infty\}$$
$$(f, F(T)g) = \int F(\lambda) d(f, E_\lambda g)$$

自己共役作用素 T の関数を上のように定義したので, 次の代数的な関係が成立することがわかる.

命題（自己共役作用素の代数）

T を自己共役作用素とし, $F, G \in B(\mathbb{R})$ とする. このとき次が成り立つ.

（1）$F(T)^* = \bar{F}(T)$

（2）F が実関数であれば $F(T)$ は自己共役作用素

（3）$F(T) + G(T) \subset (F + G)(T)$

（4）$F(T)G(T) \subset (FG)(T)$

T が非有界でも $F(T)$ が有界作用素になることがある. そこで $F(T)$ の有界性を議論するときには $|(f, F(T)g)|$ の評価が必要になる. 例えば, 上のように自己共役作用素の関数を定めると, 容易に想像ができるように, F が正の実関数でるとき

$$\begin{aligned}|(f, F(T)g)|^2 &= |(\sqrt{F(T)}f, \sqrt{F(T)}g)|^2 \\ &\le \|\sqrt{F(T)}f\|^2 \|\sqrt{F(T)}g)\|^2 = (f, F(T)f)(g, F(T)g)\end{aligned}$$

となるだろう. 厳密には以下の不等式が成り立つ.

命題（シュワルツの不等式）

T は自己共役作用素, $F \in B(\mathbb{R})$, $f, g \in \mathrm{D}(\sqrt{|F(T)|})$ とする. このとき次が成り立つ.

$$\left|\int F(\lambda) d(f, E_\lambda g)\right|^2 \le \int |F(\lambda)| d\|E_\lambda f\|^2 \int |F(\lambda)| d\|E_\lambda g\|^2$$

証明. はじめに $F = \mathbb{1}_X$ という定義関数を考える. このとき, $\mathbb{1}_X(T)$ の定義から

$$(f, \mathbb{1}_X(T)g) = \int \mathbb{1}_X(\lambda) d(f, E_\lambda g)$$

で, 測度 $(f, E_\lambda g)$ の定義から

$$(f, \mathbb{1}_X(T)g) = (f, E(X)g)$$

$E(X)$ は射影作用素なので

$$|(f, \mathbb{1}_X(T)g)| = |(E(X)f, E(X)g)| \leq \|E(X)f\|\|E(X)g\|$$

また, 定義から

$$= \sqrt{\int |\mathbb{1}_X(\lambda)|d\|E_\lambda f\|^2}\sqrt{\int |\mathbb{1}_X(\lambda)|d\|E_\lambda g\|^2}$$

次に階段関数

$$F(\lambda) = \sum_{j=1}^{n} a_j \mathbb{1}_{X_j}$$

を考える. ここで $X_i \cap X_j = \emptyset$ で $a_j \geq 0$ である. そうすると, $\mathbb{1}_X$ のときと同様にして

$$\begin{aligned}
(f, F(T)g) &= \int F(\lambda)d(f, E_\lambda g) = \sum_j a_j(\mathbb{1}_{X_j}(T)f, g) \\
&= \sum_j a_j(f, E(X_j)g) = (f, \sum_j a_j E(X_j)g) \\
&= (\sum_j \sqrt{a_j}E(X_j)f, \sum_j \sqrt{a_j}E(X_j)g) \\
&\leq \|\sum_j \sqrt{a_j}E(X_j)f\|\|\sum_j \sqrt{a_j}E(X_j)g\| \\
&= \sqrt{\int |F(\lambda)|d\|E_\lambda f\|^2}\sqrt{\int |F(\lambda)|d\|E_\lambda g\|^2}
\end{aligned}$$

になる. 非負可測関数 F には下から各点で近づく階段関数列 F_n が存在するので, 極限操作で不等式が導ける. 実可測関数 $F = F_+ - F_-$ のときは $|F| = F_+ + F_-$ だから

$$|(f, F_{\pm}(T)g)| \le \sqrt{\int |F_{\pm}(\lambda)| d\|E_\lambda f\|^2} \sqrt{\int |F_{\pm}(\lambda)| d\|E_\lambda g\|^2}$$

になるから,

$$\begin{aligned} |(f, F(T)g)| &\le |(f, F_+(T)g)| + |(f, F_-(T)g)| \\ &\le \sqrt{\int |F_+(\lambda)| d\|E_\lambda f\|^2} \sqrt{\int |F_+(\lambda)| d\|E_\lambda g\|^2} \\ &\quad + \sqrt{\int |F_-(\lambda)| d\|E_\lambda f\|^2} \sqrt{\int |F_-(\lambda)| d\|E_\lambda g\|^2} \end{aligned}$$

一般に $\sqrt{ab} + \sqrt{cd} \le \sqrt{a+b}\sqrt{c+d}$ だから

$$|(f, F(T)g)| \le \sqrt{\int |F(\lambda)| d\|E_\lambda f\|^2} \sqrt{\int |F(\lambda)| d\|E_\lambda g\|^2}$$

になる. 一般の複素数値可測関数 F のときも実数部分と虚数部分に分ければできる. [終]

重要な例を紹介しよう.

(例 1) スペクトル分解定理による作用素の代数と, 素朴な作用素の代数は異なることを気をつける必要がある. 例えば, T を自己共役作用素とする. $F(T)G(T)$ は素朴な作用素の積であるから, その定義域は

$$\mathrm{D}(F(T)G(T)) = \{f \in \mathfrak{H} \mid f \in \mathrm{D})G(T), G(T)f \in \mathrm{D}(F(T))\}$$

であるが, スペクトル分解定理を使うと, $(FG)(T)$ と表され,

$$\mathrm{D}((FG)(T)) = \{f \in \mathfrak{H} \mid \int |FG(\lambda)|^2 d\|E_\lambda f\|^2 < \infty\}$$

となる. 一般に $\mathrm{D}(F(T)G(T)) \subset \mathrm{D}((FG)(T))$ である. 例えば, 素朴な積 TT と, スペクトル分解定理による積 T^2 は異なる. つまり

$TT \subset T^2$. 自己共役作用素の関数の積を定義するときは一般にスペクトル分解定理で定義する.

(例 2) 自己共役作用素 $T = \int \lambda dE_\lambda$ に対して, e^{itT}, $t \in \mathbb{R}$, は

$$\begin{aligned} \mathrm{D}(e^{itT}) &= \{f \in \mathfrak{H} \mid \int |e^{it\lambda}|^2 d\|E_\lambda f\|^2 < \infty\} \\ &= \{f \in \mathfrak{H} \mid \int d\|E_\lambda f\|^2 < \infty\} = \mathfrak{H} \end{aligned}$$

であるから, 定義域は $\mathfrak{H}$ である.

$$(f, e^{itT} g) = \int e^{it\lambda} d(f, E_\lambda g)$$

だから

$$|(f, e^{itT} g)|^2 \leq \int d\|E_\lambda f\|^2 \int d\|E_\lambda g\|^2 = \|f\|^2 \|g\|^2$$

となる. 故に, e^{itT} は有界作用素である. また

$$(e^{itT} f, e^{itT} g) = (f, (e^{itT})^* e^{itT} g) = \int e^{-it\lambda} e^{it\lambda} d(f, E_\lambda g) = (f, g)$$

となるから, e^{itT} はユニタリー作用素であることがわかる. スペクトル分解定理から,

$$e^{itT} e^{isT} = \int e^{i(s+t)\lambda} dE = e^{i(s+t)T}$$

もわかる. 最後に, $t \mapsto e^{itT} f$ の連続性を考えよう. 地道に計算すると

$$\begin{aligned} &\|e^{i(t+\varepsilon)T} f - e^{itT} f\|^2 = \|e^{itT}(e^{i\varepsilon T} f - f)\|^2 = \|(e^{i\varepsilon T} f - f)\|^2 \\ &= 2\|f\|^2 - 2\,\mathrm{Re}(f, e^{i\varepsilon T} f) = 2\|f\|^2 - 2\,\mathrm{Re} \int e^{i\varepsilon\lambda} d\|E_\lambda f\|^2 \end{aligned}$$

ルベーグの収束定理より

$$\lim_{\varepsilon\to 0}\int e^{i\varepsilon\lambda}d\|E_\lambda f\|^2 = \int d\|E_\lambda f\|^2 = \|f\|^2$$

だから,

$$\lim_{\varepsilon\to 0}\|e^{i(t+\varepsilon)T}f - e^{itT}f\| = 0$$

となる. 結局 $\{e^{itT}\}_t$ は t ごとにユニタリー作用素で, かつ群をなし, $t\mapsto e^{itT}$ が強連続であることがわかった. $\{e^{itT}\}$ を強連続な一径数ユニタリー群という.

(例 3) 自己共役作用素 T に対して, レゾルベント $(T+a)^{-1}$ もスペクトル分解定理で表せば

$$(f,(T+a)^{-1}g) = \int \frac{1}{\lambda+a}d(f,E_\lambda g)$$

となる. 例えば, $\mathrm{Im}a\neq 0$ とすると

$$\begin{aligned}|(f,(T+a)^{-1}g)|^2 &\leq \int\frac{1}{|\,\mathrm{Im}a|}d\|E_\lambda f\|^2\int\frac{1}{|\,\mathrm{Im}a|}d\|E_\lambda g\|^2\\ &= \frac{1}{|\,\mathrm{Im}a|^2}\|f\|^2\|g\|^2\end{aligned}$$

となるから,

$$\|(T+a)^{-1}\| \leq \frac{1}{|\,\mathrm{Im}a|}$$

である.

4 自己共役作用素のスペクトルの分類

自己共役作用素 T のスペクトル $\sigma(T)$ を分類しよう. フォン・ノイマンはスペクトルの分類をしていないが, 現在, 基本的には下図で示した3通りの分類方法が知られている. それを説明しよう.

分類 I	$\sigma_p(T)$ 点スペクトル	$\sigma_c(T)$ 連続スペクトル
分類 II	$\sigma_{disc}(T)$ 離散スペクトル	$\sigma_{ess}(T)$ 真性スペクトル
分類 III	$\sigma_{sing}(T)$ 特異スペクトル	$\sigma_{ac}(T)$ 絶対連続スペクトル

自己共役作用素のスペクトルの分類

4.1 分類 I

可閉作用素 T のスペクトル $\sigma(T)$ の分類で説明したように $\sigma(T)$ は点スペクトル, 剰余スペクトル, 連続スペクトルの和に分解される. 実は, 自己共役作用素の場合, 剰余スペクトルが空である. なぜならば剰余スペクトルとは

$$\sigma_r(T) = \{\lambda \in \mathbb{C} \mid T_\lambda \text{が単射で} \,\mathfrak{R}T_\lambda \text{は稠密でない}\}$$

だった. $T = \int \lambda dE$ と表そう. T_λ が単射ということは, $E(\{\lambda\}) = 0$ である. $\lim_{\varepsilon \downarrow 0} E(\mathbb{R} \setminus \{\lambda - \varepsilon, \lambda + \varepsilon\}) = \mathbb{1}$ になるから

$$\bigcup_{\varepsilon > 0} (T - \lambda)^{-1} E(\mathbb{R} \setminus \{\lambda - \varepsilon, \lambda + \varepsilon\})$$

は $\mathfrak{R}T_\lambda$ に含まれていて稠密である. 故に, $\sigma(T) = \sigma_p(T) \cup \sigma_c(T)$ となる.

命題（スペクトルの分類 I $\sigma(T) = \sigma_p(T) \cup \sigma_c(T)$）

$$\sigma_p(T) = \{\lambda \in \mathbb{C} \mid T_\lambda \text{が単射でない}\}$$
$$\sigma_c(T) = \{\lambda \in \mathbb{C} \mid T_\lambda \text{が単射}, \mathfrak{R}T_\lambda \text{が稠密で}, T_\lambda^{-1} \text{は非有界}\}$$

4.2 分類 II

もう一つのスペクトルの分類を紹介しよう.

命題（スペクトルの分類 II $\boldsymbol{\sigma(T) = \sigma_{disc}(T) \cup \sigma_{ess}(T)}$）

$$\sigma_{disc}(T) = \{\lambda \in \mathbb{C} \mid \lambda \text{は孤立点で縮退が有限な固有値}\}$$
$$\sigma_{ess}(T) = \sigma(T) \setminus \sigma_{disc}(T)$$

$\sigma_{disc}(T)$ は離散スペクトル,$\sigma_{ess}(T)$ は真性スペクトルと呼ばれている.

$\lambda \in \sigma(T)$ が孤立点とは, $(\lambda - \varepsilon, \lambda + \varepsilon) \cap \sigma(T) = \{\lambda\}$ となる $\varepsilon > 0$ が存在することである. また, 定義から無限に縮退している固有値は真性スペクトルに属する. λ を離散スペクトルとすれば, $\mathfrak{H}_\lambda = \{f \in \mathrm{D}(T) \mid Tf = \lambda f\}$ は有限次元で, T を $\mathfrak{H}_\lambda$ に制限した作用素 $T : \mathfrak{H}_\lambda \to \mathfrak{H}$ は, まさに有限次元の線形写像になる.

4.3 分類 III

最後に分類 III を紹介する. 測度論の復習をする. $(\Omega, \mathcal{B})$ を可測空間とする. μ, ν は $(\Omega, \mathcal{B})$ 上の測度とする.

$A, B \in \mathcal{B}$ で, $A \cup B = \Omega$, $A \cap B = \emptyset$ で $\mu(A) = 0$, $\nu(B) = 0$ となるものが存在するとき ν と μ は互いに特異と呼び $\mu \perp \nu$ と表す. 例えば, $\mathbb{R}$ 上のディラック測度 δ とルベーグ測度 λ では $\delta(\mathbb{R} \setminus \{0\}) = 0$ かつ $\lambda(\{0\}) = 0$ だから $\delta \perp \lambda$ である. 一方, ν が μ に関して絶対連続のとき $\nu \ll \mu$ と表すのだった.

命題（ルベーグの分解定理）

μ と ν を $(\Omega, \mathcal{B})$ 上の測度とする. このとき $\nu = \nu_1 + \nu_2$ と一意的に分解できる. ここで, $\nu_1 \perp \mu$, かつ $\nu_2 \ll \mu$.

$T = \int \mu dE_\mu$ とする. λ を $\mathbb{R}$ 上のルベーグ測度とする. 次の部分空間を定義する.

$$\mathfrak{H}_{ac} = \{f \in \mathfrak{H} \mid \|E(\cdot)f\| \ll \lambda\}$$
$$\mathfrak{H}_{sing} = \{f \in \mathfrak{H} \mid \|E(\cdot)f\| \perp \lambda\}$$

命題（スペクトルの分類 III $\boldsymbol{\sigma(T) = \sigma_{sing}(T) \cup \sigma_{ac}(T)}$）

$$\sigma_{ac}(T) = \sigma(T\lceil_{\mathfrak{H}_{ac}})$$
$$\sigma_{sing}(T) = \sigma(T\lceil_{\mathfrak{H}_{sing}})$$

$\sigma_{ac}(T)$ は絶対連続スペクトル,$\sigma_{sing}(T)$ は特異スペクトルと呼ばれている.

例をあげよう. T を自己共役作用素として $(f, e^{itT}f)$ を考えよう. $Tf = af$ のとき $(f, e^{itT}f) = e^{ita}\|f\|^2$ なので,

$$\lim_{t\to\infty}(f, e^{itT}f)$$

は存在しない. そこで, $f \in \mathfrak{H}_{ac}$ とする. このとき,

$$(f, e^{itT}f) = \int e^{it\lambda}d\|E_\lambda f\|^2 = \int e^{it\lambda}\rho(\lambda)d\lambda$$

と式変形できる. ここで ρ はラドン・ニコディム導関数である. これは, 可積分関数なのでリーマン・ルベーグの定理により

$$\lim_{t\to\infty}\int e^{it\lambda}\rho(\lambda)d\lambda = 0$$

故に

$$\lim_{t\to\infty}(f, e^{itT}f) = 0$$

例えば, T としてエネルギーハミルトニアン H をとれば, $f_t = e^{itH}f$ はシュレーディンガー方程式に従う時間発展を与える. $\lim_{t\to\infty}(f, f_t) = 0$ は f_t が時刻ゼロの状態 f から, 時間の増大とともに遠ざかっていく様子を表している.

第10章
行列力学と波動力学の同値性

1 ハイゼンベルクの行列力学

ハイゼンベルクは 1925 年, [13] で史上初めて量子力学を定式化した. それは, ボルン, ハイゼンベルク, ヨルダンの [3] で行列力学として完成した. 行列力学は量子力学を定式化した革命的なアイデアではあるが, 数学としてみた場合, 形式的なところが多分にあった. 1920 年代初頭, 行列や線型空間という概念そのものが, まだ広く認知されていなかったことも原因であろう. 現代の高校生や大学生が教養として習う行列の代数的な構造も, ハイゼンベルク自身は詳しくなかったようである. さらに, 行列力学といっても, それは, 次のように表される

$$A = \begin{pmatrix} a_{00} & a_{01} & a_{02} & \cdots \\ a_{10} & a_{11} & a_{12} & \cdots \\ a_{20} & a_{21} & a_{22} & \cdots \\ \vdots & \vdots & \vdots & \ddots \end{pmatrix}$$

無限行列であるから, 高校生や大学生が習う行列とは似て非なるものである. そのため, 尚更, 形式的な議論にならざるを得なかった. 無限行列を上のように表記した場合, 有限個の行と列を取り出した

以下の行列 A_n は, A の十分な情報を含んでいるわけではない.

$$A_n = \begin{pmatrix} a_{00} & \ldots & a_{0n} \\ \vdots & \ddots & \vdots \\ a_{n0} & \ldots & a_{nn} \end{pmatrix}$$

後ほどみるように, 次の無限行列は固有ベクトルを持たない.

$$\begin{pmatrix} 0 & \sqrt{1} & 0 & 0 & \ldots \\ \sqrt{1} & 0 & \sqrt{2} & 0 & \ldots \\ 0 & \sqrt{2} & 0 & \sqrt{3} & \ldots \\ 0 & 0 & \sqrt{3} & 0 & \ldots \\ \vdots & \vdots & \vdots & \vdots & \ddots \end{pmatrix}$$

しかし, この対称行列に固有値が存在しないことなど, 行列の形からは想像がし難い. にもかかわらず, ハイゼンベルクは [13] で, 調和振動子の最低エネルギーを計算し, 古典力学ではゼロであるが, 量子力学では $\frac{h}{2\pi}\frac{1}{2}$ になることを示した. さらに現代でもやや面倒な非調和振動子の固有値を 2 次のオーダーまで計算している.

以下では, 行列力学をヒルベルト空間論的に説明する. ただし, 行列力学のエッセンスを説明することを目標にする.

ℓ_2 空間を考える. ℓ_2 は $(a,b)=\sum_{n=0}^{\infty}\bar{a}_n b_n$ を内積としてヒルベルト空間になった. 細かいことだが $n=0$ から出発していることを注意しておく. $e^{(n)}=(e_m^{(n)})_m\in\ell_2$ を $e_m^{(n)}=\delta_{nm}$ で定義する. これは ℓ_2 の CONS になる. ℓ_2 上の作用素 A と $A^\dagger$ を以下で定義する.

$$\begin{aligned} &A^\dagger e^{(n)} = \sqrt{n+1}e^{(n+1)} && n\geq 0 \\ &Ae^{(n)} = \sqrt{n}e^{(n-1)} && n\geq 1 \\ &Ae^{(0)} = 0 && n=0 \end{aligned}$$

ここで, $Ae^{(0)}=0$ の右辺の 0 はゼロ数列, $0=(0)_{n=0}^{\infty}$, のことである. すぐに A の共役が

$$A^* = A^\dagger$$

となることがわかる. $a_{-1}=0$ とおいて, $\ell_2 \ni a=(a_n)$ に対して,

$$A^\dagger a=(\sqrt{n+1}a_{n+1}), \quad Aa=(\sqrt{n}a_{n-1})$$

だから, 特に

$$\|Aa\|^2=\sum_{n=0}^{\infty} n|a_{n-1}|^2$$

となり, A が非有界作用素であることがわかる. 当然 $A^\dagger$ も非有界作用素である. ここで, 注意を与える. $A^\dagger$ の定義域は稠密なので A は可閉作用素である. 同様に $A^\dagger$ も可閉作用素である.

さて, A と $A^\dagger$ を無限行列で表してみよう. そのために形式的に, $\ell_2 \ni a=(a_n)$ を無限次元の列ベクトル空間のベクトルと思って $a=\begin{pmatrix} a_0 \\ a_1 \\ a_2 \\ \vdots \end{pmatrix}$ と表す. そうすると A と $A^\dagger$ は次の行列になる.

$$A^\dagger=\begin{pmatrix} 0 & 0 & 0 & 0 & \dots \\ \sqrt{1} & 0 & 0 & 0 & \dots \\ 0 & \sqrt{2} & 0 & 0 & \dots \\ 0 & 0 & \sqrt{3} & 0 & \dots \\ \vdots & \vdots & \vdots & \vdots & \ddots \end{pmatrix} \quad A=\begin{pmatrix} 0 & \sqrt{1} & 0 & 0 & \dots \\ 0 & 0 & \sqrt{2} & 0 & \dots \\ 0 & 0 & 0 & \sqrt{3} & \dots \\ 0 & 0 & 0 & 0 & \dots \\ \vdots & \vdots & \vdots & \vdots & \ddots \end{pmatrix}$$

確かめてみよう.

$$A^\dagger e^{(2)}=\begin{pmatrix} 0 & 0 & 0 & 0 & \dots \\ \sqrt{1} & 0 & 0 & 0 & \dots \\ 0 & \sqrt{2} & 0 & 0 & \dots \\ 0 & 0 & \sqrt{3} & 0 & \dots \\ \vdots & \vdots & \vdots & \vdots & \ddots \end{pmatrix}\begin{pmatrix} 0 \\ 0 \\ 1 \\ 0 \\ \vdots \end{pmatrix}=\begin{pmatrix} 0 \\ 0 \\ 0 \\ \sqrt{3} \\ \vdots \end{pmatrix}=\sqrt{3}e^{(3)}$$

$$Ae^{(2)}=\begin{pmatrix} 0 & \sqrt{1} & 0 & 0 & \dots \\ 0 & 0 & \sqrt{2} & 0 & \dots \\ 0 & 0 & 0 & \sqrt{3} & \dots \\ 0 & 0 & 0 & 0 & \dots \\ \vdots & \vdots & \vdots & \vdots & \ddots \end{pmatrix}\begin{pmatrix} 0 \\ 0 \\ 1 \\ 0 \\ \vdots \end{pmatrix}=\begin{pmatrix} 0 \\ \sqrt{2} \\ 0 \\ 0 \\ \vdots \end{pmatrix}=\sqrt{2}e^{(1)}$$

となる. 行列表示からわかるように, A と $A^\dagger$ は両方ともに対称作用素ではない. そこで, 対称作用素を以下のように定義する.

$$Q = \frac{1}{\sqrt{2}}\sqrt{\frac{h}{2\pi}}(A^\dagger + A)$$
$$P = \frac{i}{\sqrt{2}}\sqrt{\frac{h}{2\pi}}(A^\dagger - A)$$

Q と P の共役作用素は稠密に定義されているから, ともに可閉作用素である. そこで, その閉包も同じ記号で表す. つまり, Q, P 共に閉作用素と思って議論を進める. $\{e^{(n)}\}$ は CONS だったから,

$$\mathfrak{D} = \mathscr{L}\{e^{(n)}\}$$

とすれば $\mathfrak{D}$ は稠密で, さらに $\prod^n A^\dagger e^{(0)} = \sqrt{n!}e^{(n)}$ となる. よって,

$$\mathfrak{D} = \mathscr{L}\{\prod^n A^\dagger e^{(0)}\}$$

と表すこともできる. 自明ではないが P, Q ともに $\mathfrak{D}$ 上で本質的自己共役作用素であることが示せる. 特に自己共役拡大は一意的に存在する. さらに, その行列表示は形式的には

$$Q = \frac{1}{\sqrt{2}}\sqrt{\frac{h}{2\pi}}\begin{pmatrix} 0 & \sqrt{1} & 0 & 0 & \ldots \\ \sqrt{1} & 0 & \sqrt{2} & 0 & \ldots \\ 0 & \sqrt{2} & 0 & \sqrt{3} & \ldots \\ 0 & 0 & \sqrt{3} & 0 & \ldots \\ \vdots & \vdots & \vdots & \vdots & \ddots \end{pmatrix}$$
$$P = \frac{i}{\sqrt{2}}\sqrt{\frac{h}{2\pi}}\begin{pmatrix} 0 & -\sqrt{1} & 0 & 0 & \ldots \\ \sqrt{1} & 0 & -\sqrt{2} & 0 & \ldots \\ 0 & \sqrt{2} & 0 & -\sqrt{3} & \ldots \\ 0 & 0 & \sqrt{3} & 0 & \ldots \\ \vdots & \vdots & \vdots & \vdots & \ddots \end{pmatrix}$$

となる. 少し煩雑になるが交換子 $[A, A^\dagger]$ を計算しよう. $AA^\dagger e^{(n)} = (n+1)e^{(n)}$, $A^\dagger Ae^{(n)} = ne^{(n)}$ だから $[A, A^\dagger]e^{(n)} = e^{(n)}$ になる. 行列表示で書けば

$$A^\dagger A = \begin{pmatrix} 0 & 0 & 0 & 0 & \cdots \\ \sqrt{1} & 0 & 0 & 0 & \cdots \\ 0 & \sqrt{2} & 0 & 0 & \cdots \\ 0 & 0 & \sqrt{3} & 0 & \cdots \\ \vdots & \vdots & \vdots & \vdots & \ddots \end{pmatrix} \begin{pmatrix} 0 & \sqrt{1} & 0 & 0 & \cdots \\ 0 & 0 & \sqrt{2} & 0 & \cdots \\ 0 & 0 & 0 & \sqrt{3} & \cdots \\ 0 & 0 & 0 & 0 & \cdots \\ \vdots & \vdots & \vdots & \vdots & \ddots \end{pmatrix} = \begin{pmatrix} 0 & 0 & 0 & 0 & \cdots \\ 0 & 1 & 0 & 0 & \cdots \\ 0 & 0 & 2 & 0 & \cdots \\ 0 & 0 & 0 & 3 & \cdots \\ \vdots & \vdots & \vdots & \vdots & \ddots \end{pmatrix}$$

一方,

$$AA^\dagger = \begin{pmatrix} 0 & \sqrt{1} & 0 & 0 & \cdots \\ 0 & 0 & \sqrt{2} & 0 & \cdots \\ 0 & 0 & 0 & \sqrt{3} & \cdots \\ 0 & 0 & 0 & 0 & \cdots \\ \vdots & \vdots & \vdots & \vdots & \ddots \end{pmatrix} \begin{pmatrix} 0 & 0 & 0 & 0 & \cdots \\ \sqrt{1} & 0 & 0 & 0 & \cdots \\ 0 & \sqrt{2} & 0 & 0 & \cdots \\ 0 & 0 & \sqrt{3} & 0 & \cdots \\ \vdots & \vdots & \vdots & \vdots & \ddots \end{pmatrix} = \begin{pmatrix} 1 & 0 & 0 & 0 & \cdots \\ 0 & 2 & 0 & 0 & \cdots \\ 0 & 0 & 3 & 0 & \cdots \\ 0 & 0 & 0 & 4 & \cdots \\ \vdots & \vdots & \vdots & \vdots & \ddots \end{pmatrix}$$

となる．よって $\mathfrak{D}$ 上で

$$[A, A^\dagger] = \mathbb{1}$$

となる．また, $\mathfrak{D}$ 上で P, Q は正準交換関係

$$[P, Q] = \frac{h}{2\pi i}\mathbb{1}$$

を満たすことがわかる．ℓ_2 上の調和振動子を次で定義する．

$$H = \frac{1}{2}P^2 + \frac{1}{2}Q^2$$

直接計算すると

$$H = \frac{h}{8\pi}\left(-(A^\dagger - A)^2 + (A^\dagger + A)^2\right) = \frac{h}{2\pi}(A^\dagger A + \frac{1}{2})$$

となる．$A^\dagger A e^{(n)} = n e^{(n)}$ なので

$$He^{(n)} = \frac{h}{2\pi}(n + \frac{1}{2})e^{(n)} \quad n \geq 0$$

がわかる．つまり $e^{(n)}$ は H の固有ベクトルで

$$E_n = \frac{h}{2\pi}(n + \frac{1}{2})$$

が固有値となる．自明ではないが，H は $\mathfrak{D}$ 上で本質的自己共役作用素になる．その自己共役拡大も同じ記号 H で表せば，スペクトル $\sigma(H)$ は $\sigma(H)=\{E_n\}$ になる．H のスペクトルは離散スペクトルだけからなり，これで尽きているのである．なぜならば $He^{(n)}=E_ne^{(n)}$ となっていて，$\{e^{(n)}\}$ は CONS だからである．特に，古典的には，調和振動子の最低エネルギーがゼロであったわけだから，量子力学的な調和振動子の最低エネルギーが $n=0$ のときで，

$$E_0=\frac{h}{2\pi}\frac{1}{2}>0$$

になることは科学史上の大発見といえるだろう．

$$(e^{(n)},He^{(m)})=E_m(e^{(n)},e^{(m)})=E_m\delta_{nm}$$

は H の行列表示の nm 成分を与えるのだから

$$H=\frac{h}{2\pi}\begin{pmatrix} \frac{1}{2} & 0 & 0 & 0 & \dots \\ 0 & \frac{3}{2} & 0 & 0 & \dots \\ 0 & 0 & \frac{5}{2} & 0 & \dots \\ 0 & 0 & 0 & \frac{7}{2} & \dots \\ \vdots & \vdots & \vdots & \vdots & \ddots \end{pmatrix}$$

のような対角行列なになる．勿論，行列表示を用いても直接計算できる．念のために P^2 と Q^2 を与えておこう．

$$Q^2=\frac{1}{2}\frac{h}{2\pi}\begin{pmatrix} 1 & 0 & \sqrt{2} & 0 & 0 & \dots \\ 0 & 3 & 0 & \sqrt{2\cdot 3} & 0 & \dots \\ \sqrt{2} & 0 & 5 & 0 & \sqrt{3\cdot 4} & \dots \\ 0 & \sqrt{2\cdot 3} & 0 & 7 & 0 & \dots \\ \vdots & \vdots & \vdots & \vdots & \vdots & \ddots \end{pmatrix}$$

$$P^2=\frac{1}{2}\frac{h}{2\pi}\begin{pmatrix} 1 & 0 & -\sqrt{2} & 0 & 0 & \dots \\ 0 & 3 & 0 & -\sqrt{2\cdot 3} & 0 & \dots \\ -\sqrt{2} & 0 & 5 & 0 & -\sqrt{3\cdot 4} & \dots \\ 0 & -\sqrt{2\cdot 3} & 0 & 7 & 0 & \dots \\ \vdots & \vdots & \vdots & \vdots & \vdots & \ddots \end{pmatrix}$$

これから, H の行列表示が導かれることがわかるだろう. さて, H は対角行列で表現された. 冒頭で無限行列は形式的で, その表示から得られる情報は少ないと述べたが, 対角行列は唯一の例外である.

ハイゼンベルクは歴史的な論文 [13] で非調和振動子

$$\frac{1}{2}P^2 + \frac{1}{2}Q^2 + \frac{\lambda}{4}Q^4$$

も考察している. 科学史上初めてとなる量子力学の論文で調和振動子の他に非調和振動子の固有値の摂動計算が示されているのは驚異としかいいようがない. 固有値は λ で展開して

$$E_n = E_n^{(0)} + \lambda E_n^{(1)} + \lambda^2 E_n^{(2)} + \cdots$$

とする. ハイゼンベルクは [13, (27) 式] で

$$E_n^{(1)} = \frac{3}{8}\left(\frac{h}{2\pi}\right)^2 (n^2 + n + \frac{1}{2})$$
$$E_n^{(2)} = -\frac{1}{64}\left(\frac{h}{2\pi}\right)^3 (17n^3 + \frac{51}{2}n^2 + \frac{59}{2}n + \frac{21}{2})$$

を示し,

$$\begin{aligned} E_n =&(n + \frac{1}{2})\left(\frac{h}{2\pi}\right) + \lambda\frac{3}{8}\left(\frac{h}{2\pi}\right)^2 (n^2 + n + \frac{1}{2}) \\ &- \lambda^2\frac{1}{64}\left(\frac{h}{2\pi}\right)^3 (17n^3 + \frac{51}{2}n^2 + \frac{59}{2}n + \frac{21}{2}) + O(\lambda^3) \end{aligned}$$

を得ている. ただし, 誤差項 $O(\lambda^3)$ は表記されていない.

現在の視点からみるとハイゼンベルクの論文 [13] は読み解くのが難解である. しかも, 詳細が示されていない. 記念碑的論文を味わうために実際に計算してみよう. 摂動理論から

Die Energie, die als das konstante Glied von

$$m\frac{\dot{x}^2}{2} + m\omega_0^2\frac{x^2}{2} + \frac{m\lambda}{4}x^4$$

definiert ist (daß die periodischen Glieder wirklich alle Null sind, konnte ich nicht allgemein beweisen, in den durchgerechneten Gliedern war es der Fall), ergibt sich zu

$$W = \frac{(n+\frac{1}{2})h\omega_0}{2\pi} + \lambda\cdot\frac{3(n^2+n+\frac{1}{2})h^2}{8.4\pi^2\omega_0^3.m}$$
$$-\lambda^2\cdot\frac{h^3}{512\pi^3\omega_0^5 m^2}\left(17n^3+\frac{51}{2}n^2+\frac{59}{2}n+\frac{21}{2}\right). \quad (27)$$

ハイゼンベルクの論文 [13] に現れる非調和振動子のエネルギー

$$E_n^{(0)} = \frac{h}{2\pi}(n+\frac{1}{2})$$
$$E_n^{(1)} = \frac{1}{4}(e^{(n)}, Q^4 e^{(n)})$$
$$E_n^{(2)} = -\frac{1}{4^2}\sum_{m\neq n}\frac{|(e^{(n)}, Q^4 e^{(m)})|^2}{E_m - E_n}$$

となることを認めることにする.

$$Q^2 = \frac{1}{2}\frac{h}{2\pi}(A^\dagger + A)^2 = \frac{1}{2}\frac{h}{2\pi}(AA + A^\dagger A^\dagger + 2A^\dagger A + \mathbb{1})$$

と, $AA, A^\dagger A, A^\dagger A^\dagger$ の作用

$$AAe^{(m)} = \sqrt{m(m-1)}e^{(m-2)}$$
$$A^\dagger A^\dagger e^{(m)} = \sqrt{(m+1)(m+2)}e^{(m+2)}$$
$$A^\dagger A e^{(m)} = me^{(m)}$$

から, 少し複雑になるが

$$Q^2 e^{(m)}$$
$$= h\frac{\sqrt{m(m-1)}e^{(m-2)} + (2m+1)e^{(m)} + \sqrt{(m+1)(m+2)}e^{(m+2)}}{2\times 2\pi}$$

気をつけることは右辺が $e^{(m-2)}, e^{(m)}, e^{(m+2)}$ の線形和になっていることである. $(e^{(n)}, e^{(m)}) = \delta_{nm}$ だから, 地道に計算すると以下のようになる.

$$\begin{aligned}
\frac{1}{4}(e^{(n)}, Q^4 e^{(n)}) &= \frac{1}{4}(Q^2 e^{(n)}, Q^2 e^{(n)}) \\
&= \frac{1}{16}\left(\frac{h}{2\pi}\right)^2 \left\{(n+1)(n+2) + n(n-1) + (2n+1)^2\right\} \\
&= \frac{3}{8}\left(\frac{h}{2\pi}\right)^2 (n^2 + n + \frac{1}{2})
\end{aligned}$$

これで $E_n^{(1)}$ が導けた. $E_n^{(2)}$ を計算しよう. こっちは, 無限和があるのでかなり面倒な計算になる.

$$\left|\frac{1}{4}(e^{(n)}, Q^4 e^{(m)})\right|^2 = \left|\frac{1}{4}(Q^2 e^{(n)}, Q^2 e^{(m)})\right|^2$$

を計算する. n は固定されていて, m の無限和をとるのだが $Q^2 e^{(m)}$ は高々 $e^{(m-2)}, \ldots, e^{(m+2)}$ の線形和, $Q^2 e^{(n)}$ は高々 $e^{(n-2)}, \ldots, e^{(n+2)}$ の線形和なので m についての和は $n-4 \le m \le n+4$ の範囲で考えれば十分なので無限和を考える必要はない. $E_m = \frac{h}{2\pi} m$ だから

$$\frac{\left|\frac{1}{4}(Q^2 e^{(n)}, Q^2 e^{(m)})\right|^2}{E_m - E_n} = \left(\frac{h}{2\pi}\right)^3 \frac{((A^\dagger + A)^2 e^{(n)}, (A^\dagger + A)^2 e^{(m)})^2}{256(m-n)}$$

m を動かすとき

$$a_m = \frac{((A^\dagger + A)^2 e^{(n)}, (A^\dagger + A)^2 e^{(m)})^2}{m-n}$$

は $m = n-4, n-2, n+2, n+4$ 以外はゼロである. 順番に計算しよう.

$$a_{n-4} = \frac{n(n-1)(n-2)(n-3)}{-4} = \frac{n^4 - 6n^3 + 11n^2 - 6n}{-4}$$

$$a_{n-2} = \frac{(4n-2)^2 n(n-1)}{-2} = -2(4n^4 - 8n^3 + 5n^2 - n)$$

$$\begin{aligned} a_{n+2} &= \frac{(4n+6)^2(n+1)(n+2)}{2} \\ &= 2(4n^4 + 24n^3 + 53n^2 + 51n + 18) \end{aligned}$$

$$\begin{aligned} a_{n+4} &= \frac{(n+1)(n+2)(n+3)(n+4)}{4} \\ &= \frac{n^4 + 10n^3 + 35n^2 + 50n + 24}{4} \end{aligned}$$

もう少し頑張ると

$$\begin{aligned} \frac{a_{n-2} + a_{n+2}}{4} &= 16n^3 + 24n^2 + 26n + 9 \\ \frac{a_{n-4} + a_{n+4}}{4} &= n^3 + \frac{3}{2}n^2 + \frac{7}{2}n + \frac{3}{2} \end{aligned}$$

だから

$$\begin{aligned} E_n^{(2)} &= -\frac{1}{4^2} \sum_{m \neq n} \frac{|(e^{(n)}, Q^4 e^{(m)})|^2}{E_m - E_n} \\ &= -\frac{1}{64} \left(\frac{h}{2\pi}\right)^3 \frac{a_{n-4} + a_{n-2} + a_{n+2} + a_{n+4}}{4} \\ &= -\frac{1}{64} \left(\frac{h}{2\pi}\right)^3 (17n^3 + \frac{51}{2}n^2 + \frac{59}{2}n + \frac{21}{2}) \end{aligned}$$

になる．これでハイゼンベルクの歴史的論文のメインパートがチェックできた．ちなみに非調和振動子の最低エネルギーは λ^2 までの近似で次のようになる．

$$\left(\frac{h}{2\pi}\right) \left\{ \frac{1}{2} + \left(\frac{h}{2\pi}\right) \frac{3}{16}\lambda + \left(\frac{h}{2\pi}\right)^2 \frac{21}{128}\lambda^2 \right\}$$

2 シュレディンガーの波動力学

シュレディンガーは 1926 年に 4 部作 [34, 35, 36, 37] で波動力学を完成させた．この節では，数学的な一般化で，次元を 3 次元から d 次元に拡張し，ヒルベルト空間論的にシュレディンガー方程式を考える．ヒルベルト空間 $L^2(\mathbb{R}^d)$ 上の作用素，

$$p_i = \frac{h}{2\pi i}\frac{\partial}{\partial x_i}, \quad q_j = M_{x_j}, \quad 1 \leq i, j \leq d$$

を考える．p_i, q_j は自己共役作用素で，さらに，$C_0^\infty(\mathbb{R}^d)$ 上で本質的自己共役作用素であることは既に示した．p_i は運動量作用素で，q_j は位置作用素である．$C_0^\infty(\mathbb{R}^d)$ の上で正準交換関係

$$[p_i, q_j] = \frac{h}{2\pi i}\delta_{ij}\mathbb{1}$$

が満たされている．シュレディンガー方程式をヒルベルト空間論的に抽象化しよう．シュレディンガー方程式は

$$i\frac{h}{2\pi}\frac{\partial}{\partial t}\Phi_t = -\frac{h^2}{8\pi^2 m}\Delta\Phi_t + V\Phi_t$$

だった．ボルンの確率解釈を数学的に正当化するために，シュレディンガー方程式の解空間を $L^2(\mathbb{R}^d)$ とした．$L^2(\mathbb{R}^d)$ はヒルベルト空間だった．

$$H = -\frac{h^2}{8\pi^2 m}\Delta + V$$

とおいて，$H : L^2(\mathbb{R}^d) \to L^2(\mathbb{R}^d)$ を自己共役作用素と仮定する．しかし，$\mathrm{D}(H) = \mathrm{D}(-\Delta) \cap \mathrm{D}(V)$ を定義域として，H の自己共役性を示すのは容易なことではない．$-\frac{h^2}{8\pi^2 m}\Delta$ の自己共役性はわかっているので，H の自己共役性を示すことは，自己共役作用素の摂動理

論と捉えることができる．例えば，フォン・ノイマンの拡大定理により不足指数が $(n_+, n_-) = (0,0)$ となることを示す必要があるが，そのためには非常に複雑な議論が必要である．

さて，$L^2(\mathbb{R}^d)$ を忘れて，抽象的なシュレディンガー方程式はヒルベルト空間 $\mathfrak{H}$ 上に次で与えられる．

$$i\frac{h}{2\pi}\frac{\partial}{\partial t}\varphi_t = H\varphi_t$$

この方程式をヒルベルト空間論的に解こう．H は自己共役作用素と仮定しているので，スペクトル分解定理より，$t \in \mathbb{R}$ に対してユニタリー作用素 $e^{-i\frac{2\pi}{h}tH}$ が定義できて，これはユニタリー作用素になる．抽象的なシュレディンガー方程式の解は

$$\varphi_t = e^{-i\frac{2\pi}{h}tH}\varphi_0$$

で与えられる．注意することは，微分 $\dfrac{\partial}{\partial t}$ が $L^2(\mathbb{R}^d)$ の強位相の意味であることである．

ボルンの確率解釈を考えよう．$e^{-i\frac{2\pi}{h}tH}$ はユニタリー作用素だから，

$$\|e^{-i\frac{2\pi}{h}tH}\varphi_0\| = \|\varphi_0\|$$

となる．これは，ヒルベルト空間論的には $e^{-i\frac{2\pi}{h}tH}$ が等長変換といっているに過ぎない．一方，ボルンの確率解釈では，電子は全ての時刻 t で確率 1 で $\mathbb{R}^d$ に存在しているといっている．つまり，電子は消えて無くならないということをいっている．量子力学で興味があるのは $A \subset \mathbb{R}^d$ での存在確率である．つまり，$\|\varphi_0\| = 1$ として

$$\rho_t = \int_A |\varphi_t(x)|^2 dx$$

の時間変化を知りたい．この時間変化を知ることにより，電子の古典的な軌道を予想することが出来るのである．

3 フォン・ノイマンによる同値性の証明

3.1 フォン・ノイマン登場

行列力学と波動力学の同値性は, ハイゼンベルクやシュレディンガーが量子力学を数学的に定式化した直後に証明が試みられている. その歴史的背景は本書第1巻第7章で詳述した. 1926年にシュレディンガー [38] が証明し, 続いて, ヨルダン [14, 15], ディラック [7] と続いた. ただし, これらの証明は数学としては不十分であった. そもそも, 同値性の概念自体が曖昧であったし, ディラックの証明にはデルタ関数が現れるのもフォン・ノイマンには不満だった. どれも, 非常に限定的で, 体系的な議論はなされていない. 例えば, 水素内の電子を表すシュレディンガーの固有方程式

$$-\Delta u_n(x) - \frac{\varepsilon}{|x|} u_n(x) = E_n u_n(x)$$

の解 u_n を集めた $\{u_n\}$ は CONS にはならない. 故に, シュレディンガーの [38] に倣って

$$\int \bar{u_n}(x) p_j u_m(x) dx = a_{nm}$$

としても, これは決してハイゼンベルクの無限行列 P_j にはなり得ない. 現代風に語れば, $H = -\Delta - \frac{\varepsilon}{|x|}$ の連続スペクトルの部分の CONS が欠けている. 連続スペクトルに含まれる $a \in \sigma(H)$ に対応する固有ベクトルで2乗可積分なものは存在しない. このような連続な部分の取り扱いは, 1920年代には, さぞ難関だったと想像できる. そこで, デルタ関数が登場した.

しかし, 1927年の3部作 [42, 44, 43] および [45] で, 若きヒルベルト学派の旗手フォン・ノイマンによって, 量子力学の数学的基礎

付けが与えられ, 見事に行列力学と波動力学の同値性が証明された. 勿論, デルタ関数も現れない.

[47, I.4] でフォン・ノイマンが使った記号に従って述べれば次のようになる. ハイゼンベルクの作用素 P_j, Q_i は $F_Z(= \ell_2(\mathbb{Z}^3))$ 上の作用素で, シュレディンガーの作用素 $p_j = \frac{h}{2\pi i}\frac{\partial}{\partial x_j}$, $q_i = M_{x_i}$ は, $F_\Omega(= L^2(\mathbb{R}^3))$ 上の作用素である. ユニタリー作用素, $U : F_Z \to F_\Omega$ が存在して, $p_j = U^{-1}P_jU$, $q_j = U^{-1}Q_jU$ が成り立つ.

[47, 49, I.4] にも述べらているが, F_Ω は関数の集合であり, F_Z は数列の集合であるから, 非常に異なっているようにみえ, 両者の関係を明らかにすることは, 「解きがたい数学的困難に導く」と述べている. しかし, 「F_Z は一般にヒルベルト空間と呼ばれるものである. 従って, まず第 1 に F_Z とか F_Ω のような特定の表現とは独立なヒルベルト空間の内的性質を研究することが肝要である」と豪語し, 最終的にヒルベルト空間上の非有界作用素の理論を瞬く間に完成させた. そして, 可分なヒルベルト空間が全て互いに同型である（特別な場合はリース・フィッシャーの定理）という事実に到達し, p_j と P_j, q_i と Q_i が, ユニタリー作用素 U で移りあうことも証明した. さらに, フォン・ノイマンは [46] で, 適当な条件下で, 正準交換関係を満たす組 $\{A, B\}$ は p_j と q_j の直和の組 $\{\oplus_j p_j, \oplus_j q_j\}$ と同型になることを示した. まさに, 量子力学の数学的基礎付けの金字塔といえるだろう. 当時フォン・ノイマンが公理的集合論を研究していた弱冠 23 歳の青年であることを思うと鳥肌が立つ.

以下では, その証明を詳しく述べることにする.

3.2 $d=1$ 次元の場合

行列力学と波動力学の同値性を示そう．$d=1$ として $L^2(\mathbb{R})$ の正規直交系を考える．いま

$$\varphi_0(x) = \pi^{-1/4} e^{-|x|^2/2}$$

とする．そうすると

$$\|\varphi_0\|^2 = \frac{1}{\sqrt{\pi}} \int_{\mathbb{R}} e^{-|x|^2} dx = 1$$

となる．

$$a^\dagger = \frac{1}{\sqrt{2}}(x - \frac{d}{dx}), \quad a = \frac{1}{\sqrt{2}}(x + \frac{d}{dx})$$

としよう．つまり，

$$af = \frac{1}{\sqrt{2}}(xf - f'), \quad a^\dagger f = \frac{1}{\sqrt{2}}(xf + f')$$

これを φ_0 に作用させると

$$a\varphi_0 = 0$$

また，f が微分可能とすれば

$$aa^\dagger f - a^\dagger a f = f$$

となることもわかる．これから

$$[a, a^\dagger] = \mathbb{1}$$

が従う．この交換関係を使うと次のように計算できる．

$$\begin{aligned} aa^\dagger a^\dagger a^\dagger f &= a^\dagger a^\dagger f + a^\dagger aa^\dagger a^\dagger f = a^\dagger a^\dagger f + a^\dagger a^\dagger f + a^\dagger a^\dagger aa^\dagger f \\ &= a^\dagger a^\dagger f + a^\dagger a^\dagger f + a^\dagger a^\dagger f + a^\dagger a^\dagger a^\dagger af = 3a^\dagger a^\dagger f + a^\dagger a^\dagger a^\dagger af \end{aligned}$$

これから一般に

$$a\prod^{n} a^{\dagger} f = n\prod^{n-1} a^{\dagger} f + \prod^{n} a^{\dagger} a f$$

がわかるだろう．$f = \varphi_0$ のとき

$$a\prod^{n} a^{\dagger}\varphi_0 = n\prod^{n-1} a^{\dagger}\varphi_0$$

名前をつけて

$$\prod^{n} a^{\dagger}\varphi_0 = \tilde{\varphi}_n$$

とする．$\tilde{\varphi}_n \in L^2(\mathbb{R})$ である．$\lim_{|x|\to\infty} f(x) = 0, \lim_{|x|\to\infty} g(x)$ となる, 微分可能な関数 f, g に対して

$$\begin{aligned}
(a^{\dagger} f, g) &= \frac{1}{\sqrt{2}}\int_{-\infty}^{\infty} \overline{(x - \frac{d}{dx})f(x)} g(x) dx \\
&= \frac{1}{\sqrt{2}}\int_{-\infty}^{\infty} \overline{f(x)} x g(x) dx + \frac{1}{\sqrt{2}}\int_{-\infty}^{\infty} \overline{f(x)} \frac{d}{dx} g(x) dx \\
&= \frac{1}{\sqrt{2}}\int_{-\infty}^{\infty} \overline{f(x)}(x + \frac{d}{dx}) g(x) dx = (f, ag)
\end{aligned}$$

となる．これらの性質を用いて $\tilde{\varphi}_n$ と $\tilde{\varphi}_m$ の内積を計算してみよう．

$$(\tilde{\varphi}_n, \tilde{\varphi}_m) = (\prod^{n} a^{\dagger}\varphi_0, \prod^{m} a^{\dagger}\varphi_0) = (\varphi_0, \prod^{n} a \prod^{m} a^{\dagger}\varphi_0)$$

だから, $n = m$ のときは

$$(\tilde{\varphi}_n, \tilde{\varphi}_m) = n!(\varphi_0, \varphi_0) = n!$$

となり, $n \neq m$ のときは

$$(\tilde{\varphi}_n, \tilde{\varphi}_m) = 0$$

となるから

$$(\tilde{\varphi}_n, \tilde{\varphi}_m) = n!\delta_{nm}$$

である．よって $\varphi_n = \frac{1}{\sqrt{n!}}\tilde{\varphi}_n$ とすれば $\{\varphi_n\}$ は $L^2(\mathbb{R})$ の正規直交系になる．実は，次が成り立つ．

命題（$L^2(\mathbb{R})$ の CONS）

$\{\varphi_n\}$ は $L^2(\mathbb{R})$ の CONS である．

それでは，ℓ_2 と $L^2(\mathbb{R})$ のユニタリー同型性について説明しよう．勿論，これはリース・フィッシャーの定理として既に紹介したが，ここでは，ℓ_2 上の自己共役作用素 P, Q と $L^2(\mathbb{R})$ 上の自己共役作用素 p, q の同型性も同時に示す．ℓ_2 で

$$e^{(n)} = \frac{1}{\sqrt{n!}} \prod^{n} A^{\dagger} e^{(0)}$$

だったことを思い出そう．勿論，$\{e^{(n)}\}$ は ℓ_2 の CONS だった．

$$\mathfrak{D} = \mathscr{L}\{e^{(n)}\}$$

とする．$\mathfrak{D}$ は ℓ_2 で稠密である．$u : \ell_2 \to L^2(\mathbb{R})$ を

$$ue^{(n)} = \varphi_n$$

とし，これを線形に拡張する．つまり

$$u \sum_{j=0}^{N} a_j e^{(j)} = \sum_{j=0}^{N} a_j \varphi_j$$

左辺と右辺のノルムを計算する．$\{\varphi_n\}$ は CONS だから

$$\| \sum_{j=0}^{N} a_j \varphi_j \|^2 = \sum_{j=0}^{N} |a_j|^2$$

になる．右辺も $\{e^{(n)}\}$ が CONS だから

$$\|\sum_{j=0}^{N} a_j e^{(j)}\|^2 = \sum_{j=0}^{N} |a_j|^2$$

になるから，

$$\|u\Phi\| = \|\Phi\|, \quad \Phi \in \mathfrak{D}$$

となる．上の計算で気がつくが，ともに交換関係 $[a, a^\dagger] = \mathbb{1}$, $[A, A^\dagger] = \mathbb{1}$ 及び共役の関係 $a^* = a^\dagger$, $A^* = A^\dagger$ しか使っていない．$\mathfrak{D}$ は稠密だったから，u は等長に ℓ_2 全体へ一意的に拡張できる．それも同じ記号 u で表す．全く同様に，内積も不変にすることがわかる．

$$(u\Phi, u\Psi)_{L^2(\mathbb{R})} = (\Phi, \Psi)_{\ell_2}, \quad \Phi, \Psi \in \ell_2$$

つまり $u : \ell_2 \to L^2(\mathbb{R})$ はユニタリー作用素である．スケール変換 $S : L^2(\mathbb{R}) \to L^2(\mathbb{R})$ を

$$Sf(x) = (\frac{2\pi}{h})^{1/4} f((\frac{2\pi}{h})^{1/2} x)$$

と定義する．これはユニタリー作用素である．

命題（フォン・ノイマンによる行列力学と波動力学の同値性）

$p = \frac{h}{2\pi i}\frac{d}{dx}$, $q = M_x$ とする．このとき，$U = Su$ は $\mathrm{D}(Q)$ を $\mathrm{D}(q)$ に，$\mathrm{D}(P)$ を $\mathrm{D}(p)$ に移し，次が従う．

$$UQU^{-1} = q, \quad UPU^{-1} = p$$

証明．非有界作用素の等式を示すことは非常に微妙な問題である．例えば，非有界作用素の等式 $A = B$ が成り立つということは $\mathrm{D}(A) = \mathrm{D}(B)$ で，$Af = Bf$ が任意の $f \in \mathrm{D}(A)$ で成立すること

である．少し面倒だが，非有界作用素の世界を感じてもらうために厳密に等式を示そう．そのためには，フォン・ノイマンが定義した‘閉作用素’という概念が重要な役割を果たす．

$\Phi \in \mathfrak{D}$ に対して $uA^\dagger\Phi = a^\dagger u\Phi$ がわかる．また，$uA\Phi = au\Phi$ もわかる．$u\mathfrak{D}$ 上で $uA^\dagger u^{-1} = a^\dagger$ かつ $uAu^{-1} = a$ がわかった．P, Q の定義から

$$uPu^{-1} = \frac{1}{i}(\frac{h}{2\pi})^{1/2}\frac{d}{dx}, \quad uQu^{-1} = (\frac{h}{2\pi})^{1/2}q$$

この等式は $u\mathfrak{D}$ 上で成立していることに注意．ここでスケール変換 S に登場してもらい．簡単に

$$S\frac{h}{2\pi}xS^{-1}f(x) = xf(x)$$

がわかるから，

$$UPU^{-1} = p, \quad UQU^{-1} = q$$

が $U\mathfrak{D}$ 上で成立する．等式の成立する定義域を拡げよう．P, Q, p, q が閉作用素であることを使う．実は，q 及び p は $U\mathfrak{D}$ 上で本質的自己共役である．故に，$\Psi \in \mathrm{D}(q)$ に対して，$\Psi_n \to \Psi$ 及び $q\Psi_n \to q\Psi$ を満たす $\Psi_n \in U\mathfrak{D}$ が存在する．$UQU^{-1}\Psi_n = q\Psi_n$ の両辺で $n \to \infty$ とすれば，右辺は $q\Psi$ に収束する．左辺は次のように考える．$U^{-1}\Psi_n \to U^{-1}\Psi$ かつ $QU^{-1}\Psi_n \to U^{-1}q\Psi$ で Q が閉作用素だから $U^{-1}\Psi \in \mathrm{D}(Q)$ かつ $QU^{-1}\Psi = U^{-1}q\Psi$ が成立する．さらに，$U^{-1} : \mathrm{D}(q) \to \mathrm{D}(Q)$ または $U : \mathrm{D}(Q) \to \mathrm{D}(q)$ も示している．

同様に $UPU^{-1}\Psi = p\Psi$ が $\Psi \in \mathrm{D}(p)$ で成立して，$U : \mathrm{D}(P) \to \mathrm{D}(p)$ も示せる．[終]

この定理から

$$U(\frac{1}{2}P^2+\frac{1}{2}Q^2)U^{-1}=-\frac{h^2}{8\pi^2}\Delta+\frac{1}{2}|x|^2$$

が, $U\mathfrak{D}$ 上で成立することがわかる．$U\mathfrak{D}$ を $\mathrm{D}(-\frac{h^2}{8\pi^2}\Delta+\frac{1}{2}|x|^2)$ まで拡張できるか？ ここで, 微妙な議論が必要になる．勇気を奮って説明しよう．実は, $\mathfrak{D}$ 上で $\frac{1}{2}P^2+\frac{1}{2}Q^2$ は本質的自己共役作用素で, $U\mathfrak{D}$ 上で $-\frac{h^2}{8\pi^2}\Delta+\frac{1}{2}|x|^2$ は本質的に自己共役作用素である．勿論, この事実は非自明だが, 認めて前に進もう．そこで, $\frac{1}{2}P^2+\frac{1}{2}Q^2\lceil_{U\mathfrak{D}}$, $-\frac{h^2}{8\pi^2}\Delta+\frac{1}{2}|x|^2\lceil_{\mathfrak{D}}$ の閉包をそれぞれ H_H, H_S と表して $\frac{1}{2}P^2+\frac{1}{2}Q^2$, $-\frac{h^2}{8\pi^2}\Delta+\frac{1}{2}|x|^2$ の厳密な定義とする．つまり

$$H_H=\overline{\frac{1}{2}P^2+\frac{1}{2}Q^2\lceil_{U\mathfrak{D}}}$$
$$H_S=\overline{-\frac{h^2}{8\pi^2}\Delta+\frac{1}{2}|x|^2\lceil_{\mathfrak{D}}}$$

両方ともに自己共役作用素であるが, $\mathrm{D}(H_S)$ や $\mathrm{D}(H_H)$ は具体的にはわからない．

命題（ℓ_2 の調和振動子と $L^2(\mathbb{R})$ の調和振動子の同型性）

$$UH_HU^{-1}=H_S$$

証明．$\Psi\in\mathrm{D}(H_S)$ に対し, $\Psi_n\to\Psi$ かつ $H_S\Psi_n\to H_S\Psi$ となる $\Psi_n\in U\mathfrak{D}$ が存在する．そうすると

$$UH_HU^{-1}\Psi_n=H_S\Psi_n$$

で, 右辺は $H_S\Psi$ に収束する．一方, 左辺は $U^{-1}\Psi_n\to U^{-1}\Psi$ かつ $H_HU^{-1}\Psi_n\to U^{-1}H_S\Psi$ で, H は閉作用素だから, $U^{-1}\Psi\in\mathrm{D}(H)$ かつ $UH_HU^{-1}\Psi=H_S\Psi$ が成り立つ．[終]

H_H がハイゼンベルクの得た ℓ_2 上の調和振動子で，H_S がシュレディンガーの得た $L^2(\mathbb{R})$ 上の調和振動子である．これが，$\frac{1}{2}P^2 + \frac{1}{2}Q^2$ と $-\frac{h^2}{8\pi^2}\Delta + \frac{1}{2}|x|^2$ の同型性の数学的な証明である．これでは，無味乾燥なので，形式的な議論をしよう．P, Q を形式的に書けば

$$q \cong Q = \frac{1}{\sqrt{2}}\sqrt{\frac{h}{2\pi}}\begin{pmatrix} 0 & \sqrt{1} & 0 & 0 & \dots \\ \sqrt{1} & 0 & \sqrt{2} & 0 & \dots \\ 0 & \sqrt{2} & 0 & \sqrt{3} & \dots \\ 0 & 0 & \sqrt{3} & 0 & \dots \\ \vdots & \vdots & \vdots & \vdots & \ddots \end{pmatrix}$$

$$p \cong P = \frac{i}{\sqrt{2}}\sqrt{\frac{h}{2\pi}}\begin{pmatrix} 0 & -\sqrt{1} & 0 & 0 & \dots \\ \sqrt{1} & 0 & -\sqrt{2} & 0 & \dots \\ 0 & \sqrt{2} & 0 & -\sqrt{3} & \dots \\ 0 & 0 & \sqrt{3} & 0 & \dots \\ \vdots & \vdots & \vdots & \vdots & \ddots \end{pmatrix}$$

これを形式的に $U(\frac{1}{2}P^2 + \frac{1}{2}Q^2)U^{-1} = -\frac{h^2}{8\pi^2}\Delta + \frac{1}{2}|x|^2$ に代入すると次のようになる．

$$U\frac{h}{2\pi}\begin{pmatrix} \frac{1}{2} & 0 & 0 & 0 & \dots \\ 0 & \frac{3}{2} & 0 & 0 & \dots \\ 0 & 0 & \frac{5}{2} & 0 & \dots \\ 0 & 0 & 0 & \frac{7}{2} & \dots \\ \vdots & \vdots & \vdots & \vdots & \ddots \end{pmatrix}U^{-1} = -\frac{h^2}{8\pi^2}\Delta + \frac{1}{2}|x|^2$$

3.3 d 次元の場合

テンソル積を定義しよう．$f, g \in L^2(\mathbb{R})$ とし，2 変数関数 $h(x,y) = f(x)g(y)$ は $h \in L^2(\mathbb{R}^2)$ となる．この 2 変数関数を

$$h = f \otimes g$$

と表す．関数の積 $(fg)(x) = f(x)g(x)$ とは異なることに注意．その線形和の閉包を

$$L^2(\mathbb{R}) \otimes L^2(\mathbb{R}) = \overline{\mathscr{L}\{f \otimes g \mid f, g \in L^2(\mathbb{R})\}}$$

と表す．実際は $L^2(\mathbb{R}) \otimes L^2(\mathbb{R}) = L^2(\mathbb{R}^2)$ である．同様に，$\underbrace{L^2(\mathbb{R}) \otimes \cdots \otimes L^2(\mathbb{R})}_{d}$ も定義でき，

$$\underbrace{L^2(\mathbb{R}) \otimes \cdots \otimes L^2(\mathbb{R})}_{d} = L^2(\mathbb{R}^d)$$

になる．A_j を $L^2(\mathbb{R})$ 上の線形作用素とする．

$$(\otimes_{j=1}^d A_j) f_1 \otimes \cdots \otimes f_d = A_1 f_1 \otimes \cdots \otimes A_d f_d$$

と定義する．勿論，$f_j \in \mathrm{D}(A_j)$ である．A_j が閉作用素のとき，$\otimes_{j=1}^d A_j$ は $L^2(\mathbb{R}^d)$ 上の可閉作用素になる．その閉包も $\otimes_{j=1}^d A_j$ と書く慣習である．代数学でのテンソル積に慣れている読者はやや違和感を持つかもしれない．実は，

$$q_j = 1\!\!1 \otimes \cdots \otimes \overset{j\ 番目}{q} \otimes \cdots \otimes 1\!\!1$$

である．p_j についても同様に

$$p_j = 1\!\!1 \otimes \cdots \otimes \overset{j\ 番目}{p} \otimes \cdots \otimes 1\!\!1$$

なぜならば $g = f_1 \otimes \cdots \otimes f_d$ とすれば

$$p_j g = \frac{h}{2\pi i} f_1(x_1) \cdots f_j'(x_j) \cdots f_f(x_d) = \frac{h}{2\pi i} \frac{\partial}{\partial x_j} g$$

から想像できるだろう．以上説明したことは，数列空間でも全く同じである．$\ell_2(\mathbb{Z})$ を $\mathbb{Z} \to \mathbb{C}$ の関数の集合と思って考えればいい．そうすると，

$$\ell_2(\mathbb{Z}^d) = \underbrace{\ell_2 \otimes \cdots \otimes \ell_2}_{d}$$

P_i と Q_j を次で定義する．

$$Q_j = 1\!\!1 \otimes \cdots \otimes \overset{j\text{ 番目}}{Q} \otimes \cdots \otimes 1\!\!1$$

$$P_j = 1\!\!1 \otimes \cdots \otimes \overset{j\text{ 番目}}{P} \otimes \cdots \otimes 1\!\!1$$

そうすると，

$$[P_i, Q_j] = \delta_{ij} \frac{h}{2\pi i} 1\!\!1$$

の正準交換関係が成立することも容易にわかる．

$L^2(\mathbb{R})$ で $\{\varphi_n\}$ は CONS だった．これを d 次元に拡張するには，$L^2(\mathbb{R}^d) = L^2(\mathbb{R}) \otimes \cdots \otimes L^2(\mathbb{R})$ とみなせば容易い．$\mathbb{Z}_+^d \ni Z = (n_1, \ldots, n_d)$ に対して，

$$\varphi_Z = \varphi_{n_1} \otimes \cdots \otimes \varphi_{n_d}$$

とする．このとき，

$$(\varphi_Z, \varphi_{Z'}) = \prod_{j=1}^{d} (\varphi_{n_j}, \varphi_{n'_j}) = \prod_{j=1}^{d} \delta_{n_j n'_j} = \delta_{ZZ'}$$

であるから $\{\varphi_Z\}_{Z \in \mathbb{Z}_+^d}$ は正規直交系である．実は，次が示せる．

命題（$L^2(\mathbb{R}^d)$ の CONS）

$\{\varphi_Z\}$ は $L^2(\mathbb{R}^d)$ の CONS である．

さて, $Z \in \mathbb{Z}_+^d$ に対して $|Z| = \sum_{j=1}^d n_j$ としよう.

$$\overline{\mathscr{L}\{\varphi_Z \mid Z \in \mathbb{Z}_+^d, |Z| = n\}} = L_n$$

とおけば, $L_n \perp L_m$ なので

$$L^2(\mathbb{R}^d) = \bigoplus_{n=0}^{\infty} L_n$$

と直和分解できる. さらに

$$a_j^\dagger = \frac{1}{\sqrt{2}}(x_j - \frac{\partial}{\partial x_j}), \quad a_j = \frac{1}{\sqrt{2}}(x_j + \frac{\partial}{\partial x_j})$$

とすると

$$\begin{aligned} a_j &: L_n \to L_{n-1} \\ a_j^\dagger &: L_n \to L_{n+1} \end{aligned}$$

がわかるであろう. ここで, $n \geq 0$ で, $L_{-1} = L_0$ とおいた. これから,

$$a_j^\dagger a_j : L_n \to L_n$$

計算すると

$$\sum_{j=1}^d a_j^\dagger a_j = -\frac{1}{2}\Delta + \frac{1}{2}|x|^2 - \frac{1}{2}$$

となる. これは, まさに調和振動子である. 前節でユニタリー作用素 $U : \ell_2 \to L^2(\mathbb{R})$ を構成した.

$$U_d = \otimes^d U : \ell(\mathbb{Z}^d) \to L^2(\mathbb{R}^d)$$

とすると, これはユニタリー作用素になる.

命題（フォン・ノイマンによる行列力学と波動力学の同値性）

U_d は $\mathrm{D}(Q_j)$ を $\mathrm{D}(q_j)$ に, $\mathrm{D}(P_j)$ を $\mathrm{D}(p_j)$ に移し, 次が従う.

$$U_d Q_j U_d^{-1} = q_j, \quad U_d P_j U_d^{-1} = p_j, \quad j = 1, \ldots, d$$

$H_S = -\frac{h^2}{8\pi^2 m}\Delta + V$ を $L^2(\mathbb{R}^d)$ 上で考えよう.

$$H_S = \frac{1}{2m}\sum_j p_j^2 + V(q_1, \ldots, q_d) = H_S(p_1, \ldots, p_d, q_1, \ldots, q_d)$$

と表す. $\ell_2(\mathbb{Z}^d)$ 上の作用素 H_H を

$$H_H = H_S(P_1, \ldots, P_d, Q_1, \ldots, Q_d)$$

で定義すると,

$$U_d H_H U_d^{-1} = H_S$$

を示すことができる. H_H が H_S の行列表示である.

3.4 抽象的な場合

有限次元の場合を思い出そう. 線型写像の行列表示は CONS に依っていた. 無限次元の世界でもそれは全く変わらない. ここで紹介した行列表示も適当な CONS をとれば, H_S が行列表示されるといっているに過ぎない. それは $L^2(\mathbb{R})$ を ℓ_2 と同一視して, ℓ_2 の CONS $\{e^{(n)}\}$ での行列表示だった.

抽象的なレベルでは, 可分なヒルベルト空間上の自己共役作用素 H の定義域 $\mathrm{D}(H)$ は稠密だから, $\mathrm{D}(H)$ に含まれる CONS $\{\psi_n\}$ が存在する.

$$\mathrm{D}(H) \supset \{\psi_n\}$$

Anhang III. Operatoren und Matrizen.

1. Es ist wohl erwünscht, unsere Resultate über H. O. in die übliche Terminologie der Matrizen zu übersetzen. Es wird sich zeigen, daß im Unbeschränkten die der Operatoren .bedeutend praktischer ist. (Im Beschränkten kommt beides, nach Hilberts Resultaten, aufs selbe heraus.) Im übrigen werden wir erkennen, daß die abg. lin. H. O. und die Hermiteschen Matrizen mit lauter endlichen (aber nicht notwendig beschränkten!) Zeilen-Absolutwertquadratsummen — die sogenannten „quadrierbaren Matrizen" — einander zugeordnet werden können.

フォン・ノイマンの論文 [45] の付録 III.

そこで, $a_{ij} = (\psi_i, H\psi_j)$ として,

$$A = \begin{pmatrix} a_{00} & a_{01} & a_{02} & \cdots \\ a_{10} & a_{11} & a_{12} & \cdots \\ a_{20} & a_{21} & a_{22} & \cdots \\ \vdots & \vdots & \vdots & \ddots \end{pmatrix}$$

とすれば, これが H の $\{\psi_n\}$ に関する行列表示である. H の固有ベクトル $\{\psi_n\}$ が CONS で, $H\psi_n = E_n\psi_n$ ならば, H の行列表示は次のように対角化される.

$$A = \begin{pmatrix} E_0 & 0 & 0 & \cdots \\ 0 & E_1 & 0 & \cdots \\ 0 & 0 & E_2 & \cdots \\ \vdots & \vdots & \vdots & \ddots \end{pmatrix}$$

例えば, 調和振動子 $H = -\frac{1}{8\pi^2}\Delta + \frac{1}{2}|x|^2$ の固有ベクトルは CONS なので, H の行列表示は対角化できる. 実際

$$H = \frac{h}{2\pi} \begin{pmatrix} \frac{1}{2} & 0 & 0 & 0 & \cdots \\ 0 & \frac{3}{2} & 0 & 0 & \cdots \\ 0 & 0 & \frac{5}{2} & 0 & \cdots \\ 0 & 0 & 0 & \frac{7}{2} & \cdots \\ \vdots & \vdots & \vdots & \vdots & \ddots \end{pmatrix}$$

逆に H の CONS $\{g_n\}$ による行列表示が対角化されていれば, g_n は全て H の固有ベクトルであり, H は点スペクトルしか持たない.

つまり $\sigma(H) = \sigma_p(H)$ になる．故に，連続スペクトルを持った H の行列表示は対角行列にならない．例えば，Q は x と同型なので連続スペクトルしか持たないので，いくら頑張っても Q を対角行列では表示できない．

$$
Q = \frac{1}{\sqrt{2}}\sqrt{\frac{h}{2\pi}}\begin{pmatrix} 0 & \sqrt{1} & 0 & 0 & \dots \\ \sqrt{1} & 0 & \sqrt{2} & 0 & \dots \\ 0 & \sqrt{2} & 0 & \sqrt{3} & \dots \\ 0 & 0 & \sqrt{3} & 0 & \dots \\ \vdots & \vdots & \vdots & \vdots & \ddots \end{pmatrix}
$$

Q の無限行列を上のように表記することが多い．しかし，Q のような無限行列は，対称行列ではあるが通常の意味では対角化はできない．敢えていうならば，対角化すると対角成分に実数が並ぶ感じである．それがスペクトル分解に他ならない．

3.5 ハイゼンベルクの運動方程式

行列力学では作用素が時間発展し，ハイゼンベルクの運動方程式を満たすことは本書第 1 巻で紹介した．それは，時間発展する Q, P は

$$
\dot{Q} = -\frac{2\pi i}{h}(QH - HQ)
$$
$$
\dot{P} = -\frac{2\pi i}{h}(PH - HP)
$$

を満たすというものであった．ここで，H はエネルギーを表す行列である．さらに，一般化すると Q, P の関数 g に対して次が成立する．

$$
\dot{g} = -\frac{2\pi i}{h}(gH - Hg)
$$

これらをフォン・ノイマンのヒルベルト空間論で眺めてみよう．

H を自己共役作用素として, シュレディンガー方程式

$$i\frac{h}{2\pi}\frac{\partial}{\partial t}\varphi_t = H\varphi_t$$

の解は

$$\varphi_t = e^{-i\frac{2\pi}{h}tH}\varphi$$

になる. $\|\varphi\| = 1$ とする. 物理量 A は $L^2(\mathbb{R}^d)$ の作用素として定義されるから, 時刻 t での, 物理量の期待値は, $\|\varphi_t\|^2 = \|\varphi_0\|^2 = 1$ だから

$$\frac{(\varphi_t, A\varphi_t)}{\|\varphi_t\|^2} = (\varphi_t, A\varphi_t)$$

となる. 右辺は次のようになる.

$$(\varphi_t, A\varphi_t) = (\varphi, A_t\varphi)$$

ここで,

$$A_t = e^{it\frac{2\pi}{h}H}Ae^{-it\frac{2\pi}{h}H}$$

である. つまり, 状態は $e^{-it\frac{2\pi}{h}H}\varphi_0$ のように時間発展するが, 状態を φ で固定して, 物理量 A が $e^{it\frac{2\pi}{h}H}Ae^{-it\frac{2\pi}{h}H}$ と時間発展すると思っても, 人間が観測する期待値は変わらない. 量子系の時間発展を φ_t とみなすときシュレディンガー描像といい A_t とみなすときハイゼンベルク描像という.

定義域など, 面倒なことは無視して, A_t を微分すると次を得る.

ハイゼンベルクの運動方程式

$$\frac{h}{2\pi}\frac{d}{dt}A_t = i[H, A_t]$$

行列力学の表示で考えよう. 物理量が形式的に

$$A = \begin{pmatrix} a_{00} & a_{01} & a_{02} & \cdots \\ a_{10} & a_{11} & a_{12} & \cdots \\ a_{20} & a_{21} & a_{22} & \cdots \\ \vdots & \vdots & \vdots & \ddots \end{pmatrix}$$

と行列表示されているとしよう．ハミルトニアンが

$$H = \begin{pmatrix} E_1 & 0 & 0 & \dots \\ 0 & E_2 & 0 & \dots \\ 0 & 0 & E_3 & \dots \\ \vdots & \vdots & \vdots & \ddots \end{pmatrix}$$

と対角化されているとき

$$e^{it\frac{2\pi}{h}H} = \begin{pmatrix} e^{it\frac{2\pi}{h}E_1} & 0 & 0 & \dots \\ 0 & e^{it\frac{2\pi}{h}E_2} & 0 & \dots \\ 0 & 0 & e^{it\frac{2\pi}{h}E_3} & \dots \\ \vdots & \vdots & \vdots & \ddots \end{pmatrix}$$

となるから，A の時間発展 A_t の形式的な行列表示は次のようになる．

$$e^{i\frac{2\pi}{h}tH}Ae^{-i\frac{2\pi}{h}tH}$$

$$= \begin{pmatrix} e^{i\frac{2\pi}{h}tE_0} & 0 & \dots \\ 0 & e^{i\frac{2\pi}{h}tE_1} & \dots \\ \vdots & \vdots & \ddots \end{pmatrix} \begin{pmatrix} a_{00} & a_{01} & \dots \\ a_{10} & a_{11} & \dots \\ \vdots & \vdots & \ddots \end{pmatrix} \begin{pmatrix} e^{-i\frac{2\pi}{h}tE_0} & 0 & \dots \\ 0 & e^{-i\frac{2\pi}{h}tE_1} & \dots \\ \vdots & \vdots & \ddots \end{pmatrix}$$

$$= \begin{pmatrix} a_{00} & e^{i\frac{2\pi}{h}t(E_0-E_1)}a_{01} & e^{i\frac{2\pi}{h}t(E_0-E_2)}a_{02} & \dots \\ e^{i\frac{2\pi}{h}t(E_1-E_0)}a_{10} & a_{11} & e^{i\frac{2\pi}{h}t(E_1-E_2)}a_{12} & \dots \\ e^{i\frac{2\pi}{h}t(E_2-E_0)}a_{20} & e^{i\frac{2\pi}{h}t(E_2-E_1)}a_{21} & a_{22} & \dots \\ \vdots & \vdots & \vdots & \ddots \end{pmatrix}$$

ハイゼンベルクの表式と合わせるために

$$\frac{E_i - E_j}{h} = \nu_{ij}$$

とおけば

$$e^{i\frac{2\pi}{h}tH}Ae^{-i\frac{2\pi}{h}tH} = \begin{pmatrix} e^{i2\pi t\nu_{00}}a_{00} & e^{i2\pi t\nu_{01}}a_{01} & e^{i2\pi t\nu_{02}}a_{02} & \dots \\ e^{i2\pi t\nu_{10}}a_{10} & e^{i2\pi t\nu_{11}}a_{11} & e^{i2\pi t\nu_{12}}a_{12} & \dots \\ e^{i2\pi t\nu_{20}}a_{20} & e^{i2\pi t\nu_{21}}a_{21} & e^{i2\pi t\nu_{22}}a_{22} & \dots \\ \vdots & \vdots & \vdots & \ddots \end{pmatrix}$$

となる．ここで，勿論，$\nu_{jj} = 0$ である．これがまさにハイゼンベルクが発見した，物理量の時間発展の式である．

参考文献

[1] E. Borel. Sur quelques points de la théorie des fonctions. *Annales scientifiques de l'É.N.S. 3ᵉ série*, 12:9–55, 1895.

[2] M. Born. Quantenmechanik der Stossvorgänge. *Zeitschrift für Physik*, 38:803–827, 1926.

[3] M. Born, W. Heisenberg, and P. Jordan. Zur Quantenmechanik.II. *Zeitschrift für Physik*, 35:557–615, 1926.

[4] A. Cayley. A memoir on the theory of matrices. *Philosophical Transactions of the Royal Society of London*, 148:17–37, 1858.

[5] A. Chaikin. *A man on the moon*. Viking, 1994.

[6] H. Cordes, A. Jensen, S.T. Kuroda, G. Ponce, B. Simon, and M. Taylor. Tosio Kato (1917-1999). *Notices of AMS*, 47:650–657, 2000.

[7] P.A.M. Dirac. On the theory of quantum mechanics. *Proceedings of the Royal Society of London.Series A*, 112:661–677, 1926.

[8] E. Fischer. Sur la convergence en moyenne. *Comptes Rendus de l'Académie des sciences*, 144:1022–1024, 1907.

[9] M. Fréchet. Sur les ensembles de fonctions et les opérations linéaires. *Comptes Rendus de l'Académie des sciences*,

144:1414–1416, 1907.

[10] M. Fréchet. Essai de géométrie analytique à une infinité de coordonnées . *Nouvelles annales de mathématiques*, 8:1022–1024, 1908.

[11] F. Hausdorff. *Grundzüge der Mengenlehr.* Leipzig: Veit, 1914.

[12] E. Heine. Die Elemente der Funktionenlehre. *Journal für die reine und angewandte Mathematik*, 872:712–188, 1872.

[13] W. Heisenberg. Über quantentheoretische Umdeutung kinematischer und mechanischer Beziehungen. *Zeitschrift für Physik*, 33:879–893, 1925.

[14] P. Jordan. Über kanonische Transformationen in der Quantenmechanik. *Zeitschrift für Physik*, 37:383–386, 1926.

[15] P. Jordan. Über kanonische Transformationen in der Quantenmechanik II. *Zeitschrift für Physik*, 38:513–517, 1926.

[16] S. Kakutani. Concrete representation of abstract (M)-spaces. (A characterization of the space of continuous functions.). *Ann. of Math. (2)*, 42:994–1024, 1941.

[17] S. Kakutani. Ergodic theory. In *Proceedings of the International Congress of Mathematicians,Cambridge, Massachusetts, U.S.A., August 30 – September 6*, 1950.

[18] T. Kato. Fundamental properties of Hamiltonian operators of Schrödinger type. *Trans.Amer.Math.Soc.*, 70:195–211, 1951.

[19] T. Kato. On the existence of solutions of the helium wave equation. *Trans.Amer.Math.Soc.*, 70:212–218, 1951.

[20] T. Kato. Schrödinger operators with singular potentials.

Israel J.Math., 13:135–148, 1973.

[21] E.C. Kemble. The general principles of quantum mechanics. Part I. *Rev. Mod. Phys.*, 1:157–215, 1929.

[22] E.C. Kemble. *The fundamental principles of quantum mechanics : with elementary applications.* McGraw-Hill, 1937.

[23] H. Lebesgue. Intégrale, Longueur, Aire. *Annali di Matematica Pura ed Applicata*, 7:231–359, 1902.

[24] A. Markoff. On mean values and exterior densities. *Recueil Mathématique*, 4:165–191, 1938.

[25] M. Rédei. *John von Neumann:selected letters.* Amer.Math.Soc., 2005.

[26] F. Riesz. Sur les ensemblesde functions. *Comptes Rendus de l'Académie des sciences*, 143:738–741, 1906.

[27] F. Riesz. Sur les systémes orthogonaux de fonctions. *Comptes Rendus de l'Académie des sciences*, 144:615–619, 1907.

[28] F. Riesz. Sur une espèce de géométrie analytique des systèmes de fonctions sommables. *Comptes Rendus de l'Académie des sciences*, 144:1409–1411, 1907.

[29] F. Riesz. Sur les opérations fonctionnelles linéaires. *Comptes Rendus de l'Académie des sciences*, 149:974–977, 1909.

[30] F. Riesz. *Les systémes d'équations linéaires* à *une infinité d'inconnus.* Gauthier-Villars, Paris, 1913.

[31] E. Schmidt. Über die Auflosung Iinearer Gleichungen mit unendlich vielen Unbekannten. *Rendiconti del Circolo matematico di Palermo*, 25:53–77, 1908.

[32] A. Schönflies. *Die Entwicklung der Lehre von den Punktmannigfaltigkeiten.* B.G. Teubner, 1900.

[33] A. Schönflies. Die Entwicklung der Lehre von den Punkt Mannigfaltigkeiten. In *Bericht erstattet der Deutschen Matematiker-Vereinigung*, 1908.

[34] E. Schrödinger. Quantisierung als Eigenwertproblem. *Ann.der Phys.*, 79:361–376, 1926.

[35] E. Schrödinger. Quantisierung als Eigenwertproblem. *Ann.der Phys.*, 79:489–527, 1926.

[36] E. Schrödinger. Quantisierung als Eigenwertproblem. *Ann.der Phys.*, 80:434–490, 1926.

[37] E. Schrödinger. Quantisierung als Eigenwertproblem. *Ann.der Phys.*, 81:109–139, 1926.

[38] E. Schrödinger. Über das Verhältnis der Heisenberg-Born-Jordanshen Quantenmechanik zu der meinen. *Annalen der Physik*, 79:734–756, 1926.

[39] A. Taylor. A study of Maurice Fréchet: I. His early work on point set theory and the theory of functionals. *Archive for History of Exact Sciences*, 27:233 – 295, 1982.

[40] P. Urysohn. Der Hilbertsche Raum als Urbild der metrischen Räume. *Math. Ann.*, 92:302–304, 1924.

[41] P. Urysohn. Les classes (D) séparables et l'espace Hilbertien. *Comptes Rendus Acad. Sci. Paris*, 178:65–67, 1924.

[42] J. von Neumann. Mathematische Begründung der Quantenmechanik. *Nachrichten von der Gesellschaft der Wissenschaften zu Göttingen, Mathematisch-Physikalische Klasse*, 1:1–57, 1927.

[43] J. von Neumann. Thermodynamik quantenmechanischer Gesamtheiten. *Nachrichten von der Gesellschaft der Wissenschaften zu Göttingen, Mathematisch-Physikalische Klasse*, 1:273–291, 1927.

[44] J. von Neumann. Wahrscheinlichkeitstheoretischer Aufbau der Quantenmechanik. *Nachrichten von der Gesellschaft der Wissenschaften zu Göttingen, Mathematisch-Physikalische Klasse*, 1:245–272, 1927.

[45] J. von Neumann. Allgemeine Eigenwerttheorie Hermitescher Funktionaloperatoren. *Math.Ann.*, 102:49–131, 1930.

[46] J. von Neumann. Die Eindeutigkeit der Schrödingerschen Operatoren. *Math.Ann.*, 104:570–578, 1931.

[47] J. von Neumann. *Mathematische Grundlagen der Quantenmechanik*. Springer, 1932.

[48] J. von Neumann. Über adjungierte Funktionaloperatoren. *Ann.of Math.(2)*, 33:294–310, 1932.

[49] J. フォン・ノイマン. **量子力学の数学的基礎**. 井上健, 広重徹, 恒藤敏彦訳 みすず書房, 1957.

[50] 加藤敏夫. **量子力学の数学理論**. 黒田成俊編注 近代科学社, 2017.

[51] 小澤正直. **量子と情報**. 青土社, 2018.

索引

著者紹介：

廣島 文生（ひろしま・ふみお）

1964 年北海道生まれ．

1990 年北海道大学理学部数学科卒業

現在　九州大学大学院 数理学研究院 教授　博士 (理学)

主な著書：

Feynman-Kac-Type Theorems and Gibbs Measures on Path Space I,II (Walter De Gruyter 2020)

Ground States of Quantum Field Models, SpringerBriefs in Mathematics 35, 2019.

双書⑳・大数学者の数学／フォン・ノイマン 2

量子力学の数学定式化へ

2021 年 6 月 23 日　初版第 1 刷発行

著　者　廣島文生

発行者　富田　淳

発行所　株式会社　現代数学社

〒 606-8425 京都市左京区鹿ヶ谷西寺ノ前町 1

TEL 075 (751) 0727　FAX 075 (744) 0906

https://www.gensu.co.jp/

装　幀　中西真一（株式会社 CANVAS）

印刷・製本　亜細亜印刷株式会社

ISBN 978-4-7687-0560-5　　2021 Printed in Japan